Paulo Roberto de Medeiros

EVOLUÇÃO BIOLÓGICA

PRINCÍPIOS E EVIDÊNCIAS

A Câmara Brasileira do Livro certifica que a obra intelectual descrita abaixo, encontra-se registrada nos termos e normas legais da Lei nº 9.610/1998 dos Direitos Autorais do Brasil. Conforme determinação legal, a obra aqui registrada não pode ser plagiada, utilizada, reproduzida ou divulgada sem a autorização de seu(s) autor(es).

Dados Internacionais de Catalogação na Publicação (CIP)
(Câmara Brasileira do Livro, SP, Brasil)

```
Medeiros, Paulo Roberto de
    Evolução biológica : princípios e evidências /
Paulo Roberto de Medeiros. -- Campina Grande, PB :
Ed. do Autor, 2021.

    Bibliografia.
    ISBN 978-65-00-29702-7

    1. Biologia 2. Darwin, Charles, 1809-1882
3. Evolução (Biologia) 4. Evolução (Biologia) -
História 5. Genética - Aspectos sociais 6. Genética -
História 7. Origem da vida 8. Seleção natural
9. Seleção natural - História I. Título.

21-78805                                    CDD-576.8
```

Índices para catálogo sistemático:

1. Evolução : Biologia : História   576.8

Eliete Marques da Silva - Bibliotecária - CRB-8/9380

Capa, diagramação e edição das imagens: Paulo Medeiros. Todas as artes e fotografias utilizadas para montar as figuras deste livro são de domínio público e foram obtidas nos endereços pikist.com, rawpixel.com, flickr.com, pexels.com, pixabay.com e needpix.com

Capa: molde de um crânio de *Homo erectus*. Imagem modificada a partir de fotografia tirada por Mohamed Noor em 2017.
Figura 10.4 Imagem da garoupa modificada a partir de fotografia tirada por Greg Tee em 2011.
Figura 10.5 Imagem da gazela modificada a partir de fotografia tirada por Yathin Krishnappa em 2012.
Figura 11.4 Imagem do celacanto modificada a partir de fotografia tirada por Alberto Fernandez em 2007; imagem do límulo modificada a partir de fotografia tirada por Danny Schissler em 2014.
Figura 11.7 Imagem do peixe modificada a partir de fotografia tirada por Daniel Castranova em 2018.Figura 18.1 Imagem do lagarto modificada a partir de fotografia tirada por Esteban Alzate em 2008.
Figura 20.1 Imagem da mariposa modificada a partir de fotografia pertencente ao Museu de História Natural de Londres; imagem da orquídea modificada a partir de fotografia tirada por Motohiro Sunouchi em 2018.
Figura 20.3 Imagem do grilo modificada a partir de fotografia tirada por Muhammad Mahdi Karim em 2009; imagem do besouro modificada a partir de fotografia tirada por Jon Richfield em 2012; imagem da aranha modificada a partir de fotografia tirada por Thomas Shahan em 2018.
Figura 22.1 Imagem do fóssil modificada a partir de fotografia tirada por Sanjay Acharya em 2017.
Figura 24.2 Imagem do tubarão modificada a partir de fotografia pertencente à Administração Nacional Oceânica e Atmosférica (NOAA).
Figura 26.1 Imagem da bactéria modificada a partir de fotografia tirada por Janice Haney Carr em 2001.
Figura 26.3 Imagem do elefante modificada a partir de fotografia tirada por Axel Tschentscher 2019.
Figura 27.2 Imagem do pombo modificada a partir de fotografia tirada por Jim Gifford em 2007; imagem do peixe modificada a partir de fotografia tirada por Angie Torres em 2008; imagem do boi modificada a partir de fotografia tirada por Roby em 2004; imagem do buldogue modificada a partir de fotografia tirada por Filip Wouters em 2019.

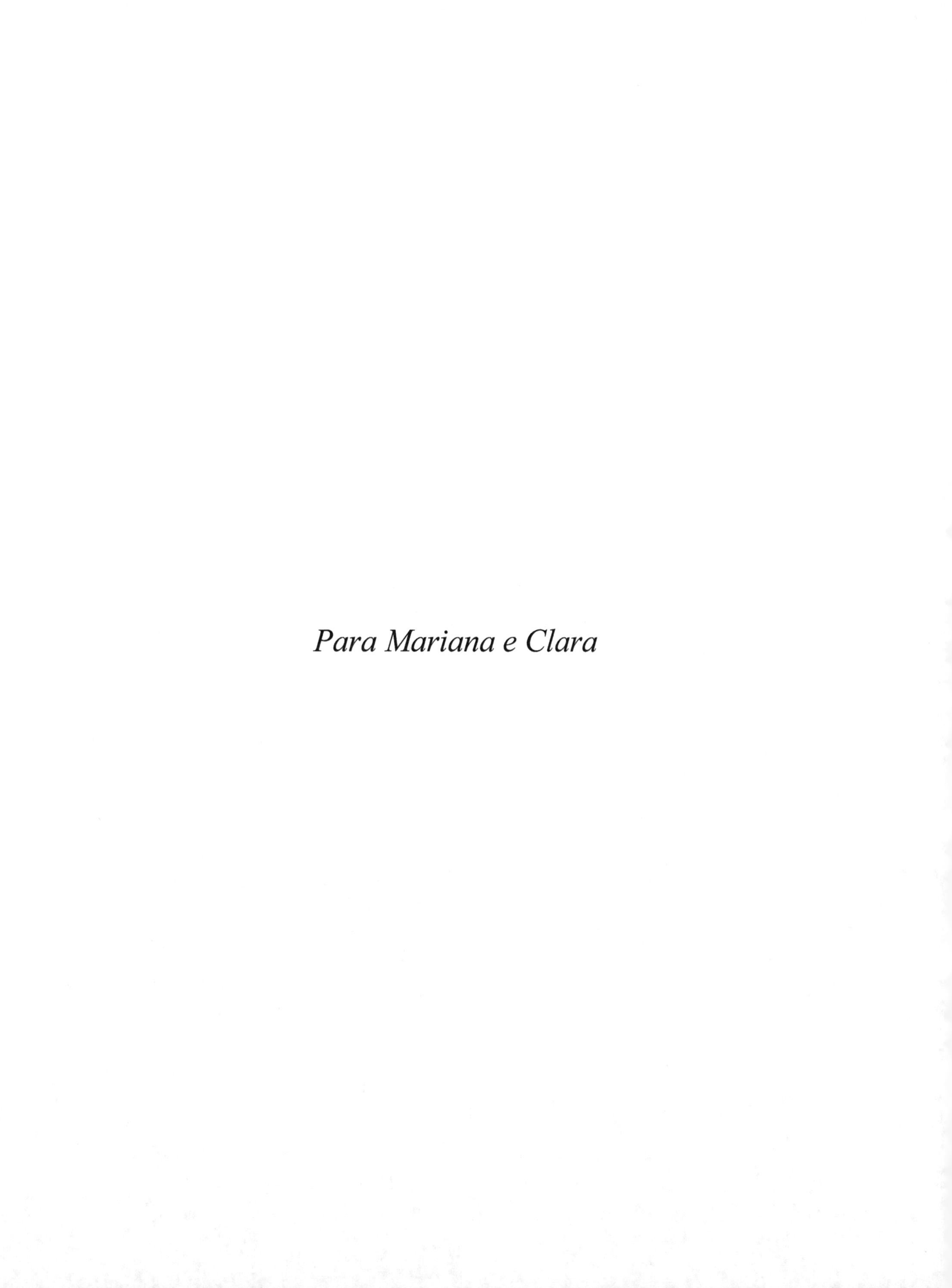

Para Mariana e Clara

Conteúdo

Apresentação

A ideia de contribuir com um livro sobre evolução surgiu quando passei a ser professor no curso de graduação em Ciências Biológicas da Universidade Federal de Campina Grande (UFCG) em 2012. Percebendo a dificuldade de muitos alunos em compreender o processo evolutivo, a ideia inicial foi a de criar um guia simples para auxiliá-los, focando nas propriedades centrais da evolução. Todavia, tendo em vista que a evolução também é mal compreendida fora dos muros das universidades, meus objetivos foram expandidos e passei a escrever o livro pensando em um público mais amplo.

O livro **Evolução Biológica: princípios e evidências** foi escrito da maneira mais objetiva possível, de forma que todos os leitores (estudante de biologia ou não) sejam beneficiados. Cada frase do livro foi escrita pensando em um público amplo e toda a elaboração do livro foi realizada para maximizar clareza e facilitar a compreensão do processo evolutivo. A linguagem empregada foi a mais simples possível, jargões científicos inevitáveis foram sempre apresentados com uma descrição dos seus significados e, persistindo as dúvidas, um glossário com os termos abordados no livro foi disponibilizado para tornar a leitura autossuficiente.

As figuras apresentadas no livro também foram confeccionadas pensando em objetividade e clareza e representam um diferencial deste livro. Muitos livros de evolução apresentam figuras que são reproduções exatas (ou apenas ligeiramente modificadas) dos gráficos apresentados nas publicações científicas. Essas figuras são certamente muito informativas e importantes, mas por serem comumente complexas, podem atrapalhar ou desestimular a compreensão do processo evolutivo.

Neste livro, optei por criar figuras que equilibram informação e clareza e os gráficos complexos foram substituídos por infográficos que, mesmo sendo simplificações, são sempre baseados em propriedades científicas reais.

Obviamente, apesar das minhas intenções e dos meus esforços em discutir a evolução com objetividade e clareza, há limites para o quanto uma teoria científica pode ser simplificada. Você perceberá que muitas dúvidas serão esclarecidas somente quando todo o livro for finalizado porque os temas abordados em cada capítulo se complementam.

O livro está dividido em duas partes. A primeira parte apresenta diversos capítulos que abordam a evolução sob uma perspectiva mais teórica. Os capítulos sobre Genética abordam o básico do tema e foram incluídos no início do livro para subsidiar os fundamentos da teoria evolutiva nos capítulos seguintes. Todavia, os leitores mais ávidos podem pular esses capítulos e ir direto ao ponto para ler os capítulos na ordem que lhes convêm. A segunda parte do livro contém capítulos que apresentam exemplos práticos que evidenciam o processo evolutivo a partir de áreas distintas da biologia. Adicionalmente, um apêndice abordando aspectos centrais da evolução humana e um glossário com os termos científicos utilizados no livro foram inseridos.

A quantidade atual de informações sobre o processo evolutivo é imensa e selecionar apenas as partes que melhor atendiam aos meus objetivos foi certamente o maior dos desafios. Afinal, tudo parece ser tão importante! De qualquer forma, os conceitos e os exemplos abordados neste livro foram escolhidos com cautela e com o objetivo único de transmitir conhecimento científico da forma mais clara possível. Estou convicto que, ao final da leitura, tanto os leitores com um conhecimento básico de biologia quanto os leitores com conhecimento avançado sobre evolução tirarão algum proveito desta produção.

Muito obrigado por adquirir este livro!

Prefácio

A teoria evolutiva representa uma das mais influentes ideias científicas. Proposta em um período no qual as limitações tecnológicas dificultavam sua comprovação, a evolução atravessou testes rigorosos e críticas antes de ter sido finalmente aceita pela comunidade científica. Ao contrário do que muitos pensam, a evolução não é uma imposição não-fundamentada da ciência. Para ser aceita pela comunidade científica, uma ideia precisa ser comprovada por experimentos e evidências, e a evolução se tornou um fato científico apenas quando esses critérios foram atendidos.

A quantidade de evidências a favor da evolução é imensa e nunca tivemos tanta informação sobre o processo evolutivo como temos hoje. Além disso, as tecnologias atuais nos permitem acessar os trabalhos científicos e acompanhar, quase em tempo real, os resultados de pesquisas que são realizadas em várias partes do mundo. As páginas virtuais de museus de história natural, das universidades e de coleções científicas permitem que organismos modernos e fósseis sejam consultados remotamente, sem a necessidade de uma visitação física. Alguns cliques na tela de um celular ou de um computador é o que nos distancia de todo esse conjunto de informações. Infelizmente, as mesmas tecnologias que facilitam o acesso ao conhecimento também são empregadas para atacar gratuitamente as ideias científicas e disseminar ideias falsas.

A negação do conhecimento racional é uma infeliz realidade. O formato da Terra, a eficácia das vacinas e as mudanças climáticas globais são exemplos de propriedades científicas que estão sendo atacadas de forma crescente e sem nenhum contra-argumento racional. Nenhuma forma de conhecimento deve ser imune às críticas e o conhecimento científico não foge a essa regra. De fato, questionar e duvidar são propriedades centrais da ciência! Portanto, perceba que o problema não são as críticas em si, mas as críticas não-fundamentadas. Os ataques gratuitos direcionados ao pensamento racional ocorrem pelo simples fato de que algumas verdades científicas não são convenientes, e isso é potencialmente perigoso para o progresso humano.

É irônico que os que negam os fatos científicos sejam os mesmos que se abraçam a ideias fantasiosas que não têm nenhum fundamento racional. É irônico também que produtos tecnológicos como os telefones celulares, os computadores e a internet sejam utilizados para atacar a mesma ciência que criou esses produtos. Talvez ainda mais perigoso seja o fato de que uma minoria com formação científica utilize ideias pseudocientíficas para atender às suas vontades pessoais e acabem por influenciar um grupo maior.

O desenho inteligente, uma versão moderna do criacionismo, é geralmente apresentado de forma intencionalmente complexa e incompreensível para criar impacto. Afinal, como discordar de um cientista formado que utiliza jargões complexos e fórmulas extensas para propor uma alternativa que talvez seja mais confortante que as verdades dos outros cientistas? No meio científico, esses pseudocientistas representam uma minoria e suas ideias são rejeitadas por não utilizarem procedimentos racionais, mas fora do círculo científico essas alternativas mais convenientes tendem a ganhar destaques significativos e perigosos!

As propriedades apresentadas neste livro representam uma compilação sucinta de importantes publicações científicas que ocorreram, principalmente, nas últimas décadas. Por ter uma formação em Ciências Biológicas, me considero privilegiado por ter tido acesso a essa informação. As etapas de um trabalho científico incluem a concepção de uma hipótese, o teste da hipótese usando métodos racionais e imparciais, a análise dos resultados por outros especialistas e sua publicação oficial em um periódico. Conhecendo o rigor que existe em cada etapa, eu opto por aceitar as publicações científicas como o que temos de mais próximo da verdade.

Como educador, meu papel é o de repassar essas informações e divulgar os achados científicos para os que não tiveram a mesma oportunidade que tive. A razão é o que mais nos aproxima da verdade, seja esta conveniente ou não. Ao final da leitura, espero que você se convença que a evolução é uma verdade embasada por evidências tão sólidas quanto as que comprovam tantas outras teorias científicas.

Mais do que um livro sobre evolução, este é um livro sobre ciência!

PARTE 1

Princípios

Capítulo 1

O que é (e o que não é) evolução?

Como as espécies se modificam?
Por que os indivíduos de uma população são diferentes?
Por que determinadas variações se tornam dominantes e outras raras?
Quais níveis biológicos são influenciados pela evolução?
Quais evidências comprovam o processo evolutivo?
O que significa evoluir?

O presente livro apresenta uma síntese das propriedades centrais da evolução biológica. Baseado nos resultados de mais de um século de estudos observacionais, de campo e experimentais, apresentarei uma compilação dos principais fundamentos da evolução biológica que respondem as perguntas acima. Você vai observar como o conhecimento evolutivo foi construído gradualmente a partir da contribuição de diversos estudiosos e como a aceitação da evolução, mesmo não tendo sido imediata, revolucionou a biologia. Você vai perceber também que os fundamentos básicos da evolução não são tão difíceis de compreender. De fato, considerando a sua importância para todas as áreas da ciência, é incrível que um processo aparentemente tão trivial como a seleção natural seja tão poderoso e influente.

Apesar de ser comumente categorizada como uma disciplina da biologia, a evolução transcende a própria biologia em muitos aspectos. Com a evolução, muitos fenômenos naturais foram elucidados, e o uso de explicações sobrenaturais para compreender a vida foi abandonado pelos naturalistas. Todavia, fora do círculo científico, o processo evolutivo continua sendo bastante mal compreendido e isso certamente dificulta sua aceitação como fato. Além disso, a evolução inevitavelmente confronta princípios criacionistas e antropocêntricos e é comumente tratada com desdém por quem se nega a substituir dogmas tradicionais pelas ideias materialistas da evolução.

Antes de começarmos a responder as perguntas acima, vamos iniciar considerando conceitos introdutórios e entender como falácias e confusões popularmente disseminadas atrapalham a compreensão da teoria evolutiva.

Considere duas perguntas iniciais:

Os organismos se modificam ao longo do tempo ou são entidades fixas?
A vida se originou uma única vez ou diversas vezes?

De certo modo, estas duas questões são independentes e podem ser compreendidas a partir de três linhas de pensamento: criacionista, transformista e evolucionista (Figura 1.1).

Pensamento criacionista: considera que os organismos não se modificam ao longo do tempo e que a diversidade da vida na Terra é o resultado de criações múltiplas que ocorreram em um único momento e em um passado não tão distante por uma entidade divina. Esse é o pensamento não-científico, dominante na maioria das religiões.

Pensamento transformista: considera que os organismos podem se modificar ao longo do tempo, mas cada um foi criado independentemente por forças sobrenaturais divinas. No geral, acreditam nas mudanças em pequena escala (microevolutivas), mas não acreditam que o acúmulo dessas mudanças seja suficiente para produzir mudanças em grande escala (macroevolutivas). Essa linha de pensamento foi mais popular no passado, mas ainda conta com alguns defensores que buscam conciliar ideias científicas e religiosas.

Pensamento evolucionista: aceita as evidências que sugerem que a vida tem origem única, porque todas as formas de vida são governadas pelos mesmos mecanismos bioquímicos. Aceita também que todas as espécies que vivem ou que já viveram no nosso planeta descendem de ancestrais que, por sua vez, descendem de outros ancestrais em uma complexa linha de modificações evolutivas. Esse é o pensamento amplamente dominante no meio científico e tópico central do presente livro.

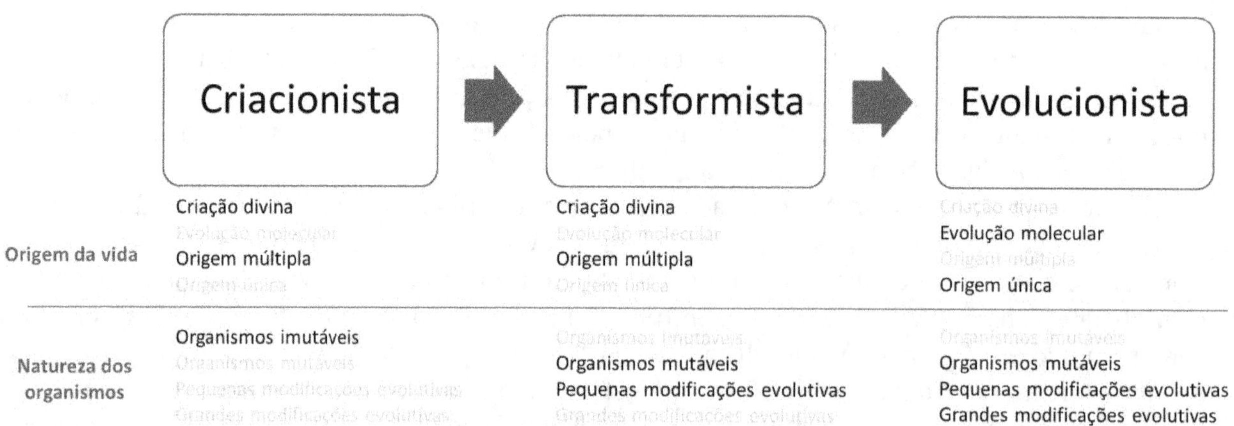

Figura 1.1 Como a origem da vida e os organismos são compreendidos por diferentes formas de pensamento. Entre os naturalistas, o pensamento criacionista dominou por muito tempo, foi substituído pelo pensamento transformista e, mais recentemente, pelo pensamento evolucionista. Fora do círculo científico, o pensamento criacionista ainda é dominante.

O pensamento criacionista é muito antigo e foi dominante entre os naturalistas quando ideias sólidas sobre a origem da diversidade biológica no nosso planeta não existiam. As observações da natureza e o aprofundamento de estudos experimentais rigorosos levaram os naturalistas a discutir a origem da vida. O resultado foi a substituição do pensamento criacionista pelo pensamento transformista e, posteriormente, do pensamento transformista pelo pensamento evolucionista. Fora do círculo científico, o criacionismo continua sendo a forma de pensamento dominante.

Em virtude da grande quantidade de estudos e das crescentes evidências que suportam o pensamento evolucionista, os princípios evolutivos são amplamente aceitos no meio científico e constituem a base central da biologia moderna. Como eternizado pelo biólogo Theodosius Dobzhansky:

Nada na biologia faz sentido exceto à luz da evolução

Evolução é apenas uma teoria?

Um dos argumentos de muitos opositores é o de que a evolução, por ser 'apenas uma teoria', não pode ser aceita como verdade. Fora do círculo científico, o termo teoria é geralmente utilizado para se referir a ideias que foram concebidas na mente humana, mas que não foram comprovadas. No meio científico, no entanto, o termo teoria tem um significado distinto e bem definido. Uma teoria científica é uma explicação para um fenômeno natural que foi rigorosamente comprovada por testes e experimentos. Por outro lado, uma hipótese científica é uma explicação proposta para um fenômeno que ainda não foi submetida a testes. Portanto, quando alguém afirma que '*evolução é só uma teoria*' ela provavelmente quer dizer '*evolução é só uma hipótese*', e isso não está correto. Por ter sido rigorosamente testado, o processo evolutivo é muito mais que uma hipótese e o argumento de que evolução é apenas uma teoria representa apenas uma confusão semântica. O biólogo Richard Dawkins contestou o argumento com:

Evolução é só uma teoria? Bem, a gravidade também é, e eu não vejo você pulando de um prédio

Evolução biológica *versus* evolução tecnológica

Estamos habituados a entender o termo 'evolução' como sinônimo de melhoria e aperfeiçoamento. Quando acompanhamos a evolução de um produto tecnológico, como um automóvel ou um computador, geralmente percebemos melhorias. Componentes grandes e com baixa eficiência são substituídos por componentes menores e de alta eficiência que otimizam a relação custo/benefício destes sistemas. A evolução biológica, no entanto, ocorre de forma distinta da evolução tecnológica, mas o uso comum do termo evolução nas duas situações cria confusões. De forma geral, o termo evolução tem significados diferentes dentro e fora do círculo científico e, novamente, confusões semânticas podem dificultar a compreensão de como realmente ocorre o processo evolutivo. Podemos definir duas diferenças centrais entre evolução biológica e evolução tecnológica:

1. Evolução biológica significa remodelação: as mudanças evolutivas nos organismos ocorrem pela *modificação* de características biológicas prévias e não pela *construção* de novos componentes. A ideia de que todos os organismos são aparentados e de que novas formas de vida surgem a partir de formas preexistentes foi resumida por Charles Darwin como *descendência com modificação*. Na evolução tecnológica, a roda de madeira dos primeiros veículos, por exemplo, foi substituída por um conjunto novo e independente que inclui ligas de aço e borracha, como nos carros modernos. Por outro lado, na evolução biológica, estruturas como as penas das aves não foram construídas, mas sim remodeladas a partir de escamas dos répteis. Por conseguinte, as escamas são estruturas córneas, remodeladas a partir da epiderme. Da mesma forma, estruturas complexas como os olhos foram produzidas a partir de células epiteliais pigmentadas que passaram a utilizar a luz como fonte para percepção do ambiente. O histórico evolutivo dos tecidos e das células que formam os órgãos e as partes dos organismos pode continuar sendo traçado até suas partes moleculares. Penas, escamas, olhos, epitélios e células apresentam combinações moleculares que evoluíram em conjunto porque deram certo e foram favorecidas pelo ambiente. Dos mais simples aos mais complexos, os organismos representam o produto de remodelações cumulativas e graduais. O histórico evolutivo de qualquer estrutura biológica pode ser traçado até a sua mais remota versão e, em níveis atômicos, todos os organismos apresentam os mesmos pormenores químicos que formam a matéria prima básica da vida.

2. Estruturas biológicas mais evoluídas não necessariamente são mais complexas ou melhores: quando uma estrutura biológica evolui, sua complexidade comumente aumenta para atender a demanda de novas funções. A grande história da vida mostra uma tendência generalizada de acúmulo de complexidade orgânica: *moléculas replicadoras → células → multicelularidade → órgãos e sistemas → aumento de complexidade biológica*. Todavia, não raramente, muitas estruturas biológicas evoluem no sentido de reduzir a complexidade estrutural em virtude da perda de funções. Pulgas são insetos que perderam as asas (Figura 1.2), animais que vivem em cavernas comumente possuem olhos reduzidos ou são cegos, e as baleias perderam os pelos porque estas estruturas se tornaram obsoletas no ambiente aquático. A evolução biológica deve ser compreendida como as modificações que mantêm os organismos adaptados diante das mudanças ambientais, mesmo que essas mudanças ocorram no sentido de reduzir a complexidade das características biológicas. Portanto, organismos mais complexos não necessariamente são melhores que organismos menos complexos. Os sistemas tecnológicos geralmente são modificados para melhorar um aspecto que era menos eficiente e os produtos tecnológicos 'evoluem' para serem melhores que suas versões anteriores. No entanto, os sistemas biológicos quase sempre evoluem para se manter adaptados quando o ambiente se modifica. Definir que uma estrutura é pouco adaptativa requer muito mais do que a simples análise da complexidade de suas partes. Bactérias e os mais complexos organismos são igualmente bem-adaptados, cada um aos seus espaços ecológicos (nichos) próprios. A comparação de estruturas com diferentes graus de complexidade deve sempre levar em consideração o ambiente no qual essas estruturas desempenham seus papéis.

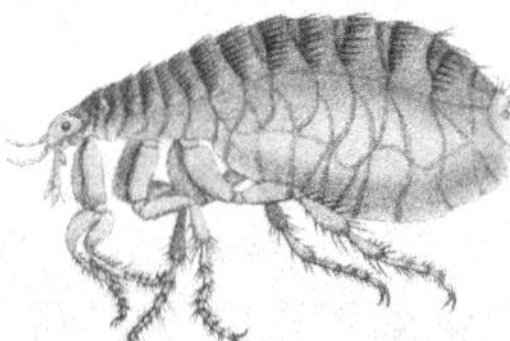

Figura 1.2 Evolução nem sempre significa aumento de complexidade. A perda das asas em insetos como as pulgas representa um estágio derivado. As pulgas descendem de insetos que tinham asas e, apesar de serem estruturalmente mais simples, sua condição não-alada é derivada (ou evoluída) em relação a condição alada dos outros insetos.

Afinal, por que é tão importante distinguir a evolução biológica da evolução tecnológica? A ideia de que organismos mais evoluídos são melhores e superiores, como na tecnologia, é perigosa e alimenta ideias como o antropocentrismo e o especismo.

A Figura 1.3 mostra como os equipamentos utilizados na telecomunicação foram modificados ao longo do tempo. Observe como as modificações incluíram remodelações de versões prévias, mas principalmente a construção completa, com a introdução de componentes tecnológicos novos que não estavam presentes nas versões anteriores. Na evolução biológica, as estruturas evoluem por remodelação e é muito mais limitada que a evolução tecnológica. Na evolução tecnológica, uma versão nova de um produto tecnológico não precisa utilizar os mesmos componentes que estavam presentes nas versões anteriores, mas na evolução biológica, a remodelação é um requisito central.

Qual nível biológico evolui?

As espécies evoluem, os indivíduos não! A evolução biológica ocorre quando as características de uma espécie se modificam ao longo do tempo. Ao longo da vida, um indivíduo pode adquirir novas habilidades e aperfeiçoar comportamentos, mas essas mudanças não são evolutivas. A ideia de que um indivíduo evolui, comumente disseminada em filmes de ficção científica, é falha e atrapalha a compreensão da evolução biológica.

Evolução biológica significa mudança nas características genéticas de uma população ao longo do tempo. Essas mudanças ocorrem quando uma versão de uma característica que é definida geneticamente se torna mais comum que as demais versões. As propriedades genéticas de um indivíduo são determinadas no momento da fecundação e permanecem com o indivíduo até o final da sua vida. Alguns genes são ativados ou desativados em períodos distintos da vida de um indivíduo, mas seu conjunto genético permanecerá inalterado durante toda sua existência. Por outro lado, uma população é uma entidade diversa e dinâmica formada por indivíduos com características genéticas distintas. Quando uma versão de uma característica que é determinada geneticamente é favorecida, os indivíduos que as possuem têm mais chance de sobreviver e esta versão aumenta sua frequência na população. Um indivíduo que nasceu sem essa condição nunca a possuirá.

Figura 1.3 Resumo do progresso da telecomunicação. As versões mais recentes dos telefones possuem componentes novos, que foram introduzidos para substituir componentes das versões anteriores. O teclado analógico com botões eletrônicos independentes substituiu completamente o telefone de disco. Por sua vez, esse tipo de teclado foi substituído por uma tela sensível ao toque que inclui componentes completamente novos que não estavam presentes em nenhuma versão anterior. Se princípios biológicos fossem aplicados à evolução tecnológica, os telefones só poderiam progredir por remodelação da matéria-prima existente na primeira versão e as mudanças estruturais observadas seriam muito mais limitadas.

O que uma característica biológica pode nos informar?

As características biológicas desempenham funções que estão fortemente relacionadas com o ambiente (ecologia) no qual o organismo está inserido. O resultado combinado de forças aleatórias (surgimento das variações por mutação) e não-aleatórias (seleção natural das variações) determina o arsenal de características que melhor lida com os desafios ambientais. A análise das estruturas biológicas nos diversos níveis (molecular, celular ou anatômico) é parte fundamental da biologia evolutiva, sendo suportada por três eixos principais: descritivo, funcional e ecológico (Figura 1.4).

Análise descritiva (o que?): se refere à organização da estrutura. São exemplos a sequência e o arranjo dos átomos que formam uma molécula, os tipos de células de um tecido e as proporções e a composição de uma parte anatômica.

Análise funcional (como?): se refere ao componente fisiológico ou biomecânico. Avalia como a estrutura funciona e determina os limites funcionais impostos pela organização da estrutura.

Análise ecológica (por que?): se refere a relação da estrutura com o meio físico, químico e biológico. Representa o componente adaptativo: o papel que a estrutura desempenha no ambiente e como forma e função afetam a capacidade do organismo sobreviver e deixar descendentes.

Para compreender um organismo, os três eixos descritos acima devem ser analisados de forma unificada e sob uma visão histórica (evolutiva). Obviamente, os organismos são complexos demais para serem simplesmente reduzidos aos seus pormenores. Uma única estrutura pode ter mais de uma função, e diferentes estruturas com organizações distintas podem servir a um mesmo propósito ecológico. As penas das aves, por exemplo, são utilizadas para o voo, mas também para a regulação térmica e para a exibição social. Além disso, as asas dos insetos, das aves e dos morcegos são estruturalmente diferentes, mas servem para uma mesma finalidade ecológica: o voo. Uma análise completa de uma estrutura deve levar em consideração todas as suas funções, o seu ambiente de atuação e sua relação histórica (evolutiva) com as versões anteriores da estrutura.

O que é uma espécie primitiva?

O termo 'primitivo' tende a transmitir uma ideia de ineficiência ou incapacidade, da mesma forma que o termo 'evoluído' tende a ser confundido com melhoria. Na biologia, termos como primitivo e evoluído são utilizados para se referir a ordem de apariço das versões de uma característica biológica em uma cronologia evolutiva. Em duas espécies contemporâneas, a versão da estrutura da espécie A é considerada mais evoluída porque se modificou mais do que outra versão da espécie B. Por se parecer mais com a condição ancestral (da qual ambas derivam), a versão observada na espécie B é chamada de primitiva. A versão que se modificou mais passou por mais mudanças ambientais e precisou se adaptar a essas mudanças, enquanto a versão primitiva se manteve adaptada ao seu ambiente mais estável. Portanto, o valor adaptativo das estruturas não deve ser baseado unicamente em diferenças de complexidade ou de estado evolutivo. O ambiente é um determinante central que deve ser sempre levado em consideração.

Espécies primitivas (também chamadas de basais ou inferiores) são aquelas cujas estruturas se modificaram menos que a de outras espécies (evoluídas, derivadas ou superiores). Este é o único significado de uma espécie primitiva. Entre duas espécies, uma será primitiva porque apresenta mais similaridade com a condição ancestral do que a segunda espécie. Esta segunda espécie se distanciou mais da condição ancestral porque se modificou mais. Portanto, uma espécie primitiva pode ser considerada aquela que apresenta mais similaridade com uma condição ancestral de referência.

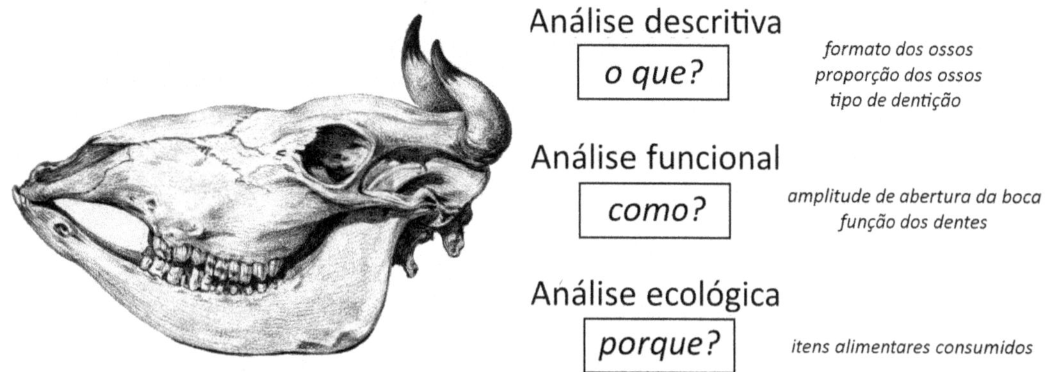

Figura 1.4 As estruturas biológicas, como o crânio de um vertebrado, podem ser analisadas a partir de três eixos que respondem o que é a estrutura (eixo descritivo), como a estrutura funciona (eixo funcional) e porquê a estrutura tem estas características (eixo ecológico). O desempenho funcional de uma estrutura é limitado pela sua organização, que também determina as possibilidades ecológicas da estrutura. Por exemplo, articulações distintas nas maxilas permitem diferentes amplitudes de abertura da boca e os animais podem consumir itens alimentares maiores ou menores dependendo dessas habilidades funcionais. Da mesma forma, dentes pontiagudos são bons em perfurar carne, mas não são bons em macerar material vegetal.

Perceba que os termos primitivo e evoluído são relativos. Uma espécie pode ser primitiva em relação a uma segunda espécie, porém mais evoluída que uma terceira espécie (Figura 1.5). Da mesma forma, as diferentes estruturas biológicas de uma mesma espécie evoluem a taxas diferentes e um indivíduo pode apresentar uma mistura de características primitivas e derivadas.

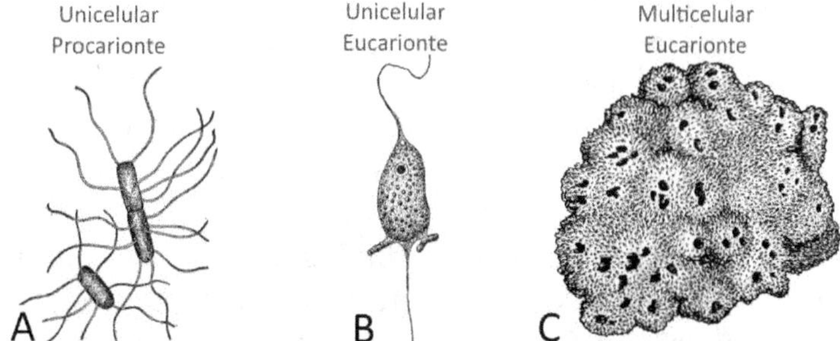

Figura 1.5 Um protozoário (B), organismo unicelular com estrutura celular eucarionte, é primitivo em relação aos organismos multicelulares eucariontes como as esponjas (C), mas derivados em relação às bactérias (A), que são seres unicelulares procariontes. Os três grupos coexistem até hoje e cada um é bem-adaptado aos seus nichos ecológicos particulares.

Peixes modernos e tetrápodes (vertebrados terrestres) evoluíram a partir de peixes ancestrais. Enquanto os peixes modernos se modificaram relativamente pouco e ainda se parecem muito com os peixes do passado, os tetrápodes se modificaram mais durante o mesmo intervalo de tempo (Figura 1.6). De uma forma geral, isso ocorreu porque a linhagem que deu origem aos peixes modernos se manteve aquática enquanto as pressões seletivas do ambiente terrestre levaram a modificações mais radicais na linhagem dos tetrápodes.

Perceba que os dois grupos tiveram o mesmo tempo para evoluir, mas a taxa de evolução foi diferente em cada grupo. A linhagem que permaneceu aquática não precisou se modificar tanto quanto a linhagem terrestre. Grupos modernos que apresentam similaridade com formas de vida ancestrais são comumente chamados de fósseis vivos e seus traços primitivos revelam o sucesso adaptativo frente a um ambiente que se modificou relativamente pouco. Como veremos em maiores detalhes posteriormente, os organismos não estão predestinados a se tornar algo. As mudanças evolutivas são respostas às variações ambientais e estas variações são, até certo ponto, imprevisíveis.

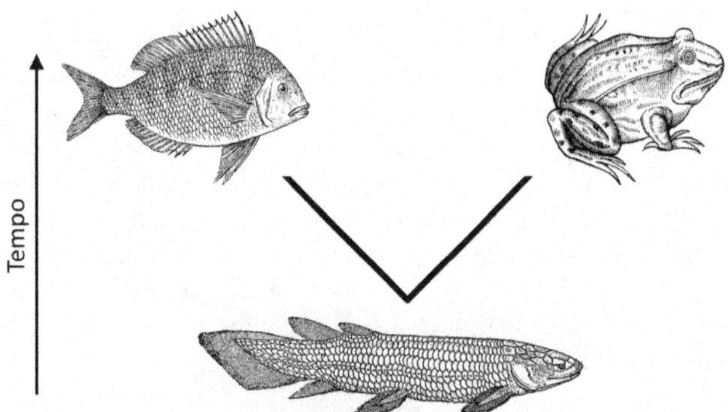

Figura 1.6 Simplificação para evidenciar como o processo evolutivo é assimétrico. Entre duas espécies contemporâneas (peixe moderno e tetrápode), uma é mais primitiva porque possui mais similaridade com a condição ancestral. Apesar dos peixes modernos também serem distintos da condição ancestral, a linhagem dos tetrápodes passou por modificações mais radicais no mesmo intervalo de tempo.

O ser humano é o ápice da evolução?

O mal uso dos termos *primitivo* e *evoluído* pode ter implicações éticas sérias. A ideia de superioridade evolutiva humana é bastante difundida porque organismos menos complexos tendem a ser intuitivamente julgados como imperfeitos. Quando entendemos o significado dos termos sob a perspectiva biológica, a posição evolutiva do ser humano em relação aos demais organismos pode ser melhor compreendida.

O ser humano possui diversas características biológicas que são muito evoluídas em relação à condição dos primeiros mamíferos. A postura ereta, o aumento da região anterior encefálica e a redução dos pelos corporais são exemplos de características humanas especiais. Por outro lado, estruturas que se modificaram menos em relação a outros animais também estão presentes na nossa espécie. As nadadeiras das baleias e as asas dos morcegos, por exemplo, são versões das patas dos mamíferos que se modificaram mais nesses animais do que no ser humano em relação à condição ancestral (Figura 1.7).

Um organismo possui um arsenal de estruturas que coexistem para assegurar sua sobrevivência. As regiões encefálicas responsáveis pelos comportamentos cognitivos e pela comunicação são muito especializadas na espécie humana e isso criou oportunidades únicas na história de vida do nosso planeta. Essas características permitiram ao ser humano questionar e compreender a natureza e desenvolver tecnologias ao seu favor que têm como finalidade central garantir sua sobrevivência. O arsenal das bactérias, das plantas e dos outros animais também serve a esse propósito, e a ideia de superioridade evolutiva do ser humano não é amparada pela biologia.

Por outro lado, o domínio físico que a espécie humana tem sobre as outras espécies do planeta é incontestável, e essa propriedade não tem precedentes na história do nosso planeta. Animais de grande porte, topo das cadeias alimentares tendem a possuir tamanho populacional relativamente pequeno, mas a espécie humana quebrou essa regra. Além disso, estimativas mostram que a espécie humana se apropria de uma proporção muito significativa da produtividade primária do planeta. Indubitavelmente, esses fatores são indicativos do sucesso evolutivo da nossa espécie.

Figura 1.7 Morcegos e baleias são mamíferos com especializações aéreas e aquáticas, respectivamente. Nestes animais, os membros anteriores se modificaram muito em relação à condição terrestre ancestral dos mamíferos. Os membros anteriores da espécie humana também se modificaram, mas as mudanças foram de certa forma menores.

Não obstante, o crescimento populacional rápido e desordenado também produz consequências negativas para a nossa espécie e ocorreu em detrimento da sobrevivência de muitas outras espécies. A história nos mostra que grandes inovações biológicas (como os surgimentos da respiração aeróbica, da célula eucariótica e da multicelularidade, por exemplo) foram conseguidas a partir de cooperação mútua entre os organismos. Nós dependemos muito das outras espécies para garantir nossa própria sobrevivência e o domínio antiético e negligente sobre as demais formas de vida do nosso planeta pode significar o término prematuro da nossa própria espécie.

Capítulo 2

Histórico

Os primeiros relatos de ideias evolutivas podem ser atribuídos a filósofos gregos, como Anaximandro (610-546 a.c.), cujos documentos, apesar do teor poético e não-científico, relatavam uma preocupação com a origem dos animais e do ser humano. O livro história dos animais (*Historia animalium*) de Aristóteles (384-322 a.c.) é considerado um dos trabalhos pioneiros de zoologia e tratou os organismos a partir de uma linha progressiva que incluía formas simples e complexas. As ideias de Aristóteles e de filósofos mais antigos como Platão (428-347 a.c.) foram posteriormente compiladas e passaram a ser denominadas escala da natureza (*scala naturae*). Os filósofos gregos trataram os organismos de maneira relativamente superficial e muitos séculos se passaram antes que as ideias de transformação dos organismos viessem a ser novamente exploradas.

Séculos XVII, XVIII e XIX

A ideia de que uma espécie é uma entidade imutável (fixismo) e que representa o produto de criações divinas predominou nos séculos XVII, XVIII e na época de Charles Darwin (século XIX). Por sua importância, o nome de Darwin é quase um sinônimo de evolução, mas ele não foi o primeiro naturalista a propor que as espécies se modificam ao longo do tempo. Darwin teve uma contribuição imensa para as ciências naturais e foi um dos mais importantes defensores da natureza mutável da vida, mas naturalistas como Pierre Louis Moreau de Maupertuis (1698-1759), Georges-Louis Leclerc (1707-1788), Denis Diderot (1713-1784), Erasmus Darwin (1731-1802), Jean-Baptiste de Lamarck (1744-1829), Patrick Matthew (1790-1874) e Edward Blyth (1810-1873) questionaram o caráter fixista e discutiram as relações entre as espécies algum tempo antes dele.

De fato, Pierre Maupertuis sugeriu que organismos deficientes tendem a ser eliminados de uma população, uma propriedade diretamente relacionada à seleção natural, que viria a ser a principal contribuição de Darwin. Patrick Matthew e Edward Blyth também previram a seleção natural, mas não deram a devida importância ao fenômeno. Com exceção de Lamarck, a maior parte dos naturalistas que antecederam Darwin discutiu o processo de transformação das espécies de forma relativamente superficial e não propuseram mecanismos sólidos para explicar como as espécies se modificam. Todavia, esses naturalistas que antecederam Darwin, incluindo seu avô Erasmus Darwin, foram importantes influenciadores e contribuíram para iniciar o que viria a se tornar uma das maiores revoluções nas ciências naturais. Antes de apresentar a importante contribuição de Darwin, vejamos o que Lamarck pensava sobre evolução.

Jean Baptiste de Lamarck (1744-1829)

Jean Baptiste de Lamarck (Figura 2.1) foi um forte defensor da natureza mutável das espécies e um importante divulgador. No entanto, os mecanismos propostos por Lamarck para explicar os processos evolutivos foram radicalmente diferentes dos que viriam a ser posteriormente propostos por Darwin. O tratado *Philosophie Zoologique* publicado em 1809 relata esses fundamentos.

Um dos princípios propostos por Lamarck para explicar como as espécies se modificam ao longo do tempo ficou conhecido por *herança de caracteres adquiridos*. Apesar deste princípio ser fortemente atribuído a Lamarck, outros naturalistas e até alguns antigos filósofos gregos já haviam proposto ideias similares. Segundo esse princípio, uma espécie se modifica quando um indivíduo adquire uma característica ao longo de sua vida e essa característica é passada para sua prole. Em resposta aos desafios ambientais, as características sobreutilizadas se desenvolvem, enquanto as subutilizadas se degeneram (lei do uso e desuso), e a prole, que adquire essas mudanças diretamente dos pais, representa uma versão ligeiramente distinta e melhorada.

Figura 2.1 Jean Baptiste de Lamarck

Lamarck utilizou como exemplo as mudanças ao longo de gerações que levaram girafas a desenvolver pescoços compridos. Ele propôs que a necessidade de alcançar os galhos altos das árvores induziu a um esticamento do pescoço e esse ganho foi passado diretamente para seus filhotes. Dessa forma, a prole já apresentava, desde o início, um pescoço ligeiramente mais longo que o de seus pais. Gerações sucessivas de girafas com pescoços cada vez mais alongados resultaram nas espécies que conhecemos atualmente. Portanto, para Lamarck, o processo de mudança das espécies era o resultado de um esforço dos organismos (o esticamento muscular) para atender a uma necessidade ecológica (alcançar os galhos mais altos) (Figura 2.2).

Lamarck foi enfático ao afirmar que algum tipo de força interna desconhecida transmitia as características adquiridas pelo adulto à sua prole, resultando na produção de filhotes ligeiramente diferentes dos pais. O acúmulo dessas diferenças ao longo das gerações resultaria em mudanças suficientes para produzir novas espécies. Para Lamarck, a força que impulsionava a mudança no indivíduo ao longo de sua vida era a necessidade de se modificar e de se ajustar ao ambiente. Após adquirida, essa mudança seria diretamente herdada pela prole.

Hoje sabemos que muitas características estruturais de um indivíduo podem, de fato, se modificar ao longo de sua vida, mas características somáticas adquiridas não podem ser herdadas. Os filhos de um fisiculturista que apresenta hipertrofia muscular não nascem com a musculatura desenvolvida porque a atividade física modifica os músculos, mas não o DNA. Além disso, nem todos os órgãos e tecidos reagem como o músculo que aumenta ou diminui dependendo da intensidade com o qual é utilizado. Por outro lado, apesar de não ter explicado corretamente como o processo ocorre, Lamarck acertou ao afirmar que partes subutilizadas (i.e. não necessárias) tendem a ser perdidas. Quando uma característica deixa de ser adaptativa, porquê o organismo passou a viver sob novas condições ambientais, esta tende a se reduzir e ser eliminada da população.

Lamarck também considerava que as linhagens eram lineares e que não se ramificavam e nem se extinguiam. Os fósseis seriam registros de espécies que existiram no passado, mas que deixaram de existir não porque se extinguiram, mas porque se transformaram nas espécies atuais. Assim, uma linhagem sempre se modificaria em outra e o termo transformismo é frequentemente atribuído a Lamarck, em grande parte por causa dessas ideias. Ele também acreditava que o processo de transformação das espécies criava uma melhora gradual em uma busca constante pela perfeição. Em outros termos, ele acreditava no conceito de uma escada evolutiva, ou evolução progressiva, no qual organismos simples e imperfeitos se transformariam gradualmente em organismos mais complexos e cada vez mais próximos da perfeição (como o ser humano). Coletivamente, as ideias de Lamarck sugeriam que algum tipo de força interna direcionava as espécies a buscar um objetivo particular, e que animais primitivos serviam de trampolim para estágios gradualmente melhores. Lamarck não estava sozinho e diversos outros naturalistas também abraçaram a ideia de que as populações evoluem progredindo do pior para o melhor.

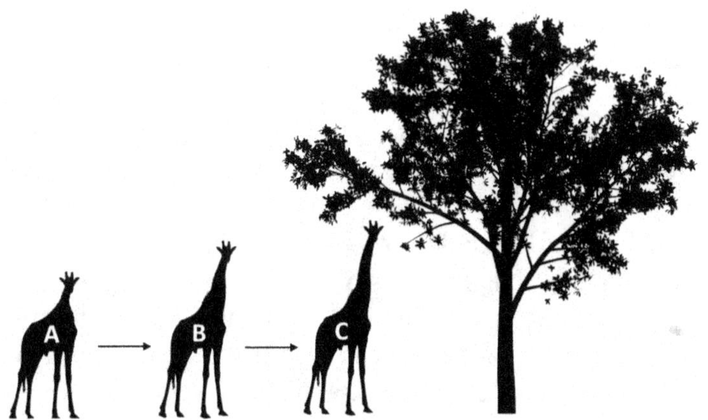

Figura 2.2 Para Lamarck, o pescoço das girafas evoluiu para atender a uma necessidade de alcançar as folhas de uma árvore a partir de indivíduos de pescoço curto (A). Forçando o esticamento da musculatura, o pescoço se alongou e essa inovação, de alguma forma, foi passada diretamente para a prole, que já nasceu com pescoços mais longos que o dos pais (B). Gerações sucessivas esticaram o pescoço cada vez mais para produzir versões cada vez mais alongadas e melhores do pescoço (C).

Infelizmente, Lamarck ajudou a popularizar ideias erradas que ainda se perpetuam. Entre os cientistas modernos, suas ideias praticamente não possuem defensores, mas fora do círculo científico, a evolução tende a ser mais facilmente compreendida pelas ideias de Lamarck do que pelas ideias de Darwin. Não obstante, Lamarck foi um grande divulgador da ideia de que as espécies não são fixas e essa contribuição por si só teve uma imensa relevância, inclusive como estímulo para os estudos de Darwin. Lamarck foi um forte defensor da natureza mutável das espécies, mas errou ao utilizar uma explicação que hoje sabemos não ser fundamentada por evidências. É muito importante perceber que a produção do conhecimento científico é um processo contínuo e realizado por colaborações múltiplas. Apesar de erradas, as ideias de Lamarck foram importantes porque permitiram que outros naturalistas procurassem novas explicações.

Charles Robert Darwin (1809-1882)

A evolução era controversa entre os naturalistas da época de Charles Darwin (Figura 2.3). Alguns estavam inclinados a aceitar a ideia de que as espécies mudam ao longo do tempo, mas muitos permaneceram fiéis às ideias fixistas e nunca foram convencidos do contrário. Todavia, vários naturalistas já haviam sugerido que as espécies não são imutáveis antes do século XIX, mas o termo evolução inevitavelmente se tornou associado a Charles Darwin por causa de suas importantes contribuições. Curiosamente, Darwin raramente utilizava o termo evolução, e em seu livro mais famoso (*Origem das espécies*), apenas o termo *evoluído* foi utilizado por ele. O termo *transmutação* era deliberadamente preferido por Darwin, provavelmente porque o termo *evolução* tinha significados ambíguos. Todavia, apesar de investir em termos mais técnicos, o termo evolução inevitavelmente se tornou mais popular.

Desde cedo, Darwin demonstrou interesse pelas ciências naturais. John Henslow (1796-1861), seu professor de botânica e amigo, percebendo seu interesse pela área, foi um forte incentivador e conseguiu uma vaga em uma excursão global no navio Beagle. Durante a viagem, a parada em Galápagos teve uma importância central para o que seria a mais importante contribuição de Darwin anos depois. Darwin navegou por anos antes de retornar à Inglaterra com anotações e muitos exemplares de animais e plantas. Nos anos que sucederam seu retorno, Darwin formulou hipóteses que mudariam para sempre a história da ciência. John Gould (1804-1881), um ornitólogo inglês respeitado, sugeriu que as aves coletadas em Galápagos eram similares a aves da América do Sul, mas que certamente eram espécies distintas. Darwin usou essa informação, a extrapolou para outros grupos biológicos, e observou que esse padrão biogeográfico era, de certa forma, comum e até previsível.

As ideias de Darwin foram formuladas com base no estudo de diversos grupos biológicos que ele coletou e registrou durante a viagem, mas os tentilhões (aves passeriformes de pequeno porte) foram particularmente importantes. Inicialmente, ele considerou os tentilhões de Galápagos como pertencentes a uma espécie, mas logo percebeu que existiam 13 variações e que estas variações correspondiam às 13 maiores ilhas do arquipélago. Para explicar a distribuição dessas espécies, Darwin propôs que os tentilhões de Galápagos descendiam de uma espécie pioneira proveniente do continente sul-americano. Ele passou então a procurar entender a propriedade natural que estava por trás dessa variabilidade.

Aproximadamente dois anos depois do seu retorno, Darwin leu o popular livro do economista Thomas Malthus (1766-1834) *Ensaio sobre a População*. No livro, Malthus discutiu o crescimento populacional desordenado da espécie humana e mostrou como a competição por recursos se torna mais intensa em populações grandes. Darwin achou interessante a forma como os indivíduos estão em constante luta pela sobrevivência e como existe discrepância no sucesso reprodutivo entre os diferentes indivíduos de uma espécie. Ele percebeu que algumas variações de uma espécie tendem a sobreviver e deixar mais descendentes que outras e que a frequência destas tende a aumentar ao longo do tempo. Por outro lado, as variações que não conseguem sobreviver para se reproduzir reduzem suas frequências até serem eliminadas da população. Após avaliar diferentes ideias, Darwin finalmente tinha uma *matéria prima sólida com a qual poderia trabalhar*. Ele considerou que a luta pela sobrevivência era uma característica onipresente nas populações, e ao mecanismo responsável pela sobrevivência desigual dos indivíduos ele deu o nome de **seleção natural**.

Surpreendentemente, após ter chegado a essas conclusões, Darwin só escreveu algo significativo sobre o tema anos depois. Suas ideias foram inicialmente compiladas em um manuscrito curto que só seria expandido posteriormente. Os escritos originais, até hoje preservados, ilustram a forma como Darwin levou diversas linhas de pensamento em consideração, incluindo as ideias de Lamarck, para chegar às suas próprias conclusões. A contribuição de Darwin representa um dos diversos exemplos de como a ciência foi revolucionada não por estudos elaborados de campo ou experimentos complexos em laboratório, mas sim por observações feitas na natureza e, principalmente, por reflexão em sua própria casa.

Após finalizar seu manuscrito, Darwin o arquivou em casa com uma certa quantia em dinheiro e uma carta direcionada à sua esposa para publicá-lo, caso ele morresse. Durante esse período, quase ninguém estava ciente de suas ideias e esse atraso para divulga-las é reconhecido por muitos como um atestado de que Darwin estava ciente do potencial impacto que suas ideias teriam na sociedade e, em particular, pelo respeito à sua religiosa esposa. Por outro lado, Darwin também buscava mais evidências que fortalecessem suas ideias antes de expô-las.

Figura 2.3 Charles Robert Darwin

Alfred Russel Wallace (1823-1913)

Alfred Wallace (Figura 2.4) foi conterrâneo e contemporâneo de Darwin e os dois faziam parte dos naturalistas da Inglaterra Vitoriana. A história de Wallace como naturalista coincide em diversos aspectos com a de Darwin. Ele também realizou excursões mundiais, inclusive visitando a Amazônia, e era adepto da ideia de que as espécies se modificam ao longo do tempo. Mais importante, Wallace também estava preocupado em descobrir como isso ocorria, e o livro de Malthus também teve forte influência para que ele elaborasse suas ideias. Para Wallace, a ideia de Malthus de que um esgotamento de recursos produz a sobrevivência de algumas pessoas em detrimento da morte de outras podia ser extrapolada para todas as espécies. Wallace sugeriu que os sobreviventes deveriam ter algum tipo de vantagem sobre os não-sobreviventes.

Ciente que Darwin também estava interessado no tema evolução, Wallace enviou a Darwin um manuscrito com suas ideias, solicitando sua opinião. Isso aconteceu aproximadamente 20 anos após Darwin ter chegado às suas conclusões sobre a seleção natural, mas Wallace, e o círculo de naturalistas da época de uma forma geral, não estavam cientes do quão avançado Darwin já estava sobre o tema. Darwin foi pego de surpresa ao saber que as propostas de Wallace eram tão parecidas com as suas. As coincidências eram tão grandes que até mesmo o termo seleção natural também foi utilizado por Wallace. A carta de Wallace foi a motivação necessária para que Darwin finalmente tornasse suas ideias públicas. Ao contrário do que as vezes é disseminado, havia respeito e admiração mútua entre Darwin e Wallace.

Em 1858, o geólogo Charles Lyell (1797-1875) e o botânico Joseph Hooker (1817-1911) arranjaram um anúncio na Sociedade Lineana de Londres (Linnean Society) e a seleção natural foi oficialmente proposta como mecanismo responsável pela origem e evolução das espécies a partir dos trabalhos independentes de Darwin e Wallace. Essa publicação conjunta, no entanto, não foi tão evidenciada imediatamente. No final de 1859, Darwin publicou seu famoso livro *A origem das espécies* que se tornou quase que imediatamente popular. Em grande parte, os temas evolução e seleção natural são fortemente atribuídos a Darwin em virtude dessa publicação e pelo prestígio que Darwin já tinha na época. Todavia, a contribuição de Wallace foi igualmente importante.

Figura 2.4 Alfred Russel Wallace

Os principais fundamentos das teorias de Darwin e Wallace

A principal contribuição de Darwin e Wallace foi a de propor um mecanismo coerente responsável pela evolução das espécies: a seleção natural. Para eles, três condições correlacionadas existem na natureza. As espécies possuem um **potencial reprodutivo alto** que é freado por fatores ambientais como a disponibilidade de recursos. Até mesmo os reprodutores mais lentos, como os elefantes, colonizariam rapidamente o planeta se sua reprodução não fosse limitada pela disponibilidade de recursos do ambiente. Por conseguinte, essa limitação de recursos gera **competição** entre os indivíduos e **sobrevivência diferenciada não-aleatória**. À força que produz essa sobrevivência diferenciada Darwin e Wallace chamaram de seleção natural. Na média, os indivíduos que lidam melhor com os desafios ambientais possuem maiores chances de sobreviver e se reproduzir para aumentar a frequência do seu 'tipo' na população.

Resumidamente, as ideias de Darwin e Wallace se baseiam em três características que são onipresentes nas populações:

Variação: os indivíduos que compõem uma espécie não são idênticos.

Reprodução diferenciada: algumas variações têm mais chance de sobreviver e se reproduzir do que outras.

Hereditariedade: os traços hereditários dos sobreviventes são passados para os filhos.

Na época de Darwin e Wallace, o conhecimento sobre a transmissão hereditária das características era muito incipiente, mas hoje sabemos que:

Variação: variações nas sequências genéticas são responsáveis pela variação dos atributos dos indivíduos de uma população. A variação genética e, consequentemente, a variação da expressão genética é o resultado de processos como mutação e recombinação genética.

Reprodução diferenciada: determinadas variações são mais vantajosas e aumentam a probabilidade de um indivíduo sobreviver para se reproduzir em relação a indivíduos com outras variações. Essas variações vantajosas tendem a se tornar mais frequentes na população porque mais cópias suas são produzidas a cada geração.

Hereditariedade: as variações genéticas são transmitidas dos pais para os filhos através das células sexuais, mas características adquiridas ao longo da vida não são passadas à prole.

Ao contrário do pensamento de Lamarck, as ideias de Darwin e Wallace mostraram que as espécies se adaptam porque novas variações que surgem por mutações são favorecidas pelo ambiente (i.e. são selecionadas positivamente) e não por uma necessidade induzida. A Figura 2.5 compara as principais ideias de Lamarck com as ideias de Darwin e Wallace. Perceba que em muitos aspectos as duas formas de pensamento são contrastantes.

Figura 2.5 Principais diferenças entre os pensamentos de Lamarck (Lamarckismo) e de Darwin e Wallace (Darwinismo)

Como eram tratados os fósseis antes de Darwin e Wallace?

Fósseis são conhecidos há muito tempo. Antes das ideias de Darwin e Wallace terem sido aceitas, um fóssil era tratado como uma espécie que poderia estar viva em uma região inexplorada do planeta. Alternativamente, naturalistas adeptos do criacionismo acreditavam que a vida não tinha se originado a partir de um único evento de criação, mas a partir de vários eventos independentes. Para eles, os fósseis representariam organismos que não existem mais porque foram extintos por catástrofes como o dilúvio e que foram posteriormente substituídos em novos eventos de criação.

Após as ideias de Darwin e Wallace terem sido aceitas, os paleontólogos passaram a compreender que organismos do passado foram extintos porque as condições ambientais se modificaram e suas características deixaram de ser adaptativas. Com a aceitação da evolução, os fósseis fizeram sentido e ficou evidente que espécies que viveram no passado foram completamente extintas ou se modificaram nas formas modernas.

Principais ideias alternativas à seleção natural

Como vimos acima, as ideias de Lamarck são contrastantes com as de Darwin e Wallace. Lamarck acreditava que os organismos adquirem adaptações ao longo de sua vida e, de alguma forma, essas características são passadas à sua prole. Lamarck também defendeu a evolução progressiva e acreditava que a necessidade de se adaptar ao ambiente forçava os organismos a se modificar. Para ele, a adaptação ocorria no indivíduo quando suas partes corporais mais importantes eram sobreutilizadas e se desenvolviam, e quando suas partes subutilizadas se degeneravam. Apesar de algumas dessas ideias serem mais antigas que Lamarck, esses princípios ficaram coletivamente conhecidos por Lamarckismo, por ele ter sido o mais forte dos defensores.

Antes de Darwin e Wallace, uma ideia popular entre os naturalistas era a de que algum mecanismo corporal interno ainda desconhecido direcionava a evolução dos organismos em resposta às mudanças ambientais e que os organismos estavam programados para evoluir em uma direção particular. Coletivamente, as ideias que tinham como fundamento principal essa evolução direcionada eram chamadas de **ortogenéticas**. O princípio básico da evolução ortogenética era o de que uma força interna nos organismos criava mudanças para atender um objetivo. Essas hipóteses foram populares principalmente entre os paleontólogos, mas começaram a ser rejeitadas após Darwin e Wallace. Todavia, até a década de 1930, alguns paleontólogos ainda relacionavam a evolução de espécies extintas com processos ortogenéticos.

Outra ideia popular, chamada de **mutacionismo**, foi proposta pelo biólogo Hugo de Vries (1848-1935). Essa ideia defendia que a mutação era o único mecanismo responsável pelas mudanças evolutivas. Para os mutacionistas, as relações dos organismos com o meio físico e suas interações ecológicas não tinham efeito sobre suas particularidades internas. Por conseguinte, somente o surgimento de uma mutação poderia produzir novas formas de vida de forma quase imediata, sem a necessidade da seleção natural. Esse princípio, contrastante com o gradualismo proposto por Darwin, passou também a ser descartado quando os mecanismos de transmissão das características hereditárias passaram a ser melhor compreendidos, favorecendo a seleção natural.

Seleção natural e os mecanismos de transmissão hereditária

A evolução passou a ser bem-aceita entre os naturalistas após a publicação do livro de Darwin, mas importantes naturalistas, como Louis Agassiz (1807-1873), morreram sem se convencer que as espécies são mutáveis. Por outro lado, a aceitação da seleção natural como mecanismo responsável pela evolução não foi imediata. Portanto, as discussões da época não eram centradas em determinar *se* as espécies são mutáveis ou não, pois isso já estava relativamente bem estabelecido. O foco passou a ser *como* as espécies se modificavam.

As várias explicações que existiam na época de Darwin eram mais hipóteses do que teorias e estas precisavam ser testadas, mas as tecnologias eram bastante limitadas para isso. Darwin e Wallace sugeriram que o ambiente favorece os indivíduos cujas características são vantajosas, e estas características são transmitidas à prole hereditariamente para se tornar as mais frequentes na população. O que faltava para que a seleção natural fosse aceita?

As críticas em relação à seleção natural foram direcionadas principalmente ao mecanismo de transmissão hereditária das características biológicas. O conhecimento sobre transmissão hereditária era incipiente na época de Darwin e também haviam mais hipóteses do que teorias sobre esse tema. A hipótese da **herança por mistura** era uma das mais populares e Darwin relutou para correlaciona-la com suas ideias. Essa hipótese sugeria que todo indivíduo apresenta uma mistura exata das características dos dois pais. Por exemplo, a prole de um macho de coloração preta e uma fêmea de coloração branca seria formada por indivíduos cinzas, porque suas características internas se misturam de alguma forma durante a fecundação.

Em 1867, o engenheiro Fleeming Jenkin (1833-1885) criticou a obra de Darwin afirmando que a seleção natural era incompatível com a herança por mistura. Jenkin afirmou que em uma herança misturada, qualquer traço desapareceria ou se diluiria bem antes da seleção natural começar a atuar (veremos como isso ocorre mais detalhadamente em capítulos posteriores). Jenkin estava correto ao afirmar que a hipótese da herança por mistura era incompatível com a seleção natural e a principal resistência na aceitação da seleção natural ocorreu por causa dessa incompatibilidade. Anos se passaram para que os cientistas percebessem que o problema não era a seleção natural, mas sim a hipótese de herança por mistura.

Em resposta às críticas, Darwin utilizou a herança por mistura como base e incorporou princípios de transmissão de caracteres herdados para aprofundar uma antiga hipótese sobre hereditariedade, chamada de **pangênese**. Darwin propôs que partículas chamadas de gêmulas eram produzidas pelas diversas estruturas do corpo e eram direcionadas para as gônadas (órgãos reprodutivos) onde se agregavam às células germinativas. Dessa forma, características corporais adquiridas ao longo da vida eram transmitidas para as células sexuais e eram herdadas pela prole. Essa hipótese, no entanto, não convenceu os naturalistas e foi posteriormente descartada.

Gregor Mendel (1822-1884) foi um botânico que estudou as propriedades hereditárias a partir do cruzamento experimental entre plantas, e é considerado o pai da genética. Mendel demonstrou que os caracteres dos pais não são transmitidos de forma misturada para a prole, mas sim como unidades hereditárias categóricas, mesmo que as vezes a expressão observável da característica seja intermediária entre os pais. Ou seja, a prole de pais com colorações preta e branca nem sempre é formada exclusivamente por indivíduos cinzas, mas também por indivíduos pretos e brancos. Finalmente, as ideias de Mendel não só eram compatíveis com a seleção natural, como representavam uma das mais fortes evidências a seu favor!

As ideias de Mendel levaram um tempo para serem aceitas e o estatístico e geneticista Ronald Fisher (1890-1962) teve um papel central em redescobrir Darwin e Mendel. Por suas contribuições, muitos o consideram o maior dos sucessores de Darwin. Infelizmente, Darwin e Wallace morreram sem conhecer como os mecanismos de transmissão hereditária realmente ocorrem. Todavia, cartas pessoais descobertas em uma biblioteca sugerem que Darwin já havia antecipado o que viria a ser os estudos genéticos de Mendel. Em uma carta escrita em 1857 para o biólogo Thomas Huxley (1825-1895), Darwin afirmou que *estava inclinado à ideia de que a fertilização mistura, mas não funde, as características dos pais*. Huxley foi um discípulo importante de Darwin e um dos poucos que souberam de suas ideias antes destas terem sido publicadas.

Outro importante achado que viria a contribuir mais tarde para a aceitação da seleção natural no meio científico foi o que ficou conhecido como **barreira de Weissmann**, baseado nos estudos do biólogo August Weissman (1834-1914), outro importante nome para a evolução. Weissman demonstrou, em 1892, que as informações hereditárias são transferidas das células germinativas para as somáticas, mas que o contrário não ocorre. Ele demonstrou, portanto, que as mutações somáticas (as características adquiridas) não são herdadas, e pôs fim a qualquer aceitação ainda remanescente das ideias de Lamarck.

Outras críticas à seleção natural

Um segundo tipo de objeção à seleção natural veio do biólogo George Mivart (1827-1900), que questionou o caráter gradativo da evolução. De acordo com as ideias de Darwin, as estruturas evoluem gradualmente, e cada estágio sucessivo precisa ser vantajoso para ser selecionado positivamente. Mivart afirmou que uma asa formada seria inquestionavelmente bem-adaptada para uma ave, mas os estágios intermediários não seriam bons nem como estruturas terrestres nem como estruturas aéreas. Portanto, estágios intermediários não poderiam ser favorecidos pelo ambiente.

De fato, um importante requisito da seleção natural é o de que todos os estágios de uma estrutura precisam ser vantajosos para que sejam favorecidos. Uma estrutura que não é vantajosa no presente não pode ser selecionada objetivando ser vantajosa no futuro. Os estágios que hoje chamamos de intermediários foram adaptativos no passado e muitas vezes apresentaram funções completamente distintas das observadas hoje. As primeiras 'asas', por exemplo, foram selecionadas para propósitos não relacionados ao voo, e só posteriormente passaram a ser adaptativas para essa finalidade. Em outros termos, não havia nenhum tipo de intenção para que os membros anteriores dos ancestrais das aves se tornassem asas.

Outra objeção à seleção natural representou um erro de interpretação não fundamentado. Tendo em vista que a evolução ocorre de forma não direcionada e sem objetivo, alguns compreenderam que as ideias de Darwin e Wallace sugeriam que as características biológicas eram o resultado de um completo acidente biológico. Em outros termos, era difícil compreender como estruturas complexas, como um olho ou uma asa, poderiam ser o simples resultado de um acidente. Hoje sabemos que a aleatoriedade é um componente importante da evolução, porque as variações surgem a partir de mutações aleatórias, mas a evolução não é um processo estritamente aleatório. A seleção natural é a força não-aleatória que seleciona essas variações. Portanto, a ideia de que as estruturas biológicas foram formadas por um acidente repentino representa uma má interpretação das ideias de Darwin e Wallace.

Outra crítica foi direcionada ao tempo necessário para que a seleção natural produzisse mudanças evolutivas significativas. Na época de Darwin e Wallace, muitos acreditavam que a idade da Terra era medida na escala de milhares de anos e, portanto, não havia tempo suficiente para a evolução produzir tanta diversidade no planeta. A geologia e a paleontologia foram importantes para a teoria evolutiva por mostrar que nosso planeta possui bilhões, e não milhares de anos. Essas áreas do conhecimento também mostraram que os fósseis que conhecemos possuem milhões, dezenas de milhões ou centenas de milhões de anos.

Finalmente, a seleção natural criou desentendimento entre os pensamentos científicos e religiosos da época de Darwin e Wallace. Até então, havia um certo equilíbrio e respeito mútuo entre religião e ciência, principalmente no que se referia a explicação da origem da vida, território sob domínio dos religiosos. Mas a ciência tinha finalmente encontrado uma explicação plausível para a diversidade biológica, e as ideias de Darwin e Wallace inevitavelmente invadiram esse território. O livro de Darwin teve um impacto quase imediato na sociedade inglesa e uma frase que resume bem esse impacto vem da esposa de um Pastor da cidade de Worcester:

Por Deus! Descendemos do macaco? Esperemos que não seja verdade. E se for, rezemos para que ninguém fique sabendo

Como vimos, as ideias de Darwin e Wallace estiveram sujeitas a fortes críticas desde sua formulação. Antes da seleção natural, teólogos naturais como John Ray (1627-1705) e William Paley (1743-1805) explicavam as adaptações das espécies com base em ideias teísticas. Seus argumentos não eram baseados em nenhum tipo de estudo, observação de campo ou experimento, mas na necessidade de preencher as lacunas até então inexploradas pelo pensamento racional.

A teoria proposta por Darwin e Wallace, apesar de ser relativamente simples, precisa atender a um conjunto imenso de requisitos naturais. Se apenas um destes requisitos não for atendido, a teoria é facilmente refutada. Todavia, décadas de estudos rigorosos não foram suficientes para refutar as ideias de Darwin e Wallace. Ao contrário, os avanços intelectuais e tecnológicos só confirmaram suas ideias a partir de estudos de campo e laboratório em áreas tão distintas como a biologia comparada, a biologia molecular, a paleontologia, a etologia, a biogeografia e a genética. As ideias de Darwin e Wallace foram fortalecidas por esses estudos e a quantidade de evidências que as suportam são imensas.

O impacto que as ideias de Darwin e Wallace teve na nossa sociedade é inquestionável. Darwin teve um prestígio financeiro e tinha uma posição social que muitos naturalistas de sua época não tinham (incluindo Lamarck e Wallace), e isso certamente contribuiu, pelo menos parcialmente, para que Darwin ficasse conhecido como o pai da evolução biológica. Todavia, como vimos acima, a teoria evolutiva, como todas as teorias científicas, foi construída a parte da contribuição de muitos estudiosos. A história da ciência nos ensina que o conhecimento se desenvolve melhor quando feito de forma colaborada.

Este capítulo apresentou um breve resumo da história da evolução e muitos nomes importantes foram certamente omitidos. Cientistas que aprofundaram o conhecimento sobre a teoria evolutiva mais recentemente (desde o final do século XIX até hoje) incluem, mas não estão restritos, aos seguintes nomes: Alan Templeton, Aleksandr Oparin (1894-1980), Alexey S. Kondrashov, Amotz Zahavi (1928-2017), Carl Woese (1928-2012), D'Arcy Wentworth Thompson (1860-1948), Edward Wilson, Elisabeth Vrba, Elizabeth Blackburn, Ernest Just (1883-1941), Ernest Mayr (1904-2005), Francis Crick (1916-2004), Gavin de Beer (1899-1972), George Williams (1926-2010), Jack Sepkoski (1948-1999), James Watson, Jane Goodal, John Endler, John Haldane (1892-

1964), John Maynard Smith (1920-2004), Julian Huxley (1887-1975), Leigh Van Valen (1935-2010), Lynn Margulis (1938-2011), Mary Jane West Eberhard, Maynard Smith (1920-2004), Motoo Kimura (1924-1994), Niles Eldredge, Richard Dawkins, Richard Goldschmidt (1878-1902), Sewall Wright (1889-1988), Stephen Gould (1941-2002), Theodosius Dobzhansky (1900-1975), Wilhelm Johannsen (1857-1927), Willi Hennig (1913-1976) e William Hamilton (1936-2000).

Capítulo 3

Introdução à genética

O DNA (ou ADN: Ácido Desoxirribonucleico) é uma grande molécula formada por uma sequência de unidades menores chamadas nucleotídeos. Por sua vez, cada nucleotídeo é formado por três moléculas associadas: um grupo fosfato, um açúcar e uma base nitrogenada. As bases nitrogenadas podem ser de dois tipos: purinas e pirimidinas. As bases do tipo purina são divididas em Adenina e Guanina e as bases pirimidinas em Timina e Citosina (Figura 3.1).

Os nucleotídeos podem se encontrar livremente no interior das células, mas quando estão associados em cadeias formam as sequências genéticas. Todos os organismos, dos mais simples aos mais complexos, possuem sequências genéticas cuja ordem e quantidade de nucleotídeos no DNA variam substancialmente. O DNA de uma única célula humana, por exemplo, apresenta aproximadamente 3 bilhões de nucleotídeos. Os vírus tipicamente possuem genomas pequenos (alguns com menos de 5000 nucleotídeos) e a planta *Paris japonica*, com aproximadamente 150 bilhões de nucleotídeos, possui o maior genoma conhecido.

Uma molécula de DNA é formada por sequências que codificam proteínas (chamadas de genes) e sequências que não codificam proteínas. Essa divisão é puramente funcional porque sequências codificantes e não-codificantes são estruturalmente similares e não estão fisicamente separadas umas das outras. Um gene que codifica uma proteína pode se localizar imediatamente adjacente a outro gene que codifica outro tipo de proteína, ou ser separado por longas sequências de DNA não-codificantes.

As diferenças que observamos entre os organismos são, essencialmente, o resultado das variações nas sequências genéticas e das proteínas que essas sequências codificam. As proteínas são as moléculas da vida tal qual conhecemos, responsáveis pelas funções estruturais e reguladoras de todos os organismos. Uma proteína é uma grande molécula formada por uma sequência específica de moléculas menores chamadas de aminoácidos. A receita para a produção das proteínas está escrita no DNA. O DNA contém as informações para codificar todas as proteínas que um indivíduo produzirá desde a fecundação até o fim da sua vida.

O código genético

A sequência específica de nucleotídeos de um gene determina a sequência de aminoácidos que serão usados para montar uma proteína. O DNA possui quatro tipos de nucleotídeos e existem 20 tipos de aminoácidos formadores de proteínas (aminoácidos proteinogênicos). Portanto, não há uma correspondência direta entre o número de nucleotídeos e o número de aminoácidos disponíveis na célula, e os sistemas moleculares evoluíram de forma que uma sequência de três ácidos nucléicos (chamada de códon) se tornou responsável por cada aminoácido. Considerando os arranjos matemáticos possíveis para se formar triplas com os quatro ácidos nucléicos, existem 64 combinações de aminoácidos possíveis (4 x 4 x 4). Perceba que cada códon (uma tripla de ácidos nucléicos) é responsável por um aminoácido, mas existem apenas 20 aminoácidos. Portanto, há um excesso (44 combinações a mais) na quantidade de combinações necessárias, e códons diferentes se tornaram responsáveis pelos mesmos aminoácidos. Por outro lado, se uma dupla de ácidos nucléicos ficasse responsável por um aminoácido, as 16 combinações possíveis (4 x 4) seriam insuficientes para codificar os 20 aminoácidos.

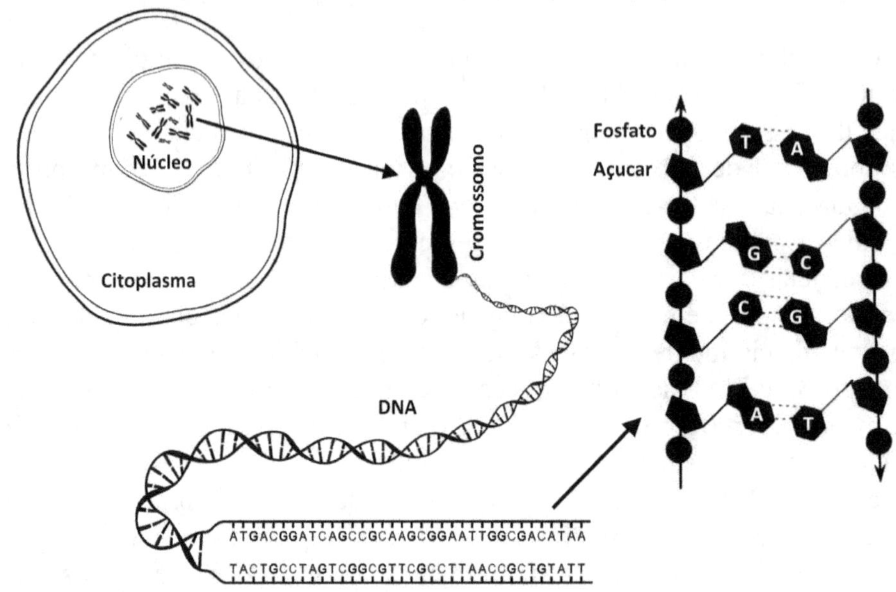

Figura 3.1 Os cromossomos ficam localizados no núcleo das células e consistem de longas fitas enroladas de DNA. O DNA é formado por uma longa cadeia de ácidos nucléicos de 4 tipos: adenina (A), timina (T), guanina (G) e citosina (C). Por sua vez, cada ácido nucléico é formado por um grupo fosfato, um açúcar e a base nitrogenada.

A descoberta da relação entre os 64 códons (64 triplas de ácidos nucléicos) e os 20 aminoácidos, que ocorreu na década de 1960, é considerada uma das maiores contribuições da biologia molecular para a ciência. A relação entre códons e aminoácidos, chamada de código genético (Figura 3.2), é uma propriedade universal, compartilhada por todas as formas de vida que conhecemos, e é uma forte evidência da origem única da vida e das suas relações genealógicas.

Dos 64 códons observados no código genético, três não codificam aminoácidos, mas possuem propriedades importantes. Sempre que um códon do tipo TAG (timina, adenina, guanina), TAA (timina, adenina, adenina) ou TGA (timina, guanina, adenina) aparece na sequência genética, a cadeia protéica para de ser produzida. Esses códons, portanto, determinam o final da formação protéica e o momento nos quais novos aminoácidos não são mais adicionados à cadeia. Por outro lado, a formação das proteínas sempre se inicia a partir do códon ATG (adenina, timina, guanina), que produz o aminoácido Metionina.

Como os aminoácidos são combinados para formar uma proteína?

Uma proteína é uma grande molécula formada por uma sequência de aminoácidos. A quantidade e os tipos de aminoácidos que compõem uma proteína são determinados pelas sequências de nucleotídeos no DNA. Cada aminoácido possui propriedades químicas particulares e, portanto, as diferentes combinações entre aminoácidos produzem variações funcionais nas proteínas resultantes. As proteínas são montadas no interior das células. Vejamos as principais etapas desse processo de forma resumida.

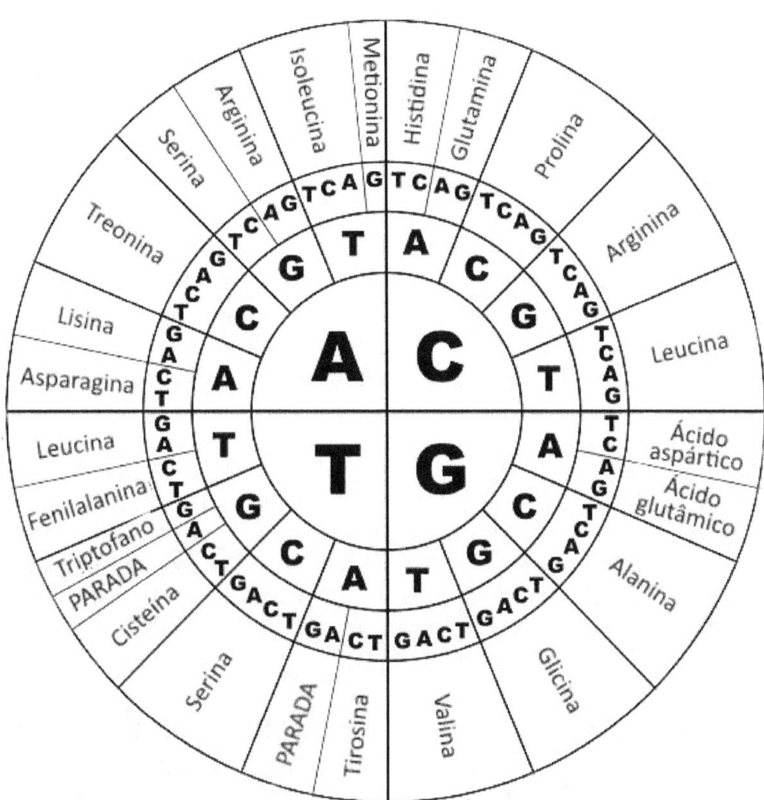

Figura 3.2 O código genético. Na molécula de DNA, cada sequência de três letras (A: adenina, T: timina, G: guanina ou C: citosina) corresponde a um códon. Os códons determinam o tipo e a sequência de aminoácidos que serão utilizados para montar uma proteína. O código genético é considerado redundante porque combinações diferentes de letras podem codificar o mesmo aminoácido. Por exemplo, tanto o códon ACG quanto o códon ACT codificam o aminoácido treonina (veja na figura). O códon ATG é responsável pelo aminoácido metionina que sempre inicia a formação da cadeia protéica. Os códons TAG, TAA e TGA não codificam aminoácidos, mas são importantes porque determinam o término da montagem da cadeia protéica. Durante o processo de transcrição de RNA, o nucleotídeo Timina é substituído por Uracila e, portanto, um códon CGT é funcionalmente equivalente ao códon CGU.

Inicialmente, um pedaço do DNA (o gene) é copiado em um processo chamado de **transcrição**, e migra do núcleo da célula para o citoplasma, local onde a proteína será montada. Portanto, o DNA, que fica localizado no núcleo celular, não se desloca fisicamente para codificar a proteína. Seus genes servem como molde para formar sequências chamadas de RNA mensageiro (RNAm), e são estas que migram para o citoplasma. A informação copiada no RNAm é igual à do DNA, com duas diferenças: ao contrário do DNA, o RNAm é organizado como um cordão simples e utiliza uma base nitrogenada chamada uracila em substituição à base timina. Por exemplo, uma sequência de DNA TACTGCCTAGTCGGCGTTCGCCTT é transcrita no RNAm

AUGACGGAUCAGCCGCAAGCGGAA e é traduzida nos aminoácidos metionina, treonina, ácido aspártico, glutamina, prolina, glutamina, alanina e ácido glutâmico (ver Figuras 3.3 e 3.4). O exemplo acima representa uma simplificação de uma estrutura protéica, e mesmo as mais simples proteínas possuem sequências muito maiores de aminoácidos.

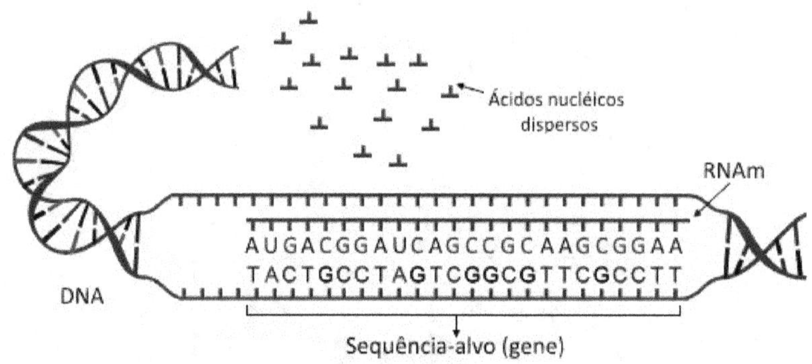

Figura 3.3 Transcrição do DNA. O processo de transcrição se inicia com a quebra temporária das ligações químicas entre ácidos nucléicos adjacentes nas duas fitas do DNA. Ácidos nucléicos dispersos no núcleo da célula se ligam temporariamente à sequência de DNA que foi quebrada e a utiliza como molde para formar o RNA mensageiro (RNAm). O RNAm se desprende da fita de DNA e as ligações entre os ácidos nucléicos são recuperadas no DNA original. Perceba que não são os segmentos de DNA que se deslocarão para o citoplasma, mas sua cópia, na forma de RNAm, que será enviada ao citoplasma para codificar as proteínas. O RNAm é uma cópia fiel das sequências de DNA (genes), com exceção do ácido nucléico timina que é substituído pelo ácido nucléico uracila. Portanto, o códon TTT do DNA é transcrito como UUU no RNAm, mas o resultado funcional é o mesmo: a codificação do aminoácido fenilalanina. Use o código genético da Figura 3.2 para determinar os aminoácidos que serão traduzidos a partir da fita de RNAm descrita aqui.

Seguindo o processo de transcrição, o RNAm migra do núcleo celular até os ribossomos, estrutura celular do citoplasma onde as proteínas são montadas. No citoplasma, a extremidade anterior do RNAm se liga ao ribossomo, e aminoácidos dispersos no meio celular são usados para montar a proteína. Um tipo particular de molécula, chamado de RNA transportador (RNAt), é responsável por levar o aminoácido até o ribossomo. Essa molécula apresenta duas extremidades: uma contendo uma tripla de ácidos nucléicos (chamadas de anticódon) e outra contendo o aminoácido. O anticódon do RNAt é uma sequência exatamente oposta e se combina com o códon do RNAm no ribossomo onde o aminoácido é liberado do RNAt para iniciar a montagem da proteína. Em seguida, a fita de RNAm se desloca para que o próximo códon realize o mesmo procedimento. Um novo RNAt (com outro tipo de aminoácido) agora se combina temporariamente com o códon do RNAm e o processo continua. Quando um códon de finalização é atingido, a proteína fica pronta e é liberada no meio celular. O processo de formação das proteínas nos ribossomos é chamado de **tradução** (Figura 3.4).

Proteínas podem ser estruturais (e.g. colágeno, elastina, queratina), enzimáticas (e.g. pepsina), hormonais (e.g. insulina), transportadora de gases (e.g. hemoglobina e hemeritrina), atuar na contração muscular (e.g. actina e miosina) ou atuar na proteção imunológica (e.g. imunoglobulina). As menores proteínas do corpo humano possuem menos que 50 aminoácidos e contrastam com a titina, proteína relacionada às células musculares que possui aproximadamente 30 mil aminoácidos e é considerada a maior proteína conhecida.

A comum ideia de que há correspondência exata entre um gene e uma proteína é uma simplificação e hoje sabemos que em muitos casos dois ou mais genes podem ser necessários para codificar uma única proteína, da mesma forma que um único gene pode ter informações suficientes para codificar mais de um tipo de proteína. Além disso, o mais simples dos organismos é complexo demais para que um único gene seja responsável pela formação de uma parte corporal completa. Os genes codificam proteínas que são a matéria-prima de todas as partes corporais, mas uma estrutura biológica como uma organela celular, uma antena, um olho ou um coração, é o resultado da contribuição de diversos genes.

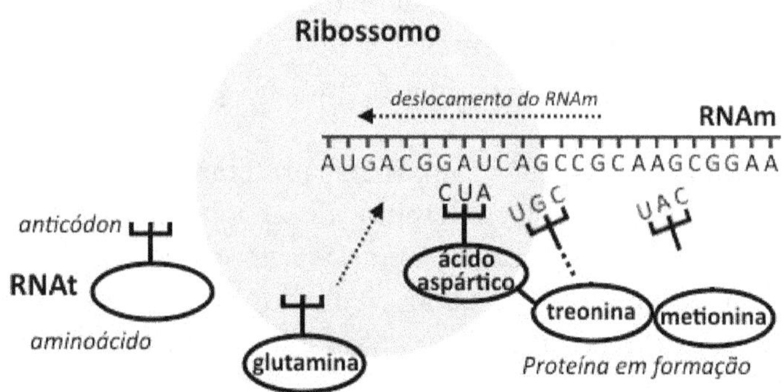

Figura 3.4 Tradução do RNAm em proteínas. A molécula de RNAm migra do núcleo para o citoplasma para se ligar aos ribossomos. Moléculas chamadas RNAt que estão dispersas no citoplasma carregam aminoácidos em uma extremidade e, na outra, uma tripla de ácidos nucléicos (chamada anticódon) que se complementa com o códon do RNAm. Quando a ligação é formada, os aminoácidos são liberados e se juntam com aminoácidos adjacentes para formar a cadeia protéica.

A maior parte do DNA não codifica proteínas

A quantidade de genes, o número de nucleotídeos em cada gene e o comprimento das sequências não-codificantes que se intercalam com os genes variam muito entre as espécies. Cada uma dos trilhões de células da espécie humana, por exemplo, possui aproximadamente 30 mil genes distribuídos entre os 23 cromossomos (média de 1300 genes por cromossomo e 5000 nucleotídeos por gene). Esses são os genes responsáveis por transmitir a informação necessária para que a célula produza as proteínas estruturais, reguladoras e defensivas do nosso corpo. Todavia, esses 30 mil genes representam apenas 5% do comprimento total do DNA humano, sendo que os aproximadamente 95% restantes são formados por sequências que não codificam proteínas. Ainda, cada um dos 23 cromossomos humanos é duplicado nas células somáticas (i.e. células não-reprodutivas) e, portanto, para cada sequência genética presente em um cromossomo, existe outra equivalente no outro cromossomo.

Por algum tempo, sequências não-codificantes foram chamadas de DNA lixo, em alusão a sua suposta ausência de função. No entanto, cada vez mais os cientistas estão convictos de que, apesar de não serem sequências codificantes, muitas sequências não-codificantes podem desempenhar papéis importantes na manutenção da estrutura do DNA. Os estudos também revelaram que sequências não-codificantes também podem atuar como reguladoras dos genes codificantes e, portanto, pelo menos algumas desempenham papéis indiretos na síntese protéica.

A proporção de DNA não-codificante tende a ser menor em espécies com organização biológica mais simples, como vírus e bactérias. Como veremos posteriormente, grande parte das sequências não-codificantes dos organismos mais complexos representa vestígios de genes (ou genes completos inativos) que tiveram função codificadora em organismos ancestrais e que foram 'desligados' em algum momento da evolução.

Os pseudogenes, por exemplo, representam sequências genéticas não-funcionais muito parecidas com a de genes que são funcionais em outros organismos e representam vestígios moleculares evolutivos. Mutações e erros que ocorrem durante a replicação do DNA (processo discutido abaixo) e a transcrição podem modificar genes funcionais, transformando-os em sequências não codificantes. Como não existem mecanismos específicos para removê-las, essas sequências (agora inativas) tendem a permanecer no genoma dos organismos. Diversos genes que são funcionais em alguns organismos, permaneceram no genoma de outros organismos de forma inativa.

Alguns pseudogenes não conseguem codificar proteínas simplesmente porque são inibidos quimicamente. Embriões humanos, por exemplo, desenvolvem uma pequena cauda no início do desenvolvimento que é destinada a se degenerar via apoptose (morte celular programada). Isso acontece porque a ação inicial de um gene chamado Wnt-3a, que em outros animais produz estruturas da cauda, é inibida na espécie humana. Falhas químicas que impedem a inibição desse gene resultam no nascimento de bebês humanos com cauda. Da mesma forma, alterações genéticas nesse gene em ratos resultam na formação de filhotes com caudas truncadas.

Diploidia e a reprodução sexuada

Diploidia é o termo utilizado para se referir à condição na qual os cromossomos são duplicados em uma célula. Uma célula diploide é simbolizada como **célula 2n**, onde **n** se refere a um conjunto de cromossomos. Na maioria dos organismos com reprodução sexuada, essa duplicação é observada nos cromossomos das células somáticas, mas os gametas (células reprodutivas: óvulos e espermatozoides) possuem apenas um conjunto de cromossomos. Essa última condição é conhecida por **haploidia**, e a célula é simbolizada como **célula n**.

No ser humano, cada célula somática possui 46 cromossomos (23 pares) e cada gameta possui 23 cromossomos. Os gametas são produzidos nas gônadas (ovários e testículos) a partir de células somáticas em um processo de divisão celular chamado meiose. Na meiose, uma célula diploide se divide para formar duas células haploides. Dessa forma, enquanto as células somáticas humanas possuem, cada uma, 23 pares de cromossomos, óvulos e espermatozoides possuem um único conjunto de 23 cromossomos. A fecundação de um óvulo por um espermatozoide forma a primeira célula de um indivíduo, chamada zigoto, que recupera o conjunto total de 23 pares de cromossomos.

Pares de cromossomos equivalentes que são herdados da mãe e do pai são chamados cromossomos homólogos. Por conseguinte, o gene de um cromossomo herdado da mãe apresenta um gene equivalente no cromossomo herdado do pai. O termo locus (plural: loci) é utilizado para se referir ao local específico de um gene no cromossomo. Um gene apresenta uma cópia materna e outra paterna no mesmo locus e essas cópias podem ser idênticas (quando apresentam a sequência exata de nucleotídeos) ou não (quando há pequenas variações na sequência). Cópias idênticas são chamadas homozigóticas e as cópias com variações são chamadas heterozigóticas.

Cada variação de um gene é chamada alelo e uma população pode apresentar vários alelos para um locus. Os alelos tipicamente possuem diferentes propriedades de dominância e podem ser categorizados em dois tipos. Em genes heterozigóticos, os alelos dominantes expressam suas características mesmo que o alelo do outro cromossomo seja diferente. Por outro lado, genes recessivos expressam suas características somente quando os dois alelos são recessivos (homozigóticos) ou quando o segundo alelo não é dominante (Figura 3.5).

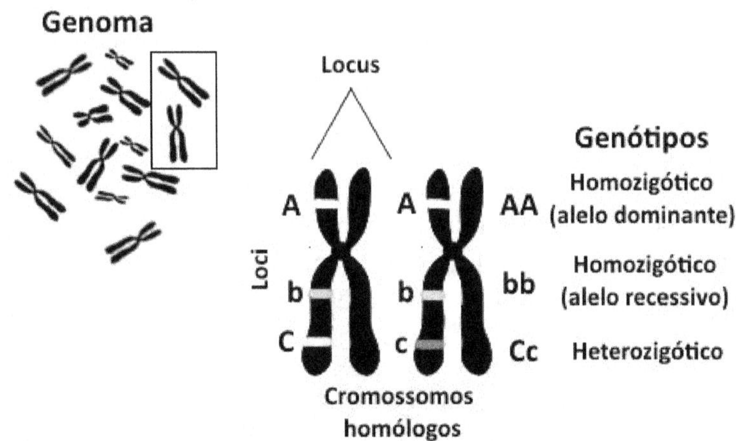

Figura 3.5 Cromossomos equivalentes que foram herdados do pai e da mãe são chamados cromossomos homólogos. O locus representa o local específico de uma sequência genética no cromossomo. Sequências diferentes estão localizadas em diferentes loci. As sequências de um locus são chamadas de alelos e, entre os dois cromossomos, podem ser iguais e dominantes, iguais e recessivas ou diferentes (um alelo dominante e outro recessivo), produzindo genótipos homozigóticos e heterozigóticos.

Fenótipos e heranças Mendelianas

Para fins de simplificação, os alelos são comumente representados por letras alfabéticas: maiúsculas quando dominantes (exemplo: A) e minúsculas quando recessivos (exemplo: a). Quando os dois alelos de um locus são idênticos nos dois cromossomos, o indivíduo apresenta um genótipo AA ou aa para este gene (homozigótico). Quando os dois alelos de um locus variam entre os dois cromossomos, o indivíduo apresenta um genótipo Aa (heterozigótico). Para esse gene que possui apenas dois alelos, três genótipos diferentes podem existir em uma população: AA, Aa e aa. Com base nisso, as proporções que podem ser produzidas hereditariamente a partir do cruzamento de dois indivíduos podem ser calculadas. Essa propriedade é conhecida por herança Mendeliana (Figura 3.6).

Se o genótipo se refere ao conteúdo genético de um indivíduo, o fenótipo representa a manifestação observável de um genótipo. A proporção das partes anatômicas, a cor de um organismo, a capacidade de produzir um hormônio ou um anticorpo e até mesmo os comportamentos são propriedades fenotípicas. Perceba que 'observável' não necessariamente significa visível aos olhos humanos e muitas características fenotípicas são expressas somente a nível fisiológico ou molecular.

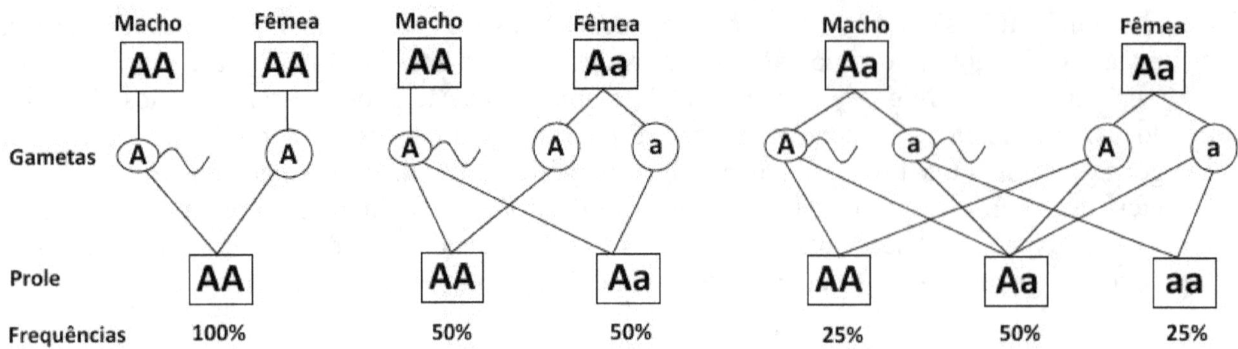

Figura 3.6 Razões Mendelianas produzidas a partir do cruzamento entre indivíduos com diferentes genótipos.

Os fenótipos são influenciados por fatores ambientais externos e podem se modificar ao longo da vida do indivíduo. Por exemplo, músculos podem se desenvolver em maior ou menor grau dependendo dos estímulos recebidos, a coloração de um organismo pode ser modificada com a dieta, partes corporais podem ser perdidas ao longo da vida de um indivíduo e comportamentos podem ser elaborados com o aprendizado. No entanto, o genótipo que define essas características não é influenciado por essas alterações. Em outros termos, as mudanças no genótipo (e.g. mutações) podem produzir fenótipos distintos, mas mudanças no fenótipo não influenciam o genótipo.

Suponhamos que existam dois alelos (A e a) para um locus de uma população. Esses podem se combinar em três genótipos, como vimos acima: AA, Aa e aa. Suponhamos também que o alelo A seja responsável por codificar a síntese de uma proteína pigmentar e que o alelo a não codifica essa proteína. Indivíduos homozigóticos com genótipos AA terão um fenótipo escuro, e indivíduos homozigóticos aa terão fenótipo branco (sem pigmentação). Qual será a coloração dos indivíduos heterozigóticos Aa?

Existem duas possibilidades. A primeira é a de que indivíduos com genótipo Aa tenham coloração cinza, fenótipo intermediário entre os dois tipos de homozigóticos (AA e aa). Nesse caso, há uma correspondência direta de três genótipos para três fenótipos: AA: preto, Aa: cinza e aa: branco.

No entanto, nem sempre a correspondência entre genótipo e fenótipo é tão direta. Comumente, o heterozigoto Aa apresenta um fenótipo idêntico ao do homozigoto AA e, consequentemente, a expressão fenotípica intermediária não existe na população. Portanto, para essa segunda possibilidade há uma correspondência de três genótipos para dois fenótipos: AA: preto, Aa: preto e aa: branco. Quando isso ocorre, dizemos que o alelo A é dominante em relação ao alelo recessivo a (Figura 3.7).

O exemplo acima é uma simplificação baseada em um único locus. As razões Mendelianas também podem ser determinadas com base nos alelos de vários loci. Uma expressão fenotípica é geralmente o resultado combinado de codificações por genes de diferentes loci, de diferentes cromossomos. Além disso, as variações fenotípicas nem sempre são categóricas como as do exemplo acima. Além do preto, branco e cinza, algumas populações podem ter variações dessas categorias, como cinza escuro e cinza claro.

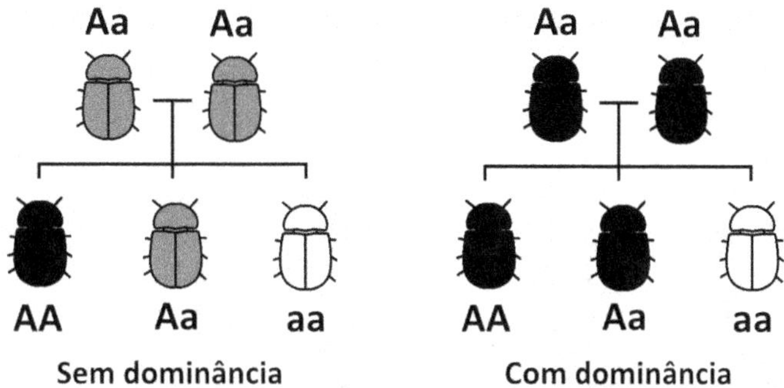

Figura 3.7 Cruzamento entre indivíduos heterozigóticos para o gene que produz um pigmento. O alelo A produz o pigmento e o alelo a não produz o pigmento. Quando não há dominância do alelo A sobre o alelo a, o fenótipo intermediário é produzido. Quando o alelo A é dominante em relação ao alelo a, o fenótipo intermediário não é expresso.

Recombinação genética

Durante a formação dos gametas (meiose), os pares de cromossomos homólogos são separados e divididos para cada uma das duas células que, portanto, permanecem com apenas um conjunto de cromossomos. Na espécie humana, por exemplo, cada gameta possui 23 cromossomos, enquanto as células somáticas possuem 23 pares de cromossomos. Os cromossomos transmitidos a cada gameta podem ser tanto de origem materna quanto paterna e isso assegura que a prole herdará características tanto do avô quanto da avó. Se um gameta receberá um cromossomo de origem materna ou paterna é o resultado de um evento aleatório.

Outro processo importante também assegura que os genes contidos no mesmo cromossomo também possam se embaralhar, produzindo variabilidade biológica. Imediatamente antes da célula 2n se dividir formando duas células n, os pares de cromossomos se separam e se alinham um adjacente ao outro de forma que, em determinados locais, suas fitas de DNA se tocam e trocam material genético entre si, em um processo chamado **recombinação**.

A recombinação embaralha os genes e permite que genes de origem materna e paterna sejam transmitidos em um mesmo cromossomo para o gameta, criando combinações completamente novas. Apesar de ser um processo aleatório, genes localizados próximos uns dos outros possuem maiores chances de continuarem juntos no mesmo gameta.

Considere o seguinte exemplo. Dois genes de dois loci, cada um com dois alelos (gene 1: alelos A e a gene 2: alelos B e b). Considerando que os dois genes atuam juntos para determinar um fenótipo, suponhamos que um indivíduo tenha herdado os alelos A e B de sua mãe e os alelos a e b de seu pai (seu genótipo será: AaBb). Em outros termos, no cromossomo de herança materna o indivíduo apresenta os alelos A e B, e no cromossomo de origem paterna os alelos a e b. Um cromossomo contém AB e o outro ab.

Sem o processo de recombinação, esse indivíduo produziria dois tipos de gametas: um contendo os alelos A e B e outro tipo contendo os alelos a e b, mas nunca gametas contendo A e b ou a e B juntos. A recombinação cria uma possibilidade para que esses novos arranjos sejam produzidos e, além dos gametas contendo cromossomos com os alelos AB e ab, o indivíduo pode produzir também os gametas contendo cromossomos com os alelos Ab e aB. Essas últimas são combinações novas que estão presentes apenas nos gametas e que não se manifestam no indivíduo, mas que irão se manifestar na sua prole, que será única nesse aspecto (Figura 3.8). Acompanhada da mutação, a recombinação é também uma importante produtora da variação biológica.

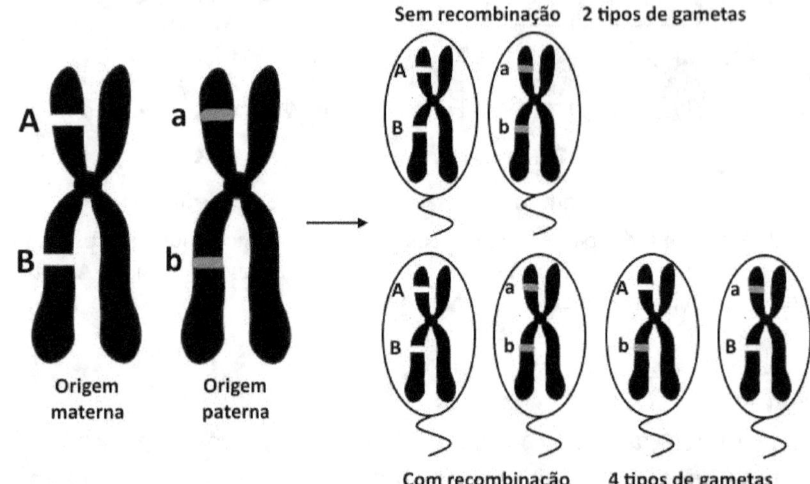

Figura 3.8 Para um determinado cromossomo, o indivíduo produziria apenas dois tipos de gametas se não houvesse o processo de recombinação durante a meiose. Com a recombinação, sequências genéticas dos pares de cromossomos homólogos se misturam, de forma que os cromossomos transmitidos aos gametas possuem combinações novas. O cromossomo possui sequências de origens materna e paterna embaralhadas. No exemplo, as figuras descrevem a importância da recombinação para a produção de variabilidade genética baseada na localização de apenas dois genes. Na prática, o número de genes embaralhados é muito maior e as possibilidades matemáticas de combinações são muito grandes. O embaralhamento é um processo aleatório, mas genes localizados próximos possuem maior chance de permanecerem juntos do que genes distantes.

Sem o processo de distribuição aleatória dos cromossomos e sem a recombinação, os gametas de um indivíduo seriam de dois tipos: um tipo com 23 cromossomos inteiramente paternos e outro tipo com 23 cromossomos inteiramente maternos. Se esse indivíduo produzisse um filhote a partir de um gameta com apenas os cromossomos maternos, nenhuma característica genética do lado paterno seria transmitida. Poderíamos dizer que o filhote teria uma avó, mas não um avô genético. Com o processo de distribuição aleatória dos cromossomos e com a recombinação isso não ocorre. O embaralhamento entre os cromossomos assegura que todos os gametas possuam material genético com contribuição dos cromossomos materno e paterno, e a prole sempre receberá características provenientes dos seus dois avós.

Capítulo 4

Mutações

Mutações são alterações acidentais na sequência de nucleotídeos de um genoma que podem ocorrer em qualquer célula e em qualquer momento da vida de um organismo. A recombinação que ocorre durante a formação dos gametas é importante porque embaralha as sequências genéticas, mas o único processo que cria novos genes é a mutação. Combinados, os dois processos (recombinação e mutação) produzem a matéria prima da evolução: a variabilidade biológica.

Nos momentos que antecedem a divisão celular propriamente dita, durante a **mitose** (processo no qual uma célula somática se divide em duas), o material genético é fisicamente replicado, de forma que cada célula-filha recebe uma cópia exata do DNA da célula original. Nestes casos, uma célula 2n se divide para formar duas células 2n.

A replicação de DNA é uma etapa sujeita a erros, e a maior parte dos organismos possui enzimas que detectam e reparam esses eventuais erros. Quando as enzimas falham, os erros persistem como mutações. Agentes físicos (como a radiação), químicos (como toxinas e poluentes) e biológicos (como vírus e hormônios) aumentam a probabilidade de erros persistirem e das alterações genéticas se espalharem pelo organismo. O câncer, por exemplo, é causado por mutações em genes que estão envolvidos com a divisão celular. O resultado é a formação de células mutantes que se dividem de forma descontrolada e que invadem tecidos e órgãos saudáveis até comprometer suas funções.

Nem toda mutação produz alteração fenotípica. Quando um gene é modificado, mas a sua expressão fenotípica não é, dizemos que a mutação é **silenciosa**. Lembre-se que o código genético é redundante, porque códons diferentes podem codificar aminoácidos iguais. Portanto, a alteração em apenas um nucleotídeo de um códon não necessariamente surtirá um efeito fenotípico. Por exemplo, uma mutação em um códon CCA modificando-o em um códon CCT não surtirá um efeito prático na formação da proteína, pois ambos codificam o aminoácido Prolina. Além disso, os genomas possuem sequências de nucleotídeos inativas que não codificam proteínas e as mutações nessas regiões tipicamente não afetam as características biológicas expressas.

As mutações **não-silenciosas** ocorrem quando uma mutação em um códon altera o tipo de aminoácido que será montado na proteína, o que pode promover mudanças no desempenho das características biológicas de um organismo. Os prejuízos ou benefícios decorrentes dessas mutações são 'testados' pelo ambiente: mutações que reduzem o desempenho (chamadas de mutações deletérias) também reduzem a chance de sobrevivência do indivíduo e tendem a ser eliminadas da população; mutações benéficas produzem vantagens e tendem a se difundir na população.

Quando a mutação ocorre em apenas um nucleotídeo de um gene, a mutação é chamada de **pontual**. Aproximadamente 70% das mutações que ocorrem no nucleotídeo da terceira posição do códon são silenciosas (como no exemplo demonstrado acima). Por outro lado, todas as mutações que ocorrem na segunda posição e 96% das mudanças que ocorrem na primeira posição alteram o aminoácido e são, portanto, não-silenciosas. Quando uma pirimidina é substituída por outra pirimidina ou quando uma purina é substituída por outra purina dizemos que a mutação é do tipo **transição** (Figura 4.1). Quando uma purina é substituída por uma pirimidina ou uma pirimidina é substituída por uma purina, ocorre uma **transversão** (Figura 4.1). Transições são mais comuns que transversões. Uma mutação pontual que resulta na formação de um códon de terminação (que indica o final da produção da proteína) produz uma proteína prematura ou truncada. Essa mutação, que é chamada de *non-sense*, resulta na codificação de uma proteína com função alterada ou completamente sem função.

Quando um ou mais ácidos nucléicos são adicionados a uma sequência genética, a mutação é chamada de **inserção** (Figura 4.1) e a cadeia protéica pode se tornar mais longa que a original porque mais aminoácidos são adicionados. Por outro lado, uma **deleção** (Figura 4.1) ocorre quando um ou mais ácidos nucléicos são eliminados de uma sequência genética, encurtando a sequência de aminoácidos da proteína. Inserções e deleções geralmente produzem proteínas não funcionais.

Uma **duplicação** (Figura 4.1) ocorre quando um fragmento de uma sequência genética se duplica e altera a codificação de aminoácidos a partir desse ponto. A **transposição** (Figura 4.1) ocorre quando um fragmento de uma sequência migra para outro local do genoma como cópia ou como unidade física e altera a codificação dos aminoácidos. Nesse caso, as sequências que migram são chamadas de genes saltadores ou *transposons*.

Mutações a níveis **genômicos** (na qual o número de cromossomos é alterado) são menos frequentes e mais difíceis de serem mensuradas, mas também desempenham importantes papéis na produção de variabilidade genética em alguns grupos. A evolução de algumas plantas, por exemplo, ocorreu em virtude de falhas durante a meiose que duplicaram genomas completos.

Para a evolução, as mutações mais importantes são as que ocorrem durante a produção das células sexuais (gametas) nas gônadas. Uma mutação em uma célula somática tipicamente termina com a morte do indivíduo e não se dissemina na população, mas mutações nos genes de uma célula sexual criam uma nova característica que será herdada pela prole. Um indivíduo produzido a partir de um gameta mutante quase sempre tem um desempenho inferior aos pais e aos outros indivíduos da população. No entanto, em casos excepcionais, essas novas características podem ser positivas, aumentando o desempenho de alguma característica biológica e, consequentemente, as chances de sobrevivência do indivíduo.

Nem sempre é fácil compreender como as modificações que ocorrem em partes biológicas tão profundas como as proteínas e os genes explicam as diferenças no desempenho de propriedades tão complexas como a morfologia, a fisiologia e o comportamento. Os organismos são, certamente, elaborados demais para serem compreendidos como uma simples soma de suas partes moleculares, mas diversos estudos mostram como variações genéticas, mesmo que mínimas, podem produzir diferenças biológicas significativas.

Por exemplo, vários genes relacionados ao comportamento já foram identificados. No nemátodo *Caenorhabditis elegans*, a modificação experimental de um único nucleotídeo em um de seus genes foi suficiente para modificar significativamente seu comportamento alimentar. Em ratos, pequenas alterações em um gene afetaram a região do hipocampo e os indivíduos perderam a memória e a capacidade de lidar com desafios espaciais. Mutações simples em genes também

levaram fêmeas de roedores que tipicamente possuem um alto nível de cuidado parental a ignorar a prole após o parto.

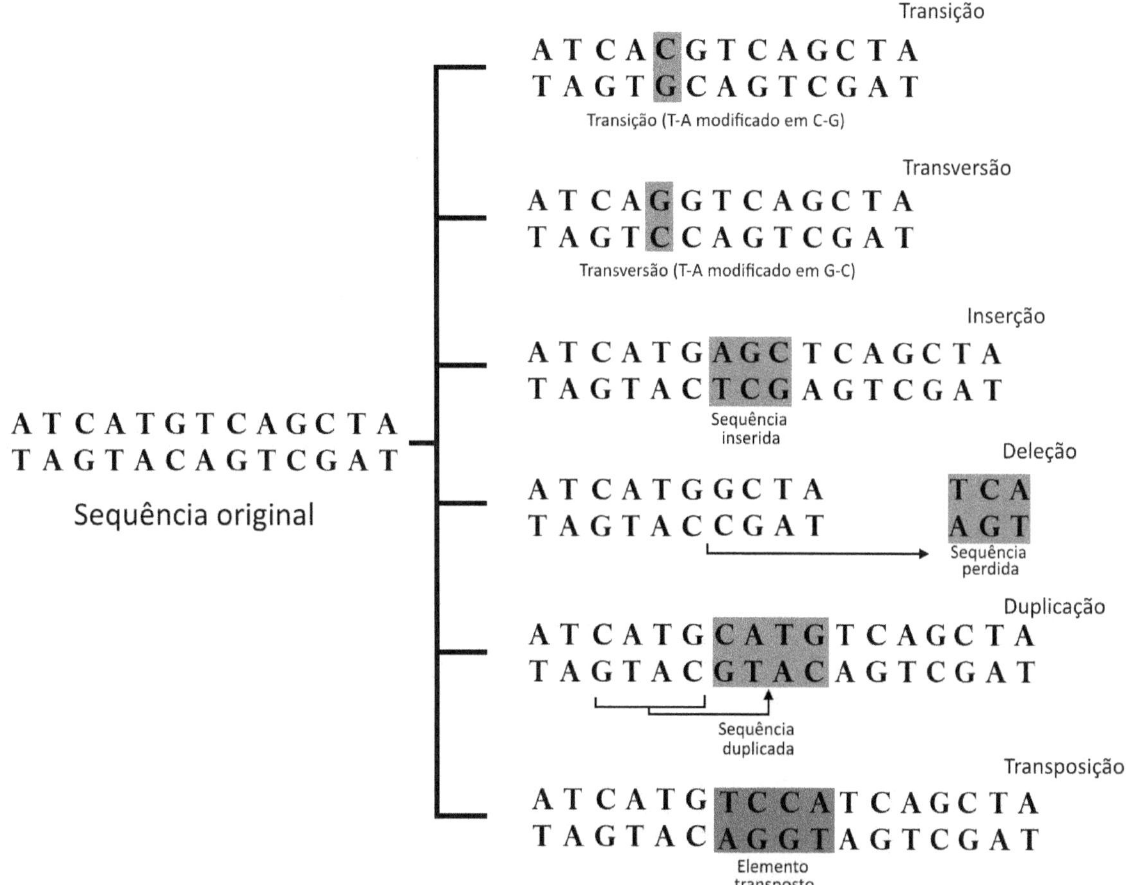

Figura 4.1 Principais tipos de mutação. As mutações pontuais ocorrem quando apenas um nucleotídeo é modificado na sequência original, podendo ser uma transição (quando uma pirimidina é substituída por outra pirimidina ou quando uma purina é substituída por outra purina) ou uma transversão (quando uma purina é substituída por uma pirimidina ou uma pirimidina é substituída por uma purina). Na transição do exemplo, o nucleotídeo Timina (pirimidina) foi substituído pelo nucleotídeo Citosina (pirimidina) e a ligação T-A foi modificada em C-G. Na transversão do exemplo, o nucleotídeo Timina (pirimidina) foi substituído pelo nucleotídeo Guanina (purina) e a ligação T-A foi modificada em G-C. Na inserção e na deleção, um ou mais nucleotídeos são, respectivamente, adicionados ou removidos em relação a sequência original. Na duplicação, uma sequência é copiada e se repete na sequência original. Na transposição, uma sequência proveniente de outro segmento genético se inseriu na sequência original. Em todos os casos descritos acima, as mutações podem alterar a sequência original dos códons e, consequentemente dos aminoácidos, resultando na produção de uma proteína distinta da original. Por exemplo, na deleção do códon TCA, o aminoácido serina deixaria de ser codificado e a proteína formada não teria mais esse aminoácido nessa posição da cadeia.

A lactase é uma enzima responsável por quebrar o dissacarídeo lactose nos monossacarídeos glicose e galactose que são mais fáceis de serem digeridos pelos mamíferos. Após a fase juvenil, a capacidade fisiológica de um mamífero produzir lactase é substancialmente reduzida. Isso ocorre porque o leite é um alimento direcionado aos filhotes e os genes que codificam a síntese de lactase são desligados em algum momento após essa fase inicial da vida. Produzir enzimas que não têm utilidade após a fase juvenil é energeticamente custoso e a seleção natural favoreceu a desativação desses genes nos mamíferos.

A espécie humana é atípica por continuar se alimentando de leites e derivados após a fase juvenil. Tipicamente, duas variações do gene que codifica a lactase são observadas entre os humanos. Pessoas intolerantes à lactose possuem alelos que se desligam após a fase juvenil (a condição comum dos mamíferos) e pessoas tolerantes à lactose possuem alelos que são funcionais durante toda vida. Estudos demonstraram que o alelo de tolerância surgiu por mutação em um momento que coincidiu com o início da criação de gado (entre 3 e 8 mil anos atrás). Além disso, a frequência dos alelos de tolerância é significativamente mais alta em países onde o consumo de leite e derivados é habitual, e menor nos países que não têm essa tradição.

Capítulo 5
Genética evolutiva

Os processos evolutivos ocorrem quando o locus de uma população apresenta dois ou mais alelos. A seleção natural não faria sentido se todos os indivíduos de uma população tivessem os mesmos genótipos. A recombinação e as mutações são responsáveis por produzir a variação genética e fenotípica que observamos entre os indivíduos.

Neste capítulo, nós vamos começar a incorporar elementos evolutivos aos conceitos genéticos discutidos até então. Suponha que em uma população existam dois alelos (A e a) para um locus genético com três genótipos possíveis: AA, Aa e aa. As proporções esperadas desses genótipos na natureza são de 25% de AA, 50% de Aa e 25% de aa, conforme discutimos anteriormente. Apesar de serem proporções matematicamente esperadas, na prática o que geralmente se observa são proporções genotípicas diferentes, porque forças naturais não-aleatórias desviam essas proporções. Isso ocorre porque diferentes genótipos produzem diferentes fenótipos. Os fenótipos que apresentam desempenhos funcionais melhores, portanto, tendem a ser mais comuns, a despeito das proporções esperadas.

Suponha uma condição no qual indivíduos AA, pretos, são favorecidos no ambiente porque se camuflam melhor. Indivíduos cinzas Aa possuem uma capacidade de camuflagem intermediária e os indivíduos brancos aa, muito conspícuos, são os mais desfavorecidos. A seleção natural, através dos predadores, deverá modificar as proporções esperadas de forma que indivíduos pretos sejam mais abundantes que os 25% esperados e que os indivíduos cinzas e brancos sejam menos comuns que os 50% e 25% esperados, respectivamente (Figura 5.1).

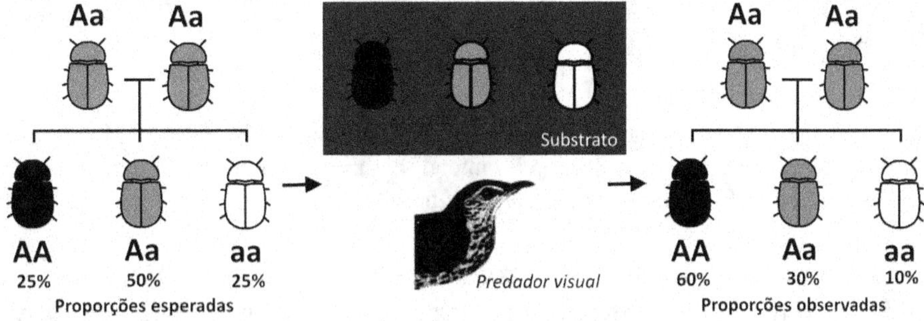

Figura 5.1 Proporções esperadas e observadas de dois alelos (A: pigmento e a: sem pigmento). Os fenótipos pretos (genótipo AA) tendem a ser favorecidos porque conseguem se camuflar melhor com o substrato escuro, e sua proporção tende a aumentar em detrimento da proporção dos fenótipos cinza (Aa) e branco (aa).

Quando categorizamos um alelo como 'dominante' ou 'recessivo', nos referimos apenas à forma como estes alelos interagem entre si para produzir a expressão fenotípica. Genes dominantes não necessariamente são os mais comuns. As frequências dos genótipos são determinadas pela força fenotípica que cada genótipo possui no ambiente. Ou seja, se o fenótipo dos alelos recessivos fornecerem algum tipo de vantagem sobre o fenótipo dos alelos dominantes, os primeiros tendem a aumentar sua frequência, a despeito de serem recessivos.

Simulações matemáticas, incluindo um importante trabalho de John Haldane em 1924, revelam resultados interessantes (Figura 5.2). Considere o seguinte exemplo. Uma população apresenta 100 indivíduos, sendo que dois alelos (A e a) estão presentes em um locus. Indivíduos com os genótipos AA e Aa possuem 100% de chance de sobreviver em cada mudança de geração, enquanto indivíduos com aa têm 95% de chance. Se considerarmos que a população inicial (geração 0) possui 99% de alelos a e apenas 1% de alelos A, após 100 gerações, a proporção do alelo A subirá para 44% e a de alelos a se reduzirá para 56%. Após 1000 gerações o alelo A representará 98% do total.

Mesmo se aumentarmos a vantagem do genótipo aa para 99% de chance de sobrevivência, valor muito próximo dos 100% dos genótipos AA e Aa, os resultados ainda são surpreendentes (Figura 5.2). Considerando a mesma população inicial de 1% de alelos A e 99% de alelos a, após 100 gerações a proporção seria de 3% e 97%, respectivamente, e após 1000 gerações, seria de 80% e 20%. Para a evolução, 1000 gerações representa um período relativamente breve, até mesmo para espécies que possuem uma reprodução lenta. Dessa forma, as possibilidades de mudança evolutiva em períodos que compreendem 10 mil ou 100 mil gerações são enormes.

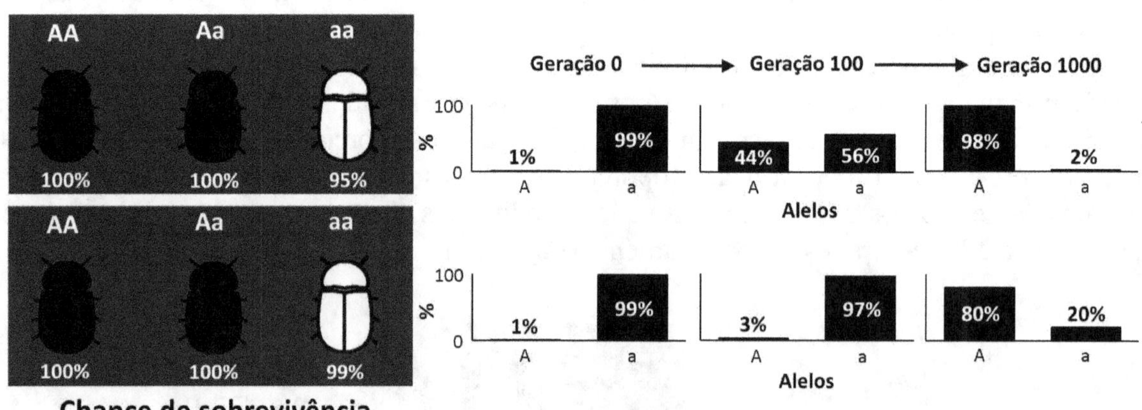

Figura 5.2 Resumo dos principais resultados obtidos pelo biólogo John Haldane em 1924. Mesmo que a vantagem de um alelo sobre outro seja mínima e que sua proporção inicial seja muito baixa, o alelo tende a se tornar dominante em uma população se uma quantidade de tempo suficiente existir.

Apesar de ser uma simplificação, o exemplo dos estudos de Haldane ilustra como uma frequência inicial extremamente baixa pode se tornar a mais frequente se esta for vantajosa, mesmo que essa vantagem seja mínima. Outro ponto interessante do estudo é o de que, pelo fato dos genótipos Aa e AA serem igualmente favorecidos, o alelo a não é eliminado da população mesmo após inúmeras gerações. O alelo a (menos favorecido) 'pega carona' com o alelo A no genótipo Aa e, portanto, não é eliminado da população.

Por fim, vamos incluir mais uma variável ao exemplo acima. Suponha que uma mutação produza um novo alelo (do mesmo locus), cuja expressão fenotípica seja ainda mais vantajosa que a de A. Esse novo alelo, por conseguinte, tenderia a se tornar o mais comum na população, com base nos mesmos princípios descritos acima. É importante compreendermos a importância dessa nova variável do ponto de vista evolutivo. As espécies evoluem porque há variação entre os indivíduos, e só existe variação entre os indivíduos por causa de processos como recombinação e mutação. Se novos alelos nunca fossem produzidos, as populações passariam por mudanças nas frequências genéticas, mas novos traços biológicos nunca surgiriam. A variabilidade genética e a introdução de novos componentes genéticos são requisitos centrais da evolução.

Além disso, se as pressões ambientais se mantivessem constantes, as frequências dos alelos também iriam se manter constantes. Todavia, os ambientes são quase sempre dinâmicos e tendem a flutuar significativamente. Um alelo que é favorável em um momento ou em um determinado local, pode deixar de ser favorecido se as condições ambientais se modificarem. Por exemplo, o genótipo aa do exemplo descrito na Figura 5.1 pode se tornar o favorecido sob novas circunstâncias ambientais.

Como já discutimos anteriormente, as novas variações não surgem com o propósito definido de adaptar uma espécie, mas sim como um feliz acidente. Grande parte das mutações, como o câncer, é prejudicial para os indivíduos e tende a ser eliminada da população, mas uma nova expressão fenotípica que aumente a probabilidade de sobrevivência dos indivíduos tende a se tornar mais comum.

Genes reguladores

Como vimos, os genes são reconhecidos pelo seu papel na codificação de proteínas estruturais, defensivas e enzimáticas. Outra categoria menos popular, a dos **genes reguladores**, é particularmente importante para a evolução. Os genes reguladores codificam proteínas que regulam a expressão de outros genes do DNA. De forma geral, as proteínas resultantes dos genes reguladores podem ser repressoras ou ativadoras de outros genes (Figura 5.3). Proteínas repressoras se ligam a pontos específicos do DNA e inibem a transcrição dos genes desse local, impedindo que o RNAm seja formado. As proteínas ativadoras, ao contrário, facilitam o processo de transcrição. Esses genes são importantes para a evolução, pois uma simples mutação em sua estrutura pode promover mudanças fenotípicas grandes. A evolução geralmente ocorre de forma gradual e lenta, mas muitos dos raros exemplos de evolução rápida envolvem alterações em genes reguladores.

Os genes homeóticos são genes reguladores que codificam proteínas mestres que, por sua vez, comandam uma série de outros genes responsáveis pela organização de partes corporais. Um gene homeótico pode comandar 100 ou mais genes ativando ou desativando esses genes. Genes homeóticos são importantes por determinarem a organização dos planos corporais dos animais durante o desenvolvimento embrionário. Inicialmente estudados nas moscas *Drosophila*, genes homeóticos similares são atualmente conhecidos em todos os animais. Apesar de menos estudados, plantas e fungos também possuem genes com funções similares.

A atuação correta dos genes reguladores é uma etapa importante do desenvolvimento embrionário. A formação de um indivíduo é um processo contínuo que inclui a modificação de sua primeira célula (zigoto: óvulo fecundado) nos milhões, bilhões ou trilhões de células do indivíduo formado. Nos primeiros estágios do desenvolvimento embrionário, as divisões celulares ocorrem sem que haja aumento de tamanho do embrião e sem diferenciação celular.

Posteriormente, o embrião passa a incorporar biomassa (crescer) ao mesmo tempo que a divisão celular continua. Todas as células de um indivíduo contêm cópias idênticas de material genético e, durante esses estágios embrionários iniciais, todas as células também são idênticas. A diferenciação celular ocorre quando as células começam a dividir as tarefas e se especializam estruturalmente para desempenhar funções distintas entre si. Todas as células de um organismo formado, como as células epiteliais, nervosas, musculares e sanguíneas, derivam de células que eram estruturalmente idênticas nos estágios iniciais do desenvolvimento.

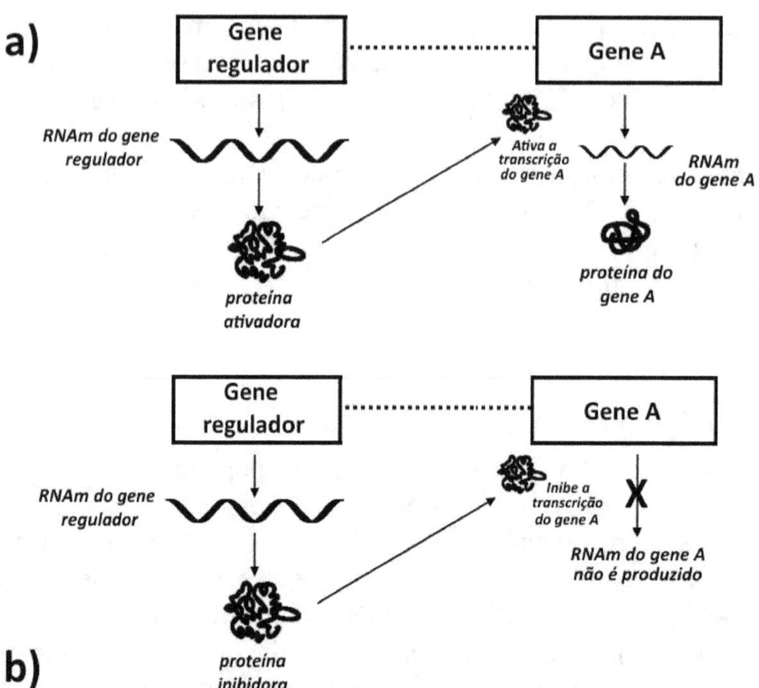

Figura 5.3 Visão geral dos genes reguladores. Genes reguladores podem produzir proteínas ativadoras (a) que se ligam ao DNA e facilitam o processo de transcrição de um gene ou proteínas inibidoras (b) que impedem a transcrição do gene.

De forma geral, o processo de diferenciação celular é determinado pela ação local de fatores químicos que determinam o futuro funcional destas células embrionárias iniciais. Todas as células apresentam o mesmo genoma, mas genes diferentes são ativados ou inibidos dependendo da ação local destes fatores químicos. Além disso, muitos genes podem ser funcionais em diferentes estágios da vida de um organismo. Estudos recentes mostraram que genes que são funcionais nos estágios embrionários podem ser reativados posteriormente para produzir efeitos diferentes.

Seguindo a diferenciação celular, as partes corporais e os órgãos são formados e estes se organizam em regiões específicas do corpo. Por exemplo, cabeça, olhos e antenas precisam se desenvolver especificamente na parte anterior do corpo, e apenas as células dessa região devem se especializar nessas estruturas. Assim como o que ocorre com a diferenciação celular, a simetria básica do corpo da maioria dos animais (animais bilaterais) também é definida a partir de fatores químicos que se distribuem em gradientes ao longo do embrião em desenvolvimento. Com as polaridades anterior-posterior e ventral-dorsal definidas por esses fatores, os genes homeóticos começam a atuar localmente.

A distribuição desigual dos fatores químicos ao longo do corpo produz efeitos locais. Um gene pode se expressar em uma região corporal, mas na presença de um fator químico em outra região, esse mesmo gene pode ser inibido. A regionalização do tubo digestório durante o desenvolvimento, por exemplo, é feita por genes homeóticos que determinam a formação de diferentes tecidos a partir de um conjunto idêntico de células. Genes responsáveis por codificar uma enzima digestiva são estimulados a se expressar na região que se tornará o estômago, mas não nas células das outras regiões do corpo, como o intestino.

Manipulações experimentais realizadas em laboratório mostram o potencial dos genes homeóticos. Em insetos, os pesquisadores conseguiram induzir a formação de estruturas ectópicas (localizadas em posição anormal). Especificamente, os pesquisadores ativaram genes que estão relacionados com a formação dos olhos em regiões distintas do corpo, como as patas, e isso resultou na formação de animais com olhos nas patas. Sob condições normais, esses genes só seriam funcionais na região da cabeça e seriam inibidos em todas as outras regiões do corpo. Da mesma forma, os pesquisadores induziram a formação de patas onde antenas são naturalmente produzidas modificando genes que ficaram conhecidos por *antennapedia*, que etimologicamente significa antena e pé. Essas manipulações experimentais confirmam que todas as células de um organismo contêm a mesma informação genética, mas que a ativação de muitos genes depende de ações locais.

Genes homeóticos são importantes pelo seu potencial de produzir grandes alterações morfológicas de forma relativamente rápida. Importantes mudanças evolutivas conhecidas foram o resultado de alterações nos genes homeóticos, principalmente as mutações que duplicaram a quantidade desses genes e que permitiram aos organismos adquirir maior complexidade estrutural. Um desses eventos de duplicação ocorreu na transição de animais radiais e diblásticos (com duas camadas de células embrionárias, como no grupo das águas-vivas) para os animais bilaterais e triblásticos (com três camadas de células embrionárias, como na maioria dos animais). Apenas dois genes homeóticos são conhecidos nas águas-vivas em oposição aos sete dos animais bilaterais mais primitivos. Outro grande evento de expansão ocorreu durante a origem dos vertebrados e permitiu que o grupo adquirisse complexidade estrutural em relação aos seus ancestrais invertebrados. Grupos aparentados aos vertebrados (como as ascídias e os anfioxos) apresentam 13 genes homeóticos. Dois eventos de duplicação destes genes podem ter levado os vertebrados a possuir quatro cópias destes 13 genes, e a grande complexidade estrutural dos vertebrados é, pelo menos parcialmente, atribuída a estes eventos de duplicação.

Genética e ambiente

O comportamento dos animais representa uma combinação de sua experiência e aprendizado, mas é também o produto de suas características genéticas. De fato, apesar da influência inquestionável do ambiente, grande parte das características comportamentais de um organismo é determinada geneticamente. A relação entre genética e comportamento tem implicações evolutivas profundas. Diversos estudos demonstraram como determinados comportamentos estão correlacionados com alelos específicos e muitos comportamentos que chamamos de instintos ilustram essa relação.

Tecnicamente, um instinto representa um padrão comportamental que é executado de forma íntegra desde a primeira vez que é realizado por um indivíduo que não teve experiência prévia com este comportamento. Padrões comportamentais automáticos, como a formação de teias e de ninhos, o cuidado parental e o medo são exemplos de padrões herdados e não-aprendidos que foram favorecidos pela seleção natural. Estudos mostram que bebês humanos de 6 meses respondem negativamente a aranhas e serpentes e vídeos de gatos reagindo a pepinos se tornaram populares recentemente. Por serem animais solitários (e naturalmente desconfiados!), os gatos reagem instintivamente a objetos que podem ameaçar sua sobrevivência, como uma serpente (ou um pepino que se parece com uma serpente).

A relação entre genética e comportamento pode ser averiguada testando a hipótese de que gêmeos idênticos devem apresentar comportamentos próximos. Estudos importantes de comportamento demonstraram essa relação avaliando o comportamento de gêmeos que foram separados logo após o nascimento. Gêmeos monozigóticos (que nasceram de um único óvulo fecundado) separados após o parto apresentaram mais similaridade comportamental que gêmeos dizigóticos (que nasceram de dois óvulos fecundados) que também foram separados após o parto. Por sua vez, gêmeos dizigóticos apresentaram mais similaridade comportamental entre si do que pares de indivíduos selecionados ao acaso. Outros estudos também mostraram que crianças adotadas crescem menos parecidas com seus pais adotivos e mais parecidas com seus pais biológicos em muitos aspectos.

Apesar da importância da genética, o comportamento animal é complexo demais para ser reduzido exclusivamente às suas partes moleculares. Fatores ambientais também desempenham um papel central. Experimentos com primatas, por exemplo, mostraram que a experiência social é um requisito importante para o desenvolvimento dos comportamentos. Filhotes de macacos rhesus (*Macaca mulatta*) criados apenas com a mãe apresentam desenvolvimento social inferior ao de filhotes criados com ambos os pais. Ao se tornarem adultos, esses indivíduos falharam em desenvolver comportamentos sexuais e agressivos que tipicamente resultam do aprendizado proveniente do pai. Em zoológicos, filhotes de aves e mamíferos são frequentemente criados juntos com modelos artificiais usados para substituir um ou ambos os pais, de forma a mitigar os potenciais impactos dessa ausência.

Muitos animais que possuem toxinas não as produzem fisiologicamente, mas as adquirem do ambiente. Seja para defesa ou para capturar presas, possuir toxinas é certamente uma característica adaptativa. Algumas formigas herbívoras incorporam as toxinas de plantas nos seus tecidos, e essas toxinas são usadas para defesa. Por outro lado, sapos venenosos que conseguem se alimentar dessas formigas 'roubam' as toxinas das formigas. As toxinas de algumas serpentes também são provenientes de sua dieta (incluindo sapos) e são incorporadas aos seus tecidos, mas algumas fêmeas de serpentes podem repassar as toxinas diretamente para sua prole. A habilidade de tolerar e incorporar toxinas de outros organismos aos seus próprios tecidos é uma característica adaptativa determinada geneticamente, e nem todo organismo consegue realizar essa façanha. Todavia, a expressão dessa característica adaptativa depende da disponibilidade de itens alimentares, que é uma propriedade ambiental variável. Sem recursos no ambiente, essa adaptação se torna inútil e esse é um exemplo claro de como a genética e o meio podem se relacionar para determinar as propriedades biológicas.

As aves são geneticamente predispostas a aprender o canto de sua própria espécie e experimentos mostraram que filhotes que escutaram o canto de várias espécies ao mesmo tempo aprenderam apenas o da sua espécie. Em algumas espécies, o canto original foi aprendido mesmo quando apresentado de trás para frente! Aprendizados como este, chamados de estampagem (ou *imprinting*), ocorrem dentro de intervalos de vida relativamente curtos nas fases iniciais do desenvolvimento dos ninhegos. A ausência de estímulos durante esse período crítico compromete o aprendizado e pode afetar as habilidades sociais do indivíduo adulto.

Perceba que os exemplos acima ilustram casos nos quais o desempenho geneticamente determinado das características biológicas depende de fatores ambientais como a disponibilidade de presas com toxinas ou o estímulo dos pais. Nesses casos, fatores genéticos e ambientais precisam atuar em conjunto para que o potencial adaptativo da estrutura seja expresso em sua totalidade.

Capítulo 6

Neodarwinismo

As ideias de Darwin e Wallace foram concebidas em um período no qual a natureza da hereditariedade era pouco compreendida. Nessa época, as propriedades biológicas 'internas' responsáveis pelas características 'externas' não eram bem conhecidas e termos como genótipo e fenótipo ainda estavam longe de terem sido concebidos.

Darwin estava ciente que sua teoria precisava ser suplementada por estudos mais profundos sobre hereditariedade e isso dificultou a aceitação da seleção natural em sua época. Após décadas de criticismo e indecisões, os estudos aprofundados de Mendel finalmente forneceram a credibilidade que a seleção natural precisava. A união das ideias de Darwin e Mendel ficou conhecida como **síntese moderna**, **teoria sintética** ou **neodarwinismo**. O livro *Genética e a origem das espécies* do biólogo Theodosius Dobzhansky, publicado inicialmente em 1937, foi um influente trabalho que divulgou o neodarwinismo.

A união dos princípios de Darwin e Mendel produziu uma teoria evolutiva robusta, fortemente testada e embasada por princípios hereditários corretos. Isso ocorreu mais de meio século após a seleção natural ter sido proposta por Darwin e Wallace como o mecanismo por trás da evolução adaptativa. Apesar de ter sido contemporâneo de Mendel, Darwin morreu sem tomar conhecimento do quanto sua teoria havia sido fortalecida pelos novos estudos de hereditariedade.

Os trabalhos de Mendel foram pouco difundidos no início, em grande parte por terem sido publicados em alemão. Além disso, as ideias de Mendel só foram testadas rigorosamente quando algumas tecnologias se tornaram disponíveis. O termo gene só foi cunhado em 1909 pelo botânico Wilhelm Johannsen, 25 anos após a morte de Mendel. Na sua época, o que hoje chamamos de gene era conhecido como fator hereditário, mas a ideia de que as características dos organismos estavam 'escritas' nestes fatores hereditários já estava bem estabelecida.

Mas afinal, por que Darwin precisou de Mendel para que a seleção natural fosse aceita pela comunidade científica? Como vimos anteriormente, as ideias mais bem aceitas sobre hereditariedade antes de Mendel sugeriam que as características dos dois pais se misturavam nos filhos (hipótese da herança misturada) e estas ideias eram incompatíveis com a seleção natural. Vejamos por quê.

Para facilitar a compreensão da hipótese da herança misturada, vamos discuti-la utilizando conceitos genéticos modernos. Suponha que um alelo A produz um fenótipo de cor preta e o alelo a produza o fenótipo de cor branca. Os filhos podem herdar um genótipo AA e ter um fenótipo preto, um genótipo aa com o fenótipo branco ou o genótipo Aa com o fenótipo cinza. Por ora, esse último genótipo é o mais importante. Fenótipos intermediários são comuns e hoje sabemos que isso ocorre quando não existe dominância de um alelo sobre o outro. Ou seja, a expressão do alelo A não domina a expressão do alelo a e os dois são expressos igualmente, de forma que o resultado é um fenótipo misturado dos pais. Muitos casos na natureza são, de fato, representados por indivíduos que possuem expressões fenotípicas intermediárias dos pais e isso provavelmente fortaleceu as ideias de herança misturada na época. Os problemas para a seleção natural começam a partir desse ponto.

A hipótese de herança misturada sugeria que o indivíduo cinza passaria adiante essa nova característica (cor cinza) para seus filhos de forma intacta. Seus defensores acreditavam que os fatores hereditários dos pais (no caso os alelos A e a) de alguma forma se misturavam fisicamente no filho. Por conseguinte, este só poderia transmitir essa nova característica (a cor cinza) à sua prole, e apenas os fatores 'cinzas' estariam presentes nos seus gametas. Se estes gametas fossem fecundados por um gameta com um alelo A, os filhotes produzidos seriam cinza escuros e se fossem fecundados por um gameta com alelo a, os filhotes seriam cinza claros (Figura 6.1).

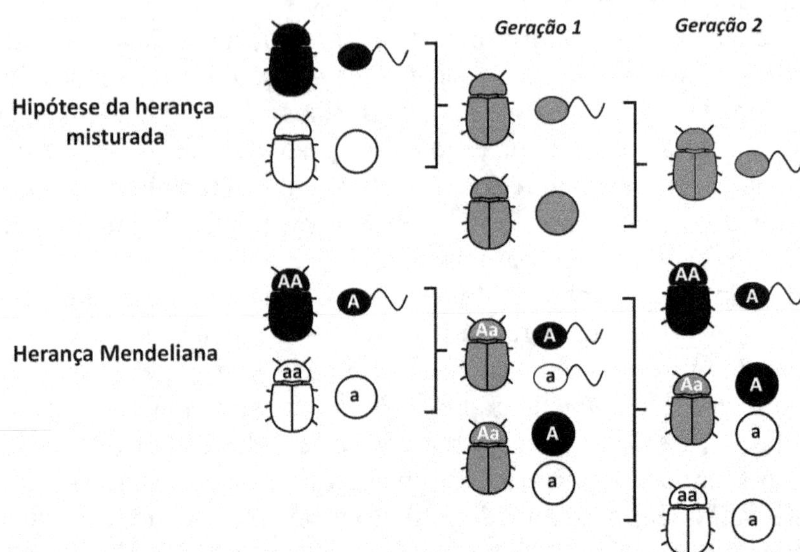

Figura 6.1 Na época de Darwin, a **hipótese da herança misturada** era a ideia mais bem-aceita sobre os mecanismos de transmissão hereditária. Essa hipótese considerava que a prole herdava as características misturadas dos pais. No exemplo, o pai de cor preta produz gametas que transmitem a cor preta e a mãe de cor branca produz gametas que transmitem a cor branca. O filho, que apresenta cor intermediária entre os pais, produz um novo tipo de gameta, que transmite a cor cinza. Na herança misturada, as propriedades dos pais se misturavam não só externamente, mas também internamente, de forma que um gameta novo era produzido. Ao longo das gerações, a variação tende a se diluir. Na **herança Mendeliana**, a variação é preservada porque mesmo nos fenótipos intermediários, que são produzidos quando não há dominância entre os alelos, as sequências genéticas são preservadas internamente e não se misturam fisicamente. Mendel mostrou que apesar dos fenótipos serem comumente uma mistura dos pais, os genótipos se mantêm preservados como unidades categóricas. Perceba que os indivíduos cinzas não produzem "gametas cinzas".

Mendel mostrou que mesmo sendo fenotipicamente intermediário, um indivíduo pode passar para seus filhos as características herdadas dos seus pais de forma intacta, e isso ocorre porque os fatores herdados dos dois pais não se misturam fisicamente na célula, mesmo que esse indivíduo seja, fenotipicamente, uma combinação dos pais. Apesar de ser cinza, o indivíduo produz apenas gametas de dois tipos: A (fenótipo preto) e a (fenótipo branco). Quando dois indivíduos cinzas cruzam, sua prole poderá ser formada por indivíduos pretos, brancos ou cinzas (Figura 6.1). Os genes são preservados de forma intacta ao longo das gerações, e essa é uma das mais importantes propriedades da teoria hereditária de Mendel.

Se a hipótese de herança misturada fosse verdadeira, os genes originais seriam perdidos quando se misturassem fisicamente, e isso seria um obstáculo para a seleção natural. Com a hipótese de herança misturada, a variabilidade genética se dilui ao longo das gerações e essa propriedade é incompatível com a seleção natural, porque mesmo os genes mais favoráveis de uma população seriam diluídos antes de se tornarem comuns. Essa foi a crítica central às ideias de Darwin e Wallace na época. A variabilidade fenotípica é a matéria prima da evolução, e para validar a seleção natural, os modelos de transmissão hereditárias precisariam assegurar que a variação genética é preservada ao longo das gerações.

As ideias de Mendel levaram décadas para serem assimiladas e serem incorporadas à teoria evolutiva. O biólogo Ronald Fisher teve uma contribuição central, comprovando a relação matemática entre os princípios hereditários de Mendel e a seleção natural de Darwin e Wallace. Não intencionalmente, a maior contribuição de Mendel para a seleção natural foi a de mostrar que os genes são herdados como unidades categóricas indivisíveis que não se fundem fisicamente e que não se diluem ao longo do tempo. Essa era uma premissa necessária para que a seleção natural fizesse sentido.

A partir da década de 1930, a evolução se tornou a base central da biologia. Nenhuma análise moderna é realizada sem levar em consideração a natureza mutável da vida. Hoje, as estruturas biológicas são compreendidas sob uma perspectiva funcional e ecológica, sempre levando em consideração os fatores históricos e genealógicos. As ciências naturais foram revolucionadas com a aceitação da seleção natural e muitas áreas foram influenciadas:

- na ecologia, as relações ecológicas entre os organismos fizeram sentido quando as pressões seletivas mútuas passaram a ser levadas em consideração;

- na paleontologia, a ordenação dos fósseis nos estratos geológicos e seus padrões de distribuição geográfica passaram a fazer sentido;

- na sistemática, o modo de classificar e agrupar os organismos precisou ser reavaliado e apenas grupos naturais (que apresentam todos os descendentes de um ancestral comum) passaram a ser considerados válidos;

- nas ciências médicas, a produção e o uso de drogas antibióticas devem levar em consideração o potencial de resposta adaptativa dos patógenos;

- nas ciências agrárias, as atividades agrícolas utilizam o conhecimento evolutivo aplicado para selecionar variedades que melhor atendem às demandas humanas e o uso de agrotóxicos precisa levar em consideração o potencial adaptativo das espécies-alvo;

Capítulo 7

Seleção natural

A **seleção natural** é um fenômeno natural relativamente fácil de compreender. Se os indivíduos de uma população são diferentes, suas habilidades também variam e, como consequência, as chances de sobrevivência dos indivíduos não são idênticas. Os tipos favorecidos, que sobrevivem acima da média, deixam mais descendentes e aumentam a contribuição relativa do seu tipo na população.

É importante perceber que mudanças evolutivas podem ocorrer nos organismos sem a seleção natural, mas a seleção natural é a única força que explica as mudanças evolutivas que produzem adaptações. A origem das primeiras células, a conquista do ambiente terrestre e a evolução do voo nas aves, por exemplo, foram consequências de pressões seletivas que ocorreram no passado e adaptaram as espécies. A exemplo de forças físicas como a gravidade, a seleção natural é uma propriedade indiferente e mecânica da natureza, alheia a quaisquer que sejam suas consequências. Neste capítulo veremos os principais fundamentos da seleção natural e sua importância para a biologia.

Os indivíduos não evoluem. A evolução é uma propriedade das espécies e as mudanças evolutivas ocorrem quando as frequências dos alelos da população são alteradas de forma não aleatória por forças ambientais. Um indivíduo adquire novas habilidades e modifica partes corporais ao longo de sua vida, mas essas mudanças não são evolutivas porque não são geneticamente repassadas à prole.

De uma forma geral, o sucesso reprodutivo diferenciado dos indivíduos de uma população representa a própria seleção natural. O sucesso reprodutivo pode ser definido quantitativamente como sendo o número efetivo de filhos gerados por um indivíduo em um determinado intervalo de tempo. Indivíduos que deixam mais descendentes que a média dos outros indivíduos da população (i.e. que possuem sucesso reprodutivo alto) aumentam a frequência de suas características na população. Diferenças no sucesso reprodutivo selecionam os indivíduos e, mantendo os organismos mais aptos a lidar com os desafios ambientais, a espécie torna-se adaptada.

O sucesso reprodutivo também pode ser definido como a capacidade que um indivíduo tem de aumentar a proporção de suas características na população. Essa definição é mais completa porque leva em consideração os indivíduos que não se reproduzem, mas que despendem energia auxiliando indivíduos aparentados a sobreviver para reproduzir. Tendo em vista que indivíduos aparentados compartilham muitos genes em comum, quando um indivíduo se reproduz, o sucesso dos seus parentes também é aumentado indiretamente, pois suas características também se mantêm na população.

O termo *fitness* (ou aptidão) é muito utilizado por biólogos e pode apresentar diferentes significados. Para a evolução, o termo é geralmente utilizado como um sinônimo de sucesso reprodutivo. Nesse sentido, o *fitness* pode representar uma medida quantitativa da prole produzida por um indivíduo em relação à média dos outros indivíduos da população. Se em uma geração um indivíduo produz 5 filhotes e a média dos demais indivíduos da população no mesmo período é de 4 filhotes, seu *fitness* é maior que a média. Um *fitness* acima da média sugere que as características desse indivíduo são vantajosas porque facilitam o acesso aos recursos, e essas características tendem a se disseminar na população. O *fitness* é uma propriedade variável e inerente às populações.

Sem variação biológica, a seleção natural não faz sentido

A seleção natural atua em populações cujas variações intraespecíficas (entre os indivíduos da espécie) estão relacionadas com a sobrevivência e o sucesso reprodutivo, e que possuem uma natureza hereditária. A variação biológica é a matéria prima da evolução e pode ser observada em níveis genéticos e fenotípicos.

Variação genética: a maior parte da variação ocorre nesse nível. Se compararmos sequências genéticas equivalentes entre os indivíduos de uma população, diferenças na sequência de ácidos nucléicos serão observadas. A variação molecular pode ou não alterar a expressão fenotípica. Quando as variações nas sequências genéticas alteram o tipo de proteína codificada, o desempenho dos indivíduos pode variar.

Variação fenotípica: a forma 'visível' da variação. Representada pelos componentes estruturais e observáveis dos organismos, incluindo as células, tecidos, órgãos, padrões de coloração e os comportamentos. As variações nas características biológicas podem ser categóricas ou contínuas.

As variações genômicas representam um terceiro tipo de variação que ocorre quando mudanças no número de cromossomos são observadas entre os indivíduos. Mutações podem adicionar, reduzir ou duplicar o número de cromossomos característicos de uma espécie e alterar profundamente suas propriedades.

De que forma as variações em uma enzima, no padrão de coloração, no formato de uma estrutura ou no tamanho corporal podem influenciar o sucesso reprodutivo de um indivíduo? Diversos estudos mostraram que os atributos que aumentam a chance de sobrevivência de um indivíduo, mesmo que minimamente, tendem a se tornar mais comuns na população. Uma variação na estrutura de uma enzima pode resultar em reações bioquímicas mais eficientes, uma pata maior pode significar melhor capacidade de fuga contra predadores, feromônios mais fortes podem ser mais atrativos para o sexo oposto e um padrão de coloração pode servir melhor para camuflagem. Por outro lado, variações que reduzem a chance de sobrevivência reduzem o *fitness* do indivíduo e tendem a se tornar raras na população.

Estudos que compararam o *fitness* entre os indivíduos de diversos grupos biológicos demonstraram que a disparidade tende a ser uma regra. A magnitude dessa disparidade varia dependendo do grupo, do tamanho populacional e do tipo de ambiente, mas essa é uma propriedade muito comum. Casos extremos incluem espécies no qual a grande maioria dos indivíduos possui um *fitness* próximo do zero e uma minoria possui um *fitness* muito alto (Figura 7.1).

A evolução adaptativa ocorre porque a variação entre os indivíduos de uma população (a geneticamente determinada) gera diferença no sucesso reprodutivo dos indivíduos. Quando uma característica confere a um indivíduo maior chance de sobreviver e se reproduzir, a seleção natural tende a favorecer a sua manutenção dentro da população e eliminar as características menos favoráveis. Com o tempo, toda a população terá se modificado porque a frequência das variações que foram favorecidas aumenta em detrimento das menos favorecidas (Figura 7.2).

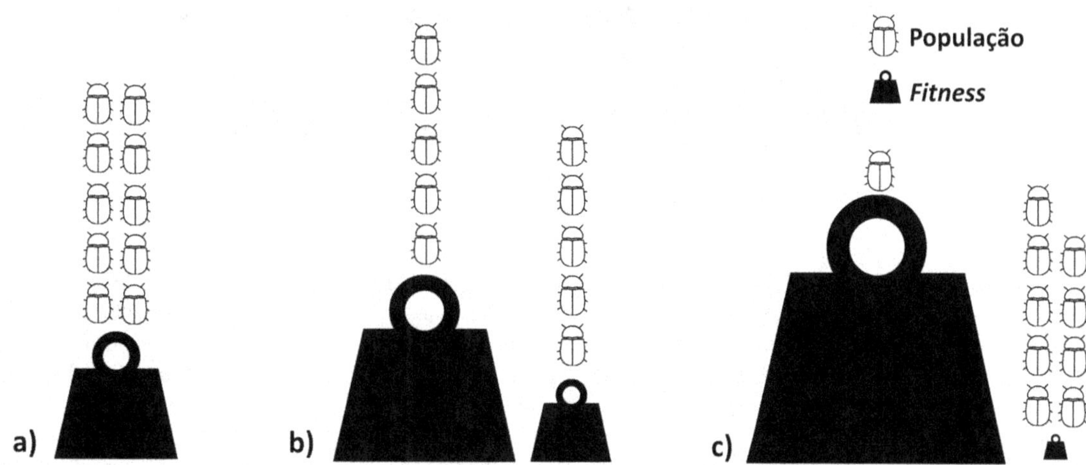

Figura 7.1 A taxa de reprodução tende a variar entre os indivíduos de uma população como ilustrado a partir de três cenários. No primeiro caso, todos os indivíduos da população possuem um *fitness* médio (a). No segundo caso, metade da população apresenta um *fitness* alto e a outra metade um *fitness* baixo (b). No terceiro caso, mais extremo, uma parcela muito pequena da população tem um *fitness* muito alto e a grande maioria possui um *fitness* muito baixo, próximo do zero (c).

As forças seletivas da natureza são dinâmicas e variam espacialmente e temporalmente. Em uma população grande que ocupa uma área geográfica heterogênea, indivíduos vivendo em uma zona podem sofrer pressões seletivas diferentes em relação a indivíduos da sua mesma espécie que vivem em outra zona (Figura 7.3). Além disso, uma condição que foi favorecida em um determinado momento pode deixar de ser adaptativa se as características do ambiente se modificarem.

Por outro lado, mesmo em ambientes espacialmente homogêneos e/ou temporalmente constantes, a seleção natural é uma força presente que atua mantendo padrões não-aleatórios nas frequências das variações. É intuitivo perceber que a seleção natural é o principal mecanismo gerador de diversidade biológica. Espécies com alta taxa de mutação e que vivem em ambientes dinâmicos evoluem relativamente rápido e podem se diversificar muito. Alternativamente, espécies que vivem em áreas estáveis e que possuem baixas taxas de mutação tendem a evoluir mais lentamente.

A mutação é a principal propriedade que introduz novas variações a uma população e esse é um processo aleatório, não-induzido pela seleção natural. As mutações são importantes porque introduzem novas versões de uma estrutura biológica a uma população. Mesmo que houvesse alguma variação intraespecífica inicial em uma população, a evolução seria muito limitada se novas versões nunca fossem produzidas pelas mutações (Figura 7.4). As grandes mudanças evolutivas que conhecemos foram o resultado de inovações estruturais que surgiram aleatoriamente, mas que foram favorecidas de forma não-aleatória pela seleção natural.

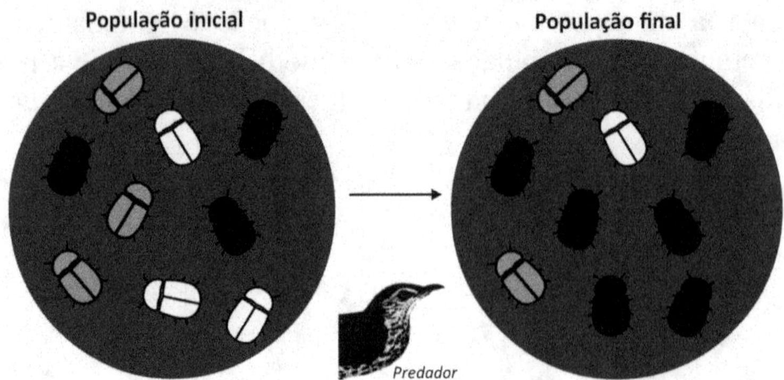

Figura 7.2 Variação biológica e sobrevivência diferenciada. No exemplo, a coloração é um traço fenotípico que varia entre os indivíduos. Sem os predadores visuais, todos os fenótipos possuem a mesma chance de sobrevivência, mas quando o predador foi introduzido, o fenótipo escuro que melhor se camufla com o ambiente foi positivamente selecionado em detrimento dos demais. Por terem mais chance de sobrevivência, indivíduos com o fenótipo escuro tendem a se reproduzir mais e deixar mais descendentes com essa característica. Perceba que a população final agora se torna mais bem preparada (adaptada) para lidar com os predadores.

Darwin e Wallace foram originais ao perceber que não são as mudanças ambientais que induzem o aparecimento das mutações adaptativas. Ao contrário, novas mutações estão constantemente surgindo nas populações por acaso e estas podem ou não ser úteis. Por ser um evento estocástico, uma mutação que produza uma versão ótima talvez nunca surja em uma população, e a melhor versão de uma característica observada na população não necessariamente representa a versão teoricamente ótima. Além disso, se as mutações adaptativas não surgirem e a espécie não conseguir acompanhar as mudanças ambientais, a espécie se torna mal adaptada e se extingue.

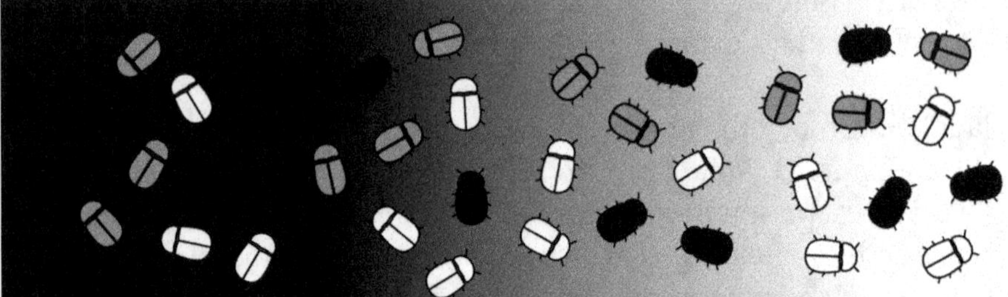

Figura 7.3 Assim como os indivíduos, os ambientes também não são homogêneos. Fenótipos que são favorecidos em uma zona podem ser desfavorecidos em outra zona ou em outro período. No exemplo, os extremos da área de distribuição da espécie favorecem os fenótipos preto (esquerdo) e branco (direito), enquanto as regiões centrais favorecem o fenótipo cinza.

Antes de Darwin e Wallace, a ideia predominante sugeria que, quando o ambiente se modifica, algum mecanismo biológico interno induz o surgimento de uma mutação adaptativa para atender essa mudança. Em outros termos, a mutação era direcionada. No entanto, décadas de estudos não encontraram evidências que suportem essa ideia. Um importante princípio da evolução é o de que as mutações surgem constantemente nas populações, mas não foram direcionadas pelo ambiente para atender uma demanda adaptativa. Essa importante contribuição de Darwin e Wallace até hoje é mal interpretada fora do círculo científico e a evolução biológica é comumente criticada por confusões relacionadas a esse princípio (Figura 7.5).

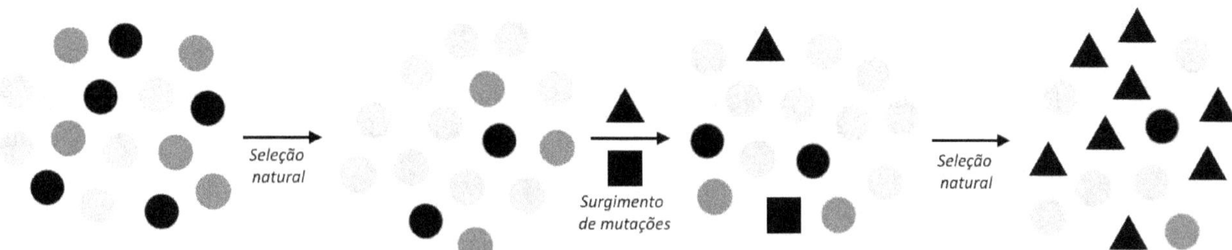

Figura 7.4 Mudanças evolutivas provocadas pela seleção natural. Inicialmente, as frequências aleatórias das variações da população inicial se modificaram não-aleatoriamente por forças seletivas. O fenótipo claro foi favorecido e aumentou sua frequência na população. Em seguida, duas mutações surgiram e foram testadas pelo ambiente. A mutação deletéria (■) foi rapidamente eliminada da população, enquanto a mutação adaptativa (▲) foi mais favorecida que as mutações originais e passou a ser dominante. Perceba que alterações nas frequências dos fenótipos produziram modificações até um determinado limite, e somente quando novas variações foram introduzidas na população, através das mutações, que as mudanças mais significativas puderam ser produzidas.

Perceba que a evolução não é um processo estritamente aleatório. Darwin utilizou o termo 'acidente' para se referir ao surgimento das mutações, mas ele deixou claro que a seleção das variações é um processo não-aleatório. As mutações que melhor lidam com os desafios ambientais são favorecidas, e mudanças cumulativas e graduais podem produzir características biológicas complexas. Perceba também que ao afirmar que a mutação é uma condição aleatória, nos referimos a aleatoriedade do ponto de vista evolutivo e considerando seus efeitos nas populações. A causa de muitas mutações é bem conhecida pela ciência. Por exemplo, a incidência de raios UV induz a formação de mutações genéticas conhecidas e esperadas e, portanto, são não-aleatórias do ponto de vista bioquímico.

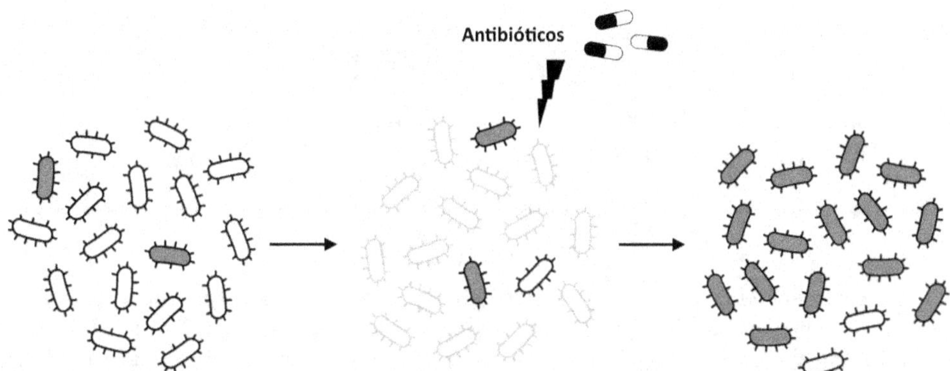

Figura 7.5 Antes de Darwin e Wallace, a ideia prevalecente sugeria que as mutações adaptativas eram induzidas pela necessidade de lidar com um desafio ambiental. Darwin e Wallace mostraram que as mutações surgem aleatoriamente e que pressões ambientais não-aleatórias favorecem alguns tipos em detrimento de outros. Quando submetidas a

antibióticos, as bactérias não são induzidas a se adaptar. Variações resistentes que já estavam presentes na população original são favorecidas e se tornam dominantes. Se não houvesse nenhuma variação resistente na população inicial, a chance da população ser dizimada seria muito maior. Analisado superficialmente, é mais fácil pensar que as bactérias foram induzidas a se adaptar com a introdução dos antibióticos e, infelizmente, essa ideia é muito popular.

Potencial biótico

Em média, cada indivíduo de uma população deverá deixar pelo menos um descendente para que a espécie continue a existir. Se essa média for menor que 1, a espécie entra em declínio até ser extinta. Se for maior que 1, a população cresce indefinidamente. Obviamente, o crescimento populacional indefinido é fisicamente impossível porque os recursos necessários para produzir novos organismos são finitos.

As estratégias reprodutivas evoluíram no sentido de maximizar o número de descendentes deixados na população. Duas grandes categorias são geralmente observadas na natureza. Muitos peixes e invertebrados marinhos possuem alta fecundidade desde cedo e produzem centenas de milhares ou milhões de gametas em cada evento reprodutivo. Dos óvulos que são fecundados, mais de 99% morrem nas primeiras semanas de desenvolvimento e muitos dos que se desenvolvem e sobrevivem a essa etapa morrem antes de atingirem a maturidade sexual. Portanto, apesar do excesso de fecundidade, poucos indivíduos são recrutados para a próxima geração. O tamanho dessas populações pode flutuar significativamente em pequenas escalas de tempo, mas a longo prazo a população tende a manter um crescimento aproximadamente neutro. Animais com essas características são chamados de **estrategistas r**.

Em contraste, muitas aves e mamíferos possuem maturação sexual tardia, a reprodução é restrita a determinadas estações do ano, e a gestação prolongada resulta em uma prole com poucos filhotes que são muito dependentes dos pais. Em virtude da grande quantidade de energia despendida nesse tipo de estratégia, desde a produção dos gametas até os cuidados pós-parto, poucos indivíduos são produzidos a cada geração, mas a probabilidade de sobrevivência destes poucos filhotes produzidos é muito alta. Animais com essas características são chamados de **estrategistas K**.

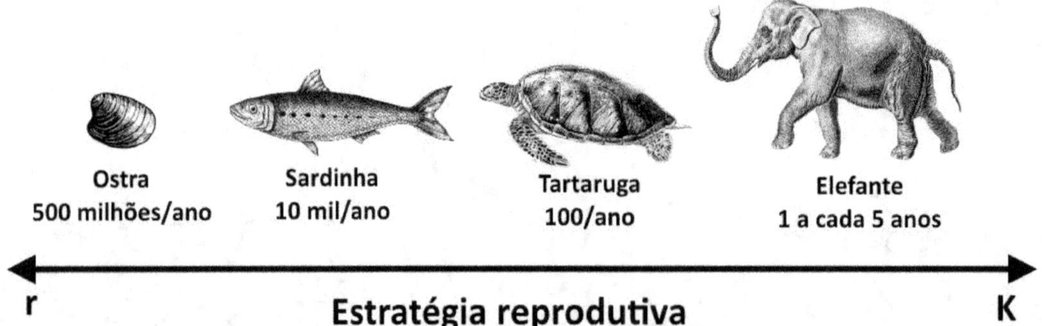

Figura 7.6 O potencial biótico representa a capacidade de um organismo produzir descendentes quando apenas fatores fisiológicos e comportamentais são limitantes. As estratégias reprodutivas utilizadas pelos organismos podem ser contrastantes. Muitos invertebrados marinhos, como as ostras, produzem centenas de milhões de descendentes por ano (estrategista r extremo) enquanto mamíferos como os elefantes produzem um filhote a cada cinco anos (estrategista K extremo). Estrategistas r investem em quantidade e os raros indivíduos que sobrevivem são suficientes para manter o tamanho da população. Estrategistas K produzem uma quantidade muito pequena de indivíduos, mas investem em

qualidade, de forma que estes poucos indivíduos têm grandes chances de sobreviver. Na prática, a maioria dos organismos tende a apresentar estratégias intermediárias entre os extremos.

As estratégias reprodutivas descritas acima representam condições extremas e organismos com características intermediárias são os mais comuns na natureza (Figura 7.6). A despeito do tipo de estratégia empregada, a capacidade reprodutiva dos organismos nunca é expressa em sua totalidade. Darwin estava atento a essa propriedade e sugeriu que mesmo os reprodutores mais lentos da Terra, como os elefantes, colonizariam todo o espaço geográfico em relativamente pouco tempo se a disponibilidade de recursos fosse irrestrita no planeta. A capacidade reprodutiva máxima de um indivíduo é chamada de **potencial biótico** e representa uma medida teórica de sua capacidade de deixar descendentes quando fatores ambientais não são considerados. Dessa forma, o potencial biótico é uma medida teórica limitada apenas pela fisiologia e pelo comportamento, mas não pela ecologia (Figura 7.7).

O ambiente impede que o potencial biótico seja colocado em prática. A despeito de serem estrategistas r ou K, o número de descendentes produzidos em uma população é sempre maior que o suportado pelo ambiente. Esse excesso de indivíduos no ambiente produz competição pelos limitados recursos e a consequência é uma sobrevivência diferenciada e não-aleatória. Os traços biológicos que aumentam a chance de um indivíduo ter acesso aos recursos são disseminados acima da média e tendem a se tornar dominantes na população. Dessa forma, a sobrevivência não é aleatória porque os traços que são favorecidos são os que melhor contribuíram para lidar com os desafios ambientais. Quando as variações entre esses traços são definidas hereditariamente (a maior parte é), as versões que têm maior acesso aos recursos aumentam suas frequências na população.

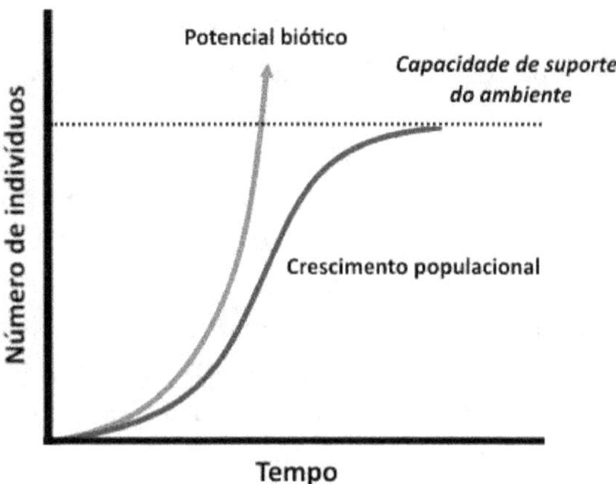

Figura 7.7 Todos os organismos possuem um potencial reprodutivo teórico maior do que o demonstrado na prática. Isso acontece porque os recursos são finitos e impedem que esse potencial seja colocado em prática. O gráfico mostra a curva reprodutiva teórica (potencial biótico) se a reprodução não fosse limitada por fatores ecológicos como a disponibilidade de recursos. Na prática, uma população nova cresce rapidamente no início e desacelera quando a competição se torna intensificada, como mostrado pela curva escura. Quando o ambiente não suporta mais nenhum indivíduo, a população para de crescer e se mantém equilibrada de forma que novos indivíduos só são adicionados à população por substituição ou se a disponibilidade de recursos aumentar.

Todo organismo é um aparato de sobrevivência. Uma característica biológica é adaptativa quando aumenta as chances de um indivíduo evitar predadores, parasitas e infecções, identificar e obter alimento, lidar com o ambiente físico e químico e conseguir parceiros sexuais. A prole desses indivíduos, herdando essas características, também terá maior chance de sobrevivência e, geração após geração, o aumento da frequência desses genótipos adapta a espécie.

Tipos de seleção

Variações categóricas são mais fáceis de serem distinguidas do que variações contínuas. De forma geral, uma variação categórica existe quando, por exemplo, uma população apresenta indivíduos que são resistentes ou não a uma doença, mas não indivíduos parcialmente resistentes, ou indivíduos escuros e claros sem padrões intermediários. Apesar de ser mais fácil compreender como a seleção natural atua em variações categóricas, a maior parte da variação observada na natureza é contínua. As proporções e as cores das partes corporais, os mecanismos fisiológicos e os comportamentos são propriedades que tendem a variar em gradientes contínuos. A seleção natural atua igualmente nas variações contínuas e categóricas e três padrões podem ser distinguidos: seleção direcional, seleção estabilizadora e seleção disruptiva.

Seleção direcional: ocorre quando uma versão extrema de uma estrutura é favorecida e sua frequência aumenta na população. Em uma população na qual a coloração varia do branco ao preto e cujos indivíduos mais escuros se camuflam melhor, os indivíduos pretos serão favorecidos porque serão capturados a uma taxa menor que os indivíduos claros e mais conspícuos. A seleção, portanto, tende a se deslocar na direção dos indivíduos escuros (Figura 7.8a).

Seleção estabilizadora: ocorre quando versões intermediárias de uma variação são favorecidas em detrimento das versões extremas. Utilizando o exemplo acima, indivíduos de coloração cinza são favorecidos e os indivíduos brancos e pretos estão em desvantagem adaptativa (Figura 8b).

Seleção disruptiva: ocorre quando versões dos dois extremos são igualmente favorecidas em detrimento de condições intermediárias. Nesse caso, indivíduos de coloração preta e branca são igualmente favorecidos e os indivíduos cinzas estariam em desvantagem adaptativa. Esse tipo de seleção ocorre quando existe uma condição bimodal ambiental que favorece igualmente os dois extremos de uma característica. Se diferentes locais de refúgio favorecerem igualmente os indivíduos brancos e pretos, mas não os indivíduos cinzas, os extremos aumentam sua frequência em detrimento das versões intermediárias. A seleção disruptiva é particularmente importante pelo alto potencial de produzir novas espécies. Se os extremos que foram favorecidos divergirem suficientemente, os dois tipos podem se tornar espécies distintas.

Perceba que os tipos de seleção descritos acima ilustram a resposta das populações em relação às pressões ambientais. Suponha o seguinte exemplo: uma população de aves apresenta variações no tamanho do bico que estão relacionadas com os itens alimentares consumidos. Os indivíduos da espécie podem apresentar um de três tipos de bico: **curtos**, utilizados para quebrar sementes, **intermediários,** utilizados para consumir frutos e **longos**, utilizados para capturar insetos (Figura 7.9). Vejamos quatro possibilidades:

1) se a disponibilidade de sementes e frutos reduzir no ambiente, indivíduos com bicos longos devem ser favorecidos (seleção direcional) (Figura 7.9a).

2) se a disponibilidade de frutos e de insetos reduzir no ambiente, indivíduos com bicos curtos devem ser favorecidos (seleção direcional) (Figura 7.9b).

3) se a disponibilidade de sementes e insetos reduzir no ambiente, indivíduos com bicos intermediários devem ser favorecidos (seleção estabilizadora) (Figura 7.9c).

4) se a disponibilidade de frutos reduzir no ambiente, indivíduos com bicos curtos e indivíduos com bicos longos devem ser igualmente favorecidos (seleção disruptiva) (Figura 7.9d).

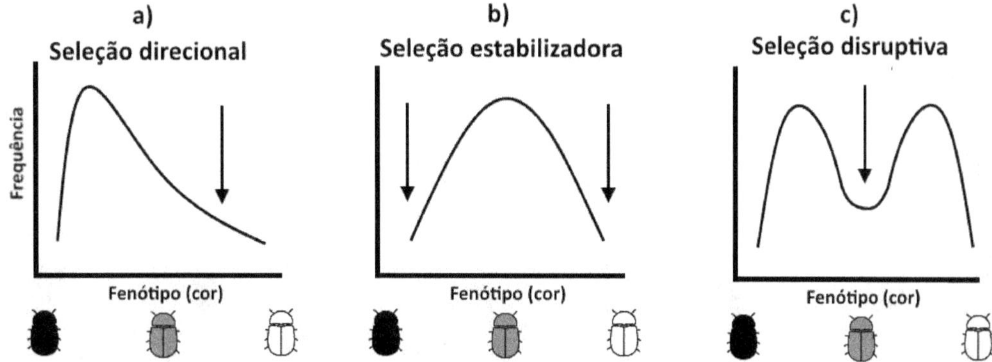

Figura 7.8 Tipos de seleção. A seleção direcional (a) ocorre quando um dos extremos de uma característica é favorecido. No exemplo, a frequência dos indivíduos pretos é a mais alta. A seleção estabilizadora (b) ocorre quando os fenótipos intermediários são favorecidos. No exemplo, a frequência dos indivíduos cinzas é a mais alta. A seleção disruptiva (c) ocorre quando os dois extremos são favorecidos, porque alguma condição ambiental favorece igualmente esses dois tipos. No exemplo, as frequências dos indivíduos pretos e brancos são as mais altas porque existem locais de refúgio claros e escuros que favorecem a camuflagem destes tipos, mas não existem refúgios para o fenótipo intermediário. Em todos os casos, as setas indicam a seleção contra os traços fenotípicos.

A relação entre presa e predador

Presa e predador exercem forças seletivas mútuas que há muito tempo fascinam os biólogos. A importante relação ecológica entre presas e predadores representa uma importante evidência do processo evolutivo e uma oportunidade para compreendermos a importância da seleção natural. Essa relação também é importante por fortalecer a ideia de que somente a seleção natural explica as adaptações.

Quando um predador persegue uma presa, ele exerce uma pressão seletiva direta sobre esta. Quando há sucesso na captura, as características do predador são favorecidas e as características da presa capturada são desfavorecidas em suas respectivas populações. Por outro lado, uma presa que consegue fugir ou se esconder da tentativa de captura produz uma pressão na direção do predador. As características da presa irão se disseminar enquanto as características do predador malsucedido irão ser eliminadas se ele não conseguir se alimentar de outra forma. Ao longo do tempo, as melhores características para predar e as melhores características para se defender são favorecidas em cada grupo. As pressões seletivas recíprocas na relação entre predador e presa são contínuas (Figura 7.10).

A relação entre predador e presa é uma importante evidência da natureza mutável dos organismos. Os criacionistas defendem que os organismos são entidades fixas que não se modificam ao longo do tempo e cujas características foram perfeitamente arquitetadas para lidar com os desafios ambientais. Portanto, predadores e presas foram criados para serem ótimos em suas especialidades. Mas como as habilidades perfeitas de um predador servem para capturar uma presa com habilidades perfeitas de defesa? Mesmo se considerarmos que tipos menos adaptados foram propositalmente criados em cada grupo para atender as demandas opostas, o paradoxo persiste. Quando todas as presas menos adaptadas forem capturadas e todos os predadores menos adaptados morrerem de fome, apenas os predadores ótimos e as presas ótimas permanecerão. O paradoxo permanece.

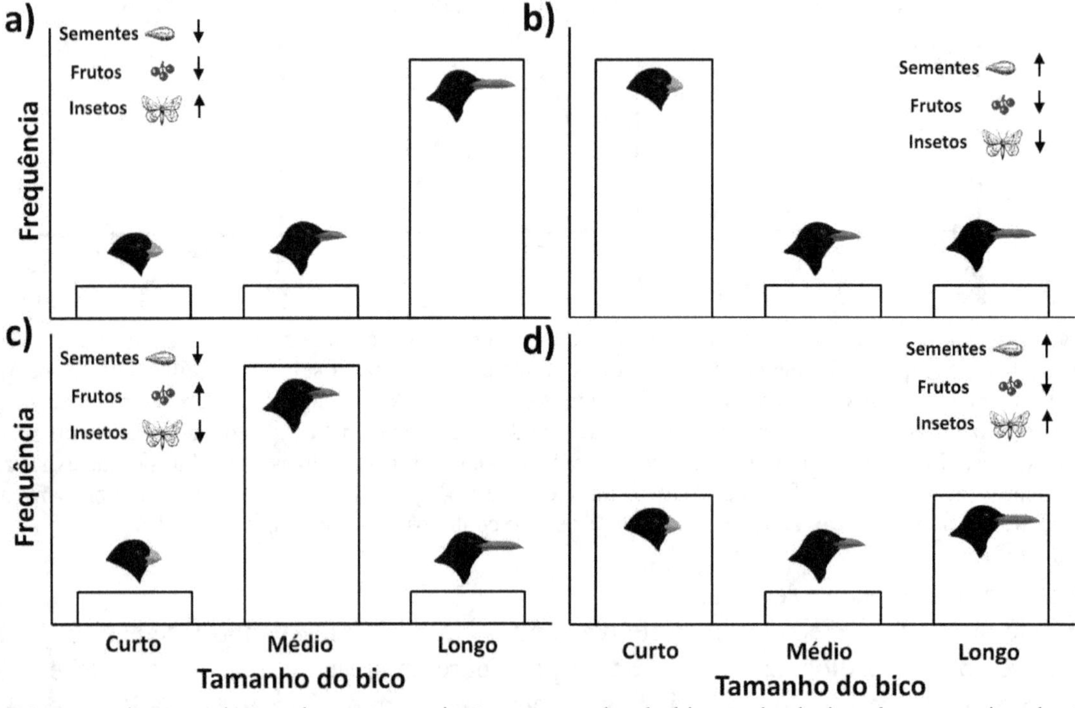

Figura 7.9 Em muitas populações de aves, a variação no tamanho do bico está relacionada com o tipo de alimento consumido. No exemplo, as aves com bico curto são especializadas em consumir sementes, as de bico intermediário são especializadas em consumir frutos e as de bico longo são especializadas em consumir insetos. As frequências dos indivíduos com diferentes tipos de bicos variam de acordo com a disponibilidade de recursos no ambiente.

A seleção natural oferece uma explicação plausível e fundamentada por evidências. Organismos são entidades mutáveis e dinâmicas. As características de predadores e presas estão sob constante pressão e se adaptam de forma recíproca. Indivíduos que nascem com habilidades inferiores tendem a ser eliminados e atendem as demandas do lado oposto. A capacidade de se camuflar, a locomoção, a percepção sensorial e a imunidade são exemplos de variações biológicas utilizadas por predadores e presas. As melhores versões dessas variações tendem a se fixar nas populações em detrimento de versões inferiores e, por mutação, novas versões são constantemente introduzidas na população.

Podemos compreender melhor a evolução da relação predador e presa fazendo uma analogia com a corrida armamentista. Uma corrida armamentista ocorre quando um país se arma para se proteger, e outro país responde se armando com um arsenal superior. Se sentindo ameaçado, o primeiro país modifica seu arsenal original para superar essa resposta e isso cria uma pressão sobre o segundo país que precisa responder à altura, o que cria um ciclo armamentista.

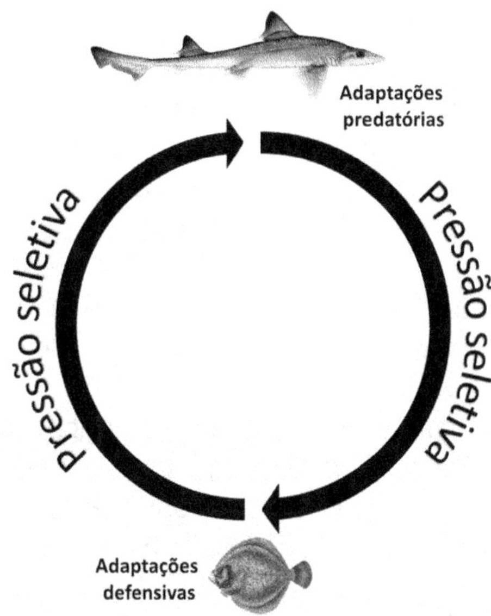

Figura 7.10 Presa e predador exercem pressões seletivas recíprocas. As adaptações defensivas de uma presa evoluíram porque pressões predatórias do passado favoreceram essas características. Se não houvesse necessidade de se defender, essas propriedades não teriam evoluído. Igualmente, as adaptações dos predadores evoluíram porque os mecanismos de defesa favoreceram estes traços nos predadores. Peixes como os linguados possuem mecanismos de defesa que incluem o hábito de se enterrar no substrato e a camuflagem. Tubarões, por outro lado, possuem estruturas sensoriais elaboradas como os órgãos eletrorreceptores que detectam os impulsos elétricos emitidos pela contração muscular e permitem que até mesmo animais enterrados sejam detectados.

Agora considere um exemplo prático com base na relação entre uma planta e um herbívoro. Componentes químicos estão entre os principais mecanismos de defesa das plantas, e indivíduos mutantes que desenvolverem a capacidade de produzir toxinas defensivas eficientes serão favorecidos, porque serão menos consumidos. A disseminação dessa nova característica na população exerce uma pressão nos herbívoros. Entre estes, os indivíduos que conseguirem tolerar as toxinas serão favorecidos e essa capacidade passa a se disseminar na sua espécie. Os predadores responderam eficientemente à pressão seletiva das plantas, que agora precisam lidar com esse novo desafio. Mutações novas que promovam o surgimento de uma toxina ainda mais forte serão favorecidas e a pressão retorna aos predadores. Ao longo das gerações, essas pressões seletivas recíprocas continuam evoluindo de forma escalonada.

Perceba que enquanto as presas melhoram sua capacidade de defesa elas contribuíram inconscientemente para selecionar também os melhores predadores. Essa relação equilibrada entre predador e presa só faz sentido quando avaliada sob uma perspectiva evolutiva. Sem essa dinâmica biológica e sem a evolução, esse equilíbrio não se sustentaria. Os predadores eliminariam todas as presas fracas e, restando apenas as presas fortes, morreriam de fome. Alternativamente, se a capacidade dos predadores fosse ótima, eles eliminariam todas as presas e morreriam quando estas se extinguissem.

Se armar é uma atividade custosa em vários sentidos, incluindo a defesa militar dos territórios humanos. Armas mais potentes significam maior potencial destrutivo e estimativas mostram que o gasto monetário global com equipamentos militares ultrapassa a casa de 1 trilhão de dólares anualmente. As tréguas são estratégias de minimizar esses custos, e é comum que os países assinem tratados se comprometendo a limitar seus arsenais armamentistas. Todavia, a história nos mostra que as tréguas nem sempre funcionam, porque um dos lados sempre tende a trapacear.

Na natureza, estruturas complexas também são custosas, pois requerem mais energia para sua manutenção que as estruturas simples. Se com uma trégua, predadores e presas limitassem seus arsenais de ataque e defesa, os dois lados economizariam energia. No entanto, a seleção natural é uma força indiferente e não consegue perceber e 'punir' o lado trapaceador. Novos genes rebeldes que descumpram a trégua e melhorem o arsenal de um dos lados não serão punidos. Pelo contrário, serão favorecidos.

Considere mais um exemplo hipotético. Dois vizinhos gostam de ouvir música e para que seja possível que os dois aproveitem seus discos sem que um atrapalhe o outro, o volume dos seus equipamentos precisa ficar um pouco abaixo do volume ótimo. Se o volume for mantido nesse nível por ambas as partes, os dois se beneficiam porque ouvirão suas músicas pagando um pequeno preço de ter o volume a um nível ligeiramente abaixo do ótimo. Se um dos lados trapacear e aumentar seu volume um pouco mais, para um nível ótimo para si, esse será beneficiado e prejudicará o outro lado. O outro lado, que agora consegue ouvir o som do vizinho está prejudicado e tentará compensar aumentando seu volume acima do volume do vizinho, e acima do ótimo. Os dois vizinhos passam então, cada um a aumentar o volume dos seus equipamentos para compensar o do outro e o volume de cada equipamento ultrapassou tanto o ótimo que a qualidade sonora foi drasticamente reduzida e os dois lados estão pagando o preço alto de não poder ouvir seus discos preferidos.

As árvores se tornaram plantas altas, em grande parte por causa de uma guerra armamentista competitiva. Os indivíduos mais altos, que tinham maior acesso aos fótons de luz, foram favorecidos em detrimento de indivíduos mais baixos. Ser alto significa possuir maiores custos energéticos de manutenção e os indivíduos altos que foram favorecidos não necessariamente possuem as características ótimas. Sem a seleção natural, os indivíduos poderiam 'acordar' de crescerem até uma altura de máxima eficiência energética e que permitisse que todos tivessem o mesmo acesso à luz solar. Se um indivíduo quebrasse o acordo e crescesse demais, este seria punido e eliminado da população.

No entanto, em vez de punir os trapaceiros, a seleção natural os beneficia. Assim como os países poderiam gastar menos com armamentos se as tréguas fossem respeitadas ou os vizinhos se beneficiariam se cada lado respeitasse os limites de volume sonoros, os organismos também poderiam se beneficiar se limites competitivos fossem estabelecidos e respeitados. Todavia, a seleção natural é uma força indiferente e mecânica que não consegue estabelecer essas tréguas e respeitar os limites. Indivíduos trapaceadores tendem a ser favorecidos a despeito das consequências para o grupo.

A relação entre predadores e presas sempre fascinou os biólogos e, entre muitas coisas, nos mostra como a natureza é mecânica e indiferente em tantos aspectos. Sob uma perspectiva ecológica, a capacidade de defesa das presas é importante para os predadores porque assegura a perpetuação dos seus recursos alimentares. Sem defesa, as presas seriam rapidamente consumidas até se tornarem extintas e os predadores, dependentes desses recursos, também entrariam em colapso. Por outro lado, se todos os predadores se tornassem ineficientes, a população das presas cresceria tão rápido que seus próprios recursos alimentares também seriam sobre-explorados.

Inúmeros exemplos de distúrbios na relação predador e presa são documentados, e muitos foram causados por atividades humanas que alteraram esse importante equilíbrio. Predadores estão entre os principais alvos da caça e da pesca e sua sobre-exploração desencadeia desequilíbrios que são transmitidos em cascata para os demais níveis de uma complexa teia trófica. Uma relação equilibrada entre predador e presa funciona como uma guerra interminável e sem vencedores.

A história nos mostra que predadores imprudentes que sobre-exploram os recursos trazem consequências negativas não só para suas presas, mas também para sua própria população. Como predadores, nós precisamos compreender que esta propriedade ecológica também se aplica à nossa espécie.

Capítulo 8

Adaptações

Qualquer propriedade biológica que aumente a chance de um indivíduo sobreviver pode ser considerada uma **adaptação**. As adaptações podem ser mensuradas nos diversos níveis biológicos: molecular, anatômico, fisiológico e comportamental. A melanina que minimiza os efeitos nocivos dos raios UV, o bico de uma ave que serve para capturar alimento e a capacidade de se fingir de morto para repelir predadores (tanatose) são exemplos de adaptações. No entanto, nem sempre é tão fácil definir quando uma característica é adaptativa. A coloração, por exemplo, pode ser usada para camuflagem ou exibição social, mas padrões de coloração aleatórios sem significância adaptativa também podem existir na natureza. Além disso, determinar que uma característica é adaptativa é quase sempre mais fácil que determinar como esta característica é adaptativa.

O termo adaptação é comumente associado a Darwin pela sua contribuição em relacionar seleção natural com evolução adaptativa, mas o termo já era empregado por naturalistas mais antigos. Todavia, por causa de Darwin e Wallace, hoje sabemos que mudanças evolutivas podem ocorrer sem seleção natural, mas somente a seleção natural explica as adaptações. De uma forma geral, as propriedades biológicas podem ser adaptativas, não-adaptativas (neutras) ou mal-adaptativas.

Podemos definir uma adaptação como sendo um traço de caráter hereditário que aumentou sua frequência (ou está aumentando) em decorrência da seleção natural, quando comparado a outros traços. A seleção natural mantém a alta frequência do traço favorável até que novas pressões surjam e favoreçam outros traços. Uma adaptação é, portanto, uma característica fenotípica que atende melhor as demandas biológicas de um indivíduo em relação as características dos outros indivíduos de sua população. Nesse sentido, as adaptações podem ser quantificadas correlacionando o *fitness* e os traços fenotípicos dos indivíduos de uma população.

Como já vimos, a evolução ocorre através da remodelação de estruturas existentes, e não por construção. A modificação de uma estrutura pode ter três consequências centrais: 1) a função original da estrutura pode ser otimizada, aumentando seu desempenho; 2) a função original pode ser substituída por uma nova função ou 3) uma função nova pode ser adicionada sem que haja substituição da função original, e a mesma estrutura passa a desempenhar funções independentes (Figura 8.1). Comumente, apenas pequenas alterações estruturais são suficientes para que uma função completamente nova passe a ser desempenhada na estrutura, seja por substituição ou por adição.

A remodelação é uma propriedade central da evolução. A maior parte dos traços fenotípicos é complexa demais para ter surgido a partir de um evento evolutivo instantâneo e as grandes modificações adaptativas quase sempre surgem de forma cumulativa e lenta. Uma mutação pode aumentar o desempenho de um traço fenotípico e ser selecionada positivamente e após longos períodos, mutações sucessivamente favorecidas se acumulam e produzem mudanças significativas na estrutura, de modo que a condição moderna se torna radicalmente diferente da ancestral.

Mudanças que ocorrem após poucas gerações são quase sempre imperceptíveis, mas em escalas de tempo grandes e em populações com altas taxas de mutação, as mudanças cumulativas são potencialmente profundas.

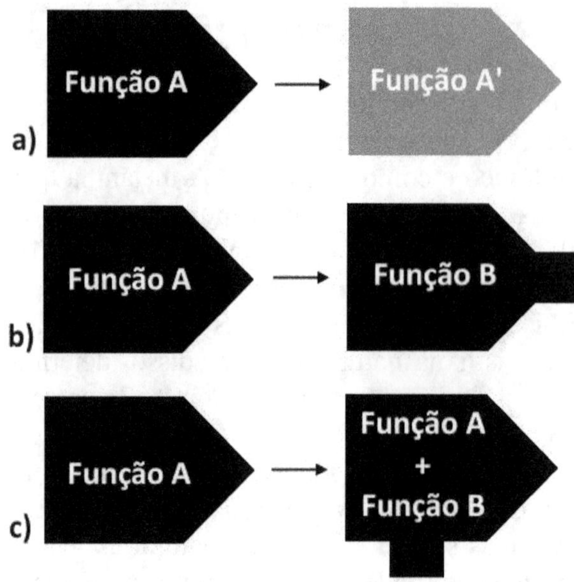

Figura 8.1 Uma estrutura pode ser remodelada para otimizar uma função (a), substituir a função original por outra distinta (b) ou adicionar uma função (c).

Competição e adaptação

A competição por recursos é frequentemente muito intensa entre os indivíduos de uma mesma espécie porque sua similaridade estrutural os leva a explorar os mesmos recursos. Para um organismo, uma forma importante de minimizar a competição é se tornar diferente dos outros indivíduos de sua população para explorar recursos inacessíveis a estes. É intuitivo perceber que a seleção natural pode favorecer o distanciamento entre organismos quando as pressões competitivas são muito intensas. Uma inovação estrutural que leve um indivíduo a explorar um recurso não disponível aos seus coespecíficos tende a ser favorecida pela seleção natural. A consequência é a divergência fenotípica e o aumento da diversidade biológica. Por conseguinte, ambientes com abundância de recursos são menos competitivos e as pressões seletivas que induzem a divergências evolutivas tendem a ser menos intensas nesses ambientes. A competição é uma propriedade central da seleção natural.

Pré-adaptações

Uma pré-adaptação ocorre quando uma estrutura que evoluiu para desempenhar um papel A, passou, por um feliz acidente, a ser útil também para uma finalidade B. O termo pré-adaptação é muito utilizado pelos evolucionistas, mas é necessário dissociá-lo da ideia de que uma estrutura está destinada a se tornar algo específico. Para minimizar possíveis erros de interpretação, os pesquisadores Stephen Gould e Elisabeth Vrba sugeriram a adoção do termo **exaptação**, mas esse termo não é tão popular como o termo pré-adaptação.

Podemos ilustrar o significado das pré-adaptações com base na evolução dos tetrápodes. A concepção popular, que prevalece fora do meio científico, sugere que os peixes saíram da água antes que as características dos tetrápodes evoluíssem no meio terrestre. Todavia, a seleção natural não poderia favorecer organismos com características aquáticas que passaram a viver na terra planejando evoluir características adaptativas para a vida na terra.

As evidências mostram algo diferente. Muitas estruturas que são hoje atribuídas aos tetrápodes evoluíram para atender aos propósitos de uma vida ainda aquática, mas que também passaram a ser úteis no ambiente terrestre por simples coincidências. Estruturas como os pulmões e os membros evoluíram e foram funcionais ainda na água e há um rico registro fóssil evidenciando esse processo. Quando essas estruturas evoluíram, não havia nenhum tipo de previsão para que se tornassem úteis na terra posteriormente.

Os pulmões e os membros dos peixes são considerados pré-adaptações somente porque já conhecemos a história evolutiva dessas estruturas no presente momento. Essas estruturas foram perfeitamente funcionais e eram completamente adaptativas para animais que ainda eram aquáticos. Portanto, essa é uma propriedade central da evolução: para ser favorecida, uma característica deve ser funcional no mesmo tempo e no mesmo ambiente que está evoluindo. Uma característica não pode evoluir para antecipar um propósito do futuro ou para servir a um propósito de um ambiente distinto.

Um dos argumentos dos antievolucionistas é o de que estruturas parciais têm pouco valor adaptativo e, consequentemente, a seleção natural só poderia favorecer estruturas completamente formadas. No entanto, análises detalhadas da evolução de muitas estruturas biológicas mostram como versões estruturalmente intermediárias podem ser adaptativas. Na evolução das aves, as asas devem ter passado por estágios intermediários que não eram bons nem como pata terrestre nem como asa. Como a seleção poderia favorecer essas estruturas intermediárias?

Os ancestrais das aves foram dinossauros bípedes cujas patas anteriores já haviam se emancipado das funções locomotoras e foram atrofiadas ou passaram a desempenhar outras funções. Casos extremos incluem animais como os tiranossauros cujas patas eram muito atrofiadas. Livres das funções locomotoras, as patas de alguns animais se modificaram em abas terrestres que, entre outros propósitos, serviam para aprisionar insetos. Posteriormente, essas proto-asas (asas primitivas) passaram a ser úteis como estruturas aéreas, estabilizando a aterrissagem do animal durante a captura das presas. Mutações sucessivas que aumentaram a capacidade de deslocamento horizontal foram favorecidas até o surgimento do voo (Figura 8.2). Perceba que não havia nenhum tipo de objetivo para que patas terrestres, ou mesmo as proto-asas, se modificassem em asas. A evolução da asa foi uma consequência.

Perceba que cada versão que antecede a asa é considerada estruturalmente intermediária apenas quando conhecemos toda a história evolutiva dessa característica. As asas das espécies modernas podem se tornar estruturas completamente diferentes no futuro, quando serão então consideradas também versões de transição. De fato, aves como pinguins e avestruzes, que perderam a capacidade de voar, evoluíram versões de asas que servem a outros propósitos. Estas são, portanto, evolutivamente derivadas em relação as versões dos seus parentes voadores.

Além disso, ser estruturalmente intermediário não significa ser intermediário do ponto de vista adaptativo. As proto-asas tiveram propósitos distintos das asas modernas e foram completamente adaptativas para essas finalidades. A única propriedade que pode determinar o extremo evolutivo de uma estrutura é sua extinção. As asas representam o produto moderno de uma linha evolutiva que incluiu diferentes versões, cada uma funcional e adaptativa em seu próprio momento. Planar pode ser considerado uma condição funcionalmente intermediária entre a locomoção terrestre e a locomoção aérea. Animais modernos que planam, como alguns esquilos e peixes podem nunca desenvolver um voo complexo como o das aves. Sob a perspectiva ecológica de uma ave, as estruturas que permitem o planeio parecem incompletas e imperfeitas. Todavia, sob a perspectiva da ecologia de esquilos e peixes, o planeio evoluiu porque foi vantajoso, sendo uma propriedade adaptativa para estes animais.

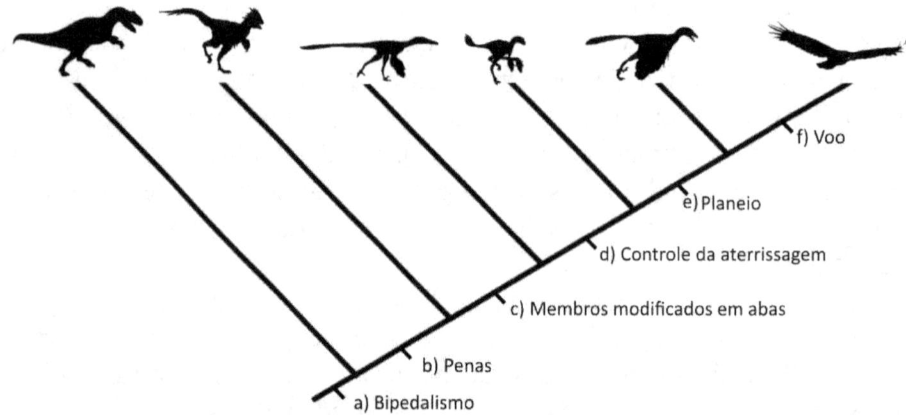

Figura 8.2 Etapas ecológicas e comportamentais na evolução do voo nas aves. Aves são descendentes de dinossauros que gradualmente adquiriram características que favoreceram o voo. Perceba como cada etapa permitiu que novos estágios evoluíssem, mas que cada etapa foi adaptativa em seu próprio momento. Essas etapas funcionaram como pré-adaptações apenas porque coincidiram de serem favoráveis para novos propósitos, mas o processo não envolveu nenhum tipo de objetivo definido. O bipedalismo (a) pode ter evoluído por pressões que favoreceram a velocidade quando os membros anteriores se emanciparam da função locomotora. As penas (b) surgiram inicialmente como estruturas relacionadas às exibições sociais e ao controle de temperatura corporal e só depois passaram a ter relação com o voo. Os membros anteriores se modificaram em abas (c) usadas para aprisionar presas como insetos. As abas (d) se tornaram maiores e passaram a controlar a aterrissagem de animais durante a predação. Com abas maiores, os animais passaram a planar (e) e deslocamentos horizontais cada vez mais elaborados se modificaram gradualmente no voo sustentado (f).

Em resumo, uma estrutura que serve a um propósito pode coincidir de ser favorecida para desempenhar outro propósito, mas todas as suas versões devem ser adaptativas para serem favorecidas. Uma estrutura não pode se modificar em uma versão com desempenho inferior se 'sacrificando' e prevendo se tornar uma estrutura de alto desempenho no futuro.

Finalmente, é importante compreender que os estágios categóricos das versões de uma estrutura quase sempre representam uma idealização humana. Com o registro fóssil, é relativamente fácil polarizar as modificações fenotípicas em uma linha histórica que inclui versões basais, intermediárias e derivadas, mas durante a evolução em curso, essas transições são quase sempre indetectáveis. Os fósseis são como os estágios de vida de um ser humano. É fácil distinguir uma criança de um adulto, mas essa transição é feita de forma gradual e não há um momento específico que a defina. Somente quando observamos a história completa em uma escala maior que as transições contínuas podem se tornar categóricas.

As adaptações não precisam ser ótimas para serem favorecidas

Adaptação não significa perfeição. É intuitivo considerar que as adaptações foram arquitetadas da melhor maneira possível para atender aos desafios ambientais. As características biológicas possuem alto desempenho e evoluíram para atender as demandas biológicas, mas a visão de uma natureza perfeita não é respaldada cientificamente. O ambiente seleciona as melhores versões de uma estrutura, mas essas versões não precisam ser perfeitas para serem adaptativas e essa é uma importante propriedade da evolução: entre os indivíduos de uma população, os melhores fenótipos não necessariamente são ótimos.

Uma mutação pode criar uma versão de uma estrutura com desempenho superior às demais versões que, ao ser favorecida, adapta a espécie. Visto que as mutações surgem aleatoriamente, as versões teoricamente ótimas podem nunca surgir em uma população. Podemos dizer que uma população está adaptada quando seu tamanho populacional não está em declínio. Como veremos posteriormente, a sobrevivência dos genes é uma propriedade maior que a necessidade de um organismo ser perfeitamente adaptado. Uma adaptação precisa apenas ser boa o suficiente para assegurar a disseminação dos genes.

Em muitas espécies, as cores fortes dos machos são atributos usados para atrair fêmeas, mas que acabam atraindo também os predadores visuais. Colorações conspícuas são certamente vantajosas nas espécies cujas fêmeas possuem genes de atração e foram favorecidas porque os benefícios sexuais compensaram os custos. Uma adaptação teoricamente ótima seria uma coloração que não atraísse nenhum predador e que fosse muito atrativa apenas para as fêmeas. Alternativamente, se as fêmeas não possuíssem genes de preferência, os machos poderiam ser menos conspícuos para os predadores e utilizar atributos sexuais menos arriscados. Indivíduos com coloração discreta levam vantagens em relação aos predadores, mas deixam muito menos descendentes que os indivíduos que se arriscam, porque as fêmeas preferem copular com estes últimos. Portanto, genes de coloração conspícuas tendem a se disseminar muito mais, a despeito de não serem perfeitos. Algumas aves minimizam os efeitos negativos dos padrões de coloração modificando a plumagem após o período reprodutivo. As mudanças podem ser fisiológicas (os pigmentos das penas deixam de ser produzidos) ou comportamentais (os machos se esfregam deliberadamente na lama para deixar as penas ofuscadas).

Estruturas que não parecem ser adaptativas

Como regra, os ambientes tendem a se modificar mais rapidamente que as espécies. Uma característica que não parece ser adaptativa pode existir em uma espécie porque foi adaptativa em um passado relativamente recente, quando as condições do seu ambiente eram distintas. Uma característica biológica que evoluiu sob condições ambientais que não existem mais pode persistir porque mutações suficientes não surgiram na população para modificar a estrutura ou porque não houve tempo suficiente para que esta se diluísse na população.

Algumas espécies de plantas produzem frutos grandes que simplesmente caem das árvores e apodrecem sem ser dispersados e isso acontece porque não existe, nesses locais, animais com adaptações para se alimentar desses frutos que, além do tamanho, possuem coberturas densas e rígidas. Essa mal adaptação das plantas é o resultado de um anacronismo evolutivo. Grandes herbívoros como os proboscídeos da família Gomphotheriidae (parentes dos elefantes) e preguiças gigantes foram os principais dispersores dessas plantas. Esses animais possuíam dentes fortes que esmagavam os grandes frutos, mas foram extintos há relativamente pouco tempo. Passados aproximadamente 10 mil anos desde a extinção destes herbívoros dispersores, as plantas não conseguiram se adaptar à fauna menor atual e essas características continuam existindo (Figura 8.3). Anacronismos evolutivos também são comuns em espécies que possuem defesas contra predadores que deixaram de existir na sua área.

Figura 8.3 Muitas frutas são ricas em açúcar e possuem cores e aromas chamativos que são utilizados como artifícios de atração. As frutas abrigam as sementes e atraem animais que, ao consumi-las, dispersam as sementes para locais mais distantes. Muitas espécies modernas de plantas que produzem frutos grandes e com cobertura densa (como o abacate e a pinha) contavam com grandes mamíferos como as preguiças gigantes para dispersar suas grandes sementes, mas esses animais foram extintos há relativamente pouco tempo. Por causa desse anacronismo, seus frutos parecem ser mal adaptados.

Muitas características biológicas estão distantes de um ótimo adaptativo por causa de limites impostos durante os eventos de remodelação. O termo *bad design* é frequentemente utilizado para descrever estruturas que são claramente mal organizadas. A organização imperfeita existe nos organismos porque suas partes foram herdadas a partir de versões ancestrais, e limites impostos durante os eventos de remodelação impediram que organizações melhores evoluíssem. Remodelar é um processo muito mais limitado que construir e, mesmo sendo funcionais e adaptativas, muitas estruturas biológicas poderiam ser mais bem organizadas se não fossem limitadas pela remodelação. Essas estruturas só fazem sentido quando analisadas sob uma perspectiva histórica e representam um forte argumento a favor da evolução e contra o criacionismo. Veremos, posteriormente, exemplos práticos de estruturas mal organizadas.

Vimos anteriormente que uma única estrutura biológica pode desempenhar mais de uma função, e esse tipo de estrutura tende a possuir uma organização generalizada porque precisar atender a diversos desafios. Em contrapartida, estruturas que se dedicam exclusivamente a apenas uma função tendem a possuir uma organização especializada (Figura 8.4). Os termos generalista e especialista podem ser aplicados para partes corporais, mas comumente também são utilizados para se referir a um organismo como um todo.

Uma ameba é um organismo unicelular e, como qualquer ser vivo, precisa desempenhar todas as atividades essenciais à vida, como detectar e capturar alimento, realizar as trocas gasosas, eliminar restos metabólicos nocivos, perceber o ambiente, se defender e se reproduzir. A única célula de uma ameba é generalizada e serve para atender a todas essas demandas. Contrastando, as células dos organismos multicelulares, como um neurônio, uma célula sanguínea, uma célula epitelial e uma célula muscular também possuem as mesmas necessidades vitais que uma ameba, mas muitas destas necessidades são subsidiadas por outras células do seu meio. Consequentemente, estas células alocam mais energia para poucas funções particulares e possuem organizações especializadas que são condizentes com esses papéis centrais. Um neurônio, por exemplo, é uma célula muito boa em transmitir impulsos através de seus longos prolongamentos (axônios), mas precisa ser subsidiada por células adjacentes para receber energia e para se defender, por exemplo.

Estruturas generalizadas tendem a se parecer menos adaptadas que as estruturas especializadas. Isso acontece porque ao avaliarmos uma estrutura generalizada sob o ponto de vista de uma única função, seu valor adaptativo tende a ser subestimado. Os olhos dos vertebrados estão posicionados de forma que quase sempre há um conflito entre a visão panorâmica (olhos laterais; visão monocular) e a visão de percepção de profundidade (olhos frontais; visão binocular). Alguns tubarões, pinguins, salamandras e baleias possuem uma visão panorâmica praticamente exclusiva. No entanto, na maioria das espécies, pelo menos algum grau de sobreposição no campo de visão dos dois olhos existe e essa condição caracteriza a condição binocular.

De forma geral, a visão periférica é mais útil para detectar predadores e a visão de profundidade é mais útil para capturar presas ou para animais que vivem em árvores (arborícolas). Assim, a posição dos olhos da maioria dos animais desempenha dois papéis que, de certa forma, são independentes. No ser humano, a visão binocular é priorizada, sendo que aproximadamente 140° do seu campo de visão são usados para a visão binocular e apenas 30° para a visão monocular. A visão periférica dos humanos é inferior à de muitos animais porque perceber profundidade foi priorizado pela seleção natural nos ancestrais arborícolas dos humanos e indivíduos que possuíam os olhos voltados para frente foram favorecidos. Se avaliarmos o olho humano sob a perspectiva exclusiva da visão periférica, o valor adaptativo dessa estrutura tende a ser subestimado.

Alguns organismos possuem partes corporais em forma de 'iscas' que atraem presas potenciais. Adornos corporais que acidentalmente atraíram presas foram favorecidos pela seleção e o valor adaptativo dessas estruturas é claro. Do ponto de vista das presas, ser atraído é prejudicial e a seleção deveria eliminar os genes que favorecem esse comportamento de atração. Por que isso não acontece? Genes que produzem comportamentos de resposta a estímulos geralmente estão relacionados com o sexo. Muitos animais são atraídos a iscas porque as confundem com estímulos visuais sociais de sua espécie. Portanto, esses genes de resposta a estímulos tendem a ser mantidos na população quando são vantajosos para outros propósitos, como o sexo, e quando essas vantagens superam os custos de ser atraído por uma isca de um predador.

Fêmeas de vaga-lumes do gênero *Photuris* (conhecido popularmente por *femme fatalle*) mimetizam os padrões luminosos de fêmeas de vaga-lumes do gênero *Photinus* que são usados para sinalizar receptividade sexual aos machos. Os machos de *Photinus*, atraídos pelos padrões luminosos da fêmea impostora se tornam presas destas. Em alguns casos, os machos conseguem perceber a farsa e fugir antes de ser devorado. De qualquer forma, mesmo sendo arriscado, ainda é mais vantajoso para os machos ser atraído pelos sinais visuais porque, na maioria das vezes, os sinais são realmente emitidos por fêmeas de sua espécie que querem se acasalar. As vantagens em potencial superam os riscos.

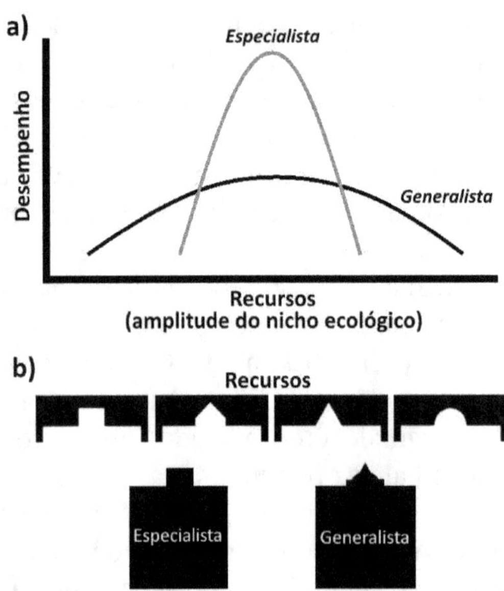

Figura 8.4 Diferenças entre organismos especialistas e generalistas. Organismos generalistas conseguem utilizar mais recursos, mas porque suas partes não são perfeitamente adaptadas, seu desempenho em relação a cada recurso não é tão alto como observado nos especialistas. Por outro lado, os especialistas não conseguem utilizar muitos recursos, mas isso é compensado com o desempenho elevado em relação ao seu tipo de recurso favorito (a). O gráfico é uma generalização e alguns estudos recentes sugeriram que, em algumas espécies, o desempenho dos especialistas para um recurso pode não ser tão superior ao de um generalista em relação aquele mesmo recurso. No diagrama inferior (b), a estrutura do especialista se encaixa tão perfeitamente com o primeiro recurso que este não consegue utilizar os demais recursos do ambiente. A estrutura do generalista, por sua vez, não se encaixa perfeitamente com nenhum recurso, mas consegue se adequar o suficiente para que os recursos sejam utilizados.

Muitos peixes da ordem Lophiiformes possuem uma modificação do primeiro raio da nadadeira dorsal em forma de 'vara de pescar' que atrai potenciais presas. Nas espécies abissais, essa estrutura é ainda mais complexa por ser adornada com bactérias bioluminescentes que produzem luz e aumentam seu poder atrativo nas zonas escuras marinhas. Pequenos peixes que são atraídos por essas armadilhas pagam um alto preço com sua vida, mas a eliminação completa desses genes da população levaria os indivíduos a não procurarem mais alimento. Indivíduos que são atraídos pela luz podem se deparar com um item alimentar, como um camarão bioluminescente, mas também com um predador, mas os indivíduos que não se arriscam estão destinados a morrer de fome. Portanto, mesmo tendo um custo em potencial, os genótipos de atração tendem a ser favorecidos e isso explica a permanência desses genes que parecem ser mal-adaptados. Em alguns casos, organismos continuam respondendo a estímulos mentirosos por causa de um anacronismo evolutivo. Os genótipos de atração podem ter sido vantajosos para outras finalidades em um passado recente e passaram a ser mal adaptativos com mudanças ecológicas.

Distâncias e paisagens adaptativas

As adaptações podem ser quantificadas, mas isso é mais fácil de ser conseguido no campo teórico do que na prática porque mensurar quantitativamente o valor adaptativo de uma estrutura é um processo complexo que deve envolver a análise de muitos fatores. E estes fatores são geralmente difíceis de serem acessados na natureza. Podemos definir um modelo de ótimo adaptativo teórico como sendo a versão de um fenótipo que desempenha seu papel (ou papéis) com a máxima eficiência possível. O ótimo teórico deve ser produzido não para maximizar uma função específica, mas para atender todas as funções de forma ponderada, como observado na natureza. Usando o ótimo teórico como base, podemos comparar seu desempenho com o de uma estrutura biológica real, de forma que o resíduo de desempenho entre as duas estruturas represente uma medida de distância adaptativa.

A quantificação das adaptações pode ser demonstrada em gráficos chamados **paisagens adaptativas** ou **topografias adaptativas** (Figura 8.5). Nessas paisagens adaptativas, os picos da 'montanha' representam o ótimo adaptativo e as regiões baixas, chamadas de 'vales', representam as estruturas mal-adaptadas. Portanto, quanto maior a distância horizontal entre dois pontos do gráfico, maiores são suas diferenças fenotípicas e adaptativas.

A análise das paisagens adaptativas revela pontos importantes. Pequenas mudanças (micromutações) apresentam maior chance de levar uma estrutura ao ótimo adaptativo do que grandes modificações (macromutações) (Figura 8.6). Suponha que uma mutação aleatória tenha a mesma probabilidade de melhorar ou piorar o desempenho de uma estrutura. Portanto, existem 50% de chance dessa mutação melhorar o desempenho de uma estrutura e aproximá-la do ótimo adaptativo. Sucessivas micromutações positivas tendem a ser favorecidas e essas modificações cumulativas aproximam cada vez mais a estrutura do ótimo adaptativo. Por outro lado, uma macromutação, mesmo sendo positiva, pode alterar tanto uma estrutura que seu deslocamento no gráfico tende a mantê-la distante do ótimo adaptativo.

O exemplo acima é uma simplificação e considera casos no qual a estrutura está relativamente próxima do ótimo adaptativo e quando existe apenas um ótimo adaptativo (apenas um pico). Uma estrutura que está muito longe do ótimo adaptativo que seja sujeita a uma macromutação pode se aproximar repentinamente do ótimo adaptativo. Ainda, uma macromutação pode alterar tanto uma estrutura, que essa se torna diferente da versão original e passa a ter um desempenho próximo de um segundo ótimo adaptativo (Figura 8.7).

Os dois picos adaptativos podem representar, por exemplo, duas estruturas ótimas que servem a propósitos ecológicos distintos. De fato, quando dois picos estão separados por um vale, as macromutações representam o único modo possível para que uma estrutura transite entre os dois ótimos adaptativos. Para se deslocar de um pico ao outro a partir de uma série de micromutações, a estrutura teria que passar por uma região de vale e seria desfavorecida pela seleção natural. Vales são regiões gráficas que simbolizam estados de uma estrutura que não são adaptativos e, como já vimos, a seleção natural não pode permitir que o *fitness* de uma estrutura seja temporariamente reduzido objetivando se tornar adaptativo no futuro.

Apesar das possibilidades teóricas mencionadas acima, mudanças abruptas são geralmente desfavorecidas pela seleção natural. A maior parte da evolução ocorre por reorganização gradual e não por revolução estrutural. Exemplos de mudanças evolutivas relativamente abrupta existem, mas estes são certamente exceções.

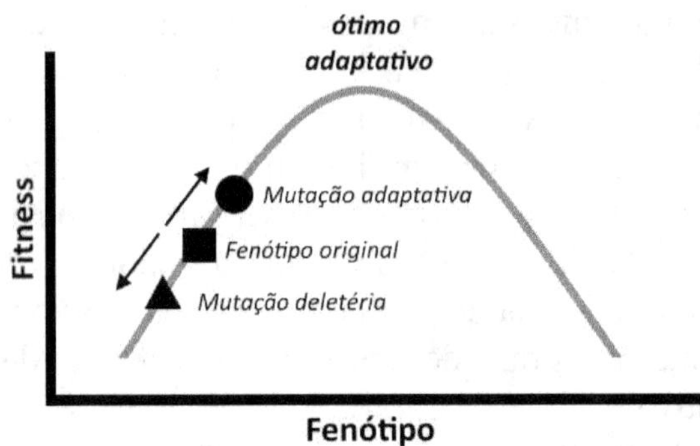

Figura 8.5 As adaptações podem ser representadas graficamente em figuras chamadas *paisagens adaptativas*. O eixo horizontal representa as variações de um fenótipo e o eixo vertical o *fitness*. Dependendo da natureza do fenótipo, diferentes valores de *fitness* são observados. Para uma característica fenotípica (■) de uma população que está distante de um ótimo adaptativo, as mutações adaptativas (●) que aumentam o *fitness* do indivíduo são favorecidas pela seleção natural e aproximam a espécie do ótimo adaptativo. O padrão oposto acontece com as mutações deletérias (▲) que estão ainda mais distantes do ótimo adaptativo. O *fitness* destes mutantes é reduzido, e por ser desfavorecido pela seleção natural estes indivíduos tendem a ser eliminados da população.

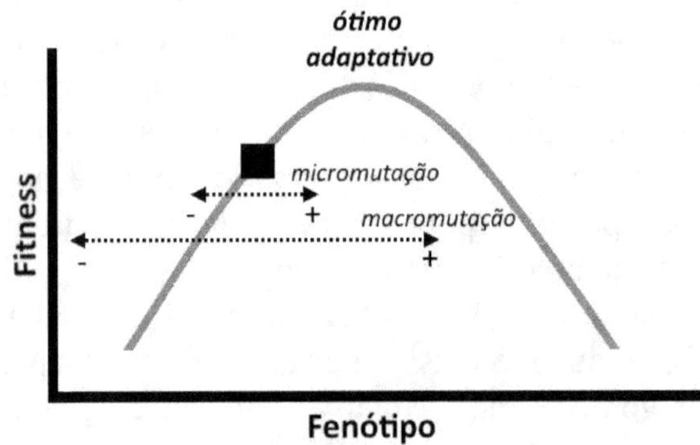

Figura 8.6 Na maioria das situações, as mutações pequenas (micromutações) têm mais chance de se aproximar do ótimo adaptativo em relação às mutações grandes (macromutações). Na prática, a maioria das estruturas é, de fato, modificada gradualmente a partir de etapas microevolutivas sequênciais e cumulativas.

O custo/benefício das estratégias adaptativas

A seleção natural nem sempre favorece as adaptações que apresentam desempenho máximo. Estruturas de alto desempenho geralmente têm custos de manutenção elevados e, comumente, as estruturas que são favorecidas são as que possuem a melhor relação custo/benefício, e estas não necessariamente são as que possuem máximo desempenho funcional. Condições de desempenho intermediários podem ser favorecidas em muitos casos e as razões para isso são diversas. Vejamos alguns exemplos de como a relação custo/benefício é comumente um fator central do processo evolutivo.

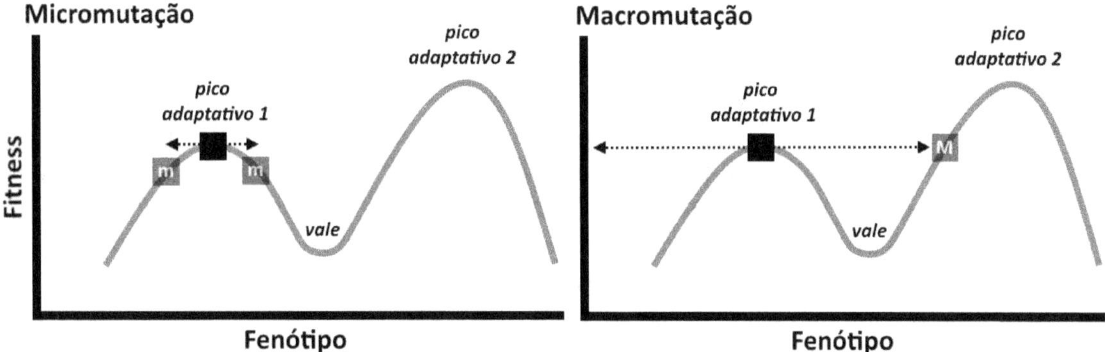

Figura 8.7 Um fenótipo que está em um pico adaptativo fica preso a este pico porque a seleção não pode favorecer as micromutações em direção ao segundo pico. Para um fenótipo que está localizado em um pico adaptativo, qualquer mutação pequena será igualmente desfavorecida. Para atingir o segundo pico, a estrutura deveria reduzir temporariamente seu *fitness* e atravessar uma região de baixa aptidão (vale) para só depois atingir o segundo pico adaptativo. A seleção não pode favorecer temporariamente fenótipos com baixo *fitness* que buscam ser recompensados posteriormente. Somente os fenótipos que são adaptativos no presente podem ser favorecidos. Quando mais de um pico adaptativo existe, uma macromutação pode ser o único caminho que leva uma estrutura a evoluir em direção ao segundo pico. No segundo gráfico, a estrutura se modificou tanto que passou a ser adaptativa para outro propósito e ficou mais próxima do segundo pico. Uma macromutação seguida de micromutações pode levar a estrutura a evoluir para o segundo pico.

O néctar é uma substância produzida pelas flores para atrair potenciais polinizadores, como os insetos, que indeliberadamente acabam coletando e transportando o pólen (material que contém os gametas masculino) para outras plantas. A produção de néctar precisa ser dosada para assegurar que a polinização seja efetivada. Pouco néctar será pouco atrativo, mas néctar em excesso pode saciar os polinizadores de tal forma que estes não procurem outras flores após se alimentar, comprometendo a fecundação. Produzir pouco néctar é econômico, mas pouco atrativo. Produzir muito néctar é muito atrativo, porém custoso energeticamente e desestimula a segunda alimentação que é crucial para o processo de fecundação. Portanto, as flores que possuem o melhor desempenho ecológico são aquelas que produzem néctar em quantidades intermediárias e os dois extremos tendem a ser desfavorecidos.

Estudos experimentais e de campo, realizados com peixes barrigudinhos (*guppies*), revelam como um traço que é adaptativo em um ambiente pode ser desfavorável em outro. Os machos desse grupo apresentam padrões de coloração mais intensos que os das fêmeas. Como já vimos, padrões de coloração conspícuos atraem as fêmeas, mas também atraem predadores visuais. Nos rios que apresentam poucos predadores, os machos são muito coloridos e brilhantes, enquanto nos rios com alta taxa de predação os machos são menos coloridos. O custo da coloração conspícua nos ambientes com muitos predadores é tão alto que a seleção desfavorece os indivíduos muito coloridos, mesmo que esses ainda sejam os mais atrativos para as fêmeas. Nesses ambientes, fenótipos de desempenho intermediário, no qual os machos são apenas ligeiramente mais brilhantes que as fêmeas, tendem a ser favorecidos.

Entre os animais, a maioria das espécies é solitária porque a vida social é custosa, entre outros motivos, porque os indivíduos de um grupo competem diretamente pelos recursos encontrados. A organização social evolui somente quando os benefícios compensam esses custos. O maior benefício da vida social é provavelmente a diluição do risco de predação. Um grupo grande é mais provável de ser detectado e atacado por um predador do que um animal solitário ou um grupo pequeno, mas a chance de um indivíduo ser capturado diminui proporcionalmente com o tamanho do grupo. Além disso, muitos olhos significam maior capacidade de detectar predadores, e experimentos mostram que a capacidade de detectar e fugir de um predador é maior para indivíduos sociais do que para indivíduos solitários. Mesmo que não perceba um potencial predador, um indivíduo social pode responder positivamente à fuga de um companheiro que o detectou. A formação temporária de grupos sociais também é conhecida e alguns animais formam grupos sociais somente quando a taxa de predação é tão alta que a vida social compensa os custos da competição aumentada.

Cardumes não são meros agregados de peixes. O espaçamento entre indivíduos e a natação obedecem a padrões de organização rigorosos, e as percepções sensoriais são compartilhadas de forma rápida e sincronizada, de modo que em muitos aspectos um cardume se comporta e se parece como um organismo. A coloração prateada típica de muitos peixes de cardume é uma adaptação para confundir potenciais predadores. Ainda, as zonas internas de um cardume, que oferecem maior proteção, possuem maior valor do que as zonas periféricas e os indivíduos do cardume competem por essas posições hierárquicas. Um grande cardume é fácil de ser percebido e atrai mais rapidamente os predadores, mas viver em cardumes reduz a chance individual de ser capturado por um predador. Além disso, os estudos mostram que é mais fácil para um predador capturar indivíduos solitários ou em pequenos grupos desestruturados. Na tentativa de capturar os peixes, as primeiras estratégias de tubarões e golfinhos incluem nadar através do cardume para isolar e desestruturar alguns poucos indivíduos do cardume, para que estes sejam posteriormente capturados.

A física impõe limites às estruturas biológicas

Vimos que uma determinada condição adaptativa pode não existir em uma população simplesmente porque as mutações necessárias para sua formação nunca surgiram. Outra força natural igualmente importante também impede que determinadas adaptações existam na natureza. O clima, os predadores e a disponibilidade de recursos são fatores ambientais que selecionam as características de uma população, mas antes de evoluir, uma característica precisa passar pelo crivo das leis físicas. Elefantes voadores muito provavelmente não existem porque as mutações necessárias para modificar patas em asas (ou orelhas em asas!) nunca tenham surgido. No entanto, mesmo que essas mutações surgissem, restrições físicas impediriam o voo em animais tão pesados como os elefantes.

O tamanho é uma das principais propriedades físicas que influencia a evolução das estruturas biológicas e existem custos e benefícios específicos para animais de pequeno e grande porte. Ao relativizar o desempenho das estruturas biológicas, é necessário levar em consideração que com a alteração do tamanho corporal, o desempenho das estruturas se altera de forma desproporcional a este aumento. Dessa forma, quando o tamanho de um organismo é alterado, suas demandas também se modificam, porém desproporcionalmente. Essa propriedade física vale para todos os sistemas, biológicos ou não. Protótipos tecnológicos produzidos em escalas pequenas não refletem com exatidão o desempenho de um sistema que será produzido em tamanhos maiores e os engenheiros precisam levar essas diferenças em consideração.

Um gafanhoto possui adaptações que o permite saltar por alturas equivalentes a mais de cem vezes o seu tamanho. Em termos relativos, seria como um ser humano saltando o equivalente a altura de um prédio. O que impede um ser humano de saltar tão alto? A explicação intuitiva é a de que gafanhotos possuem patas adaptadas para o salto, mas o ser humano não. Essa é uma justificativa correta, mas parcial. Mesmo com patas idênticas e com as mesmas proporções das patas de um gafanhoto, a capacidade de salto do ser humano seria aumentada, mas não para magnitudes tão grandes. Para deixar a comparação mais correta, se um gafanhoto fosse produzido em um tamanho equivalente ao de um ser humano, sua capacidade de saltar tão alto seria substancialmente reduzida. Perceba que a única modificação seria o aumento do tamanho corporal. Todas as estruturas e as proporções originais do gafanhoto seriam preservadas. A capacidade de saltar tão alto seria reduzida porque os efeitos da gravidade se intensificam com o aumento do tamanho corporal, principalmente no ambiente terrestre. Em animais muito grandes, o salto e o voo se tornam atividades tão energeticamente custosas (porque os animais precisam lidar com o efeito excessivo da gravidade) que são improváveis de serem favorecidos pela seleção natural.

Organismos pequenos conseguem carregar 10 vezes ou mais o seu próprio peso, caminham verticalmente ou de cabeça para baixo e suportam quedas que para animais grandes seriam letais. Além disso, o consumo de oxigênio por kg é maior nos organismos pequenos do que nos organismos grandes. Em termos absolutos, um elefante consome muito mais alimento que um rato, mas em termos relativos, a quantidade de alimento necessária para manter cada unidade de massa é maior no rato, que possui um metabolismo mais alto.

A tensão superficial da água (propriedade física da molécula de água que a faz se comportar como uma membrana) não é um problema para espécies grandes, mas uma única gota de água pode aprisionar e matar pequenos animais terrestres. Nos artrópodes, a condição hidrófoba do exoesqueleto evoluiu para minimizar esses efeitos e os mecanismos que permitem que determinados insetos e aranhas flutuem na água são complexos e envolvem adaptações estruturais e comportamentais. Mesmo entre os organismos aquáticos, quanto menor o tamanho corporal, maior a dificuldade de se locomover na água, pois os efeitos do arrasto são intensificados pela alta relação área superficial/volume.

Quando o tamanho de um objeto aumenta, a relação entre sua área superficial e seu volume diminui porque a área superficial aumenta ao quadrado e o volume aumenta ao cubo. Em outros termos, durante cada evento de duplicação de tamanho, o volume aumenta mais do que a área superficial (Figura 8.8). Elefantes possuem uma relação área/volume menor que a de um rato e isso tem implicações biológicas importantes.

Cílios são estruturas celulares comumente utilizadas na locomoção aquática ou para gerar movimentos de fluidos corporais, e são estruturas de locomoção eficientes para organismos pequenos ou para partes corporais que precisam movimentar os fluidos confinados a pequenos volumes. Conforme as razões área/volume diminuem, os cílios precisam movimentar um volume desproporcionalmente alto de água e, a partir de um determinado limiar, se tornam mecanismos ineficientes. Músculos são energeticamente mais custosos que os cílios, mas possuem uma eficiência superior, conseguindo gerar propulsão para deslocar organismos maiores e movimentar os fluidos das cavidades dos órgãos internos mais complexos. O surgimento de tecidos musculares contráteis foi um marco central na evolução de formas de vida mais complexas e contribuiu para que os animais se tornassem maiores.

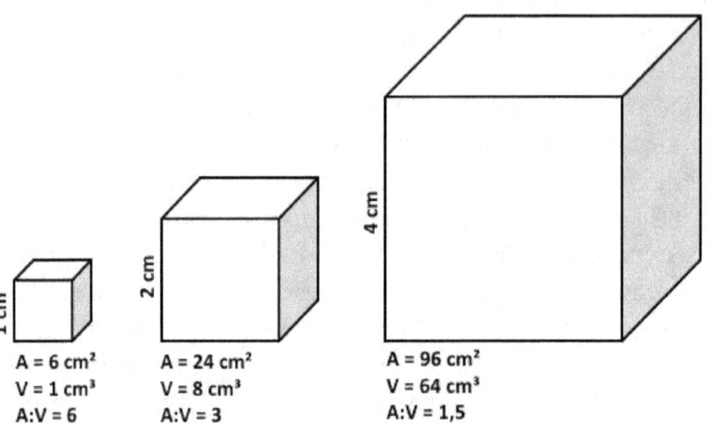

Figura 8.8 Suponha que um cubo tenha lados que medem 1 cm. Sua área superficial será 6 cm² (1^2 x 6 lados), seu volume será 1 cm³ (1^3) e a razão área/volume será 6 (6:1). Quando duplicamos o tamanho desse objeto seus lados passam a medir 2 cm, a área superficial será 24 cm² (2^2 x 6 lados), seu volume será 8 cm³ (2^3) e a razão área/volume será 3 (24:8). Se duplicarmos novamente seu tamanho, os lados passam a medir 4 cm, a área superficial será 96 cm² (4^2 x 6 lados), seu volume será 64 cm³ (4^3) e a razão área/volume será 1,5 (96:64). Portanto, objetos maiores possuem menos área superficial e mais volume em relação aos objetos menores.

Organismos grandes tendem a ser estruturalmente mais complexos porque os mecanismos de regulação interna, que não são essenciais para os animais pequenos, se tornam requisitos vitais para animais maiores. Organismos pequenos conseguem absorver nutrientes e oxigênio através de sua extensa superfície e não precisam de estruturas elaboradas para transportar e distribuir esses componentes para as células mais profundas do corpo.

Por outro lado, por causa do 'excesso de volume', organismos maiores quase sempre possuem estruturas elaboradas de transporte interno. Os tratos digestórios são longos, muitas vezes enrolados, e apresentam vilosidades para garantir a absorção e o transporte dos nutrientes. As trocas gasosas são quase sempre realizadas por órgãos especializados, e os gases, nutrientes, resíduos metabólicos, anticorpos e hormônios são distribuídos entre os tecidos corporais a partir de sistemas de transporte especializados que geralmente incluem complexas redes de vasos. As células nervosas que recebem os estímulos ambientais na superfície do corpo são complexas e se conectam com redes internas grandes e emaranhadas. Ainda, com o aumento da biomassa e com o aumento dos efeitos da gravidade, a necessidade de sustentação corporal também aumenta desproporcionalmente, de modo que as estruturas esqueléticas e os membros de suporte são mais elaborados nos organismos grandes.

A história dos animais nos mostra que muitos órgãos com vilosidades, evaginações e irregularidades evoluíram para compensar o excesso de volume corporal dos grandes animais.

Vasos, nervos, intestinos, brânquias, pulmões, dutos reprodutores e dutos excretores são, em muitos aspectos, estruturas que buscam equilibrar a relação entre área e volume em animais grandes.

Evolução progressiva não significa adaptação progressiva

É tentador considerar que as estruturas de alguns grupos são mais bem-adaptadas que as de outros grupos e que a evolução progride na busca por um organismo perfeito. Organismos como os mamíferos seriam versões melhoradas dos répteis que, por conseguinte, seriam melhores que os anfíbios. A análise isolada das estruturas desses grupos em um laboratório induz a essa forma de pensamento. O coração dos mamíferos, por exemplo, apresenta câmaras independentes que separam completamente um circuito sistêmico (corporal) de um circuito pulmonar, e sangue oxigenado nunca se mistura com sangue venoso no grupo. Por outro lado, nos anfíbios e na maioria dos répteis não existe esta separação física do ventrículo, e sangue venoso e oxigenado podem se misturar.

Análises anatômicas e fisiológicas dessas estruturas podem sugerir que o coração dos mamíferos é mais eficiente que o dos répteis e dos anfíbios. No entanto, análises mais profundas que incluem fatores ecológicos quase sempre revelam detalhes que passam despercebidos nas "análises superficiais de laboratório". Apesar da ausência de um septo físico dividindo o ventrículo em câmaras nesses grupos, evidências mostram que sangue venoso e oxigenado quase não se misturam nesses animais, por causa de mecanismos distintos dos utilizados pelos mamíferos. Além disso, a maior complexidade do coração dos mamíferos está relacionada com seu alto metabolismo e a endotermia (uso de calor metabólico para manutenção da temperatura corporal). Anfíbios e répteis possuem um metabolismo muito mais simples e necessidades distintas das dos mamíferos.

A análise das diferentes versões do coração dos vertebrados nos ensina que a comparação das estruturas entre os grupos deve sempre levar em consideração a ecologia particular de cada grupo. Além disso, a capacidade adaptativa de um organismo não pode ser julgada tendo como parâmetro as propriedades ecológicas de outro organismo. As estruturas dos répteis não são adaptativas para os mamíferos simplesmente porque as demandas ecológicas dos mamíferos são diferentes das dos répteis, e o contrário também é verdadeiro (Figura 8.9).

Figura 8.9 Um rato é superior a um lagarto no seu nicho, mas não no nicho de um lagarto. Uma estrutura biológica se torna mais elaborada para acompanhar as mudanças ambientais e para manter a população adaptada, e não para criar um organismo melhor. Organismos que são mais complexos passaram por maiores modificações evolutivas e suas estruturas mais elaboradas evoluíram para atender essas novas condições ecológicas.

As estruturas biológicas servem para contornar desafios ambientais que são específicos para cada grupo, de forma que a única consequência importante de uma adaptação é a sobrevivência. A baixa complexidade estrutural das bactérias tem assegurado a sobrevivência de sua linhagem por mais de um bilhão de anos e para os genes, não importa se essa sobrevivência é conseguida através de um organismo simples ou de um organismo complexo. Portanto, não é correto comparar os sistemas biológicos levando em consideração exclusivamente suas complexidades estruturais e capacidades funcionais. As estruturas devem ser avaliadas sob o conjunto de condições ecológicas nas quais elas atuam. Qualquer característica biológica que esteja em proporções altas ou que esteja aumentando sua frequência em uma população pode ser considerada bem-adaptada, a despeito da natureza da sua organização.

A evolução progressiva descreve as etapas nos quais organismos se tornam estruturalmente mais elaborados porque passaram por pressões seletivas que favoreceram esse tipo de organização mais complexa. Todavia, os organismos quase sempre evoluem para se manter adaptados diante das mudanças ambientais e é importante dissociar uma *evolução progressiva estrutural* de uma *evolução progressiva adaptativa*.

A ecologia é um fator central relacionado com as adaptações como vimos acima. Olhos são estruturas inquestionavelmente adaptativas para a maioria dos animais porque permitem que alimento, predadores e parceiros sexuais sejam reconhecidos. No entanto, para animais que vivem em ambientes sem luz, como em regiões marinhas profundas e em cavernas, os olhos são estruturas inúteis. Uma comparação em laboratório entre peixes cegos e peixes com olhos bem desenvolvidos intuitivamente nos leva a pensar que os peixes cegos são 'piores' do ponto de vista adaptativo. Somente quando o componente ecológico é levado em consideração que percebemos que os peixes cegos (que utilizam outros meios sensoriais) são tão bem-adaptados aos seus ambientes quantos os peixes com olhos desenvolvidos são aos seus.

A tendência instintiva e comum de avaliar as habilidades dos animais sob a perspectiva do nicho humano dificulta a compreensão do processo evolutivo e subestima o potencial adaptativo dos outros animais. Considerar que grupos estruturalmente simples são imperfeitos não é só cientificamente incoerente como também perigoso. Minimizando a importância dos outros organismos, deixamos de perceber o quanto dependemos dos outros organismos para garantir nossa própria sobrevivência. O impacto (positivo ou negativo) que organismos simples como os vírus e as bactérias possuem nas nossas vidas é a mais forte evidência de que maior complexidade não necessariamente significa maior capacidade adaptativa.

Capítulo 9

A aleatoriedade na evolução

O processo evolutivo ocorre com a seleção não-aleatória das mutações aleatórias. A aleatoriedade faz parte da evolução, mas a comum ideia de que a evolução é um processo estritamente aleatório é errada. A seleção natural é um componente não-aleatório essencial para a evolução adaptativa. Nesse capítulo veremos que forças aleatórias são importantes, mas que os organismos não são o resultado de meros acidentes.

Como as características biológicas evoluem para adquirir complexidade?

A evolução ocorre pela remodelação cumulativa das características biológicas. Novos fenótipos surgem aleatoriamente por causa das mutações, mas são as forças seletivas não-aleatórias da natureza que determinam quais destes fenótipos se tornarão os mais comuns na população. Como já vimos, mutações são erros que ocorrem principalmente durante o processo de replicação de DNA e que modificam a sequência original de nucleotídeos. As mutações são comumente prejudiciais, mas ocasionalmente podem melhorar o desempenho de uma propriedade biológica de forma que a chance de sobrevivência do indivíduo aumenta. Maior chance de sobrevivência significa maior chance de se reproduzir e difundir essa nova característica na população.

As forças seletivas que determinam quais características são vantajosas são bem definidas na natureza, mas isso não significa que exista um propósito definido no processo evolutivo. A seleção natural é tão mecânica quanto a gravidade. As bactérias resistentes a antibióticos, por exemplo, não são induzidas a sofrer uma mutação pelos antibióticos. Essa habilidade deve existir na população para que a seleção natural a favoreça, e não há nenhum tipo de plano ou direcionamento para isso. Sem as mutações de resistência, toda a população de bactérias seria afetada.

Estruturas complexas evoluem a partir do surgimento sequencial de mutações que são cumulativamente favorecidas pela seleção natural e esse processo geralmente ocorre em períodos de tempos muito longos. Lembre-se que para cada mutação positiva, um número muito maior de mutações neutras e deletérias também aparece em uma população. Assim, as chances de uma mutação positiva surgir são tipicamente baixas.

Se versões de desempenho superior surgem em uma população, por que as estruturas originais continuam existindo? Uma população é quase sempre grande o suficiente para ocupar uma área geográfica heterogênea e com gradientes distintos de pressões ambientais. Portanto, em uma mesma população, diferentes tipos podem ser favorecidos por causa de pressões ambientais locais distintas. Assim, versões originais de uma estrutura podem coexistir com versões modificadas porque a mutação nova foi favorecida apenas em uma determinada zona. Para o restante da população, no entanto, a versão original permanece sendo a melhor opção.

Células eucarióticas são versões mais complexas de células procarióticas, mas as duas versões coexistem até hoje. As células procarióticas modernas continuam ocupando nichos similares aos de seus ancestrais remotos, enquanto as células eucarióticas passaram a explorar outros nichos e se diversificaram mais. Quantitativamente, o número de células procarióticas que existe no nosso planeta ainda é muito superior ao de células eucarióticas. Estimativas sugerem que a quantidade de células bacterianas que vivem simbioticamente no corpo humano, por exemplo, é igual ou superior ao próprio número de células humanas e que uma pequena quantidade de solo contém bilhões de bactérias. Como vimos anteriormente, maior complexidade não significa maior poder adaptativo. As bactérias continuando vivendo muito bem em nosso planeta.

O gradualismo enfatizado por Darwin é uma propriedade fundamental da evolução. As moléculas, as células, os órgãos e os comportamentos evoluíram através de pequenos passos. Por sua complexidade, alguns críticos consideram que estruturas como o olho humano são complexas demais para serem explicadas pela evolução. O argumento destes críticos é o de que um olho só é funcional se todas as suas partes estiverem presentes ao mesmo tempo e, portanto, a seleção natural só poderia favorecer uma estrutura completa. Uma parte a menos, e o olho se torna uma estrutura inútil. Para os críticos, todas as partes do olho teriam que surgir concomitantemente em um único evento de mutação e, por causa da alta improbabilidade disso ocorrer, as ideias evolutivas deveriam ser descartadas. Para estes críticos, os olhos são tão complexos que somente forças criacionistas poderiam explicá-los.

De fato, as evidências mostram que centenas ou milhares de mutações são necessárias para modificar o epitélio simples dos animais em olhos complexos e a chance de todas essas mutações surgirem ao mesmo tempo é próxima do zero! Todavia, a teoria evolutiva mostra que essas mutações não precisaram surgir ao mesmo tempo. As diferentes partes de um olho evoluíram passo a passo, de forma gradual e cumulativa. O epitélio simples se modificou gradualmente em estruturas fotorreceptoras com diferentes complexidades, sendo que cada versão foi funcional em um determinado momento ou ambiente.

Mesmo entre os grupos modernos, diferentes graus de complexidade dos olhos existem e isso representa uma evidência observável de como foram os estágios que precederam os olhos complexos. Tão importante quanto isso, organismos com olhos simples nos mostram que as versões estruturalmente intermediárias são funcionais e perfeitamente bem-adaptadas. O argumento criacionista, portanto, não é válido.

Assim, qual o real valor funcional e adaptativo de um 'olho parcial', e como a seleção favoreceu essa condição? Vimos que a seleção natural não pode favorecer uma estrutura prevendo o que essa se tornará no futuro quando todas as suas partes estiverem presentes. Um olho parcial só será favorecido se conferir vantagens naquele momento e não como uma antecipação de um olho completo. Portanto, para que evolução esteja correta, as versões estruturalmente intermediárias dos olhos devem ter sido favorecidas porque foram adaptativas, e não porque seriam adaptativas. Um grande conjunto de evidências refuta o argumento de que estruturas parcialmente formadas não são funcionais, e olhos parciais são bem conhecidos em muitos grupos modernos, como o dos moluscos. O grupo é particularmente importante porque possui muitas versões distintas do olho que podem ser observadas nos seus representantes vivos (Figura 9.1).

Olhos são estruturas modificadas da epiderme que utilizam os reflexos de luz para percepção do ambiente. As versões basais incluem ocelos simples que são manchas epidérmicas formadas pela concentração de células contendo pigmentos receptores de luz. Os ocelos não formam imagens, mas funcionam determinando as variações de claro e escuro do ambiente. Os animais que possuem ocelos não conseguem ver, mas percebem a sombra de um predador e usam os estímulos luminosos para regular seus ritmos biológicos. Ocelos possuem menos partes estruturais, mas representam precursores das versões mais complexas e são claramente adaptativos. Versões derivadas incluem os ocelos em taça, que passaram a discriminar também o ponto de origem da luz, e os olhos com lentes, que passaram a concentrar (ou focar) os feixes de luz. Neste último caso, as células receptoras convertem os estímulos luminosos em impulsos elétricos que são percebidos como imagem pelo cérebro.

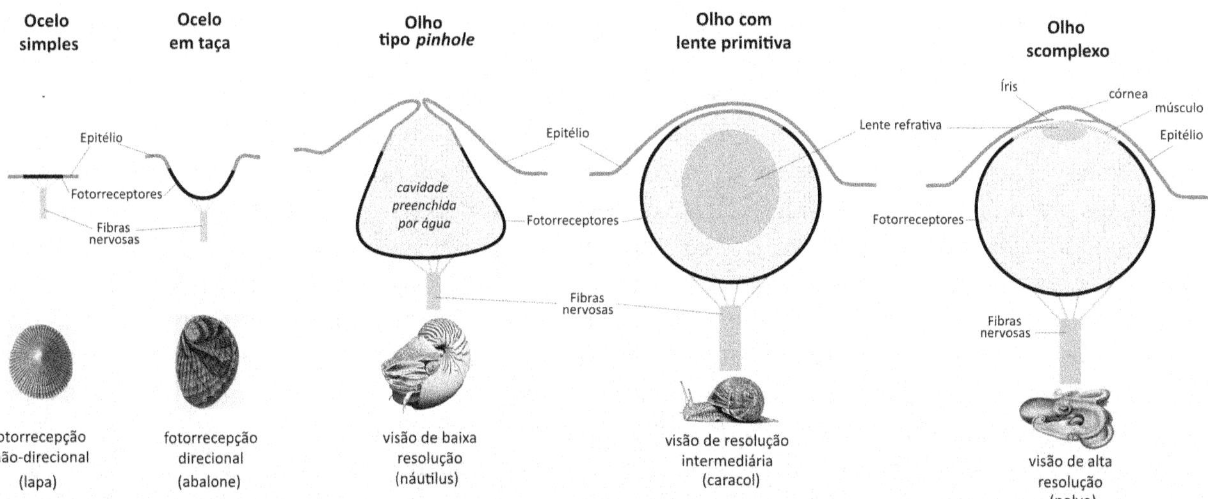

Figura 9.1 Diferentes versões do olho no grupo dos moluscos. A chance de um olho complexo evoluir em um único evento é extremamente baixa e as evidências sugerem que os olhos evoluíram de forma gradual e cumulativa a partir de uma estrutura fotorreceptora simples formada por células epiteliais pigmentadas associadas a nervos, como representado pelo ocelo simples das lapas. As demais versões ilustram claramente um aumento de complexidade e de desempenho funcional em relação ao ocelo simples. Ocelos simples recebem os estímulos luminosos que, apesar de não serem convertidos em imagens, servem para determinar a sombra de um predador e regular os ritmos biológicos e, portanto, são estruturas claramente adaptativas. Ocelos em taça, por sua configuração ligeiramente mais complexa, permitem que o ponto de origem da fonte de luz seja discernido. Olhos do tipo *pinhole*, por seu pequeno orifício de abertura, permitem que um feixe de luz estreito entre e estimule umas poucas células fotorreceptoras, produzindo uma imagem rudimentar. Os olhos com lentes primitivas utilizam uma região preenchida com material mais denso que a água (proteínas mucosas) que atuam concentrando os feixes de luz que convergem para estimular apenas algumas células fotorreceptoras. Os olhos complexos possuem uma lente refrativa ainda mais refinada e evoluíram uma segunda cavidade, anterior à lente, que controla com eficiência a quantidade de luz que entra no olho. A despeito de suas complexidades, todas as versões observadas na figura são funcionais e cada uma adaptativa para os nichos particulares de cada grupo. O argumento de que um olho complexo precisaria se apresentar em sua forma completa desde o início para ser favorecido pela seleção natural não é embasado cientificamente. O grupo dos moluscos nos mostra que *meia visão* é mais importante que *nenhuma visão*.

Aplicando princípios evolutivos e usando simulações em computadores, os cientistas Dan-Eric Nilsson e Susanne Pelger testaram a chance de um olho complexo evoluir a partir de uma versão muito simples. Inicialmente representada por uma camada de células epiteliais sensíveis a luz, os cientistas aplicaram modelos matemáticos e geométricos que levaram à formação de olhos complexos. Os modelos utilizaram princípios darwinianos conservadores no qual a estrutura inicial se modificou aleatoriamente em pequenos passos (mudanças menores que 1%). A cada geração, o desenho que apresentou o melhor desempenho teórico servia como modelo para que as novas versões fossem geradas. Ao mesmo tempo, as mudanças que reduziram o desempenho foram descartadas. As simulações mostraram que, ao contrário do esperado, o olho complexo foi formado em um intervalo equivalente ao de 364 mil anos, período muito breve em termos evolutivos.

Não é de surpreender que estruturas fotorreceptoras evoluíram independentemente pelo menos 40 vezes entre os animais. Não só os olhos, mas diversas outras estruturas biológicas complexas já passaram pelo forte crivo da ciência. Um grande conjunto de evidências mostra como versões simples de uma estrutura são funcionais e adaptativas e podem se modificar em versões mais complexas. Como colocado por Darwin, compreender a evolução de estruturas complexas pode representar *um problema para a imaginação, mas não para a razão*!

Suponha que para um peixe evoluir da água para a terra, quatro adaptações sejam necessárias: respiração pulmonar, membros fortes para sustentação corporal, proteção da pele contra perda hídrica e olhos terrestres. Considere também que cada uma dessas adaptações possa surgir a partir de uma única mutação genética e que para o animal conseguir sobreviver na terra todas as adaptações precisam existir ao mesmo tempo. Esse é um exemplo hipotético e extremamente simplificado, utilizado aqui apenas para descrever como a evolução estritamente aleatória é improvável. Apenas quatro mutações são necessárias para promover as adaptações necessárias à vida terrestre, mas, mesmo assim, a probabilidade desse evento ocorrer é muito baixa: as quatro mutações precisam surgir concomitantemente no mesmo indivíduo.

A evolução por meios darwinianos oferece uma explicação melhor. As diversas estruturas que permitiram a conquista do ambiente terrestre pelos vertebrados surgiram em momentos distintos para servir aos propósitos de uma vida ainda aquática. Essas novas estruturas passaram, por coincidência, a serem úteis também na terra e os animais passaram a explorar o ambiente terrestre, de forma que as pressões seletivas terrestres fortaleceram ainda mais as inovações que atenderam aos desafios deste ambiente. Não quatro, mas centenas ou milhares de mutações devem ter sido necessárias para produzir as adaptações para a vida terrestre, mas estas não precisaram surgir ao mesmo tempo.

O efeito aditivo das mutações remodela as estruturas. Como vimos, a remodelagem não é obrigatória na evolução tecnológica, mas na evolução biológica, a remodelagem é um requisito central. O processo de incremento sequencial é chamado de seleção cumulativa e, em longas escalas de tempo, é responsável pelas grandes mudanças evolutivas. Perceba que, de certa forma, a evolução das estruturas ocorre por tentativa e erro. Versões de uma estrutura que dão certo permanecem na população enquanto versões não-adaptativas que não deixam descendentes são eliminadas.

Teorema do macaco infinito

No livro *O relojoeiro cego*, o biólogo Richard Dawkins propôs uma analogia que demonstra como a evolução estritamente aleatória é improvável. O teorema do macaco infinito propõe que um macaco digitando aleatoriamente em um teclado e tendo ao seu dispor uma quantidade infinita de tempo deverá, em algum momento, produzir qualquer texto, incluindo a obra Hamlet de

Shakespeare. O macaco representa uma metáfora para um sistema que escolhe aleatoriamente as letras do alfabeto e a chance de um livro ser escrito dessa forma pode ser vagamente estimada.

Considerando apenas as letras do alfabeto (sem distinções entre letras maiúsculas e minúsculas, e sem considerar pontuações e espaçamentos), há uma chance em 26 do macaco digitar corretamente a primeira letra de Hamlet, uma chance em 676 (26 x 26) de digitar as duas primeiras letras corretamente e uma chance em $3,4 \times 10^{183.946}$ de escrever todo o conto, considerando suas aproximadamente 130 mil letras.

Para efeitos de simplicidade, Dawkins considerou a probabilidade de um macaco formar apenas uma frase do livro, em vez de toda a obra. A frase escolhida, METHINKS IT IS LIKE A WEASEL, possui apenas 23 letras. Considerando que cada uma das 26 opções de tecla possuem a mesma chance de ser digitada, a probabilidade da primeira tecla digitada ser a letra M é de 1 em 26 ou 0,038%. Se a letra M for digitada corretamente na primeira posição, a mesma probabilidade existirá para que a tecla com a letra E seja digitada na segunda posição, e assim sucessivamente. Portanto, mesmo uma frase curta tem uma chance muito pequena de ser formada por meios estritamente aleatórios.

Suponha que a frase citada acima represente uma estrutura biológica, como um olho, e que cada letra da frase represente uma de suas partes, como um nervo, um vaso ou um músculo. Suponha também que apenas um olho completo é adaptativo, e que os indivíduos com versões incompletas possuem o mesmo valor adaptativo que indivíduos cegos. Sob esse princípio, a evolução do olho precisaria que todas as partes corporais (letras) surgissem concomitantemente e na sequência exata. Uma letra errada ou mal posicionada e o olho resultante não teria nenhuma força adaptativa. A evolução seria um processo extremamente improvável se fosse baseada no princípio de que somente estruturas completas que surgem de forma estritamente aleatória são adaptativas. Mesmo considerando órgãos simples com poucas partes estruturais, como o órgão representado pela curta frase acima.

Agora suponha que metade das letras da frase acima estejam posicionadas corretamente. Talvez ainda não seja possível definir o sentido exato da frase, mas é mais provável que a frase com metade das letras corretas seja compreendida do que com nenhuma letra correta. Portanto, há uma diferença óbvia entre uma frase com algumas letras corretas e uma frase sem nenhuma letra correta, e essa é uma propriedade importante que observamos também na evolução biológica. O desempenho da maioria das estruturas não é categórico, mas sim contínuo, e a ideia de que as estruturas biológicas precisam ser completas para serem adaptativas é errada.

Aplicando algoritmos darwinianos, Dawkins criou um *software* de simulação na década de 1980 que combinou o surgimento aleatório das variações com a seleção cumulativa não-aleatória destas variações para explicar a evolução. Nas suas simulações, sequências de letras que mais se aproximam de uma frase-alvo em cada geração recebem pesos diferentes em relação às sequências de letras mais distintas, e o programa favorece as sequências com maior peso ao longo das gerações. Ou seja, mesmo que a frase esteja incorreta em uma geração, letras que coincidiram em posições corretas são favorecidas (ou memorizadas pelo programa), de forma que a cada mudança de geração as letras corretas são preservadas para a próxima geração. Assim, a frase correta não precisa ser formada de uma única vez, mas sim cumulativamente.

Simuladores disponíveis na internet permitem que essas simulações sejam realizadas em tempo real. Usando um destes simuladores, comparei a quantidade de gerações necessárias para produzir a palavra BIOLOGIA com base em princípios estritamente aleatórios e com base em princípios darwinianos. Os mecanismos não-aleatórios não aceitam nada menos que a sequência exata de letras formando a palavra BIOLOGIA. Mesmo que apenas uma letra esteja errada (BIOLOGIB, por exemplo), a palavra é rejeitada e todo o processo precisa ser iniciado. Os mecanismos darwinianos, por outro lado, atribuem pesos diferentes às sequências de letras mais parecidas e cria 'descendentes' destas até que a palavra-alvo seja produzida.

Vejamos o que o simulador nos mostra. A primeira sequência de letras produzida (geração 1) foi AFGEELYK (Figura 9.2) e, portanto, nenhuma letra estava correta. Na geração 14, uma letra na posição correta foi observada pela primeira vez e essa letra foi memorizada (ou favorecida pela seleção natural), persistindo nas demais gerações. Novas letras corretas (mutações favoráveis) foram sequencialmente memorizadas (selecionadas) até que a palavra BIOLOGIA foi formada na geração 94. Por outro lado, o simulador usando princípios estritamente aleatórios rodou por algumas milhares de gerações sem que a palavra BIOLOGIA fosse formada.

A simulação acima representa uma simplificação da seleção natural e é necessário fazer uma importante ressalva. Como já discutido anteriormente, não há no processo evolutivo nenhum tipo de intenção como o que usamos aqui. No nosso exemplo, a palavra BIOLOGIA foi um alvo pré-determinado, mas em situações reais na natureza, a estrutura BIOLOGIA seria uma consequência evolutiva que deu certo. Sob condições naturais, a sequência LSJWSGFQ que observamos na geração 14 representa uma versão ligeiramente vantajosa em relação às primeiras, e foi favorecida sem que houvesse nenhum tipo de intenção para que esta se modificasse posteriormente em BIOLOGIA. Apesar das limitações dos programas tecnológicos e das simulações matemáticas que empregam propriedades darwinianas, essas ferramentas são úteis para demonstrar o processo evolutivo de forma prática, enfatizando as duas propriedades centrais discutidas neste capítulo: 1) a evolução não é um evento estritamente aleatório e 2) as estruturas não precisam ser completas para serem favorecidas.

Muitas características biológicas são aproveitadas para novas funções

Ocelos e olhos complexos representam versões distintas de uma estrutura geral que utiliza os estímulos luminosos para fins sensoriais. Apesar das grandes diferenças de complexidade, as duas estruturas servem para um mesmo propósito geral: perceber o ambiente a partir de estímulos luminosos. Em outros casos, uma versão nova de uma estrutura pode passar a desempenhar um papel distinto da versão original sem que haja necessidade de grandes eventos de remodelação. Dessa forma, uma estrutura biológica pode se modificar muito, mas manter sua função geral, ou se modificar pouco, mudando radicalmente o papel original.

Estruturas similares, papéis diferentes

Análises profundas que levam em consideração a ecologia dos organismos comumente revelam que, entre duas estruturas biológicas parecidas, uma pode desempenhar um papel muito diferente da outra, e a razão disso é quase sempre o resultado das suas heranças evolutivas. A análise isolada em laboratório dos membros anteriores de um pinguim, por exemplo, provavelmente indicaria que essas estruturas funcionam e são adaptadas para o voo, porque estas são muito parecidas com as asas das aves que voam. Somente quando análises mais completas são realizadas, incluindo componentes ecológicos e comportamentais, é que conseguimos perceber que um pinguim não consegue voar e que suas asas na verdade servem para outros propósitos. Os pinguins utilizam os membros anteriores para empurrar e deslizar o corpo no gelo e para nadar, mas essas estruturas mantêm forma de asas porque esses animais descendem de espécies que voavam (Figura 9.3). A razão central que explica o porquê dos membros anteriores dos pinguins apresentarem forma de asa é puramente histórica. Se os membros dos pinguins pudessem ser construídos para os mesmos propósitos usados hoje, em vez de reformulados pela evolução, certamente essas estruturas seriam diferentes.

	1	2	3	4	5	6	7	8
Geração 1	A	F	G	E	L	L	Y	K
Geração 2	O	P	C	E	Z	I	I	H
Geração 3	Q	N	T	V	T	V	N	T
Geração 4	S	N	N	Z	G	K	Q	X
Geração 5	I	C	X	D	V	W	W	S
Geração 6	R	T	X	D	H	N	B	U
Geração 7	N	P	A	O	Z	O	B	M
Geração 8	Q	Q	M	I	C	H	N	S
Geração 9	U	D	K	Z	V	B	Q	C
Geração 10	C	C	S	H	U	N	Q	S
Geração 11	H	P	L	O	Z	D	Y	Z
Geração 12	U	S	V	K	G	L	Z	K
Geração 13	M	U	G	E	I	Y	Q	G
Geração 14	L	S	I	W	S	G	F	Q
Geração 15	L	B	C	M	U	G	U	P
Geração 16	X	P	J	Y	O	G	I	O
Geração 17	G	Q	M	N	O	G	M	H
Geração 18	P	X	Z	Q	O	G	L	G
Geração 19	C	F	G	W	O	G	X	B
Geração 20	M	W	I	M	O	G	V	L
Geração 21	Y	W	R	S	O	G	V	P
Geração 22	I	G	N	P	O	G	J	M
Geração 23	I	I	A	Z	O	G	G	I
Geração 24	P	I	E	W	O	G	O	M
Geração 25	W	I	I	A	O	G	P	C
Geração 26	H	I	I	W	O	G	U	U
Geração 27	M	I	W	I	O	G	X	N
Geração 28	G	I	K	O	O	G	H	G
Geração 29	I	I	B	O	O	G	A	M
Geração 30	S	I	D	W	O	G	Y	H
Geração 31	H	I	E	I	O	G	G	I
Geração 32	V	I	G	D	O	G	O	T
Geração 33	S	I	Q	F	O	G	N	I
Geração 34	G	I	M	V	O	G	I	Y
Geração 35	E	I	A	W	O	G	I	B
Geração 36	M	I	F	G	O	G	I	Q
Geração 37	S	I	A	D	O	G	I	M
Geração 38	M	I	P	O	O	G	I	N
Geração 39	R	I	M	G	O	G	I	F
Geração 40	G	I	S	U	O	G	I	Z
Geração 41	M	I	G	F	O	G	I	H
Geração 42	H	I	S	D	O	G	I	Z
Geração 43	K	I	K	W	O	G	I	W
Geração 44	D	I	X	Z	O	G	I	X
Geração 45	H	I	M	B	O	G	I	M
Geração 46	C	I	L	Y	O	G	I	O
Geração 47	X	I	E	K	O	G	I	E
Geração 48	A	I	K	Y	O	G	I	V
Geração 49	Q	I	T	N	O	G	I	G
Geração 50	W	I	L	L	O	G	I	L
Geração 51	S	I	O	L	O	G	I	Q
Geração 52	M	I	O	L	O	G	I	V
Geração 53	X	I	O	L	O	G	I	Y
Geração 54	O	I	O	L	O	G	I	F
Geração 55	X	I	O	L	O	G	I	F
Geração 56	L	I	O	L	O	G	I	Y
Geração 57	F	I	O	L	O	G	I	Z
Geração 58	I	I	O	L	O	G	I	J
Geração 59	G	I	O	L	O	G	I	W
Geração 60	P	I	O	L	O	G	I	G
Geração 61	P	I	O	L	O	G	I	B
Geração 62	V	I	O	L	O	G	I	C
Geração 63	P	I	O	L	O	G	I	Q
Geração 64	F	I	O	L	O	G	I	M
Geração 65	R	I	O	L	O	G	I	D
Geração 66	V	I	O	L	O	G	I	S
Geração 67	Y	I	O	L	O	G	I	W
Geração 68	D	I	O	L	O	G	I	H
Geração 69	Z	I	O	L	O	G	I	F
Geração 70	E	I	O	L	O	G	I	Y
Geração 71	A	I	O	L	O	G	I	S
Geração 72	D	I	O	L	O	G	I	P
Geração 73	W	I	O	L	O	G	I	P
Geração 74	A	I	O	L	O	G	I	Q
Geração 75	P	I	O	L	O	G	I	A
Geração 76	P	I	O	L	O	G	I	A
Geração 77		I	O	L	O	G	I	A
Geração 78	W	I	O	L	O	G	I	A
Geração 79	H	I	O	L	O	G	I	A
Geração 80	C	I	O	L	O	G	I	A
Geração 81	I	I	O	L	O	G	I	A
Geração 82	T	I	O	L	O	G	I	A
Geração 83	D	I	O	L	O	G	I	A
Geração 84	K	I	O	L	O	G	I	A
Geração 85		I	O	L	O	G	I	A
Geração 86		I	O	L	O	G	I	A
Geração 87	F	I	O	L	O	G	I	A
Geração 88	R	I	O	L	O	G	I	A
Geração 89	W	I	O	L	O	G	I	A
Geração 90	O	I	O	L	O	G	I	A
Geração 91	C	I	O	L	O	G	I	A
Geração 92	S	I	O	L	O	G	I	A
Geração 93	R	I	O	L	O	G	I	A
Geração 94	B	I	O	L	O	G	I	A

Figura 9.2 Resultados de simulações usando o programa Doninha (Weasel software) que determina, com base em propriedades darwinianas, o número de gerações necessárias para se produzir uma frase ou um termo. No exemplo, o termo-alvo BIOLOGIA foi produzido na geração 94. O algoritmo utilizado funciona de forma que cada geração produzida aleatoriamente que apresente uma sequência com um ou mais letras corretas é memorizada e serve de base para as gerações subsequentes. O modelo é simples, mas ilustra duas propriedades centrais: a evolução não é um mecanismo estritamente aleatório e mesmo não sendo idênticas ao termo-alvo, as versões mais próximas possuem pesos relativos distintos. Utilizando um procedimento prático, o exemplo nos mostra como as estruturas complexas evoluem cumulativamente e como as versões estruturalmente intermediárias possuem valor adaptativo que é favorecido pela seleção natural.

Perceba que as asas foram aproveitadas pelos pinguins para realizar novas funções, que não têm nenhuma relação com o voo, mas modificações estruturais radicais não foram necessárias. Além disso, em outras espécies de aves que também deixaram de voar, como a avestruz, as asas não foram aproveitadas para novas funções, mas são mantidas de forma vestigial. A alteração radical das funções com poucas modificações estruturais, e a perda das funções originais com manutenção vestigial da estrutura são importantes evidências do processo evolutivo por remodelação e das relações evolutivas entre organismos que possuem papéis diferentes.

As penas das aves podem ter evoluído inicialmente por pressões que favoreceram os comportamentos de exibição social e só posteriormente passaram a ser usadas também para a regulação térmica e para o voo. Essas três categorias de funções distintas e independentes passaram a coexistir sem que houvesse a necessidade de grandes modificações na estrutura das penas, e permanecem sendo importantes até hoje para a maioria das aves. Nesse caso, as novas funções foram sequencialmente adicionadas à função original sem substituí-la. A história evolutiva de muitos grupos revela que muitas estruturas são reaproveitadas para desempenhar novas funções, seja por substituição ou por adição.

Figura 9.3 Apesar das similaridades estruturais com as asas das aves voadoras, os membros anteriores de um pinguim atendem a propósitos completamente diferentes do voo. Os pinguins descendem de ancestrais que perderam a capacidade de voo, mas suas asas permaneceram e foram aproveitadas com poucas modificações para servir a novos propósitos, como a natação. A presença de asas que não servem para o voo em animais como os pinguins só faz sentido quando analisada sob uma perspectiva histórica.

Estruturas diferentes, papéis similares

As nadadeiras caudais de peixes e baleias são estruturas com ancestralidades independentes e organização distintas, mas que servem ao mesmo propósito: gerar propulsão para a natação. A nadadeira caudal dos peixes ondula lateralmente e é uma herança antiga dos primeiros vertebrados. Por outro lado, as baleias descendem de mamíferos terrestres que perderam as patas posteriores e que modificaram a cauda em nadadeiras. A ondulação no grupo é vertical porque esse novo modo de locomoção aquático aproveitou as ondulações verticais da coluna vertebral, típicas dos mamíferos terrestres. Funcionalmente, os dois tipos de cauda são iguais (deslocam água para gerar movimento para frente), mas a organização das estruturas é distinta e explicada por suas heranças históricas (Figura 9.4).

Um grande conjunto de evidências sugere que os olhos das serpentes representam uma evolução secundária. As serpentes descendem de lagartos fossoriais que eram quase cegos. Ao retornarem à superfície, os olhos voltaram a ser estruturas favorecidas pela seleção natural e os olhos reduzidos desses animais foram modificados até adquirirem novamente a capacidade de formar imagens. Perceba que essa foi uma evolução nova. As estruturas do olho reduzido foram remodeladas para formar o novo olho das serpentes. O modo de acomodação da lente que difere dos outros vertebrados, a ausência de pálpebras e de membranas nictitantes e particularidades das células da retina são características únicas dos olhos das serpentes em relação ao dos outros vertebrados e apontam para essa reestruturação. Do ponto de vista funcional, os olhos das serpentes e dos demais vertebrados servem ao mesmo propósito, mas suas estruturas são distintas porque suas histórias evolutivas também são distintas.

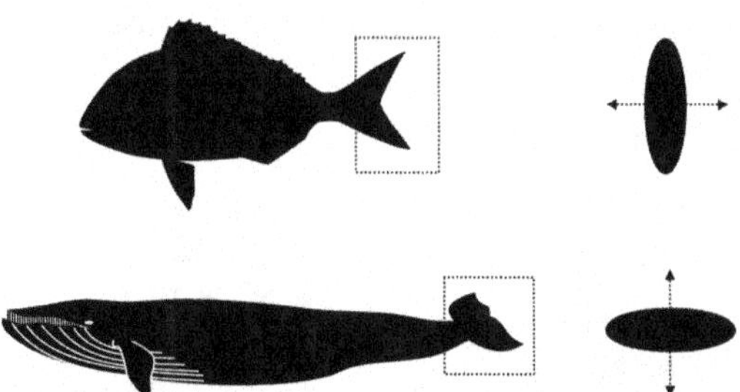

Figura 9.4 As nadadeiras caudais dos peixes e dos cetáceos são radicalmente distintas em organização interna e externa, mas servem ao mesmo propósito: produzir propulsão na água para deslocar o animal para frente. Nos peixes, as nadadeiras se deslocam horizontalmente e nos cetáceos verticalmente. Essas diferenças são o resultado das heranças históricas de cada grupo. A condição dos peixes é muito mais antiga e representa uma herança dos remotos ancestrais dos vertebrados, enquanto os cetáceos descendem de mamíferos terrestres mais recentes que nadavam flexionando a coluna vertebral verticalmente e as forças seletivas aproveitaram esse movimento.

Um terceiro exemplo pode ser ilustrado a partir das raias. Raias são animais bentônicos (que vivem sobre o substrato) descendentes de ancestrais similares a tubarões que nadavam na coluna d'água utilizando a nadadeira caudal como estrutura propulsora. Quando passaram a viver associado ao substrato, a nadadeira caudal perdeu a função propulsora, e foi reduzida ou perdida, de forma que a natação passou a ser realizada pela ondulação das nadadeiras peitorais, que se expandiram muito. A maioria das raias continua vivendo em associação com o substrato, mas espécies como as raias mantas se tornaram secundariamente nadadoras da coluna d'água. Por descenderem de raias bentônicas cujas nadadeiras caudais já haviam se tornado vestigiais, a evolução da natação na coluna d'água foi um processo completamente novo no grupo. Muitas modificações seriam necessárias para reestruturar a nadadeira caudal vestigial em um órgão propulsor novo e a seleção favoreceu o caminho mais curto, utilizando a nadadeira peitoral para esse propósito. Raias mantas, assim como os tubarões, nadam na coluna d'água, mas utilizam estruturas distintas que evoluíram a partir de processos independentes (Figura 9.5).

Os exemplos acima mostram que as estruturas tendem a evoluir através dos caminhos que necessitam do menor número de modificações estruturais. Uma reversão ao estado ancestral geralmente requer um número grande de mudanças. A nadadeira caudal dos cetáceos, o olho das serpentes e a natação nas raias mantas são estruturas novas que evoluíram de maneira independente para servir a propósitos similares aos que são observados em outros grupos.

Forma e função são propriedades intimamente relacionadas e a análise da organização de uma estrutura (biológica ou não) pode informar muito sobre suas funções. De fato, podemos afirmar que a organização de uma estrutura existe em razão de sua função. Na biologia, no entanto, o componente histórico também é um determinante central que precisa ser levado em consideração, e muitas estruturas possuem uma organização que só faz sentido quando sua herança evolutiva é considerada.

Sob a perspectiva de um engenheiro, podemos levantar algumas questões. Por que se limitar à remodelação, quando a construção nova e independente de uma estrutura seria um modo mais eficiente? Além disso, por que construir estruturas com desenhos diferentes, mas que servem a um mesmo papel? A evolução é a única propriedade que explica esses paradoxos de forma coerente. As forças históricas são responsáveis por estruturas de organização similares (herdadas de um ancestral comum) que realizam funções diferentes e também pelas estruturas de organização diferentes (que evoluíram independentemente) que servem aos mesmos propósitos ecológicos.

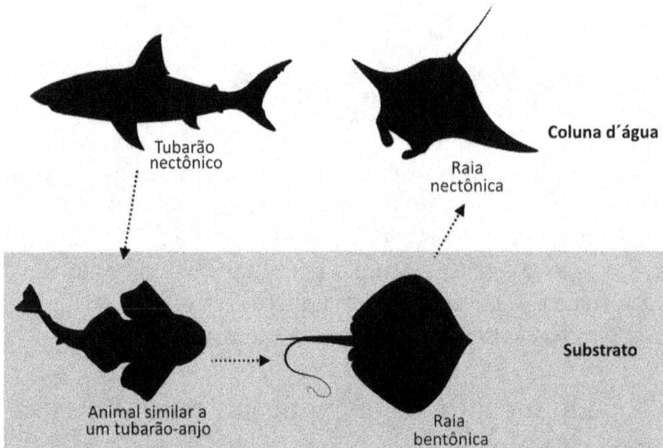

Figura 9.5 Modelo simplificado das principais mudanças estruturais que ocorreram em virtude da adoção de novos hábitos pelas raias. As raias são animais bentônicos (que vivem associados ao substrato) que descendem de ancestrais que eram nectônicos (que nadam na coluna d'água). Durante esse curso evolutivo, a nadadeira caudal perdeu sua função propulsora original e as nadadeiras peitorais se expandiram para assumir esse papel. As raias mantas retornaram à coluna d'água, mas continuaram utilizando as nadadeiras peitorais como estrutura propulsora. Animais como os tubarões anjo apresentam características intermediárias entre um tubarão nectônico e uma raia bentônica e servem de modelo para compreendermos como podem ter sido os ancestrais das raias bentônicas.

Evolução não-adaptativa pode ser um exemplo de evolução aleatória

As adaptações se difundem em uma população quando mutações são favorecidas de forma não-aleatória, mas mudanças evolutivas não-adaptativas e aleatórias são teoricamente possíveis. A **deriva genética** é o processo que descreve os eventos nos quais, por acaso, a frequência de um alelo aumenta ou diminui em uma população, podendo se fixar ou desaparecer, respectivamente. Essas alterações aleatórias nas frequências genéticas são acidentais e produzem mudanças evolutivas sem a seleção natural e são, portanto, não-adaptativas.

As mutações neutras, por exemplo, são 'imunes' às forças seletivas e podem se tornar mais ou menos comuns em uma população por simples aleatoriedade. É possível que características que aparentemente não são adaptativas tenham surgido por causa de deriva genética. Todavia, tendo em vista a dificuldade de se demonstrar a evolução não-adaptativa na prática, a evolução por deriva genética é bem compreendida apenas no campo teórico.

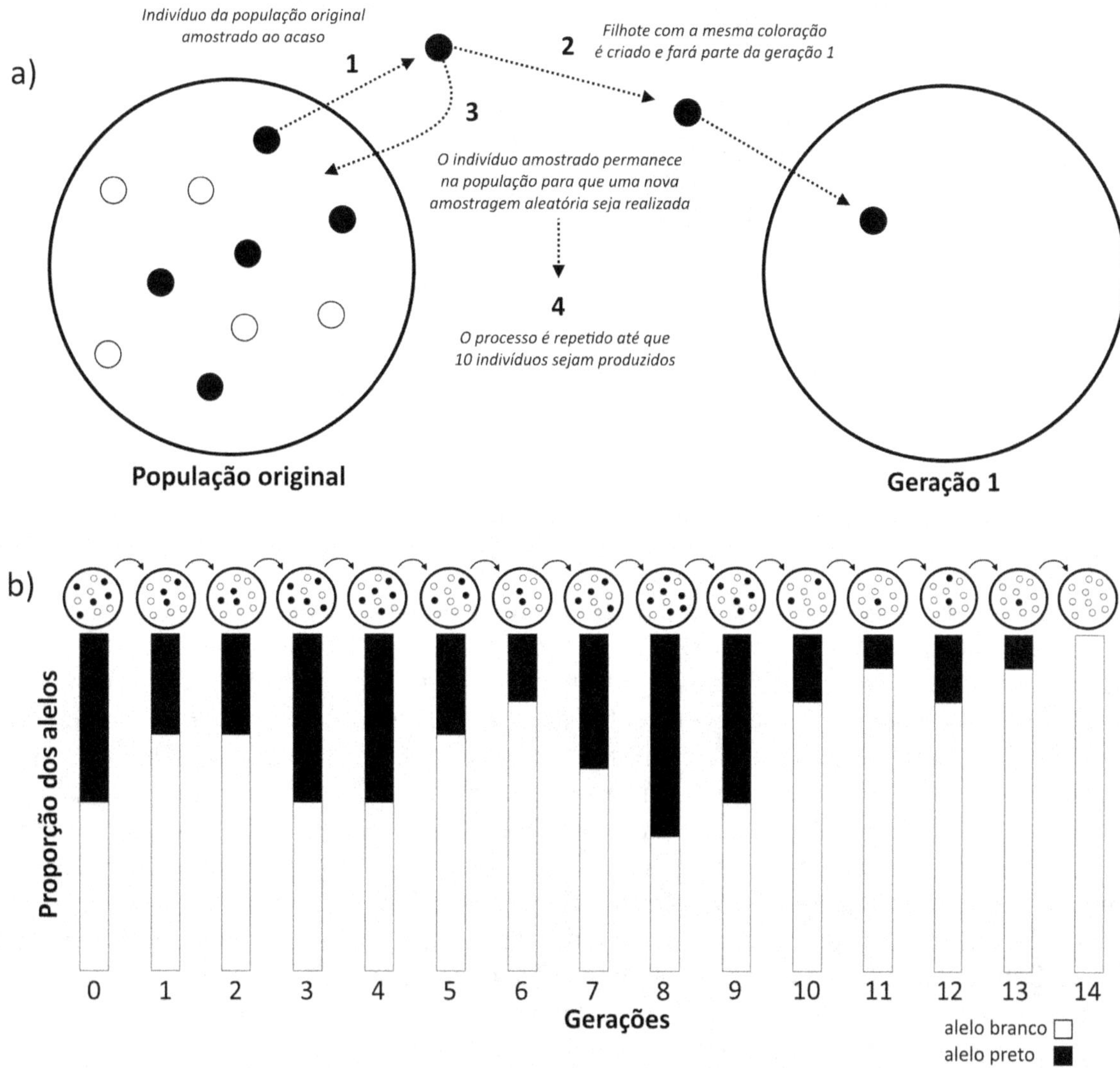

Figura 9.6 Simulações que mostram como traços genotípicos neutros podem alterar suas proporções até se fixar ou deixar de existir em uma população por forças estritamente aleatórias chamadas deriva genética. Em uma população no qual um gene possui dois alelos que expressam as cores branco e preto, mas que essas características não exercem nenhum efeito no *fitness* dos indivíduos, suas proporções podem flutuar por causa de forças estritamente aleatórias. No exemplo (a), um indivíduo é amostrado ao acaso e um descendente com sua característica é gerado. Esse filhote fará parte da geração 1 e o indivíduo adulto permanece na população original para que uma nova amostra seja feita. Quando 10 filhotes forem produzidos na geração 1, suas proporções são avaliadas. Se as frequências dos alelos forem distintas das observadas na população original, a espécie evoluiu aleatoriamente. Tendo em vista que as mudanças não alteram o *fitness* dos indivíduos da população, dizemos que essa evolução não é adaptativa porque não é influenciada pela seleção natural. Repetindo o processo e acompanhando as flutuações nas frequências (a deriva genética propriamente dita), as chances de que um dos alelos se torne tão comum até se fixar na população podem aumentar a cada geração. Os valores do gráfico (b) simulam as flutuações em uma população hipotética, mas com base em amostragens aleatórias reais. Na geração 14 o alelo branco substituiu completamente o alelo preto. Apesar de ser uma possibilidade teórica, a deriva genética é difícil de ser demonstrada na prática e é improvável de ocorrer em populações muito grandes.

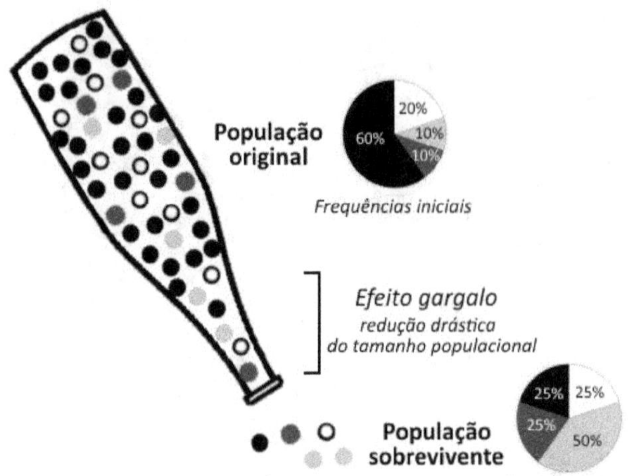

Figura 9.7 O efeito gargalo ocorre quando há uma redução drástica no tamanho de uma população como consequência de uma mudança ambiental abrupta. Por ser um evento que atinge todos os fenótipos igualmente de forma aleatória, as frequências dos alelos dos sobreviventes podem ser radicalmente distintas das observadas na população original.

A deriva genética pode ocorrer em populações de qualquer tamanho, mas populações pequenas estão mais sujeitas aos seus efeitos. Vejamos porque isso ocorre com uma analogia. Quando jogamos uma moeda, a probabilidade do resultado ser *cara* é de 50%. Se jogarmos novamente a moeda, a probabilidade será a mesma e continuará sendo, a despeito dos resultados anteriores. Para atingir uma sequência específica de apenas um lado da moeda, a chance será maior se jogarmos menos moedas. Ou seja, não é tão surpreendente conseguir jogar uma moeda cinco vezes e conseguir uma sequência de cinco *caras*, mas jogar uma moeda 100 vezes e conseguir uma sequência de 100 *caras* é um evento extremamente improvável. Em populações grandes, a chance de um alelo aumentar (ou reduzir) sua frequência aleatoriamente se torna menor pela mesma razão.

Suponha que em uma população com 10 indivíduos, um gene possua dois alelos que expressam as cores branca e preta. Considere que a população inicial tenha 05 indivíduos com o alelo branco e 05 indivíduos com o alelo preto, e que a coloração não é uma característica adaptativa. Ou seja, indivíduos brancos e pretos possuem a mesma chance de sobrevivência e a mesma chance de se reproduzir. A reprodução aleatória pode ser representada experimentalmente selecionando aleatoriamente um indivíduo da população original e 'gerando um filhote' com sua cor. Este filhote fará parte da primeira geração e o indivíduo que o produziu permanece na população original. Novamente, um segundo indivíduo da população original é amostrado aleatoriamente e sua cor é replicada como um segundo filhote da primeira geração. O processo é repetido até que 10 filhotes sejam produzidos na primeira geração. Se a proporção dos dois alelos for diferente da população original, uma deriva genética ocorreu. Usando simulações simples podemos acompanhar as mudanças nas frequências dos alelos até que um dos dois alelos tenha sido fixado (Figura 9.6).

O **efeito gargalo** ocorre quando o tamanho de uma população é drasticamente reduzido em virtude de mudanças ambientais abruptas (como as causadas por incêndios, terremotos e secas) e as frequências dos genótipos da população são alteradas. Quando a população é reduzida, dizemos que seus indivíduos passaram por um gargalo no qual poucos representantes da população original sobreviveram. Esses poucos sobreviventes tipicamente possuem uma variabilidade genética baixa e que geralmente não representa as frequências da população original (Figura 9.7).

Para ser considerado um gargalo, os eventos ambientais devem afetar todos os genótipos indistintamente e, portanto, o efeito não se trata de uma seleção natural propriamente dita. Passados os eventos catastróficos, se os alelos sobreviventes não forem bons em lidar com as condições ambientais, a seleção natural pode extinguir os sobreviventes mal adaptados. Alternativamente, se os alelos sobreviventes forem adaptados, a população pode recuperar seu crescimento, mas suas frequências tendem a ser diferentes das que existiam na população original. Os eventos catastróficos que reduzem o tamanho da população funcionam como uma amostragem aleatória dos genótipos da população. Por causa desse componente aleatório, genes que eram raros podem se tornar os mais comuns.

A variabilidade genética é um componente importante que assegura a sobrevivência de uma espécie diante das mudanças ambientais. Quando um ambiente é modificado, a chance de que fenótipos favoráveis existam para essas novas condições é mais alta em populações com alta variabilidade genética e mais baixa em populações com baixa variabilidade genética. Muitas atividades humanas têm como consequência central a redução da variabilidade genética e mesmo tendo aumentado o tamanho populacional com a ajuda de ações conservacionistas, muitas espécies modernas ainda são vulneráveis porque possuem variabilidade genética baixa.

Um exemplo prático de efeito gargalo é observado no guepardo africano. A variabilidade genética na espécie é muito baixa, e evidências sugerem que a população foi drasticamente reduzida no final da última era glacial (no final do Pleistoceno, aproximadamente 10 mil anos atrás). Os poucos indivíduos que sobreviveram mantiveram a espécie viva, porém com a baixa variabilidade genética que ainda observamos hoje. Mais recentemente, atividades humanas como a caça têm contribuído para reduzir ainda mais a variabilidade genética dos guepardos e os esforços de conservação e pesquisa buscam amenizar esses impactos.

Por exemplo, os pesquisadores perceberam que a promiscuidade, uma propriedade sexual das fêmeas, tem ajudado a diversificar a variabilidade genética na espécie. As fêmeas copulam com vários machos e produzem filhotes que possuem pais diferentes. A prole de fêmeas promíscuas tem, portanto, variabilidade genética aumentada. Apesar de a promiscuidade não ser um comportamento consciente das fêmeas objetivando aumentar a variabilidade genética da população, esse aspecto foi favorecido pela seleção natural e tem ajudado a espécie. As razões da promiscuidade, característica comum em vários grupos de animais, podem ser diversas e seu valor adaptativo pode diferir entre fêmeas e machos. Nos guepardos, fêmeas promíscuas possuem maiores chances de adquirir bons espermatozoides copulando com vários machos, e a promiscuidade evita o infanticídio por machos competidores, condição comumente observada em várias espécies de felinos, como veremos posteriormente.

O **efeito do fundador** representa um tipo particular de efeito gargalo. O biólogo Ernest Mayr definiu o efeito fundador como sendo o estabelecimento de uma população nova a partir de poucos indivíduos de uma população original. O processo tipicamente descreve os casos nos quais os fundadores, que representam alguns indivíduos da população original, colonizam uma área nova e passam a viver isolados. Por representarem uma pequena fração da população original, há uma grande chance de que os fundadores possuam frequências genotípicas distintas da população original, mesmo que todas as variações originais estejam presentes nessa nova população. Se o isolamento entre a população nova e a população original for mantido por tempo suficiente, as duas podem divergir suficientemente para se tornarem espécies distintas (Figura 9.8).

Aves migratórias que desviam de sua trajetória normal por causa de correntes de vento, por exemplo, podem colonizar locais novos, ou as sementes de plantas podem ser carregadas pelo vento, pela água ou através dos animais para áreas distantes dos limites geográficos de sua espécie. Esses exemplos se tornam particularmente evidentes quando organismos continentais passam acidentalmente a colonizar ilhas. Casos extremos podem incluir a colonização de uma ilha por uma única fêmea grávida.

O efeito do fundador também tem exemplos na espécie humana. As comunidades amish da América do Norte representam um grupo religioso que vive dissociado da sociedade moderna e que foi inicialmente estabelecido por um grupo pequeno de pessoas. Por formarem casais que estão restritos à comunidade, os genótipos dos descendentes ficam confinados ao grupo, que apresenta baixa variabilidade genética. Em virtude disso, condições que são tipicamente raras para os seres humanos, como a síndrome de Ellis-van Creveld (que produz efeitos como o nanismo e a polidactilia), são mais comuns do que o esperado entre os indivíduos destas comunidades.

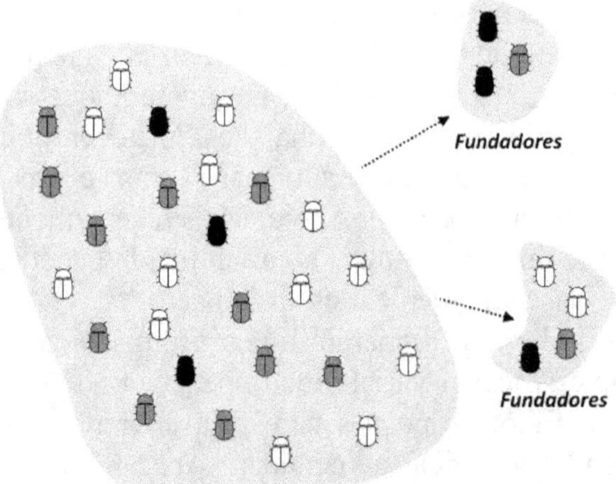

População original

Figura 9.8 O efeito do fundador representa um tipo especial de efeito gargalo no qual uma pequena fração da população coloniza uma área nova, como uma ilha. Por representarem uma amostra aleatória da população original, os fundadores podem apresentar frequências genotípicas distintas das observadas na população original. As pressões ambientais nestes novos ambientes podem favorecer novos fenótipos e, se o isolamento permanecer por tempo suficiente, a população nova diverge da população original para se tornar uma nova espécie.

Uma última possibilidade de evolução aleatória não-adaptativa ocorre através de um fenômeno genético chamado **pleiotropia**. A pleiotropia explica os casos nos quais um gene exerce mais de um efeito fenotípico e estes efeitos não estão relacionados. Nesses casos, uma característica fenotípica pode ser favorecida pela seleção natural e o outro efeito fenotípico desse mesmo gene é favorecido sem que tenha sido diretamente selecionado. Da mesma forma, quando um alelo é favorecido, genes ligados que estão em loci próximos de um cromossomo podem ser favorecidos através de um efeito carona. Sequências genéticas neutras podem se fixar em uma população por acaso, apenas porque estão ligadas e localizadas próximas de um gene que foi favorecido pela seleção natural.

Catástrofes modificam a composição biológica de forma aleatória

Aproximadamente 2 milhões de espécies são oficialmente conhecidas pela ciência e estimativas do total de espécies que vivem ou que já viveram no nosso planeta variam entre 10 e 100 milhões. Um estudo recente, inclusive, estimou a biodiversidade em aproximadamente um trilhão de espécies, das quais a grande maioria seria representada por microrganismos que ainda não são conhecidos.

Apesar de tanta disparidade, a certeza é que ainda há muito a se conhecer sobre a diversidade biológica do nosso planeta. Além disso, é fato que se voltássemos suficientemente ao passado, chegaríamos a um momento no qual apenas uma espécie existiu. Toda diversidade biológica que existe ou que já existiu no nosso planeta descende desse primeiro tipo biológico. A história evolutiva em larga escala do nosso planeta demonstra um padrão progressivo, no qual formas simples deram origem a formas mais complexas, e os diversos tipos resultantes passaram a coexistir, cada um em seu universo ecológico particular. Como já vimos, essa progressão evolutiva é estrutural, mas não necessariamente adaptativa, e as variações ecológicas do nosso planeta permitem que organismos com diferentes complexidades coexistam, cada um bem-adaptado aos seus próprios nichos.

A evolução de novos tipos produziu diversidade biológica e permitiu que novos nichos fossem explorados. A taxa de formação de novas espécies deve ter sido alta no início por causa da alta disponibilidade de oportunidades ecológicas. Conforme os nichos foram sendo ocupados, os ambientes foram modificados e se tornaram complexos e saturados, de forma que a taxa de diversificação foi desacelerando.

A grande história da vida mostra que picos de diversidade se alternaram com períodos de baixa diversidade, causados pelos eventos de extinção. O primeiro grande pico de diversidade ocorreu ainda no Paleozoico. O paleontólogo Jack Sepkoski, baseado em anos de estudos com organismos marinhos, elaborou um gráfico com curvas de diversidade que mostram como diferentes tipos de organismos dominaram em diferentes períodos. De forma geral, o pesquisador distinguiu entre uma fauna do Paleozoico e uma fauna moderna, que estão separadas pelo evento de extinção que ocorreu no final do Permiano. Para Sepkoski, sem os eventos de extinção, as formas de vidas antigas teriam prevalecido e os tipos de animais que vivem atualmente seriam mais similares às formas do Paleozoico (Figura 9.9).

Os eventos de extinção incluem períodos nos quais uma grande quantidade de espécies é dizimada de forma relativamente abrupta. As causas dos eventos de extinção são quase sempre estocásticas e diversas, incluindo erupções vulcânicas em larga escala, flutuações nos níveis dos mares e colisões de asteroides. A fauna e flora de hoje certamente seriam diferentes das do Paleozoico sem os eventos de extinção, mas estes eventos atuaram como mecanismos renovadores, desocupando nichos de forma abrupta e, certamente contribuíram para que os grupos modernos se tornassem ainda mais distintos dos grupos antigos. Dessa forma, esses fatores imprevisíveis foram propriedades que abriram caminho para que grandes mudanças evolutivas ocorressem no nosso planeta.

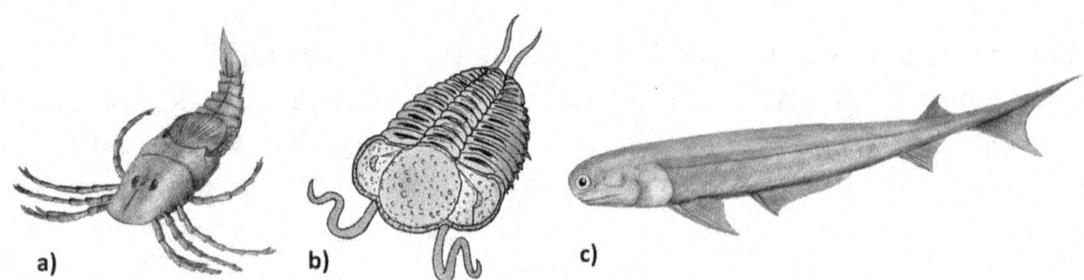

Figura 9.9 Os eventos de extinção ocorreram por causa de mudanças ambientais de escalas globais e foram responsáveis por grandes renovações na composição biológica do nosso planeta. Sem esses eventos, que são imprevisíveis, a biodiversidade atual certamente seria bastante distinta. O evento de extinção que ocorreu no final do Permiano foi o mais impactante, dizimando aproximadamente 95% de todas as espécies marinhas. Mesmo considerando que alguns grupos já estavam passando por um declínio natural, grandes linhagens como a dos euripterídeos (a), dos trilobitas (b) e dos peixes acantódios (c) foram completamente extintas por causa desse evento de extinção e não deixaram nenhum descendente.

Os dois maiores eventos de extinção definiram o fim das eras Paleozoica e Mesozoica e são bem documentados pelo registro fóssil. Os fósseis revelam, por exemplo, que muitos grupos taxonomicamente pequenos passaram a ser dominantes após as catástrofes. Mesmo sendo recorrentes, eventos catastróficos podem ser considerados aleatórios pela sua imprevisibilidade e pelo fato de quase sempre afetarem os organismos igualmente, a despeito de suas diferentes adaptações. Quais táxons sobrevivem e quais se extinguem é quase sempre o resultado da sorte, sendo que o papel da seleção natural é mínimo.

Do ponto de vista ecológico, as extinções funcionam desocupando nichos, que ao se tornarem disponíveis são disputados pelos grupos sobreviventes. Em cenários de poucas oportunidades ecológicas e alta competição, os eventos de extinção funcionam como forças aleatórias que revertem um ambiente saturado a um ambiente com muitas oportunidades. As formas de vida que preenchem essas oportunidades não necessariamente são as mesmas que as ocupavam anteriormente e isso só é possível por causa desses eventos catastróficos aleatórios.

A história da vida na Terra foi influenciada por eventos catastróficos estocásticos de tal forma que é possível afirmar que a nossa espécie muito provavelmente só exista por causa destes efeitos. A diversificação dos mamíferos foi auxiliada pelo evento de extinção que dizimou, entre outros grupos, os grandes dinossauros no Mesozoico. Os mamíferos que sobreviveram se diversificaram e passaram a ocupar nichos que até então eram dominados pelos grandes répteis. O nicho dos primatas, por exemplo, poderia ter sido ocupado por outro grupo. Sem o evento de extinção, a história da vida certamente seria diferente, mesmo considerando ideias alternativas que sugerem que os dinossauros já estavam em declínio natural e que os mamíferos já estavam se diversificando no Mesozoico.

Capítulo 10

Quais níveis biológicos são influenciados pela seleção natural?

Os indivíduos de uma população são constantemente testados pela natureza. Se suas características forem favoráveis, o indivíduo sobrevive para deixar descendentes. Se não forem favoráveis, o indivíduo não sobrevive e suas características são eliminadas da população. Apesar de estarem na linha de frente dos rigorosos testes da natureza, não são os indivíduos que se adaptam. Alterações que ocorrem ao longo da vida, incluindo o aprendizado, podem aumentar a chance de um indivíduo sobreviver, mas essas propriedades são consideradas ajustes, não adaptações. A sobrevivência diferenciada dos indivíduos adapta a espécie quando os membros que melhor lidam com os desafios ambientais são favorecidos. A seleção natural seleciona os indivíduos, mas a espécie é a entidade que evolui.

De forma geral, uma espécie representa um grupo que está reprodutivamente isolado de outro grupo, e representa o nível que mais se aproxima de uma categoria biológica verdadeira. De qualquer forma, uma espécie faz parte de uma hierarquia biológica maior que inclui níveis inferiores (e.g. subespécies, indivíduos, genomas e genes) e superiores (e.g. gêneros, famílias e ordens). Dessa forma, os efeitos da seleção natural sobre a espécie exercem efeitos indiretos e em cascata nos demais níveis. Um indivíduo que é favorecido pelo ambiente contribui para adaptar a espécie. Quando isso ocorre, a seleção natural beneficia a espécie, mas também as partes corporais do indivíduo (seus órgãos, suas células e seus genes) e níveis superiores à espécie. Por exemplo, quando uma espécie de mamífero se adapta, os genes e os fenótipos dos melhores indivíduos continuam existindo e estes indivíduos contribuem para que a classe dos mamíferos não seja extinta. Uma grande linhagem evolutiva só termina com a morte do último descendente daquela linhagem. Portanto, enquanto houver um único exemplar de mamífero vivo, toda a linhagem dos mamíferos continuará existindo.

Todavia, os efeitos em cascata da seleção natural atingem limites quando as relações entre os níveis se sobrepõem e entram em conflito. Quando uma raposa captura e se alimenta de uma presa, diversos níveis são beneficiados. A predação eficiente aumenta a chance de sobrevivência do indivíduo e reduz as chances da sua espécie *Vulpes vulpes* ser extinta. Por conseguinte, o gênero *Vulpes*, a família Canidae e a ordem Carnivora, a qual a raposa pertence, também são beneficiados. Se a presa consumida pela raposa for um rato, a classe Mammalia não será beneficiada (mas de certa forma também não será prejudicada) porque um indivíduo do grupo dos mamíferos foi 'sacrificado' em benefício de outro indivíduo do mesmo grupo. Os conflitos também ocorrem nos níveis inferiores. Os órgãos, as células e os genes do rato foram prejudicados pela seleção natural, mas os átomos que compõem as moléculas dessas estruturas não serão degradados e podem ser reciclados em outras moléculas (Figura 10.1). Apesar de ser uma generalização, o exemplo mostra que níveis biológicos muito altos e muito baixos tendem a não sofrer influência da seleção natural.

<table>
<tr><th>Prejudicados</th><th>Não afetados</th><th>Beneficiados</th></tr>
<tr><td>Ordem Rodentia
Família Cricetidae
Gênero *Microtus*
Espécie *Microtus arvalis*
Indivíduo
Órgãos
Tecidos
Genes</td><td>Átomos
Classe Mammalia
Subfilo Vertebrata
Reino animal</td><td>Ordem Carnivora
Família Canidae
Gênero *Vulpes*
Espécie *Vulpes vulpes*
Indivíduo
Órgãos
Tecidos
Genes</td></tr>
</table>

Figura 10.1 As características que asseguram a sobrevivência de um indivíduo beneficiam indiretamente outros níveis biológicos. Quando um predador como uma raposa (*Vulpes vulpes*) tem sucesso na captura de uma presa como um rato (*Microtus arvalis*), diversos níveis biológicos são influenciados de modos distintos. Todavia, níveis muito baixos e muito altos não são influenciados por causa de relações conflitantes.

Seleção de grupo

Uma hipótese coletivamente chamada de **seleção de grupo** propõe que as características adaptativas dos indivíduos existem para servir diretamente aos propósitos da espécie. A ideia central é a de que a espécie representa uma entidade biológica superior e mais importante que o indivíduo e, portanto, os interesses individuais não devem ultrapassar os interesses da espécie. Vejamos um exemplo. Se os recursos alimentares forem consumidos de forma imprudente, o tamanho da população cresce rapidamente (porque os indivíduos passam a se reproduzir mais) para depois declinar até que a espécie se torne extinta (porque a demanda aumentada exaure os recursos). A seleção de grupo defende que para evitar que a sobre-exploração de recursos e a extinção ocorram, os indivíduos adotam mecanismos que restringem o seu potencial reprodutivo. Assim, somente grupos com mecanismos que limitam o crescimento populacional conseguem sobreviver, e a seleção natural deveria favorecer os indivíduos que restringem sua reprodução para evitar que a população cresça demais. Qualquer ideia que tenha como princípio básico o sacrifício dos indivíduos em prol da espécie pode ser categorizada como seleção de grupo.

A seleção de grupo é pouco aceita entre os biólogos porque poucas evidências a suportam. O biólogo George Williams confrontou a seleção de grupo ao mostrar que adaptações que aumentam a capacidade de um indivíduo se reproduzir sempre serão favorecidas pela seleção natural, a despeito dos seus efeitos para a espécie. Em outros termos, o altruísmo dos indivíduos em prol da espécie tende a ser desfavorecido pela seleção natural.

Suponha que uma população seja formada por indivíduos altruístas que apresentam potencial reprodutivo reduzido para evitar a sobre-exploração de recursos. Uma mutação que aumente o potencial reprodutivo de um indivíduo tende a ser favorecida pela seleção natural e não desfavorecida, mesmo que isso resulte na extinção da espécie no futuro. Mesmo que seja inicialmente baixa, a frequência dos alelos de reprodução imprudente tende a aumentar mais rapidamente do que a dos alelos de restrição reprodutiva até se tornar a condição predominante na população (Figura 10.2). A seleção natural é uma força indiferente da natureza e os alelos que beneficiam o indivíduo tendem a ser favorecidos a despeito dos prejuízos para a espécie.

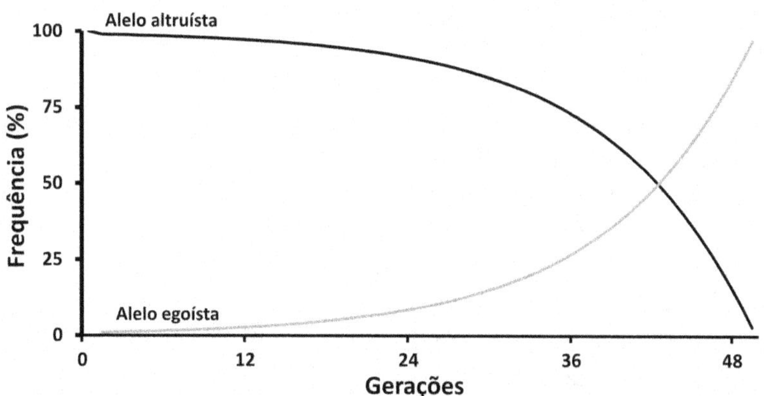

Figura 10.2 Exemplo hipotético para mostrar como uma mutação egoísta tende a se tornar dominante em uma população. A população inicial é formada somente por indivíduos altruístas que reduzem o potencial reprodutivo em prol da espécie. O potencial reprodutivo desses indivíduos é de 1, significando que a cada geração, cada indivíduo deixa um descendente. A capacidade de suporte do ambiente é de 100 indivíduos. Na geração 1, um dos indivíduos produzidos é um mutante que tem um potencial reprodutivo de 1,1 e, portanto, a cada geração esse mutante egoísta produz 0,1 indivíduos a mais que os indivíduos altruístas. A mutação egoísta "contamina" a população e, mesmo que a longo prazo os indivíduos egoístas causem problemas para a espécie, a seleção natural continua os favorecendo. Na geração 43 o alelo egoísta se tornou mais comum que o altruísta e continua aumentando sua frequência até se fixar na população.

O infanticídio, comportamento no qual um indivíduo jovem é deliberadamente morto por um adulto de sua própria espécie, é conhecido para grupos tão distintos como insetos, peixes, roedores, leões, primatas e aves, e já foi relacionado com a seleção de grupo. O argumento era o de que o infanticídio seria uma estratégia usada para evitar que uma população atingisse tamanhos inviáveis. Uma grande quantidade de evidências, no entanto, mostra que o comportamento está intimamente relacionado ao sexo e que é comum até mesmo em populações com baixa densidade.

Leões machos, na tentativa de copular com uma fêmea, podem matar os filhotes que a fêmea teve com outro macho para induzi-la a um novo acasalamento. A taxa de infanticídio entre leões é relativamente alta sendo que aproximadamente 25% dos casos de mortalidade registrados no primeiro ano de vida da espécie são causados por infanticídio. Apesar de ser mais raro, as fêmeas de algumas espécies também cometem infanticídio, mas as razões também estão relacionadas ao sexo. Em espécies de insetos cujos machos tomam conta dos ovos, uma fêmea destrói os ovos produzidos por outra fêmea para copular com o macho, que agora cuidará dos seus próprios ovos.

Genes egoístas

A teoria dos **genes egoístas**, proposta no final da década de 70 pelo biólogo Richard Dawkins, sugere que os genes são as entidades biológicas diretamente beneficiadas pela seleção natural e que os outros níveis são influenciados apenas de forma acidental. Apesar de ter sofrido algumas críticas, muitas vezes por ser mal compreendida, a teoria tem um bom respaldo científico e é considerada uma das ideias mais influentes da biologia moderna.

Segundo a teoria, os organismos são veículos que protegem e asseguram a sobrevivência das unidades replicadoras: os genes. Os genes funcionam como um manual que contém as informações para produzir o veículo biológico que assegura sua própria perpetuação. As expressões fenotípicas dos genes se combinam para formar um organismo que é testado no ambiente. Se a combinação destas expressões sobreviverem, são estes os genes que irão se difundir na população.

Há fortes argumentos que mostram que os genes representam o nível biológico mais beneficiado pela evolução. Por exemplo, ao contrário do genoma, os genes não são fragmentados durante o processo de formação das células sexuais e, ao contrário do indivíduo, sua história não é finalizada com a morte. Mesmo que fisicamente os genes também pereçam com a morte dos indivíduos, suas cópias exatas (ou ligeiramente modificadas) persistem na população quando o indivíduo deixa descendentes. Por essa perspectiva, os genes se tornam entidades biológicas potencialmente imortais. Os genes que persistem hoje são os genes que se copiaram com mais frequência no passado porque produziram os melhores veículos.

Como veremos posteriormente, as primeiras moléculas replicadoras (precursoras dos genes) não estavam contidas em veículos, mas a seleção favoreceu os replicadores que passaram a viver confinados a veículos que aumentaram suas chances de se replicar. Estes veículos são o resultado de erros (mutações) afortunados durante a replicação que deixaram as moléculas replicadoras confinadas ao redor dos seus produtos moleculares. Os genes replicam melhor dentro dos veículos e a seleção natural favoreceu essa condição. Sendo inicialmente representados por células individuais muito simples, os veículos se tornaram os organismos complexos e elaborados que conhecemos hoje. Um vírus, uma célula procarionte, uma célula eucarionte ou os trilhões de células de um ser humano são veículos biológicos que compartilham um propósito único: assegurar a sobrevivência dos genes. E para que servem esses genes? Para produzir os veículos!

A conclusão, aparentemente paradoxal, é a seguinte: a seleção natural favorece os genes que constroem veículos excepcionalmente bons em promover a disseminação desses mesmos genes. Essa explicação materialista da vida pode não parecer tão romântica, mas representa o que temos de mais próximo do "sentido da vida", pelo menos sob uma perspectiva biológica. Conveniente ou não, as evidências mostram que as propriedades naturais são indiferentes e não têm propósitos. Os sistemas biológicos evoluíram e continuam evoluindo sem a necessidade de se atingir um destino final. Como descrito pelo biólogo Edward Wilson:

Uma galinha é o artifício utilizado pelos genes da galinha para realizar mais cópias de si.

Egoísmo e altruísmo

Traços egoístas tendem a ser favorecidos pela seleção natural até se fixarem nas populações. O altruísmo, a antítese do egoísmo, descreve os casos nos quais um indivíduo reduz sua chance de sobrevivência para aumentar as chances de um segundo indivíduo sobreviver. Como já vimos, traços que reduzem a chance de um indivíduo sobreviver são desfavorecidos e mutações que produzam hábitos altruísticos também tendem a ser excluídas das populações.

Até hoje, os cientistas não conseguiram identificar nenhum tipo de comportamento altruístico real na natureza. Para ser considerado verdadeiramente altruísta, o comportamento não deveria surtir nenhum tipo de efeito positivo para o indivíduo altruísta. Quando submetidos a análises profundas, a maioria dos comportamentos preconizados como altruísticos revelam os reais interesses por parte dos sujeitos envolvidos.

Os comportamentos supostamente altruísticos são quase sempre direcionados a indivíduos geneticamente próximos, de forma que qualquer aumento na probabilidade de sobrevivência do parente beneficiado ajuda indiretamente o sujeito "altruísta". Esses comportamentos entre indivíduos aparentados são explicados pelo que os cientistas chamam de **seleção de parentesco**.

O biólogo William Hamilton propôs um modelo genético que explica a seleção de parentesco de forma quantitativa. Matematicamente, três sobrinhos transmitem mais genes do que um único filho próprio. Esse modelo matemático, hoje conhecido por regra de Hamilton, sugere que um gene altruísta se dissemina somente quando o *fitness* reduzido do indivíduo altruísta é compensado pelos benefícios indiretos de ajudar um parente. Essa relação pode ser quantificada a partir de uma fórmula que leva em consideração três variáveis: o custo para o altruísta, a prole suplementar produzida pelo parente por causa da contribuição do altruísta e o grau de parentesco entre as duas partes:

$$rB > c$$

onde

r = grau de relação entre o indivíduo altruísta e o indivíduo receptor: a quantidade de genes compartilhados

B = o aumento do *fitness* do indivíduo receptor por causa da ajuda do indivíduo altruísta: a quantidade de filhotes produzidos pelo receptor por causa do ato altruísta

c = a redução do *fitness* do indivíduo altruísta: a quantidade de filhotes que o altruísta deixou de produzir por ajudar o receptor

Certamente, muitas propriedades devem ser levadas em consideração para que a seleção de parentesco seja uma alternativa mais viável que a geração dos próprios filhos, mas o modelo acima mostra como comportamentos supostamente altruísticos podem ser favorecidos e evoluir (Figura 10.3).

O **altruísmo recíproco** é um tipo especial de mutualismo no qual os indivíduos que ajudam sustentam um prejuízo temporário até que a ajuda retorne de forma recíproca, quando seu *fitness* será novamente aumentado. Um macaco que remove os parasitas de outro indivíduo do bando não ganha nenhum benefício direto imediato, mas posteriormente, quando os papéis se inverterem e ele se tornar o cliente, esses custos serão compensados.

A reciprocidade não é tão comum porque uma população composta por muitos altruístas está vulnerável a ser "contaminada" por indivíduos trapaceiros que aceitam ajuda, mas que posteriormente não retornam o favor. Os trapaceadores reduzem o *fitness* dos não-trapaceadores nesse sistema e, por isso a reciprocidade é mais difícil de evoluir.

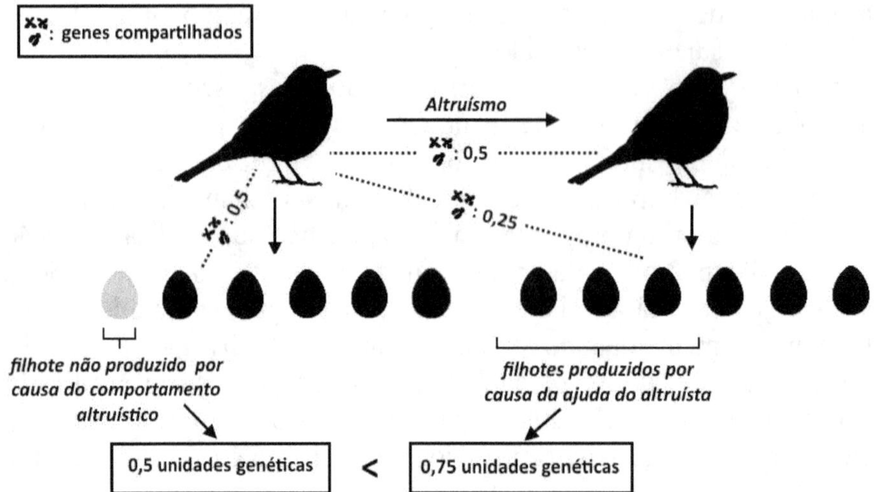

Figura 10.3 O biólogo William Hamilton demonstrou que um gene altruísta se espalhará somente se a perda direta de *fitness* para o altruísta for menor do que os benefícios indiretamente adquiridos com o comportamento. Por exemplo, se o custo genético de um ato altruístico for deixar de produzir um filhote (1 x 0,5 = 0,5 unidades genéticas), mas o ato altruístico direcionado a um irmão levou à sobrevivência de três sobrinhos que, de outra forma não sobreviveriam (3 x 0,25 = 0,75 unidades genéticas), o ato altruístico levaria a um ganho líquido em *fitness*, aumentando as chances de mutações altruísticas aumentarem sua frequência na população.

O **dilema do prisioneiro** representa um modelo matemático da teoria dos jogos que ilustra como o egoísmo tende a prevalecer em algumas situações. Dois ladrões de banco são presos juntos e ficam em celas isoladas sem comunicação. Sem testemunhas, as autoridades possuem evidências suficientes apenas para incriminá-los em um crime brando, mas não no crime principal. Cada um dos ladrões tem duas opções: atestar que foi o colega que roubou o banco ou cooperar com o parceiro e permanecer em silêncio. Se os dois permanecerem em silêncio, cada um ficará preso por 1 ano pelo crime mais brando. Se apenas um dos ladrões acusar e o outro permanecer em silêncio, o acusador não cumprirá nenhuma pena e o segundo ficará preso por três anos. Se ambos testemunharem contra, cada um receberá uma pena de dois anos.

O dilema do prisioneiro é utilizado como um modelo para mostrar como as cooperações recíprocas são relativamente improváveis e pode ser aplicado em diversas situações práticas na biologia. Atualmente, as mudanças climáticas globais têm pressionado os países a limitar suas emissões de CO_2. Se houver cooperação, todos os países devem se beneficiar a longo prazo. Todavia, as tentativas de frear as emissões de poluentes são difíceis na prática porque há um preço econômico imediato a se pagar, e os países que quebram o acordo se beneficiam momentaneamente, mesmo que no futuro todos sejam prejudicados. A já discutida guerra armamentista entre presa e predador é outro exemplo deste dilema.

Um tipo de mutualismo ecológico especial ocorre entre alguns animais marinhos. Peixes e camarões de diversas espécies, chamados de 'limpadores', se especializaram em remover os parasitas que ficam aderidos à pele dos seus 'clientes' (geralmente peixes maiores). A relação é complexa e o nível de confiança é tão alto que os limpadores comumente entram na cavidade bucal para efetuar a limpeza. Os clientes são predadores potenciais para os limpadores e, de alguma maneira, estes precisam sinalizar através de posturas e *displays* comportamentais, que não representam uma ameaça. Os peixes clientes geralmente sinalizam ficando estático e com a boca aberta e os comportamentos são tão estereotipados que até mesmo os mergulhadores que simulam essa postura podem receber a visita de um peixe limpador mais curioso!

A relação beneficia os dois lados. Os limpadores se alimentam e os clientes ficam livres dos parasitas. Todavia, a quebra de contrato entre uma das partes é relativamente bem documentada. Limpadores já foram observados sendo consumidos ou já foram registrados no conteúdo estomacal de peixes clientes em laboratório. Um cliente que recebe os benefícios de um limpador e devora este animal quando os serviços de limpeza forem finalizados é duplamente favorecido. Por outro lado, limpadores desonestos também existem. Estudos mostram que muitos limpadores se alimentam não só dos parasitas, mas também dos tecidos saudáveis dos clientes, criando feridas e aumentando as chances de infecção (Figura 10.4). Relações simbióticas como as observadas entre limpadores e clientes são muito difundidas, evoluíram diversas vezes e tendem a ser mantidas quando os benefícios da relação excedem os custos.

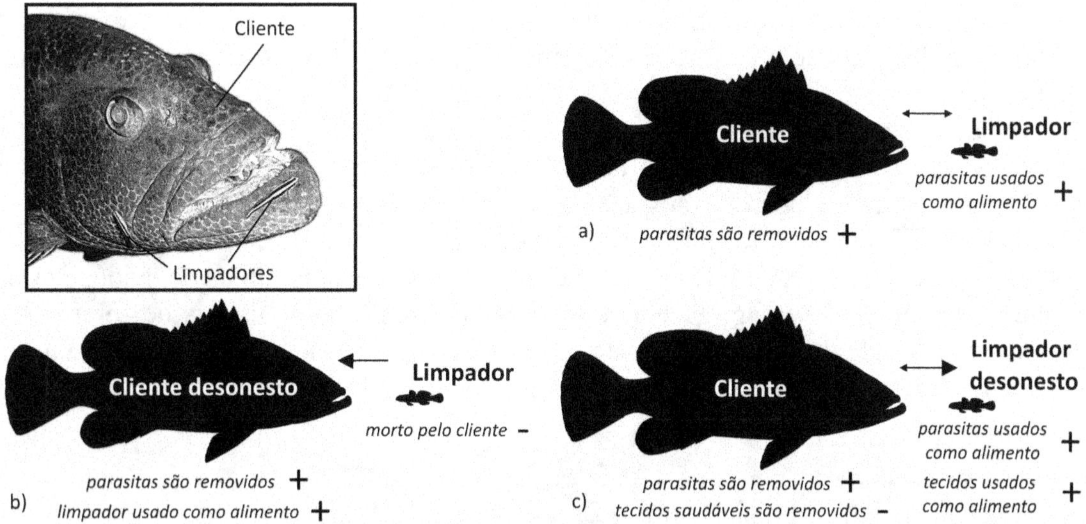

Figura 10.4 Na relação ecológica entre um peixe limpador e um peixe 'cliente', os dois se beneficiam porque os parasitas removidos do cliente são usados como alimento pelo limpador (a). Comumente, uma das partes trapaceia, resultando em prejuízo para o outro lado. Um cliente desonesto (b) pode consumir o peixe limpador após os serviços terem sido fornecidos e ganhar benefícios adicionais. Um limpador desonesto (c) se beneficia removendo, além dos parasitas, tecidos saudáveis do cliente. Esse tipo de relação tende a se disseminar somente quando esses custos são eventuais e inferiores aos benefícios. Se os alelos dos clientes desonestos ou dos limpadores desonestos aumentarem muito sua frequência na população a chance dessas relações mutualísticas se dissolverem aumentam.

Indivíduos que 'adotam' filhotes não aparentados são conhecidos em alguns grupos e supostamente representam um desafio para as ideias evolutivas. De que forma gastar energia para auxiliar a disseminação de genes que não são seus pode ser favorecido pela seleção natural? O balanço entre custo e benefício explica esses comportamentos. Estudos genéticos com aves mostram que alguns filhotes de uma ninhada ocasionalmente não possuem parentesco com os adultos que cuidam destes filhotes. Ovos são comumente colocados no ninho por aves de outras espécies (chamadas aves parasitas) quando os adultos se ausentam temporariamente para procurar alimento. Esses estudos revelaram que os adultos direcionam o mesmo cuidado aos seus filhotes e aos filhotes parasitas porque é mais custoso direcionar o cuidado apenas à sua prole. Além disso, diferenciar filhotes genéticos de filhotes parasitas nem sempre é fácil e ao direcionar os cuidados parentais, existe uma chance de um de seus filhotes verdadeiros ser confundido com os intrusos e ser excluído dos cuidados. Portanto, ao evitar o direcionamento, os adultos asseguram a disseminação dos seus genes, a despeito de gastarem um pouco mais de energia com os filhotes intrusos. Portanto, a adoção é completamente involuntária.

Alguns animais sociais, como as gazelas de Thomson, emitem sinais de alerta ao bando quando detectam um predador. Um comportamento de exibição, chamado *stotting*, ocorre quando um indivíduo salta com as quatro patas eretas e exibe as partes brancas da sua região posterior (Figura 10.5). Por ser supostamente altruísta, este comportamento foi motivo de muito debate no passado, mas análises mais aprofundadas revelaram novos detalhes. Inicialmente, foi cogitado que o *stotting* evoluiu para alertar indivíduos coespecíficos sobre um perigo iminente. Sem alternativas contra o predador, o indivíduo sinalizador tentaria ao menos garantir a sobrevivência dos indivíduos de sua espécie. Uma ideia posterior sugeriu que o sinalizador se beneficia porque seus parentes estão entre os indivíduos do bando que recebe a mensagem. Portanto, seu *fitness* também seria indiretamente favorecido.

Um conjunto mais recente de estudos, no entanto, revelou que esse comportamento é bem menos altruísta do que parece. O comportamento é, de fato, um sinal de alerta, mas direcionado ao predador e não aos indivíduos do seu grupo. A gazela sinaliza ao predador que está ciente de sua presença e que tem energia suficiente para fugir de uma tentativa de captura e, portanto, é melhor para os dois lados que a tentativa de capturá-la seja evitada. Três conjuntos de evidências suportam essa nova visão sobre o *stotting*: gazelas em alerta são muito mais difíceis de serem capturadas; gazelas solitárias (distantes do bando) já foram observadas saltando, e a chance de um predador, como um guepardo, investir em um ataque é menor quando o sinal de alerta é emitido.

Figura 10.5 O *stotting*, comportamento exibido por animais como as gazelas, foi inicialmente cogitado como sendo um *display* comportamental altruístico que sinaliza ao seu bando sobre a presença de predadores nas proximidades. Evidências posteriores mostraram que esse comportamento é, na verdade, direcionado aos predadores e que o indivíduo salta para mostrar ao predador que está ciente de sua presença e que possui vigor suficiente para evitar uma tentativa potencial de captura.

Por outro lado, quando capturados por um predador, indivíduos de diversas espécies emitem sinais sonoros chamativos de desespero. Seria o grito apenas uma reação instintiva ou existe uma explicação evolutiva para esse tipo de comportamento? Sendo uma condição adaptativa, o grito seria um comportamento altruístico que evoluiu para alertar o grupo sobre o predador quando não resta mais nenhuma opção para o indivíduo mensageiro?

Novamente, as evidências sugerem que esses sinais não são direcionados ao seu grupo. Estudos com espécies sociais mostram que o bando ignora os gritos da presa capturada, provavelmente porque o predador está ocupado e não representa uma ameaça potencial naquele momento. As evidências mostram que o grito de uma presa na verdade servem para atrair outros predadores que estão nas imediações. Na tentativa de roubar a presa do predador original, esses novos predadores podem criar uma situação de conflito na qual a presa é beneficiada e consegue fugir oportunisticamente.

Peixes da superordem Ostariophysi (grupo que inclui as piranhas e os bagres) emitem componentes químicos, chamados substâncias de alarme, que ficam armazenados em células especiais da epiderme. Quando a epiderme é danificada por um predador, esses compostos são liberados na água e se ligam a receptores olfativos de indivíduos coespecíficos que respondem se escondendo em tocas. As evidências sugerem que essas substâncias, como no exemplo anterior, são primariamente utilizadas para atrair potenciais predadores e criar situações oportunistas de conflito. Todavia, essas substâncias passaram a ser secundariamente utilizadas pelos indivíduos coespecíficos para perceber uma situação de perigo.

As estratégias que buscam atrair outros predadores, como as dos exemplos acima, geralmente têm taxas de sucesso baixas, mas se disseminaram porque os indivíduos que conseguiram sobreviver por causa desse último recurso foram suficientes para transmitir esses genes para as gerações subsequentes. O altruísmo é uma propriedade difícil de ser demonstrada na natureza e até mesmo comportamentos humanos aparentemente incontestáveis, como a doação de sangue e a adoção de uma criança não são rigorosamente imunes a interpretações evolutivas. Estudos comprovam que doadores de sangue e pais adotivos são beneficiados, mesmo que os benefícios sejam 'apenas' emocionais.

Capítulo 11

Taxas evolutivas

Taxa evolutiva é um conceito relacionado com a quantidade de mudanças evolutivas e como essas mudanças se distribuem dentro de um intervalo de tempo. Se em um determinado período, um grupo passa por um período longo com poucas mudanças que é intercalado por um período curto de muitas mudanças, dizemos que a taxa evolutiva do grupo é variável. Por outro lado, se as mudanças ocorrerem de forma homogênea ao longo do intervalo, dizemos que a taxa evolutiva é constante. Estudos realizados com diversos grupos, incluindo algas, roedores, moluscos e primatas, sugerem que as duas condições existem na natureza.

Diferentes grupos podem apresentar diferentes taxas evolutivas em um mesmo intervalo de tempo. Suponha que uma barreira geográfica separe uma população e que os dois grupos resultantes passem a evoluir de forma independente. Após um mesmo intervalo de tempo, um grupo pode ter se modificado mais do que o outro por ter sido submetido a pressões ambientais mais intensas. O outro grupo, vivendo sob condições mais constantes, se modificou menos e ainda se parece muito com a população ancestral (Figura 11.1).

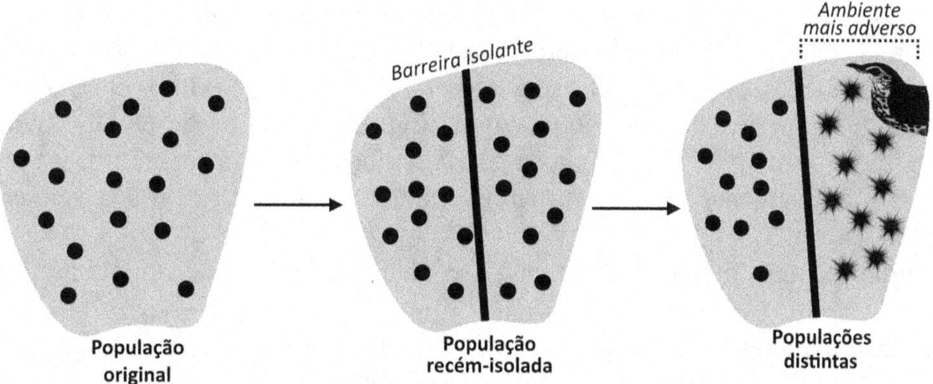

Figura 11.1 Se uma população for separada geograficamente, os grupos resultantes ficam confinados entre si e passam a evoluir de forma independente. No mesmo intervalo de tempo, as taxas de evolução dos dois grupos podem ser distintas porque os dois grupos passaram a viver sob diferentes condições ecológicas. No exemplo, as características do primeiro grupo são muito similares às da população ancestral porque este se modificou pouco, enquanto o segundo grupo, vivendo sob condições mais adversas (pressão predatória mais intensa) evoluiu propriedades defensivas novas e se tornou mais distinto da condição ancestral.

As bactérias modernas e todos os organismos eucariontes descendem de um ancestral procarionte muito antigo e as duas linhagens tiveram o mesmo tempo para se modificar. As bactérias ainda se parecem muito com os ancestrais procariontes porque continuaram vivendo sob as mesmas condições ecológicas gerais enquanto as células eucariontes se modificaram muito e se diversificaram para produzir as formas de vida complexa que conhecemos.

Mesmo nos grupos que se modificam muito em um intervalo de tempo, a taxa de modificação de suas partes corporais também tende a variar. Enquanto algumas partes corporais se modificam muito, outras permanecem praticamente inalteradas em relação à condição ancestral. Na bem documentada evolução dos cavalos, por exemplo, as patas se modificaram muito enquanto outras partes corporais, como o tamanho do cérebro, foram mantidas com poucas modificações.

A evolução desproporcional entre as espécies e entre as partes corporais de uma espécie podem ser chamadas de **evolução em mosaico**. A evolução em mosaico produz diversidade e é o fator que explica porque organismos muito primitivos e muito modificados coexistem no nosso planeta. Quando uma característica biológica evolui para um novo estado, a condição anterior pode continuar existindo em outras populações que não passaram por essa pressão seletiva.

Organismos estruturalmente simples convivem com organismos complexos por causa da evolução em mosaico e isso produz diversidade biológica. A condição eucariótica é derivada em relação à procariótica, mas as duas condições existem concomitantemente até hoje. Da mesma forma, organismos multicelulares são derivados em relação aos unicelulares, mas não os substituíram. Protozoários como as amebas são organismos modernos que mantêm uma condição unicelular primitiva porque se modificaram relativamente pouco. Uma condição derivada não precisa substituir completamente uma condição ancestral para evoluir. Essa é a razão pelas quais gráficos em forma de árvores (e não em forma de escadas!) são utilizados para ilustrar as genealogias evolutivas. O processo evolutivo ocorre por ramificação, e não de forma linear.

A figura popular de um macaco gradualmente se modificando em um ser humano se tornou um ícone que transmite a ideia de que a evolução é um processo linear. As diversas versões dessa evolução humana linear são baseadas em uma publicação do biólogo Thomas Huxley que tinha como propósito apenas comparar os esqueletos dos primatas próximos ao ser humano (Figura 11.2). Por causa da orientação dos esqueletos na figura, o trabalho de Huxley indeliberadamente contribuiu para disseminar a ideia errada de que a evolução é um processo linear e que os primatas evoluíram progressivamente para se tornarem melhores, culminando no surgimento da espécie humana moderna.

De fato, uma das mais populares "críticas" à evolução se resume à seguinte pergunta:

Se o ser humano é descendente de um macaco, por que os outros macacos não se modificaram em seres humanos?

A evolução em mosaico explica como a linhagem dos homens pode coexistir com a linhagem dos outros primatas sem a necessidade de um grupo substituir completamento o outro (Figura 11.3).

Toda espécie carrega, em maior ou menor grau, traços que foram herdados com pouca modificação a partir de uma condição ancestral. Organismos com muitos traços primitivos são importantes por fornecerem informações sobre como foi a condição ancestral de uma característica fenotípica moderna. Lembre-se que o termo primitivo se refere a versão de uma estrutura que se encontra em um estado anterior a outro e que o estado de uma estrutura deve ser sempre relativo a outro estado.

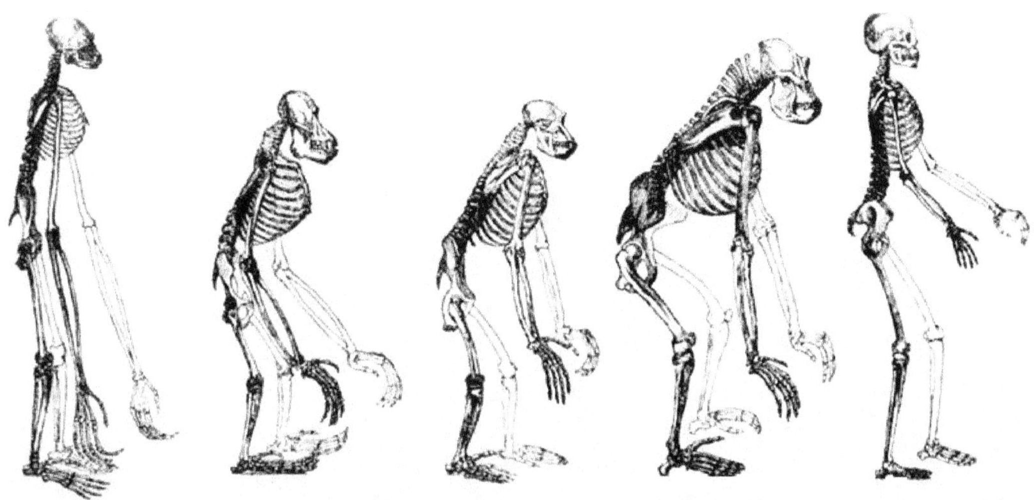

Figura 11.2 Figuras que mostram um macaco progressivamente se transformando em um ser humano são muito populares e contribuem para a disseminação de ideias erradas sobre a evolução. Essas figuras são baseadas nesta figura de uma publicação de 1863 do biólogo Thomas Huxley que tinha como único propósito comparar os esqueletos de primatas. Por causa da orientação dos esqueletos, a figura indeliberadamente transmitiu uma ideia de progressividade linear na qual as formas da direita são versões mais recentes e melhoradas em relação às formas da esquerda.

Fora do círculo científico, é comum que o termo primitivo seja usado para se referir a organismos de baixa qualidade ou a grupos que viveram no passado, mas essa visão é incorreta. Os dinossauros eram mais complexos e possuíam características em estados muito mais avançados que muitos grupos atuais que conseguiram sobreviver aos eventos de extinção, como peixes, invertebrados e bactérias. Uma condição primitiva pode permanecer adaptativa por muito tempo e não necessariamente se relaciona com períodos antigos. As espécies são extintas por causa de eventos catastróficos, ou porque suas características deixaram de ser adaptativas diante das mudanças ambientais e essas propriedades independem do estado das suas estruturas.

O termo **fóssil vivo** é geralmente utilizado para se referir a organismos que existem hoje e que mantêm muitas características em estados primitivos. Os fósseis vivos são tipicamente representados por espécies contemporâneas que evoluíram pouco em relação a uma condição ancestral muito antiga. Esses organismos geralmente evoluíram sob condições ecológicas estáveis, geralmente em ambientes com baixa competitividade.

O celacanto é um peixe moderno que até pouco tempo era conhecido somente a partir do registro fóssil e se parece muito com seus parentes do Mesozoico. Celacantos vivos só foram descobertos em 1938 e, antes disso, os fósseis sugeriam que o grupo havia sido extinto desde o Cretáceo. Os celacantos vivem em ambientes marinhos profundos que, apesar de serem adversos, são constantes. Estudos moleculares recentes também demonstraram que os celacantos possuem taxas evolutivas lentas porque as mutações do tipo substituição são atipicamente baixas no grupo. Os límulos, parentes distantes das aranhas e dos escorpiões, são os últimos representantes de uma linhagem antiga de artrópodes marinhos. Por serem muito similares a espécies que viveram há 400 milhões de anos, também são frequentemente considerados fósseis vivos (Figura 11.4).

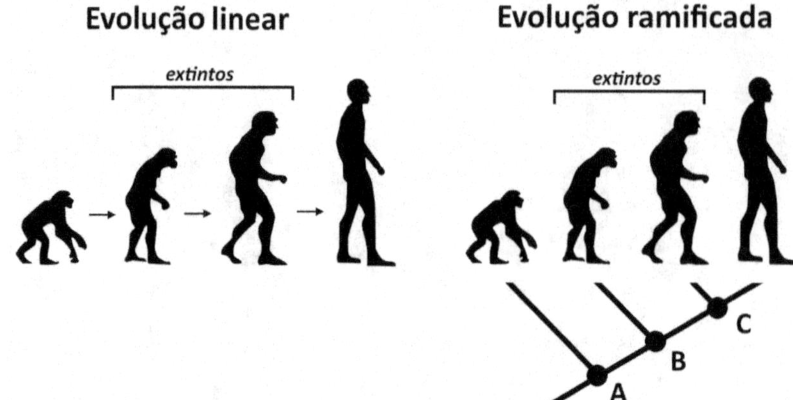

Figura 11.3 Ao contrário da visão popular, a evolução não é um processo estritamente linear. Os organismos geralmente evoluem de forma ramificada quando uma população se divide em duas populações. Se o processo evolutivo fosse estritamente linear, apenas uma espécie deveria existir no nosso planeta. Por ser um processo predominantemente ramificado, a evolução é geralmente ilustrada a partir de árvores genealógicas. Nesses gráficos, os nódulos representam o ancestral comum e o momento no qual uma população se bifurca em duas linhagens que passam a evoluir independentemente. Por exemplo, o nódulo A representa o ancestral comum entre chimpanzés e a linhagem humana, o nódulo B representa o ancestral comum entre as espécies basais da linhagem humana e as espécies do gênero *Homo* e o nódulo C representa o ancestral comum entre as outras espécies do gênero *Homo* e a espécie *Homo sapiens*. O chimpanzé e o ser humano moderno são descendentes que divergiram e se modificaram em relação ao ancestral comum A. Todavia, os chimpanzés se modificaram menos que os humanos e se assemelham mais ao ancestral A. Da mesma forma, as espécies do gênero *Homo* se modificaram mais em relação ao ancestral B do que as espécies dos outros gêneros, e a espécie *Homo sapiens* se modificou mais em relação ao ancestral C do que as outras espécies do gênero *Homo*.

Figura 11.4 Fóssil vivo é o termo utilizado para se referir aos organismos que se parecem muito com ancestrais remotos que, por viverem sob condições ecológicas estáveis, evoluíram relativamente pouco. O celacanto (a) representa um grupo de peixes com duas espécies modernas conhecidas e diversas outras conhecidas a partir do registro fóssil. Até 1938, o grupo era considerado completamente extinto. São considerados fósseis vivos por apresentarem características muito parecidas com a de espécies que viveram há mais de 80 milhões de anos. Os límulos (b) são artrópodes marinhos muito diferentes das espécies modernas e que possuem pelo menos algumas similaridades com artrópodes marinhos muito antigos que são conhecidos apenas a partir do registro fóssil.

Outros fósseis vivos incluem a planta *Ginkgo biloba*, os moluscos nautiloides, os pelicanos, os crocodilos, alguns tubarões e, obviamente, as bactérias, especialmente as cianobactérias. Alguns pesquisadores têm questionado recentemente o uso do termo fóssil vivo, argumentando que o termo passa uma falsa ideia de que os grupos não se modificaram. Além disso, pelo menos para alguns grupos, as similaridades com espécies que viveram no passado podem ser apenas superficiais.

Em alguns grupos, características muito primitivas se misturam com características muito especializadas. O ornitorrinco foi inicialmente considerado um embuste por sua mistura de características. Alguns consideram que ornitorrincos são fósseis vivos porque, em relação aos demais mamíferos, estes animais possuem características muito primitivas como a oviparidade e a presença de cloaca (traços primitivos para os vertebrados terrestres). Todavia, o grupo também apresenta características especializadas, como a perda dos dentes, a modificação de pelos em espinhos, a eletrolocalização e a presença de espinhos venenosos nos machos. Apesar da mistura de traços primitivos e derivados, os ornitorrincos apresentam as características típicas que definem os mamíferos, como pelos, glândulas mamárias, lactação e modificações esqueléticas do crânio e, portanto, sua relação com os demais mamíferos é bem definida.

Organismos que vivem em ambientes muito estruturados e/ou dinâmicos tendem a evoluir mais rápido. Entre as aproximadamente 30 mil espécies de peixes conhecidas no planeta, 41% são de água doce, 58% são marinhas e 1% possuem ciclos de vida que inclui ambientes marinhos e de água doce. Apesar da menor quantidade de espécies de água doce, a taxa de diversificação pode ser considerada mais alta nos rios e lagos em relação aos ambientes marinhos por causa de discrepâncias entre os dois ambientes.

Ambientes marinhos são muito mais antigos e cobrem uma área de aproximadamente 71% da superfície do planeta, enquanto menos de 2% são ocupados por ambientes aquáticos continentais. Em termos volumétricos, os valores são ainda mais surpreendentes. Aproximadamente 96% da água do nosso planeta está confinada aos oceanos e mares, e menos de 0,02% da água está confinada aos rios e lagos. A maior parte da água doce está armazenada em geleiras e em reservas subterrâneas. Mesmo sendo ambientes muito menores, os ambientes aquáticos continentais abrigam uma riqueza taxonômica muito alta de peixes, relativamente próxima à observada nos ambientes marinhos.

Ambientes aquáticos continentais são geograficamente muito estruturados e isso facilitou o isolamento das populações, o que promoveu divergência evolutiva e diversidade biológica. Não por acaso, o Brasil, que apresenta as maiores bacias hidrográficas do mundo, também possui uma das maiores diversidades de peixes de água doce. Estudos relacionando biogeografia e genética mostraram como a heterogeneidade dos ambientes aquáticos continentais isolou e foi responsável pela produção da alta diversidade de peixes no país.

Estudos realizados com populações de peixes ciclídeos em lagos do leste Africano também mostraram que a taxa evolutiva é excepcionalmente alta nesse grupo de peixes. As poucas espécies provenientes do rio Nilo que ficaram isoladas por barreiras ecológicas nos lagos se modificaram de forma relativamente rápida em muitas espécies. Em um único lago, por exemplo, aproximadamente 500 espécies podem ter surgido em um período inferior a 100 mil anos. Além da heterogeneidade ambiental que isolou as populações, análises genéticas mostraram que o grupo possui uma taxa excepcionalmente alta de duplicações de genes e essa condição, associada a heterogeneidade ambiental, foi determinante para a rápida evolução do grupo.

Ambientes marinhos são contínuos e menos estruturados (principalmente nas zonas oceânicas) e suas populações tendem a possuir distribuições geográficas amplas. Além disso, propriedades físicas e químicas da água, como temperatura, pH e disponibilidade de oxigênio podem variar muito em pequenas escalas espaciais e temporais em rios e lagos, enquanto as variações dessas propriedades nos ambientes marinhos tendem a ser menores mesmo em grandes escalas.

A comparação acima pode ser extrapolada para os ambientes terrestres como um todo. Ambientes marinhos ocupam uma área muito maior e são mais antigos que os ambientes terrestres, mas a diversidade biológica nos ambientes terrestres é desproporcionalmente alta por causa da heterogeneidade geográfica alta e porque os ambientes terrestres são menos estáveis que os ambientes marinhos.

Gradualismo filético e equilíbrio pontuado

No início da década de 70, os biólogos iniciaram um importante debate para definir se o surgimento de uma espécie ocorre a partir de processos evolutivos contínuos ou intermitentes, a partir de duas escolas de pensamento, conhecidas respectivamente por **gradualismo filético** e **equilíbrio pontuado**.

Os defensores do gradualismo filético mostraram que a modificação de uma espécie ocorre a partir de transformações lentas e uniformes a partir de uma condição ancestral. Por outro lado, os defensores do equilíbrio pontuado sugeriram que as espécies passam longos períodos sem se modificar que são interrompidos (pontuados) por períodos curtos de rápidas mudanças evolutivas. O período de evolução lenta, chamado de estase evolutiva, é interrompido por períodos relativamente curtos que concentram a maior parte das mudanças evolutivas (Figura 11.5).

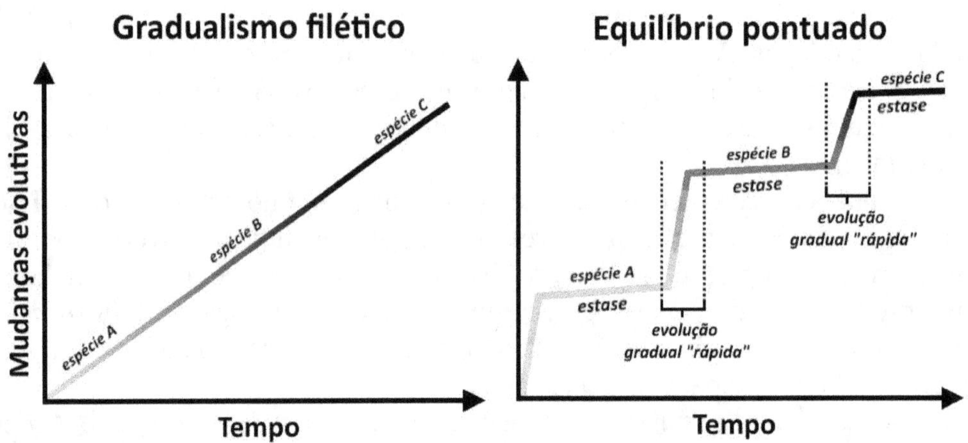

Figura 11.5 Duas propostas para explicar como as mudanças evolutivas se distribuem ao longo do tempo. O gradualismo filético sugere que as modificações ocorrem de forma lenta e que se distribuem uniformemente em um período. O equilíbrio pontuado sugere que as espécies passam por períodos longos com poucas modificações evolutivas (estase) que são pontuados por períodos mais curtos que concentram a maior parte das mudanças. Assim, as espécies se modificam mais rapidamente durante eventos de especiação, e não entre os eventos de especiação. Perceba que, apesar de concentrarem as mudanças em um intervalo mais curto, as mudanças também são graduais no equilíbrio pontuado. As duas condições representam categorias extremas, mas condições intermediárias também são conhecidas.

Os pesquisadores se basearam em um grande conjunto de evidências para propor o equilíbrio pontuado. Por exemplo, o histórico fóssil de muitos grupos sugere que novas espécies surgiram de forma pontual. Além disso, mudanças ambientais repentinas são comuns e, por conseguinte, as forças seletivas deverão exercer efeitos bruscos correspondentes sobre as espécies. Essas evidências certamente não podem ser consideradas conclusivas a favor do equilíbrio pontuado, mas são significativas. Alguns críticos sugeriram que os fósseis tendem a favorecer o processo evolutivo pontual porque o registro é quase sempre incompleto e porque os padrões evolutivos baseados em gradualismo filético tendem a ser subestimados pelo registro fóssil. Somente em raros casos, o processo de especiação pode ser observado em tempo real e isso limita a compreensão dos dois processos.

De qualquer forma, observações de populações naturais e experimentos simulados em laboratório sugerem que os dois processos coexistem na natureza. Dessa forma, as duas teorias parecem representar os extremos de uma condição contínua e o processo de especiação pode ocupar qualquer ponto entre esses extremos. Uma variação dos dois modelos, chamada **gradualismo pontuado** representa uma condição aproximadamente intermediária. Todavia, uma parcela crescente da comunidade científica está convicta de que o equilíbrio pontuado parece ser um mecanismo mais comum que o gradualismo filético e algumas estimativas sugerem que mais de 90% das linhagens evolutivas podem ter evoluído de forma pontuada.

Antes de prosseguirmos, uma ressalva muito importante é necessária. O surgimento de uma espécie de forma pontuada não significa que suas inovações surgiram de forma repentina. Vimos nos capítulos anteriores a improbabilidade de uma estrutura complexa evoluir de forma abrupta, e a teoria de Darwin e Wallace tem como requisito a aceitação de que as adaptações evoluem de forma gradual a partir de etapas sequenciais e cumulativas. Quando afirmamos que a taxa de evolução não é constante e que algumas espécies foram produzidas por processos pontuais, não estamos abandonando a ideia de evolução gradual das adaptações. Estamos apenas afirmando que essas etapas cumulativas se restringem a períodos relativamente curtos que se intercalam com períodos mais longos onde poucas mudanças são observadas.

Portanto, a teoria evolutiva é gradualista em relação à evolução das adaptações, mas não necessariamente em relação à taxa de evolução. Perceba que há uma grande diferença. Uma estrutura pode passar por um longo período de estase evolutiva que antecede um período relativamente curto de muitas modificações, mas estas modificações ocorrem de forma gradual e cumulativa para remodelar as estruturas.

O incremento da complexidade em larga escala é temporalmente irregular

A grande história da vida nos mostra que células simples se modificaram gradualmente nos complexos organismos. Já vimos que esse progresso evolutivo em larga escala reflete as mudanças cumulativas na complexidade das características biológicas, mas que não tem relação com o potencial adaptativo destas características. Quando uma versão mais complexa evolui, uma progressão evolutiva da estrutura é observada, mas qualquer discussão sobre o potencial adaptativo das estruturas deve levar em consideração as condições ecológicas nas quais essas versões estão inseridas. Uma célula eucariótica representa uma versão mais complexa de uma célula procariótica, mas os dois tipos de células vivem perfeitamente bem-adaptados, cada uma ao seu universo ecológico. Portanto, houve progressão estrutural e funcional na evolução das células, mas não adaptativa.

Formas de vida mais complexas existem no nosso planeta há pouco tempo em relação às formas de vida unicelulares simples e, em larga escala, a história de vida apresenta uma curva aproximadamente logística de progressão estrutural. As primeiras formas de vida atravessaram longos períodos com pouca modificação evolutiva, e o aumento de complexidade se tornou facilitado cada vez que novos tipos evoluíram. O padrão eucariótico, por exemplo, levou muito tempo para evoluir, mas sua origem foi sucedida pela evolução das formas de vida multicelulares mais complexas de forma relativamente rápida. Quando os ambientes se tornaram ecologicamente saturados, picos de estabilidade evolutiva foram produzidos e novos planos de organização só passaram a existir quando os eventos de extinção desocuparam os nichos.

Se o tempo de existência da Terra (desde sua origem até hoje) fosse representado por um período de 24 horas, a vida teria se restringido a formas de vida procariontes simples por quase metade do tempo. Formas de vida mais complexas só teriam surgido 12 horas depois da origem da vida e as maiores mudanças evolutivas, incluindo o surgimento dos animais e das plantas terrestres, teriam se concentrado nas aproximadamente 3 horas mais recentes (Figura 11.6).

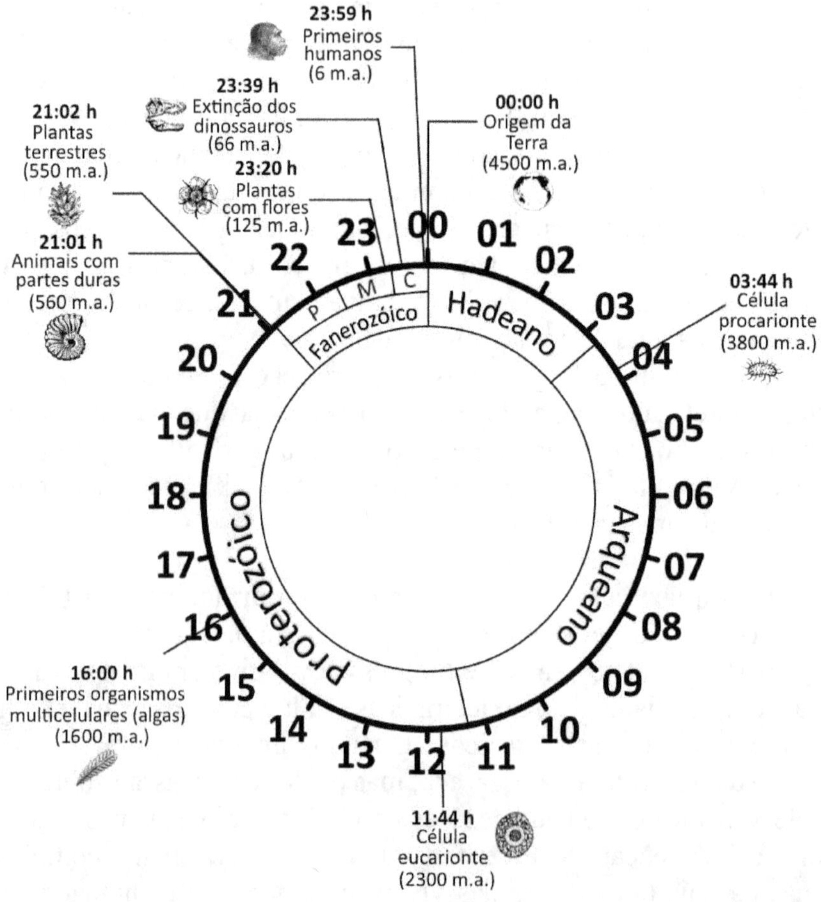

Figura 11.6 Distribuição de grandes eventos evolutivos se o tempo de existência da Terra fosse representado por um período de 24 horas. Valores entre parênteses representam o tempo em milhões anos (m.a.).

O padrão descrito acima sugere que versões mais complexas tendem a ser mais fortemente influenciadas pela seleção natural do que as formas mais simples. De fato, algumas evidências sugerem que organismos estruturalmente mais complexos se modificam mais que os estruturalmente simples e que alguns grupos taxonômicos têm "predisposição" genética para evoluir mais rápido que outros grupos.

Até então vimos que a evolução geralmente atua no sentido de aumentar a complexidade das estruturas, seja porque uma função foi aprimorada ou porque novas funções foram incorporadas a uma estrutura. No entanto, uma estrutura também pode evoluir para se tornar menos complexa. A perda de complexidade geralmente ocorre quando as funções de uma estrutura são perdidas (ou reduzidas), talvez porque os organismos passaram a viver sob condições ecológicas nas quais essa estrutura não é mais tão importante.

Peixes modernos possuem escamas menos complexas que a dos grupos ancestrais e muitas espécies perderam completamente as escamas. Animais que vivem em cavernas ou em regiões marinhas profundas possuem olhos muito reduzidos que não são funcionais. Mamíferos como os cetáceos e os seres humanos reduziram ou perderam a cobertura de pelos (por razões distintas) e muitas aves que não voam possuem asas reduzidas. Apesar de serem mais parecidas com estruturas ancestrais, versões reduzidas de uma estrutura são consideradas evolutivamente mais distantes porque derivam de estruturas que eram complexas (Figura 11.7).

A polarização das características biológicas é uma etapa central para que uma taxonomia (classificação biológica) bem-feita seja realizada, e uma das principais dificuldades dos taxonomistas é distinguir as características que são simples porque se modificaram pouco das características que se tornaram simples de forma secundária.

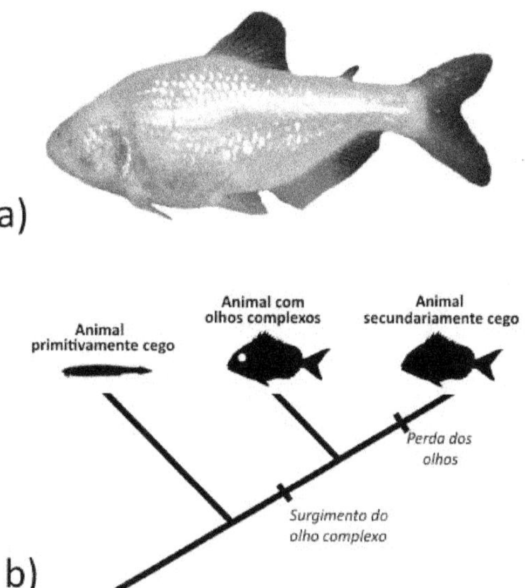

Figura 11.7 Muitos animais que vivem em cavernas, como alguns peixes, reduziram ou perderam completamente os olhos porque, na ausência de luz, estas estruturas se tornaram inúteis (a). Apesar de serem estruturalmente simples e se parecerem mais com a condição ancestral, essas versões representam uma perda secundária e são evolutivamente derivadas em relação às versões mais complexas (b).

Capítulo 12

Especiação

A espécie é a principal entidade estudada pelos biólogos, mas paradoxalmente, até hoje não existe uma definição precisa sobre o termo. Taxonomistas descrevem as espécies com base em caracteres fenotípicos (propriedades observáveis e/ou mensuráveis) que são exclusivos de um grupo e essa prática tem sido muito eficiente. Portanto, é importante compreender que o dilema do conceito de espécie é muito mais teórico do que prático e os procedimentos utilizados para descrever as espécies quase sempre ficam de fora dessa discussão.

Os evolucionistas comumente fazem distinções entre uma **espécie horizontal** e uma **espécie vertical**. Uma espécie horizontal representa um grupo de indivíduos que compartilha características exclusivas e que existe em um momento relativamente fixo.

O conceito vertical, por outro lado, é mais complexo por levar em consideração os fatores temporais geradores das espécies. Quando as condições de um ambiente se modificam e as frequências das características de uma população acompanham essas mudanças, a espécie evolui. A população moderna pode ser tornar tão diferente da original que, se ambas pudessem se encontrar, estas não seriam mais consideradas a mesma espécie. É virtualmente impossível definir o momento exato no qual a população original passou a se tornar a espécie moderna, mesmo que pudéssemos acompanhar em tempo real cada mudança entre as gerações. Todavia, é inquestionável que essas mudanças lentas, graduais e cumulativas produziram algo novo (Figura 12.1).

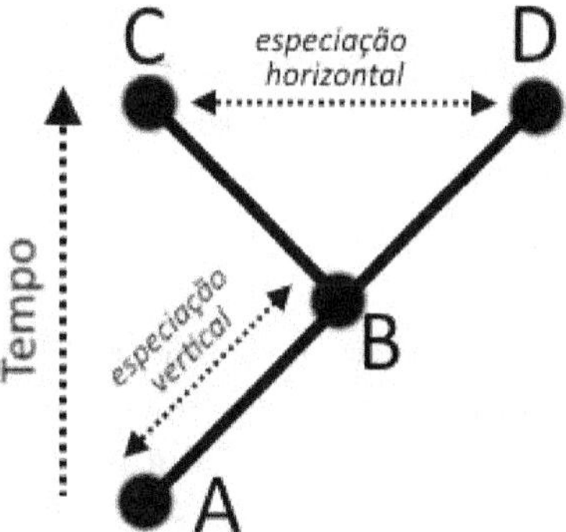

Figura 12.1 O conceito horizontal de espécie leva em consideração as diferenças entre as populações em um determinado momento e categoriza uma espécie com base nas suas características exclusivas. O conceito vertical de espécie leva em consideração o fator temporal e distingue uma espécie de outra quando esta se torna suficientemente diferente da população original para ser considerada uma nova espécie. Na prática, não existe um momento específico que define essa transição.

Em termos gerais, as espécies horizontais são representadas pelos diferentes grupos categóricos que coexistem em um mesmo momento, enquanto as espécies verticais são representadas pelas diferentes espécies temporais ao longo de uma linha evolutiva, mesmo que esses limites não sejam categóricos e que esse conceito seja impraticável. Podemos dizer que uma espécie horizontal é o produto categórico de uma especiação vertical cujos limites podem ser distinguidos dos das outras espécies horizontais. A taxonomia moderna se baseia em comparações horizontais e procura características que sejam exclusivas de um grupo para estabelecer grupos categóricos reais e, portanto, os conceitos de espécie discutidos entre os cientistas se baseiam fortemente em propriedades horizontais.

Entre as diversas propostas para se conceituar uma espécie, três escolas são as mais importantes: biológica, ecológica e fenética.

Conceito biológico: afirma que uma espécie é uma população com indivíduos intercruzantes e que são reprodutivamente isolados de todos os outros organismos. Atributos anatômicos, fisiológicos e/ou comportamentais impedem o intercruzamento entre espécies. A despeito de possuírem similaridades com outros grupos ou de possuírem grandes variações internas entre os indivíduos, o que determina o limite de uma espécie é a capacidade reprodutiva. Um conjunto de indivíduos intercruzantes forma um *pool* genético que representa uma unidade evolutiva no qual os alelos estão confinados e cujas frequências se alteram ao longo do tempo de forma exclusiva. O conceito biológico é mais antigo que Darwin, mas foi fortalecido por suas ideias e permanece como o conceito mais popular e mais bem-aceito entre os cientistas. No entanto, determinar o isolamento reprodutivo e a ausência de fluxo genético entre indivíduos quase sempre é impraticável e as espécies biológicas são quase sempre determinadas por inferência. Ou seja, as características fenotípicas exclusivas de um grupo são indicativas de que seus alelos estão confinados a um grupo reprodutivamente isolado dos demais.

Conceito ecológico: afirma que uma espécie é um agrupamento de indivíduos que explora exatamente um mesmo nicho ecológico, incluindo as variações observadas entre os sexos e entre os estágios de vida. O argumento central é o de que as categorias que reconhecemos como espécie existem porque o ambiente determina quais recursos podem ser utilizados por uma espécie. O conjunto de recursos e habitats explorados pelos membros de uma categoria (a espécie) forma o nicho ecológico desta espécie. Uma espécie é, portanto, um grupo ecológico.

Conceito fenético: afirma que uma espécie é um conjunto de organismos fenotipicamente similares e distinto de outros conjuntos de organismos. A versão tradicional, também conhecida como conceito tipológico de espécie, afirma que uma espécie é formada por todos os indivíduos suficientemente similares a um espécime-tipo da espécie. Dessa forma, um organismo é utilizado como modelo e os indivíduos que compartilham suas características são incluídos no espectro da espécie.

Perceba que os conceitos descritos acima não são excludentes e, de certa forma, reconhecem aproximadamente os mesmos grupos naturais. Ou seja, a seleção natural favorece organismos **intercruzantes** que compartilham um conjunto similar de adaptações **ecológicas** por serem **fenotipicamente** similares. Em outros termos, um grupo adaptado a um nicho particular é formado por organismos estruturalmente similares porque suas características compartilhadas asseguram que estes explorem os mesmos recursos ecológicos. Ainda, organismos intercruzantes têm mais chance de serem fenotipicamente mais similares. Membros de um grupo intercruzante tendem a se parecer e compartilhar características exclusivas porque o fluxo genético fica confinado ao seu grupo e isso produz identidades fenotípica e ecológica. Quando os genes e as novas mutações ficam restritos a um grupo, a espécie diverge e evolui características próprias. Além dos traços exclusivos, uma espécie também carrega as marcas seletivas do passado e compartilha genes e características fenotípicas com outras espécies. Por isso é tão importante definir que uma propriedade seja realmente exclusiva para que uma espécie seja validada.

Os conceitos de espécie não estão imunes a erros. Tendo em vista que o isolamento reprodutivo é a propriedade central do conceito biológico, a reprodução sexuada se torna um pré-requisito e, portanto, o conceito não pode ser aplicado a organismos que se reproduzem assexuadamente. Além disso, as diferenças fenotípicas nem sempre são tão óbvias e o processo de categorização de algumas espécies biológicas por inferência se torna difícil.

O termo **espécies-irmãs** (*sibling species*) é utilizado para definir os casos de duas ou mais espécies que comprovadamente não intercruzam entre si, mas que são virtualmente indistinguíveis fenotipicamente. Moscas das frutas das espécies *Drosophila persimilis* e *Drosophila pseudoobscura*, por exemplo, não cruzam entre si em situações experimentais de laboratório, mas são indistinguíveis fenotipicamente. Contrastando, algumas espécies, como a própria espécie humana, possuem variações fenotípicas intraespecíficas tão grandes que seriam suficientes para subdividi-las em diferentes categorias se apenas o conceito fenético fosse aplicado. Todavia, esses subtipos da espécie não são isolados reprodutivamente. A natureza nos mostra que grupos fenotipicamente similares não necessariamente são intercruzantes e que espécies politípicas nem sempre apresentam isolamento reprodutivo (Figura 12.2).

Para atender também às propriedades dos organismos assexuados e para minimizar potenciais ambiguidades, alguns biólogos alertaram para a necessidade de um conceito de espécie mais amplo. O biólogo Alan Templeton optou por um **conceito coeso de espécie** (*cohesion species concept*) no qual todas as espécies demonstram coesão, vivendo como grupos fenotipicamente categóricos, mas a razão para a coesão pode diferir de uma espécie para outra. Em alguns casos as espécies existem por causa de adaptação ecológica, em outros por causa de fluxo genético e em outros por uma mistura das duas. Todavia, o conceito biológico de espécie continua sendo a representação mais completa e o uso de características fenotípicas para determinar as características exclusivas de um grupo continua sendo o procedimento mais popular para os taxonomistas.

Pensamentos tipológico e populacional

O **pensamento tipológico** adota a ideia de que, dentro de uma espécie, algumas variações são mais representativas da espécie do que outras. Ou seja, os indivíduos que mais se parecem com um espécime tipo são melhores representantes da espécie do que indivíduos acidentais que desviam desse padrão. Assim, cada espécie possui um tipo que melhor representa o conjunto adaptativo da espécie e os indivíduos que desviam desse tipo devem ser menos reconhecidos como membros da espécie porque são teoricamente inferiores do ponto de vista adaptativo. Os indivíduos podem desviar por causa de uma mutação ou por acidentes ambientais que levaram o fenótipo para longe do padrão. Essa forma de pensamento não é bem-aceita atualmente.

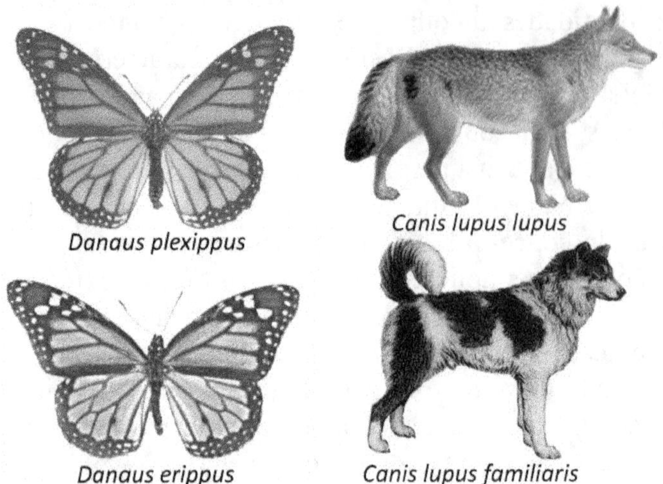

Figura 12.2 Espécies-irmãs representam espécies que são reprodutivamente isoladas entre si, mas que são muito similares fenotipicamente. As borboletas monarcas das espécies *Danaus plexippus* e *Danaus erippus* possuem muitas similaridades e são difíceis de se distinguir fenotipicamente. Uma espécie politípica é representada por indivíduos intercruzantes, mas com ampla variação fenotípica interna. A espécie *Canis lupus* apresenta uma ampla variação intraespecífica com mais de 30 subespécies, incluindo o lobo cinzento da Ásia e da Europa (*Canis lupus lupus*) e os cães domésticos (*Canis lupus familiaris*). Tradicionalmente, os cães foram categorizados dentro de uma espécie própria (*Canis familiaris*) e sua posição taxonômica ainda é debatida.

No pensamento evolutivo moderno, chamado **pensamento populacional**, as variações são consideradas não-tipológicas e todos os indivíduos de uma espécie são potencialmente "bons". Por exemplo, em animais com ampla distribuição latitudinal, é comum que indivíduos de regiões de baixas latitudes sejam menores que os das regiões de altas latitudes. O aumento do tamanho corporal com o aumento das latitudes está relacionado às baixas temperaturas e corpos grandes lidam melhor com as variações de temperatura do que corpos pequenos. Portanto, é incorreto afirmar que apenas um tipo é o mais representativo da espécie. Até que se prove o contrário, todas as variações são igualmente importantes e adaptativas para a espécie.

O pensamento tipológico foi popular em épocas anteriores a Darwin, mas caiu em desuso com a aceitação das ideias evolutivas. O biólogo Ernest Mayr afirmou que a substituição do pensamento tipológico pelo pensamento populacional foi um marco revolucionário para a biologia. Espécimes-tipos ainda são usados na taxonomia como referência da espécie, mas seu uso representa apenas um procedimento legal de descrição taxonômica e não um requisito teórico. Os espécimes-tipos ficam geralmente depositados em museus e laboratórios para consultas.

Como uma espécie é formada?

A especiação é o processo que descreve a formação de novas espécies e tipicamente ocorre quando variações intraespecíficas bipartidas em uma população divergem tanto que os dois tipos deixam de cruzar entre si. Essas variações bipartidas geralmente surgem por causa de uma barreira física que separa a espécie original em dois grupos. Os dois grupos começam a divergir porque passaram a viver isolados um do outro e em locais com desafios ecológicos distintos. Podemos definir a especiação como sendo a evolução do isolamento reprodutivo entre duas subpopulações de uma espécie original.

As pressões competitivas mais intensas são observadas entre os indivíduos de uma espécie, porque os indivíduos são estruturalmente muito similares entre si e ocupam os mesmos nichos ecológicos. Uma variação nova que permita ao indivíduo de uma espécie explorar um nicho novo tende a separá-lo dos demais indivíduos da população e empurrá-lo em uma direção evolutiva distinta. Esse distanciamento minimiza os efeitos da competição e pode evoluir cumulativamente até que a divergência seja tão alta que os dois tipos de indivíduos deixam de pertencer à mesma espécie.

Dois padrões gerais de especiação, que estão relacionados aos conceitos de espécies vertical e horizontal, podem ser descritos. O primeiro padrão, chamado **anagênese**, descreve os casos no qual toda a população se adapta gradualmente acompanhando as modificações ambientais ao longo do tempo, de tal forma que a população resultante se torna suficientemente diferente da população inicial para ser considerada uma nova espécie. O segundo padrão, chamado de **cladogênese**, representa o processo no qual a população se bifurca espacialmente e/ou ecologicamente de modo que a espécie original se modifica em duas novas espécies. Na anagênese, uma espécie é substituída por outra, enquanto na cladogênese, uma espécie se diversifica em duas (Figura 12.3).

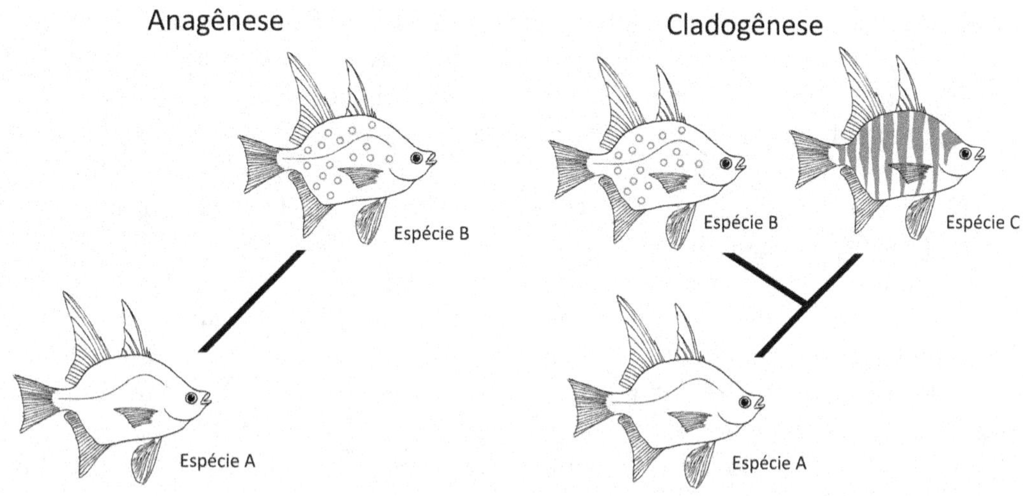

Figura 12.3 Anagênese e cladogênese. Na anagênese, uma população é considerada uma nova espécie quando se torna suficientemente distinta da população inicial. Na cladogênese, a população original se divide em duas subpopulações que, passando a viver sob diferentes condições ecológicas, divergem para se tornar espécies distintas entre si e também da população original.

Darwin sugeriu que os milhões de espécies do nosso planeta evoluíram a partir de um único ancestral que produziu diversidade quando cada espécie passou a se dividir em duas, como os ramos de uma árvore. A cladogênese e a evolução em mosaico são os mecanismos responsáveis pela produção de diversidade biológica. Além disso, esses processos explicam como diferentes versões de uma característica podem coexistir, refutando qualquer ideia de progressão adaptativa na qual as espécies mais evoluídas são melhores.

Fora do círculo científico, a evolução é comumente compreendida como sendo um processo estritamente linear que ocorre por anagênese. Seres humanos e chimpanzés são descendentes vivos de um ancestral comum que não era nem chimpanzé e nem ser humano, e suas linhagens são produtos de uma cladogênese. Se a anagênese fosse o único padrão de especiação, apenas uma espécie, muito modificada em relação à primeira forma de vida, existiria no nosso planeta.

As evidências mostram que a taxa de especiação em ambientes novos tende a apresentar um padrão aproximadamente logístico de diversificação. Ou seja, o aumento do número de espécies é quase exponencial inicialmente, mas à medida que os nichos vagos se ocupam e se tornam raros, a taxa de diversificação desacelera. Em ambientes muito saturados, novas espécies podem surgir, mas estas passam a ocupar nichos que eram previamente ocupados por espécies que foram extintas.

Tipos de especiação

A especiação por cladogênese ocorre quando uma população original é dividida em duas, e estas passam a seguir vias evolutivas independentes até se tornarem reprodutivamente isoladas. Três modos principais de especiação por cladogênese podem ser distinguidos: especiação alopátrica, especiação parapátrica e especiação simpátrica.

Especiação alopátrica

A especiação alopátrica se inicia com o surgimento de uma barreira geográfica que divide uma população original em dois grupos (Figura 12.4). Nesse tipo de especiação há, literalmente, uma separação física que impede o contato entre os indivíduos dos dois lados da barreira. A barreira pode ser uma montanha ou um curso d´água que se forma e separa o que antes era uma população contínua. Alternativamente, a barreira geográfica já existe e alguns indivíduos da população migram (ativamente ou passivamente) para um novo local fora dos limites geográficos da população original, se isolando desta.

De fato, apesar da maioria dos exemplos de especiação alopátrica citar o surgimento de barreiras geográficas, a maior parte da especiação alopátrica provavelmente ocorre quando, excepcionalmente, alguns indivíduos ultrapassam os limites de uma barreira já existente e passam a viver isolados da população original. Perceba que para que seja efetivamente um processo de isolamento físico, a travessia dos indivíduos deve ser realmente um evento raro.

Tendo em vista que as mutações genéticas são produzidas aleatoriamente, as mutações que surgem e que são favorecidas pela seleção natural tendem a ser distintas em cada subpopulação que foi separada pela barreira. Mesmo que as diferenças ambientais sejam mínimas entre os lados, diferentes tipos de alelos tendem a ser favorecidos. Visto que o isolamento geográfico impede a reprodução e, consequentemente, a troca de mutações entre os indivíduos dos dois lados, essas novas modificações se tornam exclusivas e os grupos passam a divergir evolutivamente. A especiação alopátrica é de longe o tipo de especiação mais bem documentado, e representa o principal mecanismo gerador de diversidade biológica. Estimativas sugerem que, após se tornarem geograficamente isoladas, as subpopulações podem levar de 100 mil a 5 milhões de anos para se isolarem reprodutivamente.

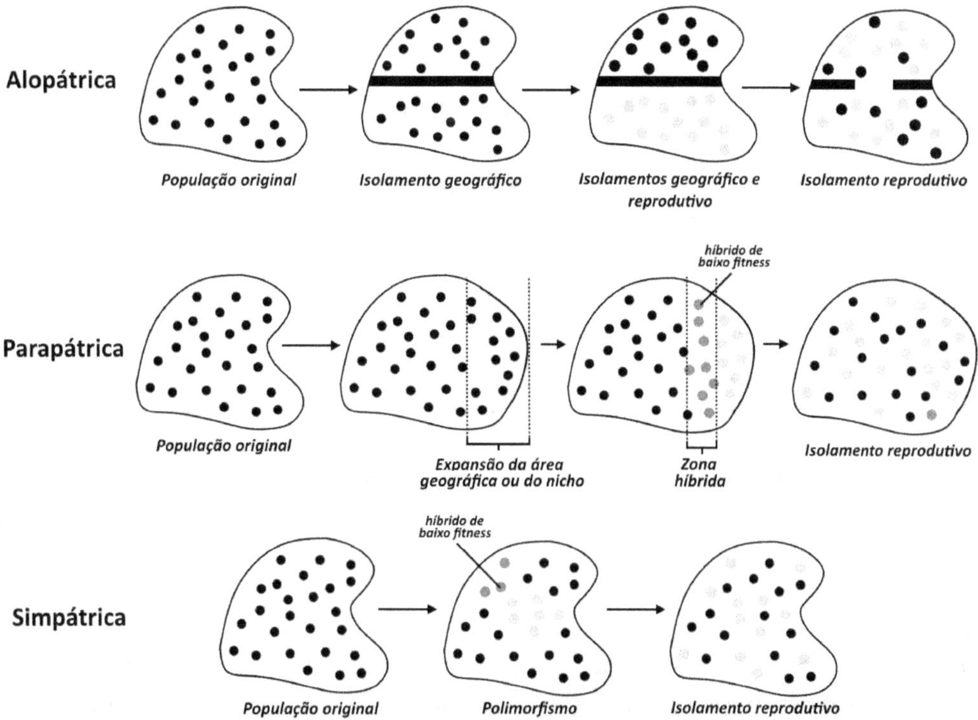

Figura 12.4 Tipos de especiação. Na especiação alopátrica os indivíduos de uma população se tornam isolados geograficamente por uma barreira física. Diferentes alelos são favorecidos em cada subpopulação e os dois grupos se tornam reprodutivamente isolados, mesmo que passem a compartilhar a mesma área novamente. Na especiação parapátrica, a população não está separada geograficamente, mas gradientes ambientais produzem uma variabilidade contínua que pode se tornar bimodal. Quando alguns indivíduos da população original colonizam uma nova área ou passam a ocupar nichos novos, a variação fenotípica aumenta. Se indivíduos híbridos entre os tipos forem desfavorecidos em relação aos indivíduos provenientes de pais com os mesmos fenótipos, a seleção tende a distanciar os tipos até que estes se tornem espécies distintas. A especiação simpátrica ocorre quando a variabilidade fenotípica é produzida independentemente de barreiras físicas e de gradientes geográficos. Fenótipos distintos que atendem a um mesmo propósito geral, por exemplo, podem ser igualmente favorecidos em uma população e se os híbridos forem desfavorecidos, a seleção tende a reforçar a divergência evolutiva entre os dois tipos até estes se tornarem reprodutivamente isolados entre si. Os cientistas estão cada vez mais convictos de que a especiação alopátrica é, de longe, o mecanismo de especiação mais comum. Todavia, mecanismos não-alopátricos também são importantes e, por serem mais difíceis de se demonstrar na prática, é provável que estes mecanismos sejam subamostrados.

Especiação parapátrica

A especiação parapátrica ocorre quando uma nova espécie é formada em populações geograficamente contíguas (Figura 12.4). A espécie original, em resposta a variações regionais do ambiente, evolui um padrão de variação clinal (gradiente fenotípico) que pode levar a um isolamento reprodutivo. A variação clinal descreve o processo no qual diferentes versões de um fenótipo coexistem em uma população em resposta a gradientes ambientais. Por exemplo, uma espécie pode apresentar dois tipos de indivíduos que são adaptados para duas condições ecológicas de uma área geográfica, mas estes vivem dentro de uma área compartilhada. Quanto maior a área geográfica de uma espécie, maiores são as chances de variações fenotípicas clinais serem observadas entre os indivíduos. Se essas variações se tornarem distantes o suficiente de forma que o cruzamento seja dificultado ou impedido, um processo de especiação pode ocorrer sem a necessidade de separação geográfica.

Em uma população contígua, os indivíduos que vivem nos lados extremos da área de abrangência da espécie podem divergir. A região central, chamada de zona híbrida representa o local onde as duas formas se encontram. Na zona híbrida, as distinções entre os indivíduos se tornam mais evidentes e a prole resultante do cruzamento dos dois tipos pode apresentar *fitness* baixo e ser seletivamente desvantajosa. Quando isso ocorre, a zona híbrida é chamada zona de tensão. Uma zona híbrida não é uma zona de tensão quando a prole dos dois tipos possui um *fitness* igual ao das outras formas, mas as zonas híbridas quase sempre são zonas de tensão. Quando a prole híbrida possui um *fitness* baixo, a seleção natural tende a favorecer o acasalamento assortativo (a busca não-aleatória por parceiros sexuais). Especificamente, há uma chance, maior que o acaso, de indivíduos fenotipicamente similares cruzarem entre si do que com indivíduos diferentes. Como os híbridos são desfavorecidos, a seleção natural aumenta a frequência dos tipos extremos e o isolamento reprodutivo é reforçado até que o que era originalmente uma espécie passa a ser duas espécies.

Especiação simpátrica

Na especiação simpátrica, uma espécie se divide em duas sem a necessidade de barreiras ou gradientes geográficos (Figura 12.4). Como vimos acima, a especiação parapátrica se inicia com o surgimento de uma variação clinal (polimorfismo espacial) em virtude de gradientes ambientais. Na especiação simpátrica, o estágio inicial da especiação também é um polimorfismo, mas esse não tem relação com variações geográficas espaciais. Mutações distintas que atendem a um mesmo propósito ecológico podem ser favorecidas em uma população e criar tipos diferentes. Por exemplo, uma espécie pode apresentar dois tipos de indivíduos porque cada tipo se especializou em um alimento diferente. Se a cópula entre esses dois tipos se tornar desvantajosa, porquê os híbridos intermediários possuem um *fitness* baixo, a seleção natural reforçará o isolamento. A maioria dos modelos de especiação simpátrica supõe que a seleção natural inicialmente determina o polimorfismo e posteriormente favorece o isolamento reprodutivo entre as formas polimórficas.

A especiação simpátrica tem sido uma fonte de controvérsia recorrente por ser difícil de ser demonstrada na natureza. Apesar de matematicamente possível, estudos genéticos e ecológicos mostram que a especiação simpátrica é um evento raro e com poucas evidências de sua ocorrência na prática. Estudos mostram que algumas das já mencionadas espécies de peixes ciclídeos evoluíram simpatricamente em lagos da África e da Nicarágua. Plantas que evoluíram por alopoliploidia (condição no qual o organismo apresenta conjuntos de cromossomos provenientes de diferentes espécies) também são exemplos de grupos que evoluíram por especiação simpátrica.

Barreiras isolantes

Vimos que o isolamento reprodutivo é o mecanismo central que define os limites de uma espécie e que, pela dificuldade de sua determinação prática, o isolamento reprodutivo é geralmente inferido a partir de traços fenotípicos que são exclusivos e que estão confinados a um grupo.

Qualquer característica fenotípica mensurável pode ser utilizada para essa finalidade, incluindo informações morfológicas, fisiológicas, moleculares e comportamentais. As características exclusivas de uma espécie existem porque o grupo se isolou reprodutivamente e seus genes ficaram confinados. O isolamento reprodutivo impede o fluxo genético através do nível da espécie e as mutações que são favorecidas pela seleção ficam restritas ao grupo.

Uma espécie possui características exclusivas que coexistem com características gerais compartilhadas com outras espécies. Assim, não só as espécies, mas os níveis biológicos superiores também apresentam traços que são exclusivos. Glândulas mamárias são estruturas exclusivas dos mamíferos e vértebras são estruturas exclusivas dos vertebrados. Apenas os mamíferos possuem glândulas mamárias porque apenas os descendentes do ancestral único de todos os mamíferos herdaram essa característica, que é exclusiva do grupo. A mesma condição acontece em relação às vértebras e qualquer outra propriedade biológica.

O grande tamanho de algumas regiões encefálicas é uma propriedade exclusiva da espécie humana, e esta característica coexiste com propriedades gerais como as glândulas mamárias e as vértebras. Quando um taxonomista descreve uma espécie, um gênero, uma família ou uma ordem, ele precisa assegurar que as características que ele utilizou para descrever o grupo são, de fato, exclusivas daquele nível biológico. Em razão disso, é mais fácil descrever uma espécie nova do que uma família nova ou uma ordem nova porque as características que definem os níveis superiores à espécie já estão bem estabelecidas para a maioria dos organismos.

Como vimos, durante o processo de especiação alopátrica, diferentes alelos podem se fixar nas populações que se tornaram geograficamente isoladas, seja porque diferentes mutações surgiram ou porque diferentes pressões seletivas existem em cada ambiente. A descoberta recente de genes relacionados ao isolamento reprodutivo fortaleceu a conexão entre genética e especiação. Chamados de genes de especiação, mutações nestes genes impedem a reprodução entre populações que se tornaram geograficamente isoladas. Por exemplo, alguns estudos mostraram que mutações em genes relacionados a comportamentos de corte e à seleção de parceiros sexuais foram responsáveis pelo isolamento reprodutivo entre populações que se tornaram recentemente isoladas geograficamente.

Perceba que, logo que uma população é dividida geograficamente, o intercruzamento entre os dois lados é fisicamente impedido, mas não biologicamente. Inicialmente, o fluxo genético só não existe porque os membros das duas populações deixaram de se encontrar, mas as mudanças genéticas não são imediatas após a separação geográfica. Se a barreira física deixar de existir rapidamente e as duas populações se unirem (contato secundário) antes que o isolamento reprodutivo ocorra, a população pode trocar genes novamente e o processo de especiação não ocorre.

O isolamento reprodutivo real ocorrerá apenas se uma característica biológica impedir o intercruzamento entre as duas populações. Dessa forma, o isolamento geográfico tem um significado distinto do isolamento reprodutivo. Barreiras reprodutivas são geralmente consequências de barreiras geográficas. O isolamento reprodutivo biológico pode se apresentar de duas formas: como um **isolamento pré-zigótico** e/ou como um **isolamento pós-zigótico**.

No isolamento pré-zigótico, os zigotos nunca são formados porque algum fator (morfológico, fisiológico ou comportamental) impede a cópula e/ou a fecundação entre os indivíduos (Figura

12.5). A incompatibilidade dos órgãos sexuais, dos gametas ou dos comportamentos de corte entre as duas populações impede que o zigoto seja formado. Em casos extremos, os indivíduos das duas populações não cruzam simplesmente porque suas estações reprodutivas não coincidem temporalmente.

No isolamento pós-zigótico, os membros das duas populações podem se encontrar, copular e formar zigotos, mas a prole, quando formada, geralmente é estéril ou inviável. Indivíduos de espécies próximas, por exemplo, podem copular e produzir um embrião que morre prematuramente, ou que se forma, mas é infértil (mesmo que comumente este seja mais forte que os pais). Nos raros casos de embriões que são férteis, as gerações futuras produzidas por estes tendem a ser mais fracas até que os indivíduos param de sobreviver e a linhagem é descontinuada.

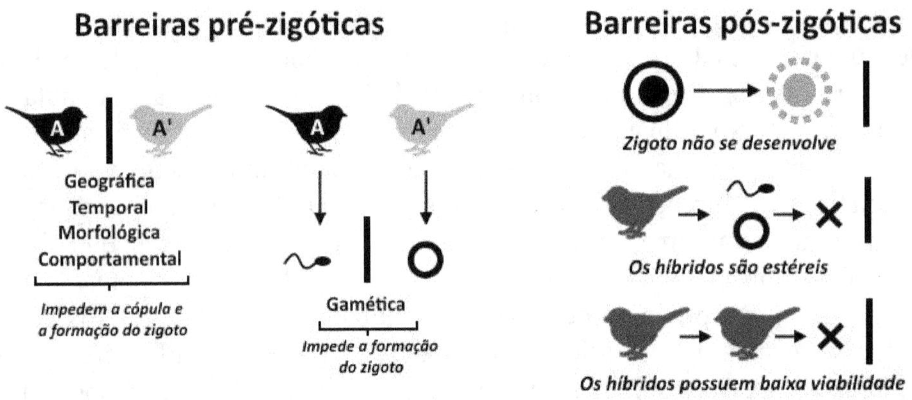

Figura 12.5 Tipos de isolamento reprodutivo. As barreiras pré-zigóticas impedem a formação do zigoto, seja por mecanismos não-fisiológicos que impedem a cópula ou por incompatibilidades gaméticas. As barreiras pós-zigóticas ocorrem quando indivíduos de espécies aparentadas copulam e produzem um zigoto que não se desenvolve ou que se desenvolve em animais híbridos inférteis ou com baixa viabilidade.

Quando espécies próximas conseguem copular e produzir híbridos, a prole híbrida quase sempre possui um *fitness* reduzido (Figura 12.6). Híbridos são quase sempre estéreis ou inviáveis e tendem a não sobreviver por muito tempo. Esse *fitness* reduzido geralmente ocorre por duas razões: híbridos podem apresentar características intermediárias entre as duas espécies e serem mal adaptados porque não existem recursos adequados para atender às demandas de tipos intermediários, ou os híbridos podem ter um *fitness* baixo porque as duas espécies parentais contêm genes que não funcionam bem juntos na prole híbrida.

A **teoria do reforço**, geralmente atribuída a Alfred Wallace, sugere que a seleção natural pode incrementar o isolamento entre duas populações que voltaram a ter contato após um período de isolamento geográfico. Suponha que uma população se isolou geograficamente e que após um período de mudanças genéticas, os dois grupos passaram novamente a viver em simpatria (compartilhando a mesma área geográfica). Suponha também que os híbridos das duas populações tenham um *fitness* menor que o da prole produzida por pais do mesmo tipo. Podemos quantificar o *fitness* de cada um dos dois tipos como sendo 1 e o *fitness* dos híbridos como sendo maior que 0, porém menor que 1 (por conveniência: 0,5). Nesses casos, a seleção tende a reforçar o isolamento pré-zigótico e favorecer o acasalamento assortativo, e o reforço é utilizado para finalizar o processo de especiação alopátrica incompleto.

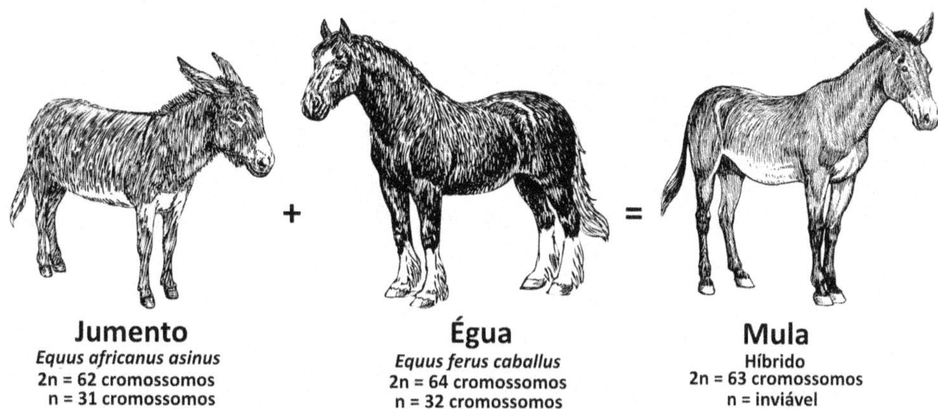

Figura 12.6 A mula é um animal híbrido resultante do cruzamento entre um macho de jumento (*Equus africanus asinus*) e de uma égua (*Equus ferus caballus*). A infertilidade das mulas é provavelmente o resultado de incompatibilidade entre os seus genes.

O termo **deslocamento de caracteres** é utilizado para se referir aos casos nos quais indivíduos de duas espécies aparentadas que vivem em simpatria são mais diferentes entre si do que indivíduos dessas espécies que não compartilham a mesma área. A interpretação para esse padrão é ecológica. Nas áreas onde apenas uma espécie está presente, a baixa competição interespecífica permite que cada uma explore uma gama maior de recursos, mas onde as duas espécies se sobrepõem, cada uma explora um conjunto menor de recursos e tendem a divergir porque a competição força cada espécie a se tornar mais especializada.

Capítulo 13

Extinção

De um certo modo, a extinção pode ser considerada o oposto da especiação, representando o processo irreversível que marca o final de uma espécie. Quando a taxa de extinção excede a taxa de especiação em uma área, a diversidade biológica diminui. A extinção de um táxon pode ocorrer muito lentamente, quando o tamanho de uma população gradualmente se reduz, ou ser rápida o suficiente para ser observada em tempo real. Extinções como as do dodô, do dugongo de Steller, do pombo passageiro e do tigre da tasmânia ocorreram de forma relativamente rápida e o processo foi acompanhado minuciosamente pelos cientistas, desde o início do declínio populacional até a morte dos últimos representantes de cada espécie. Atualmente, continuamos observando o declínio no tamanho populacional de diversas espécies, das quais muitas apresentam grandes chances de sofrer o mesmo destino das espécies citadas acima.

Um grande conjunto de evidências sugere que as atividades humanas estiveram entre as principais causas das extinções de muitas espécies que ocorreram nos últimos milhares de anos. Não obstante, a extinção é um processo natural, e estimativas sugerem que até 99% das espécies do nosso planeta já foram extintas. A extinção também pode ser observada nos níveis biológicos superiores à espécie. Quando o último indivíduo de uma espécie morre, a espécie morre com o indivíduo. Se essa espécie for a única representante de um gênero, de uma família ou de uma ordem, esses níveis também serão extintos.

Duas razões principais levam um táxon a deixar de existir. A primeira é a extinção real do táxon, como descrito até então. Nesse caso, todos os indivíduos do grupo literalmente morrem e a linhagem evolutiva é finalizada. A segunda causa é o que podemos chamar de pseudoextinção, e está relacionada ao conceito de espécie vertical. Um táxon original deixa de existir apenas porque se modificou suficientemente ao ponto de não ser mais reconhecido como o mesmo táxon original (Figura 13.1).

Em casos excepcionais, grupos que eram considerados extintos pelos cientistas podem ser redescobertos na natureza. Um táxon Lázaro descreve a condição na qual indivíduos de uma espécie que era considerada extinta são descobertos pelos pesquisadores. Um exemplo bem conhecido se refere ao já referido grupo dos peixes celacantos, cujo registro fóssil sugeria que sua linhagem havia sido extinta há pelo menos 80 milhões de anos. Uma pesca acidental de um exemplar em 1938 na África do Sul 'ressuscitou' o grupo que até então era conhecido apenas através dos fósseis.

Assim como os celacantos, a maior parte dos táxons lázaros vive em locais de difícil acesso e/ou são raros na natureza, e essas propriedades explicam o atraso das suas descobertas. A lista de grupos redescobertos após terem sido considerados extintos é relativamente grande e representa o resultado de muita pesquisa recente e de novas tecnologias que facilitaram o acesso às áreas remotas e menos exploradas cientificamente. Todavia, muitos desses animais são raros e comumente se encontram vulneráveis à extinção.

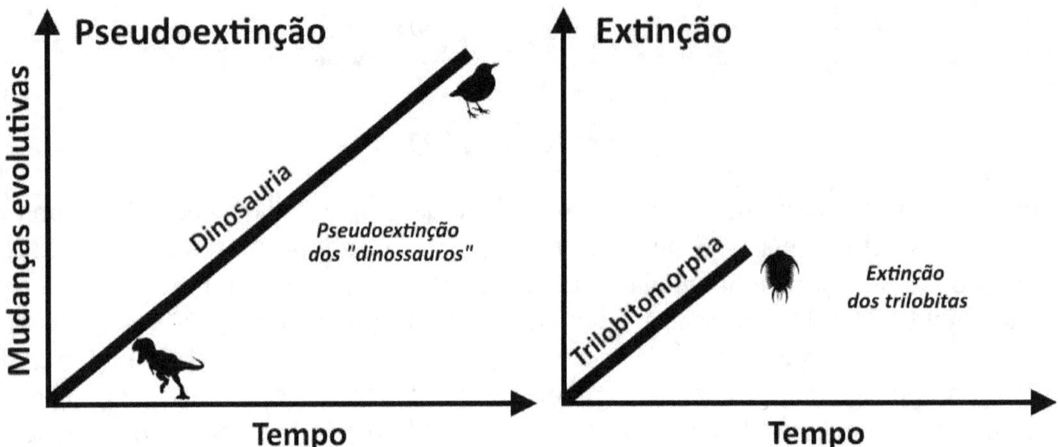

Figura 13.1 Diferença entre pseudoextinção e extinção. A pseudoextinção ocorre quando um grupo que viveu no passado deixa de existir porque se modificou em algo novo. O grupo que coloquialmente chamamos de dinossauros deixou as aves como descendente e, nesse sentido, o táxon Dinosauria (da qual as aves também pertencem) passou por uma pseudoextinção. Muitas espécies de Dinosauria foram verdadeiramente extintas, mas o táxon Dinosauria continua sendo representado pelas aves, que são dinossauros muito modificados. A extinção verdadeira ocorre quando todos os indivíduos de uma linhagem deixam de existir de fato. O grupo Trilobitomorpha é um subfilo de artrópodes que existiu no Paleozoico e que foi completamente extinto sem deixar nenhum descendente.

Quais propriedades biológicas são mais vulneráveis à extinção?

Por muito tempo, os cientistas discutiram se alguns organismos tendem a ser mais ou menos vulneráveis à extinção. Esse é um tema que requer um certo cuidado e qualquer interpretação deve levar em consideração um grande conjunto de fatores. Todavia, algumas generalizações podem ser feitas:

- grupos que são naturalmente raros, porque vivem em uma área pequena, possuem maior chance de ser extinto por um efeito local do que grupos que habitam áreas grandes;

- espécies de grande porte com crescimento lento e que demoram a atingir a maturidade sexual geralmente possuem tamanhos populacionais menores e tendem a ser mais vulneráveis à extinção do que espécies que se reproduzem rapidamente;

- organismos que vivem agregados em bandos ou em cardumes também podem sofrer mais os efeitos de um impacto local (particularmente os efeitos humanos como a caça e a pesca) em relação aos organismos que vivem espacialmente dispersos;

- organismos insulares (que vivem em ilhas) tendem a ser mais vulneráveis que os que vivem nos continentes;

- organismos que possuem utilidade direta para o ser humano tendem a ser sobre-explorados e possuem maiores chances de serem extintos;

A vulnerabilidade à extinção tem relação com a idade de um grupo?

Cientistas há muito tempo têm questionado se os táxons podem se tornar mais ou menos vulneráveis à extinção com o tempo. Estudando as curvas de sobrevivência de grupos extintos, o biólogo Leigh Van Valen apresentou evidências de que tanto as espécies novas quando as antigas são igualmente vulneráveis à extinção. Essa ideia, conhecida por **lei da constância da extinção**, demonstra que a probabilidade de extinção independe da idade da espécie.

Os estudos de Van Valen foram importantes e contribuíram para rejeitar as ideias progressistas que defendiam que a probabilidade de extinção de um grupo diminui com o tempo porque as espécies se tornam mais bem-adaptadas. Ele recorreu a outra hipótese, chamada **hipótese da Rainha Vermelha**, para mostrar que as espécies vivem em um mundo competitivo cuja guerra armamentista pressiona o surgimento de novas características não para torná-las mais bem-adaptadas, mas para mantê-las adaptadas (Figura 13.2).

O termo da hipótese foi baseado em uma frase da rainha vermelha, personagem fictícia do livro *Alice através do espelho* de Lewis Carroll. Alice, correndo junto com a rainha vermelha percebeu que a paisagem não se movia e que ambas não estavam saindo do lugar. Ao ser indagada por Alice, a rainha vermelha respondeu:

Agora, aqui, sabe, é necessária toda a corrida que você tem para se manter no mesmo lugar

Para Van Valen, as espécies precisam correr (evoluir) apenas para se manter no mesmo lugar (não ser extinta). A hipótese da rainha vermelha também explica fenômenos biológicos como a já discutida evolução escalonada entre predadores e presas e a origem do sexo, que veremos posteriormente.

Os estudos de Van Valen foram importantes porque mostraram que as taxas de extinção não têm relação com a idade dos táxons. Os grupos não ficam nem mais nem menos vulneráveis à extinção com o tempo. A hipótese de que grupos mais complexos se tornam mais vulneráveis por causa dos custos elevados de manutenção do seu armamento biológico também foi descartada com esses estudos. Táxons descendentes fortemente armados não são nem mais nem menos vulneráveis aos fatores ambientais em relação aos táxons ancestrais menos armados.

Tipo de desenvolvimento e extinção

Alguns estudos sugerem que espécies que possuem estágios larvais planctônicos no ciclo de vida tendem a apresentar taxas de extinções inferiores às das espécies com desenvolvimento direto (no qual a prole é uma miniatura do estágio adulto). Segundo os estudos, a razão dessa diferença é a capacidade de dispersão. Por causa da distribuição geográfica mais ampla, espécies com estágios larvais se tornam menos vulneráveis às variações locais e essa propriedade pode ser um determinante central que explica suas taxas de extinção mais baixas.

Por outro lado, a taxa de diversificação pode ser menor em organismos com estágios larvais. Por exemplo, alguns moluscos que possuem desenvolvimento direto se diversificaram mais rapidamente que espécies com larvas planctônicas porque evoluíram em áreas geográficas estruturadas que isolaram as populações e facilitaram os mecanismos de especiação alopátrica. O desenvolvimento planctônico, por outro lado, favorece o fluxo genético entre as populações e reduz as chances dos eventos alopátricos ocorrerem.

Portanto, os estudos sugerem dois padrões gerais: 1) espécies com larvas planctônicas têm menos probabilidade de serem extintas, mas possuem alta taxa de fluxo genético que dificulta a especiação e 2) espécies com desenvolvimento direto têm maior probabilidade de serem extintas por eventos locais, mas sua alta taxa de estruturação espacial facilita o processo de especiação. Apesar de serem importantes, estes padrões são generalizações, e as particularidades de cada grupo podem produzir resultados diferentes.

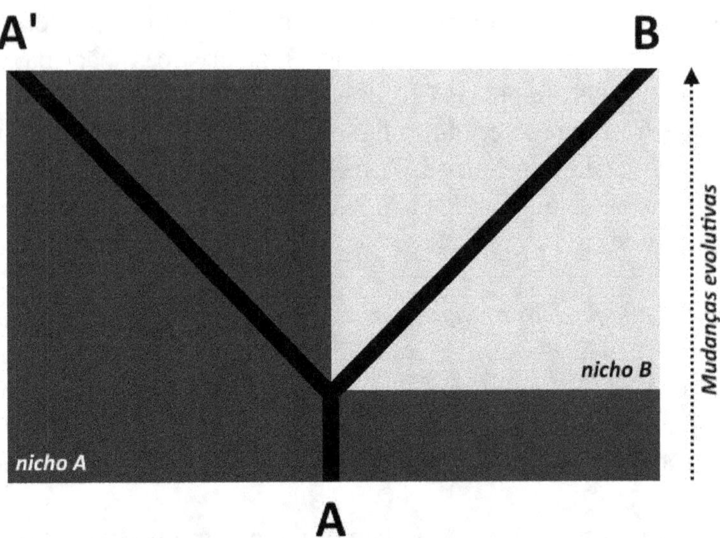

Figura 13.2 A hipótese da Rainha Vermelha sugere que as espécies evoluem não para se tornarem melhores, mas para se manterem adaptadas diante das mudanças ambientais e das pressões competitivas no seu entorno. No exemplo, a espécie B se modificou muito em relação a espécie original A porque passou a viver sob novas condições ecológicas. As modificações de B apenas permitiram que o grupo acompanhasse as mudanças ambientais para evitar a extinção e não para torná-lo melhor adaptado. A espécie A', por outro lado, vivendo sob condições estáveis, passou por menos modificações.

Nichos ecológicos e extinção

Espécies que ocupam nichos duradouros tendem a apresentar taxas de extinção mais baixas que as espécies que ocupam nichos de curta duração. Muitas espécies de peixes estuarinos e de água doce descendem de ancestrais marinhos que expandiram sua área de extensão quando conseguiram subir os tributários continentais a partir do mar. Essas espécies estuarinas e de água doce têm maior chance de se extinguir em relação aos seus parentes marinhos porque ambientes aquáticos continentais são mais instáveis que os ambientais marinhos. As chances de um rio secar, alterar seu curso ou mudar suas propriedades hidrológicas são relativamente altas, enquanto ambientes marinhos tendem a permanecer constantes por muito mais tempo (Figura 13.3).

Perceba que o exemplo acima não se trata de ser mal ou bem-adaptado. Populações continentais e costeiras estão igualmente bem-adaptadas, cada uma ao seu ambiente, mas os nichos continentais são menos duradouros que os costeiros, favorecendo as extinções nesses locais.

Espécies generalistas (que exploram vários tipos de recursos) tendem a ser menos vulneráveis que espécies especialistas (que exploram poucos tipos de recursos). A razão para isso é simples. Quando um tipo de recurso se torna escasso, as espécies generalistas podem alternar para outras opções, enquanto as espécies especialistas não são tão flexíveis, e a escassez do seu recurso pode significar sua extinção.

O urso panda gigante (*Ailuropoda melanoleuca*) é um herbívoro especialista cuja dieta consiste basicamente de bambu. A espécie esta criticamente ameaçada por causa da perda de habitat, e em virtude de sua dieta muito especializada o grupo só consegue sobreviver em locais com grandes quantidades de bambu. Contrastando, animais como o urso pardo (*Ursus arctos*), que são onívoros, podem recorrer a outros recursos quando um tipo de alimento se torna escasso no seu ambiente (Figura 13.4).

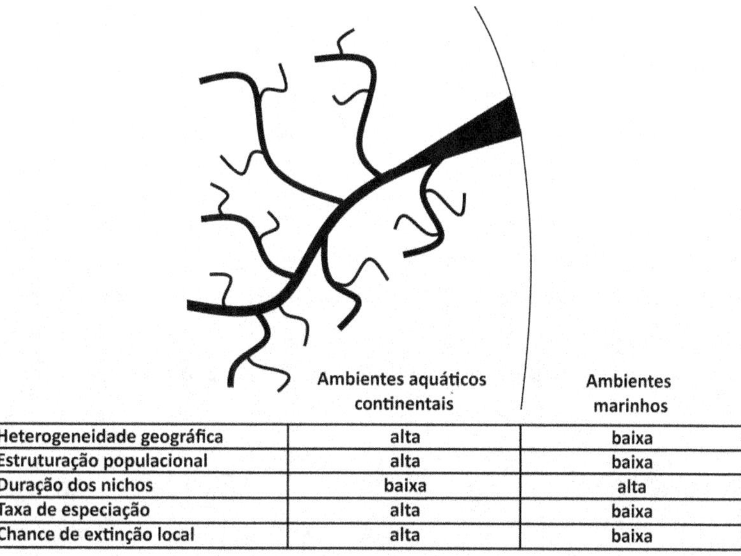

	Ambientes aquáticos continentais	Ambientes marinhos
Heterogeneidade geográfica	alta	baixa
Estruturação populacional	alta	baixa
Duração dos nichos	baixa	alta
Taxa de especiação	alta	baixa
Chance de extinção local	alta	baixa

Figura 13.3 Generalizações sobre as diferenças ecológicas entre ambientes marinhos e ambientes aquáticos continentais. Ambientes marinhos são constantes e seus nichos tendem a ser duradouros, o que reduz as chances de um grupo ser localmente extinto por mudanças ambientais. As propriedades ambientais dos estuários, dos rios e dos lagos tendem a flutuar mais, modificando rapidamente as oportunidades ecológicas para os organismos, que ficam mais sujeitos à extinção. Por outro lado, ambientes aquáticos continentais tendem a ser mais estruturados e favorecer os eventos de especiação em relação aos ambientes marinhos.

Eventos de extinção

As divisões do tempo geológico foram em grande parte estabelecidas com base nos fósseis típicos de cada estrato rochoso. As transições entre as eras, por exemplo, refletem as mudanças mais significativas observadas na fauna e na flora. Essas transições relativamente abruptas são consequências de **eventos de extinção** (mais popularmente chamados de extinção em massa) que dizimaram quantidades excepcionalmente altas de táxons em períodos de tempo relativamente curtos.

Eventos de extinção diferem das **extinções de fundo** que ocorrem continuamente e afetam os táxons de forma independente e em momentos distintos (Figura 13.5). As espécies se extinguem continuamente e por motivos diversos, mas os eventos de extinção representam casos excepcionais nos quais um grande conjunto de táxons é afetado concomitantemente e por uma mesma causa ampla, geralmente uma catástrofe ambiental.

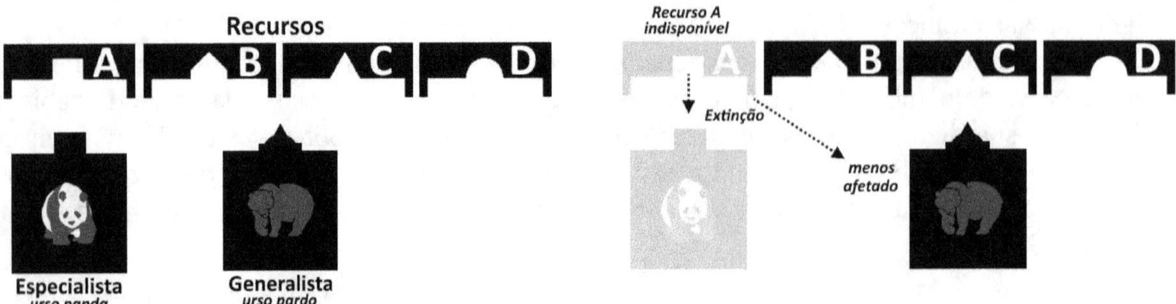

Figura 13.4 Espécies especialistas, que possuem nichos ecológicos mais restritos têm maior chance de extinção se um evento local reduzir a disponibilidade de recursos no seu ambiente em relação às espécies generalistas que, em ocasiões similares, são menos impactadas porque podem recorrer a outros recursos. Ursos pandas são muito especializados em se alimentar de bambu e sua distribuição geográfica está restrita a florestas da China. O urso pardo apresenta uma ampla distribuição geográfica e sua dieta inclui itens alimentares tão diversos quanto frutas, mel, insetos, ratos e grandes vertebrados.

Fatores comumente relacionados aos eventos de extinção incluem erupções vulcânicas, alterações climáticas, alterações nos níveis dos mares, mudanças ambientais causadas por movimentos das placas tectônicas e o impacto de asteroides. Estes fatores não são mutuamente exclusivos e múltiplas causas podem ser responsáveis por um evento de extinção. Cinco grandes eventos de extinção são conhecidos (Figura 13.6).

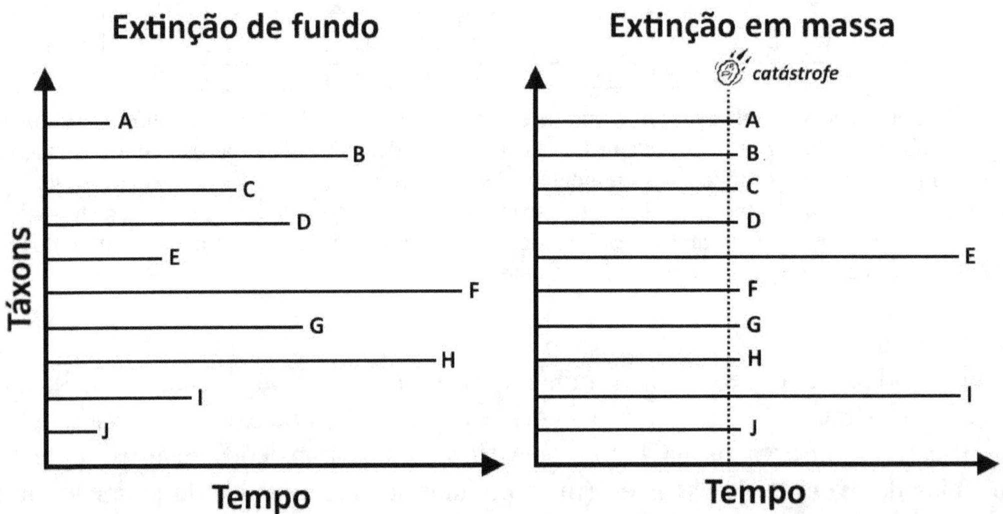

Figura 13.5 A extinção de fundo é um processo contínuo no qual diferentes espécies são extintas em diferentes momentos porque deixaram de ser adaptadas frente a mudanças ambientais. Os eventos de extinção (extinção em massa), por outro lado, ocorrem de forma relativamente abrupta quando um evento ambiental catastrófico extingue um grande número de organismos independentemente de suas adaptações.

Extinção do Ordoviciano-Siluriano: ocorreu há aproximadamente 444 milhões de anos e dizimou 86% da vida marinha, incluindo grande parte dos equinodermos e dos invertebrados filtradores da época. Mudanças na tectônica de placas, incluindo a migração de continentes para o Sul e a formação de cadeias de montanhas, expandiram as geleiras polares e reduziram os níveis dos mares.

Extinção do Devoniano-Carbonífero: ocorreu há aproximadamente 375 milhões de anos e dizimou até 70% da vida marinha, afetando organismos como os trilobitas, os corais e os peixes placodermos. Uma série de fatores pode ter contribuído para essas extinções, incluindo a diminuição da temperatura global, glaciação e a diminuição da concentração de oxigênio nos mares como consequência de florescências de algas.

Extinção do Permiano-Triássico: ocorreu há aproximadamente 251 milhões de anos e é, de longe, o mais impactante evento de extinção conhecido, dizimando grande parte da vida no planeta, principalmente marinha. Erupções vulcânicas que liberaram quantidades altas de gases intensificaram o efeito estufa que elevou a temperatura global e acidificou os oceanos.

Extinção do Triássico-Jurássico: ocorreu há aproximadamente 200 milhões de anos e dizimou muitas famílias marinhas e terrestres. As causas desse evento permanecem pouco conhecidas.

Extinção do Cretáceo-Paleógeno: ocorreu há aproximadamente 66 milhões de anos e representa o evento de extinção mais popular, responsável por ter dizimado os grandes répteis que ocupavam boa parte dos nichos do Mesozoico. Dinossauros, linhagens marinhas como a dos amonitas e muitas plantas foram extintos. A teoria tradicional sugere que o impacto de um asteroide desencadeou efeitos em níveis globais como incêndios que destruíram ambientes e reduziram a disponibilidade de recursos para os organismos. A cratera Chicxulub, com 180 km de diâmetro e que fica enterrada entre sedimentos na costa de Yucatan no México é evidência do local de impacto do asteroide. Teorias alternativas sugerem que eventos independentes do asteroide também podem ter contribuído para a extinção de muitos grupos.

Evidências recentes sugerem que, atualmente, estamos enfrentando um novo evento de extinção. Esta sexta extinção, ou extinção do Holoceno, tem como causa central as atividades humanas. Perceba que os eventos de extinção são fenômenos abruptos apenas quando consideramos as escalas geológicas de tempo. Um período de algumas dezenas de milhares de anos pode ser grandioso para o ser humano, mas em termos geológicos e para a evolução, representa uma fração pequena do tempo.

O número de espécies extintas ou que estão ameaçadas por causa das atividades humanas nos últimos séculos (principalmente após a revolução industrial) é muito alto e equivalente, em termos proporcionais, ao de muitos eventos de extinção do passado. Estimativas sugerem que a taxa de extinção atual é de cem a mil vezes maior que a taxa natural de extinção de fundo. Qualquer evento histórico, incluindo a extinção, se torna óbvio apenas quando o evento é finalizado. As mudanças não parecem ser abruptas em tempo real e algum distanciamento temporal é necessário para que estas sejam compreendidas com maior clareza. O termo antropoceno é comumente utilizado por cientistas para se referir ao período que vivemos, marcado por mudanças ambientais profundas em decorrência de atividades humanas que foram acentuadas após o advento da agricultura e da revolução industrial.

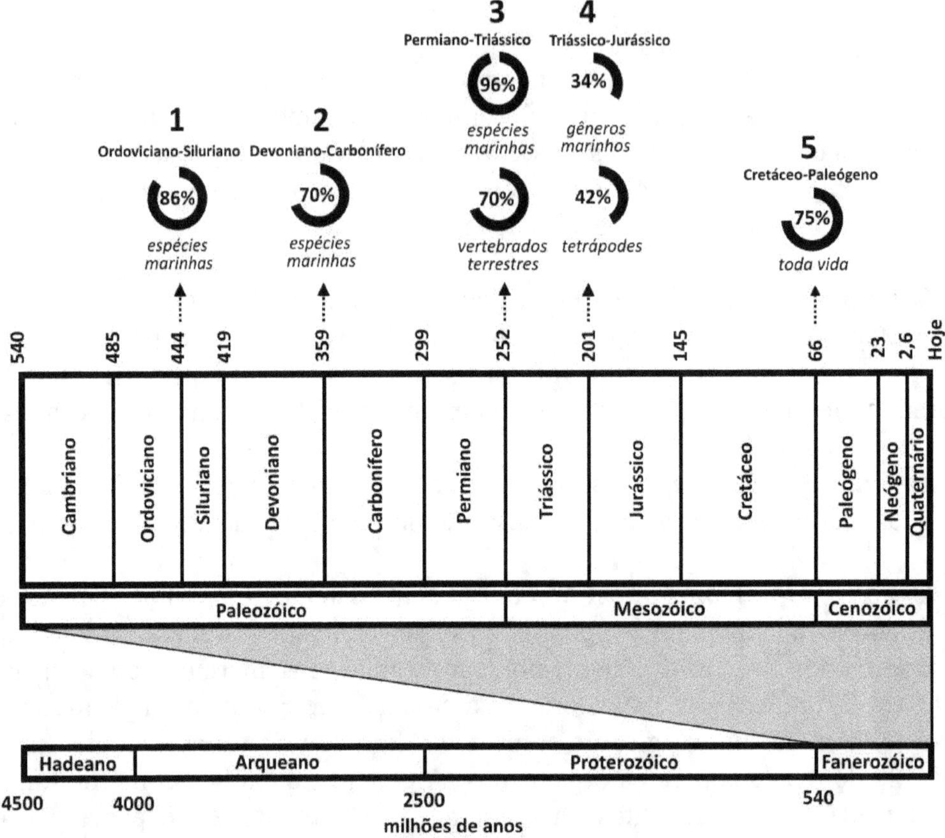

Figura 13.6 Distribuição temporal dos cinco grandes eventos de extinção com estimativas generalizadas dos impactos na biodiversidade. Eventos de extinção globais de magnitudes menores e eventos de extinção regionais também são conhecidos, mas não estão demonstrados na figura. Em tempos mais recentes, por exemplo, a expansão glacial que atingiu um pico há aproximadamente 18 mil anos causou muitas extinções locais e regionais.

Irradiação adaptativa

Uma espécie que se extingue desocupa um espaço ecológico que pode ser explorado por outra espécie. Quando muitas espécies são extintas, a quantidade de espaços ecológicos desocupada é ainda maior e permite que todo um grupo competidor ou oportunista se diversifique nesses espaços de forma relativamente rápida a partir de um processo chamado **irradiação adaptativa**.

Uma irradiação adaptativa geralmente ocorre quando poucas espécies ancestrais de um táxon se diversificam em um número grande de espécies descendentes porque passaram a ocupar uma ampla quantidade de nichos ecológicos. Uma irradiação adaptativa pode ocorrer em níveis taxonômicos pequenos e em escalas espaciais locais, mas também em níveis taxonômicos grandes e em escalas geográficas amplas (Figura 13.7).

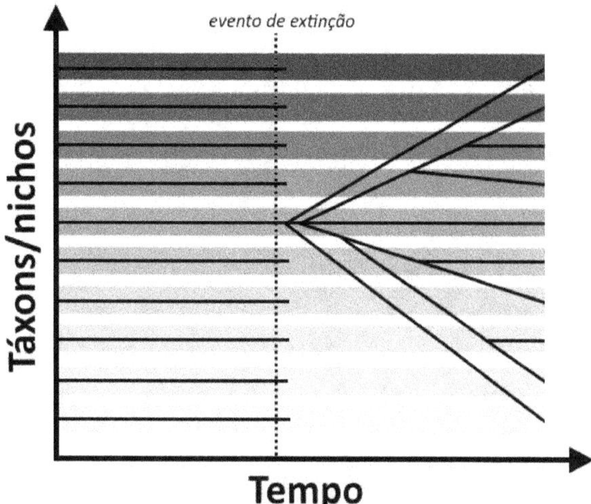

Figura 13.7 Uma irradiação adaptativa geralmente ocorre quando uma população ancestral se diversifica de forma relativamente rápida para ocupar nichos que se tornaram desocupados, por exemplo, por causa de um evento de extinção. No exemplo, quando a maioria das linhagens foi extinta, o táxon sobrevivente se diversificou preenchendo os nichos (representado pelas barras) que foram desocupados.

O relato mais popular de irradiação adaptativa vem de Darwin. Ele demonstrou que as 13 espécies de tentilhões que vivem nas ilhas Galápagos se diversificaram a partir de uma espécie ancestral proveniente do continente. As principais inovações estruturais no grupo foram as modificações no tamanho e no formato dos bicos em resposta aos diferentes tipos de recursos alimentares disponíveis nas ilhas. A razão para essa irradiação é a de que a primeira população de tentilhões que chegou ao arquipélago encontrou um grande número de oportunidades ecológicas desocupadas e a seleção natural favoreceu os indivíduos que conseguiram explorar cada um destes recursos com maior eficiência.

As mais de 100 espécies de lêmures exclusivas de Madagascar devem ter irradiado a partir de um grupo ancestral de primatas que indeliberadamente atravessou o oceano para chegar na ilha há mais de 40 milhões de anos (Figura 13.8). A colonização da ilha pode ter ocorrido com o deslocamento de alguns indivíduos sobre a vegetação flutuante, mas outras hipóteses sugerem que ilha e continente estiveram conectados por pedaços de terra que facilitaram a migração.

A despeito de como ocorreu a dispersão, a população inicial que chegou à ilha passou a se diversificar muito e divergir em relação à população ancestral do continente. Novos modos de locomoção evoluíram no grupo e as espécies preencheram nichos que naturalmente são ocupados por outros animais em ambientes continentais equivalentes (como pica-paus e esquilos). Infelizmente, com a chegada do homem à ilha, pelo menos 17 espécies já foram extintas e todas as outras estão em declínio populacional.

A proliferação de animais com esqueletos duros que ocorreu no início do Cambriano representa uma das mais importantes irradiações adaptativas da história evolutiva dos animais. A teoria central sugere que animais com estruturas duras de proteção surgiram em resposta a predadores que evoluíram novas habilidades de captura. Carapaças e esqueletos duros se tornaram estruturas vantajosas e foram selecionadas. A coevolução entre as estruturas predatórias e de defesa permitiu que novos nichos fossem explorados em cada lado, e a diversidade biológica foi substancialmente aumentada nesse período. Até então, a vida animal estava praticamente restrita ao substrato marinho, mas com o surgimento de novas adaptações, a coluna d'água passou também a ser explorada.

Figura 13.8 As mais de 100 espécies de lêmures que vivem em Madagáscar são provenientes de uma irradiação adaptativa que ocorreu há aproximadamente 40 milhões de anos, quando uma população de primatas colonizou a ilha e se diversificou ocupando nichos que tipicamente são preenchidos por outros grupos em áreas continentais.

Angiospermas (plantas cujas sementes são protegidas pelos frutos) irradiaram no Cretáceo e evidências sugerem que esse processo coincidiu com o declínio das gimnospermas (plantas com sementes desprotegidas). Até então, as gimnospermas dominavam e ocupavam a maior parte dos espaços ecológicos destinados às plantas, inibindo qualquer possibilidade de outro grupo se diversificar. No final do Cretáceo, as angiospermas se tornaram o grupo de plantas dominantes e as gimnospermas passaram a ser as "subordinadas". As causas para essa transição devem ter sido competitivas quando, de alguma forma, a maioria dos ambientes passou a favorecer as propriedades das plantas com flores.

Outro importante exemplo de irradiação adaptativa ocorreu com os mamíferos após o evento de extinção que marcou o final do Mesozoico. Os mamíferos passaram a ocupar nichos que até então eram ocupados pelos grandes répteis terrestres, e a alta diversidade morfológica do grupo é, em grande parte, um efeito dessa irradiação. No Mesozoico, quase todos os mamíferos eram representados por formas pequenas e noturnas com hábitos discretos e oportunistas. Após o evento de extinção que acabou com os grandes dinossauros, o grupo passou a ter também representantes diurnos, grandes, predadores, voadores, cursoriais, aquáticos, semiaquáticos, arborícolas e pastadores, porque esses nichos foram conquistados com sucesso.

As substituições evolutivas ilustradas acima mostram como um grupo taxonômico pode passar a ocupar espaços ecológicos que eram previamente ocupados por outros grupos. As substituições envolvem dois processos centrais. O primeiro processo, chamado de **deslocamento competitivo**, ocorre quando um grupo é removido por outro grupo em função de interações competitivas diretas (físicas) ou indiretas (a espécie é extinta porque foi superada por outra espécie que ocupa nichos similares e que possui vantagens adaptativas).

O outro processo, chamado de **substituição independente**, ocorre quando um grupo irradia apenas após o grupo original ter sido eliminado sem a influência de processos competitivos. Um evento no qual o grupo declina antes que ocorra a expansão do seu substituto sugere que a competição não foi o fator determinante. Por outro lado, quando o declínio e a expansão dos dois grupos ocorrem concomitantemente, a competição provavelmente é um fator central.

Para a substituição independente, podemos distinguir duas possibilidades. Se o ambiente for alterado e um grupo não se adaptar a estas modificações, este pode ser extinto e um grupo que consegue tolerar essas novas condições assume a dominância daquele nicho (como no caso da relação entre angiospermas e gimnospermas). Por outro lado, catástrofes podem, por puro acidente, dizimar um grupo dominante completamente e deixar poucos sobreviventes de um grupo subordinado que, oportunisticamente, passa a ser o grupo dominante (como no caso da relação entre dinossauros e mamíferos).

Capítulo 14

Macroevolução

Processos evolutivos em pequena escala que se estendem por longos períodos podem produzir grandes mudanças. Nesse sentido, a macroevolução, responsável pelas características gerais que definem os grandes grupos de animais e plantas, pode ser considerada uma microevolução em larga escala.

Por convenção, muitos cientistas sugerem que os processos microevolutivos ocorrem dentro dos limites intraespecíficos (as variações na proporção das frequências dos alelos de uma espécie) e que os processos macroevolutivos incluem os eventos de origem e evolução dos grupos taxonômicos superiores à espécie. A transição de algas para plantas vascularizadas, de peixes para tetrápodes e de répteis para mamíferos são exemplos de eventos macroevolutivos.

Vimos anteriormente que todo grupo apresenta características exclusivas, mas também características em comum com outros grupos. Um ser humano e um lobo apresentam pelos e mamas que são traços compartilhados por todos os mamíferos. Com os peixes, compartilhamos vértebras, e com as amebas, compartilhamos a maquinaria celular básica dos eucariontes. As similaridades existem porque o grande plano de organização de um grupo é herdado por todos os descendentes do ancestral do grupo. O grande plano dos vertebrados inclui as vértebras, e essa característica foi herdada por todos os descendentes do primeiro ancestral com vértebras.

Planos de organização podem ser definidos para qualquer nível taxonômico, como o plano da ordem dos primatas, o plano da família dos hominídeos e o plano do gênero *Homo*, por exemplo. De uma forma geral, quanto mais antigo o plano de organização, mais tempo o grupo teve para se diversificar e criar subgrupos que herdaram suas características.

A categorização da vida é, em grande parte, uma idealização humana. Felinos e serpentes são suficientemente diferentes para serem categorizados em grupos distintos, mas todos os organismos estão conectados por uma contínua e longa árvore genealógica. Apesar de relativamente distante, um ancestral comum que viveu no passado conecta estes dois grupos.

Todos os organismos que vivem ou que já viveram no nosso planeta descendem de um ancestral comum único cujo grande plano de organização é o código genético. O código genético é invariável e universal, e representa uma forte evidência de que a vida como conhecemos teve uma origem única. O passado evolutivo de todas as propriedades biológicas pode ser traçado até suas partes moleculares mais profundas. Durante bilhões de anos, o ambiente foi responsável por favorecer as combinações moleculares que melhor lidaram com os desafios ecológicos.

Para grande parte dos cientistas, microevolução e macroevolução são processos indissociáveis. As grandes mudanças que produzem um novo grupo taxonômico só são perceptíveis após grandes períodos de tempo, quando muitas modificações cumulativas já tiverem ocorrido. Por exemplo, as modificações que estão em curso hoje serão melhor percebidas por observadores do futuro. Alguns cientistas, no entanto, defendem que há diferença entre microevolução e macroevolução e que os dois processos podem ser regidos por diferentes regras. Para estes cientistas, um evento macroevolutivo seria o resultado de um grande salto evolutivo repentino ao invés do acúmulo em longa escala de pequenas modificações (Figura 14.1).

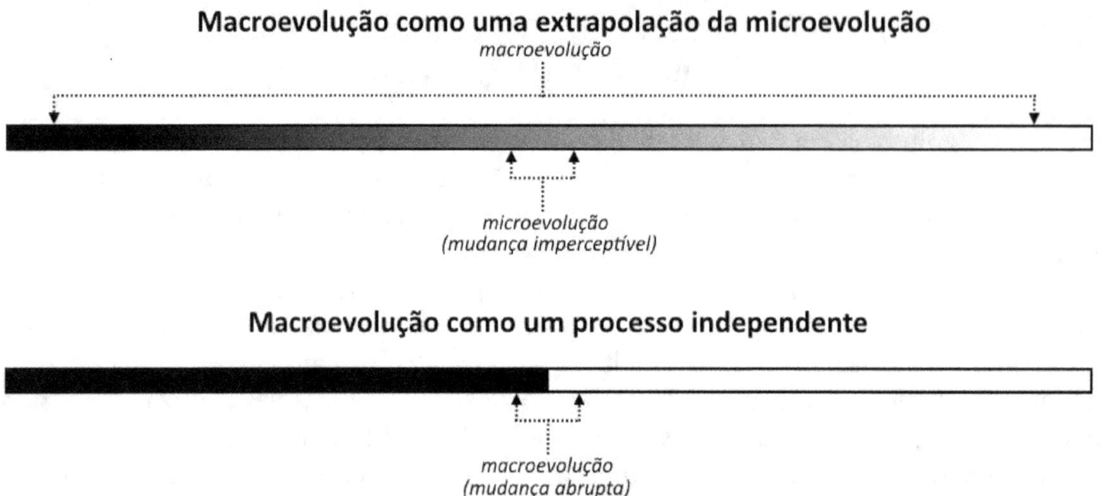

Figura 14.1 Os cientistas debatem há um bom tempo se o surgimento dos grandes planos de organização biológica, e consequentemente dos táxons superiores, é o resultado de uma microevolução extrapolada ou de uma macroevolução independente. No primeiro caso, o acúmulo das pequenas mudanças em períodos muito extensos é responsável pela produção de grandes mudanças, que só se tornam perceptíveis quando toda a história é contada. A macroevolução como um processo independente sugere que um novo grupo é formado a partir de uma modificação radical relativamente abrupta. É provável que a maior parte das grandes mudanças que produziram os grandes grupos tenha ocorrido por extrapolação microevolutiva, mas alguns grupos, excepcionalmente evoluíram quando pequenas alterações genéticas resultaram em grandes mudanças fenotípicas que foram favorecidas pelo ambiente.

Teorias que defendem a macroevolução como sendo uma extrapolação da microevolução são bem sustentadas por evidências fósseis e moleculares. Estudos com mamíferos, por exemplo, revelam que o grupo evoluiu em vários estágios e que sua taxa de evolução foi relativamente constante durante 100 milhões de anos. Isso sugere que a transição do padrão reptiliano para o padrão mamaliano ocorreu através de mudanças evolutivas cumulativas em larga escala. Nesse caso, a macroevolução pode ser considerada uma microevolução extrapolada e o tempo foi o fator central responsável pelas grandes mudanças que hoje conseguimos observar.

Outros estudos mostraram que grandes mudanças evolutivas podem ocorrer de forma relativamente rápida em condições excepcionais e, nesses casos, o evento macroevolutivo não é uma simples extrapolação microevolutiva. A **pedomorfose** é um fenômeno que ocorre quando um organismo se torna um adulto, mas mantém características juvenis ou larvais. As características típicas dos estágios iniciais são mantidas nos adultos por causa de erros que ocorrem durante o desenvolvimento ou durante a metamorfose.

A pedomorfose pode ocorrer por duas vias gerais: progênese ou neotenia. A progênese é o tipo de pedomorfose que ocorre quando a maturação sexual do indivíduo é antecipada e as outras características típicas do adulto são suprimidas. Em outros termos, as larvas ou os estágios juvenis adquirem capacidade reprodutiva sem que os outros traços fenotípicos do adulto se desenvolvam. Na neotenia, o desenvolvimento das estruturas reprodutivas ocorre dentro do período esperado, mas as estruturas somáticas típicas do adulto não se desenvolvem. O resultado nos dois casos de pedomorfose é a formação de indivíduos com traços larvais ou juvenis, mas que são reprodutivamente aptos. Em outros termos, a pedomorfose produz 'larvas reprodutivas' ou 'juvenis reprodutivos' (Figura 14.2).

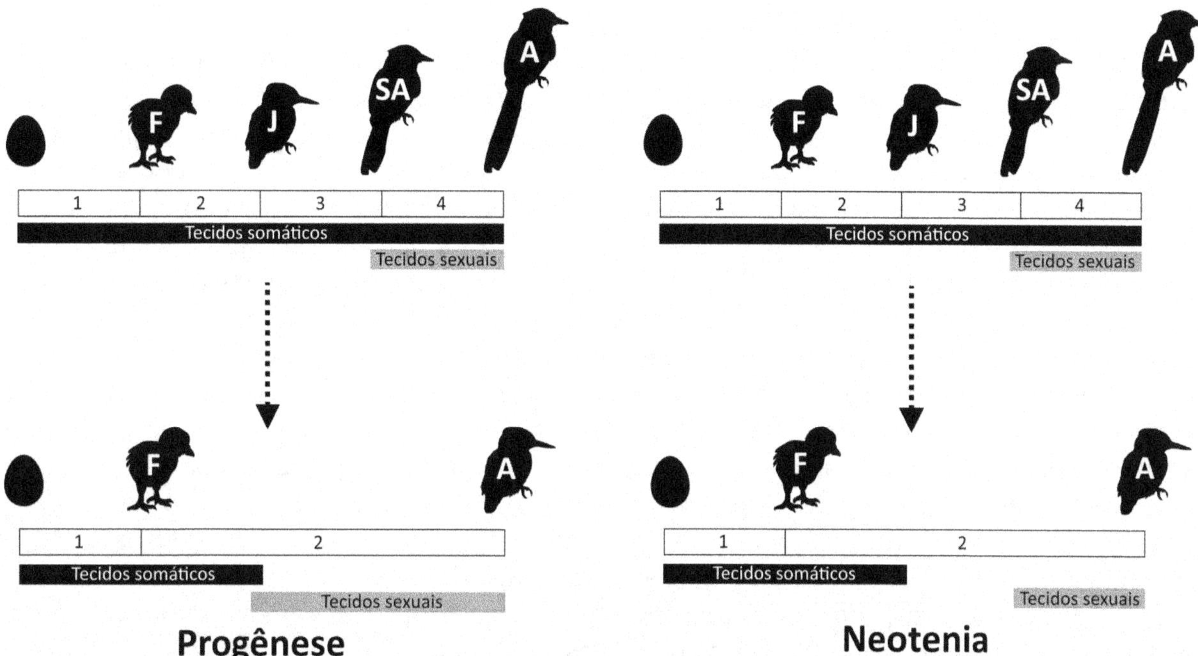

Figura 14.2 A pedomorfose suprime as características somáticas que definem o adulto típico da espécie. Na progênese, a produção de gametas é antecipada e os tecidos somáticos adultos deixam de se desenvolver, enquanto na neotenia, os gametas são produzidos no momento típico da espécie, mas os tecidos somáticos adultos são suprimidos em estágios anteriores. Adultos são biologicamente caracterizados pela presença de tecidos reprodutivos funcionais. Portanto, perceba que tanto na progênese quanto na neotenia, um estágio adulto novo, que agora possui os traços morfológicos de estágios que tipicamente não eram reprodutivos, é formado. Mutantes pedomórficos são relativamente comuns em muitos grupos e representam uma das possibilidades de um novo grupo ser formado de forma relativamente rápida. Por geralmente possuírem ecologias distintas dos adultos, as 'larvas reprodutivas' ou 'juvenis reprodutivos' podem divergir da população original e se diversificar em um novo grupo. F: filhote; J: juvenil; SA: subadulto; A: adulto.

Mutações que produzam indivíduos pedomórficos podem ser favorecidas de forma que o novo tipo passa a coexistir com os adultos típicos da espécie, porém explorando diferentes recursos, até que os dois tipos divergem suficientemente para se tornar reprodutivamente isolados. Animais marinhos bentônicos (associados ao substrato) geralmente possuem um estágio larval dispersivo e não-reprodutor que é radicalmente diferente do estágio adulto em morfologia e ecologia. A metamorfose representa o processo no qual uma larva se transforma de forma relativamente rápida em um adulto. Suponha que uma mutação impeça o desenvolvimento somático de um organismo bentônico durante a metamorfose, mas sem comprometer o desenvolvimento das estruturas reprodutivas (pedomorfose). Esses indivíduos mutantes continuarão a viver no nicho típico das larvas e tendem a divergir dos adultos bentônicos até se tornarem reprodutivamente isolados destes. Perceba que com a pedomorfose, inovações morfológicas relativamente abruptas podem ser produzidas, e poucas mudanças evolutivas são necessárias para produzir um grupo novo.

Um grande conjunto de evidências sugere que muitos grupos, como os larváceos, evoluíram por pedormofose (Figura 14.3). De fato, o plano de organização geral dos vertebrados pode ter surgido a partir das larvas móveis de animais com estágios adultos sedentários quando as larvas passaram a se reproduzir sozinhas e foram favorecidas pelo ambiente.

Outros tipos de alterações que ocorrem durante o desenvolvimento embrionário também podem produzir grandes mudanças evolutivas. A redução ou perda completa das patas no grupo dos lagartos evoluiu diversas vezes de forma independente e estudos mostram que falhas no desenvolvimento dos brotos celulares que dão origem às patas são relativamente comuns no grupo. Essas falhas simples podem levar a grandes alterações estruturais que, sendo favorecidas pelo ambiente, se disseminam na população. Indivíduos mutantes ápodes (sem patas) tendem a possuir um desempenho inferior em muitos nichos terrestres, mas são melhores para viver no subsolo do que os animais com patas. Pressões favorecendo a vida fossorial devem ter selecionado positivamente mutantes com patas pouco desenvolvidas.

Alterações nos genes reguladores também produzem mudanças rápidas com poucas alterações genéticas. Um gene homeótico tem ação sobre vários outros genes e uma única mutação em sua sequência pode desencadear uma cascata de efeitos. As patas nas serpentes podem ter sido perdidas por causa de mutações nos genes homeóticos que controlam a região peitoral e que expandiram sua ação, suprimindo as partes do corpo onde os membros são formados. Anatomicamente, uma serpente é um lagarto com uma região peitoral muito expandida e sem patas. Ainda, insetos diferem dos outros artrópodes por não possuírem patas abdominais e os estudos mostraram que os genes que regulavam o desenvolvimento de patas abdominais estão presentes de forma inativada no grupo.

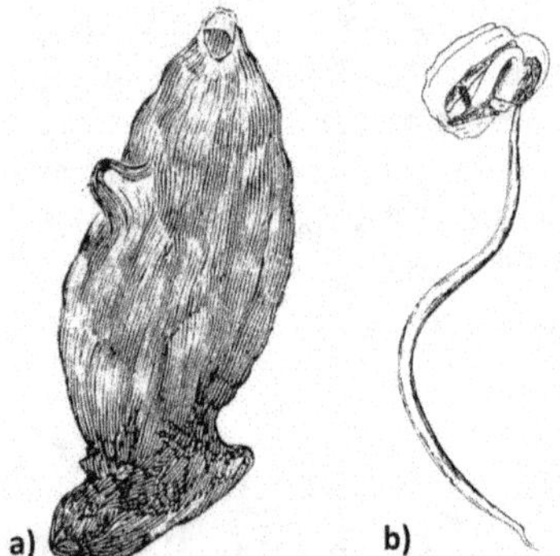

Figura 14.3. Ascídias (a) são animais marinhos sésseis (vivem fixos no substrato) que possuem um estágio larval dispersivo no seu ciclo de vida. As larváceas (b) são parentes e se parecem com o estágio larval das ascídias, mas representam um novo grupo. Um grande conjunto de evidências sugere que as larváceas evoluíram por pedomorfose, quando as larvas de ascídias ancestrais adquiriram capacidade reprodutiva e suprimiram a metamorfose.

Uma breve história da vida

A evolução de um grande plano de organização biológica é geralmente sucedida pela diversificação desse plano, produzindo diferentes versões das características originais que podem ser representadas a partir de uma árvore genealógica e hierárquica. De forma geral, quanto mais antigo um plano de organização, maior o tempo de diversificação e maior o número de grupos que compartilham as características gerais do ancestral. A seleção natural proposta por Darwin e Wallace é a única propriedade que explica as adaptações biológicas e demonstra de forma clara e precisa como os grandes planos de organização surgiram e se diversificaram.

A evolução das moléculas replicadoras e das primeiras células, a transição do padrão procarionte para o eucarionte e o surgimento da vida multicelular nas plantas e nos animais são eventos macroevolutivos profundos da história de vida do nosso planeta. Abaixo veremos um pouco do que a ciência conhece em relação a estes importantes eventos.

Das moléculas às primeiras células

A Terra se formou há aproximadamente 4,5 bilhões de anos e as primeiras formas de vida surgiram aproximadamente 700 milhões de anos depois (3,8 bilhões de anos atrás). As rochas mais antigas conhecidas estão localizadas na Groenlândia, datam de 3,8 bilhões de anos e possuem traços químicos que sugerem atividade biológica. Evidências mais conclusivas de atividade celular datam de 3,5 bilhões de anos atrás e a concentração de fósseis de células procarióticas é intensificada entre 3,5 e 2 bilhões de anos atrás. Os principais fósseis de atividade celular são observados na forma de estromatólitos, que são estruturas sedimentares similares a um recife, formadas a partir de atividade microbiológica. Os estromatólitos ainda são formados em alguns locais por ação de cianobactérias, mas são mais raros que no passado quando a ausência de organismos pastadores permitia que essas estruturas se acumulassem mais facilmente.

Visto que nos primeiros 600 milhões de anos as condições da Terra eram completamente inóspitas à vida, podemos perceber que o surgimento da vida ocorreu de forma relativamente rápida, assim que essas condições foram atenuadas. Não obstante, durante 2,2 bilhões de anos as únicas formas de vida que existiram no nosso planeta foram muito simples e a evolução de planos de organização mais complexos (como o das células eucariontes) levou muito tempo para ser iniciado. Por muito tempo, a vida também ficou restrita aos ambientes marinhos e microrganismos foram os primeiros a colonizar o ambiente terrestre. Registros fósseis de células bacterianas terrestres sugerem que isso ocorreu há aproximadamente 1 bilhão de anos.

Como já vimos, o código genético une todos os organismos. Como sugerido por Darwin e pelas diversas evidências, todos os seres vivos descendem do mesmo ancestral. Darwin mencionou a importância das proteínas como elementos-chave para a origem da vida, mas hoje sabemos que moléculas replicadoras precursoras do DNA devem ter sido as primeiras a iniciar a jornada que daria origem à vida. O DNA possui propriedades químicas que facilitam sua replicação em relação a moléculas como as proteínas. Sua estrutura linear, por exemplo, expõe as partes a serem copiadas e isso facilita o processo de replicação, enquanto a estrutura tipicamente muito entrelaçada das proteínas dificulta esse processo.

As propriedades evolutivas discutidas até o presente momento explicam a diversificação da vida, e também explicam como moléculas simples se modificaram gradualmente e cumulativamente em moléculas mais complexas. Experimentos clássicos como os da sopa prebiótica (ou sopa primordial) realizados pelo biólogo Aleksandr Oparin em 1924 foram reproduzidos recentemente e demonstraram como as moléculas orgânicas da vida (aminoácidos, açúcares e nucleotídeos) podem ser sintetizadas a partir de uma solução contendo moléculas simples como amônia e metano.

Os experimentos simulam as características de uma Terra prebiótica (antes da origem da vida). As moléculas mais complexas são formadas a partir de moléculas simples quando submetidas a descargas elétricas e radiações ultravioletas, condições que eram mais intensas que hoje, quando a Terra estava desprovida de proteção contra esses agentes físicos. Além de demonstrarem as propriedades dinâmicas e mutáveis das moléculas, estes experimentos mostram que as moléculas básicas da vida não precisam de processos muito elaborados para serem produzidas.

Em algum momento, as moléculas evoluíram a capacidade de se replicar. A hipótese do Mundo do RNA sugere que o RNA foi a primeira molécula replicadora a se proliferar antes do DNA se tornar a molécula reguladora das células. O RNA é estruturalmente mais simples (apresenta uma única hélice) e nos experimentos probióticos o nucleotídeo uracila é mais frequentemente produzido que timina (lembre-se que no RNA, uracila se liga a adenina, e no DNA, timina se liga a adenina). O processo de replicação molecular ocorre quando moléculas menores dispersas no meio se ligam a locais específicos da molécula maior e se desprendem formando uma cópia idêntica ou similar a esta. Em outros termos, a molécula grande é utilizada como um molde que é replicado usando pequenas moléculas do meio.

Com o advento da replicação, as grandes moléculas replicadoras passaram a competir pelas moléculas menores que, por conseguinte, desempenham um papel similar ao que os recursos possuem para os organismos. Inicialmente, a competição não deve ter sido alta, pois muitas moléculas pequenas estavam disponíveis no ambiente. No entanto, cada vez que uma molécula grande foi replicada, a disponibilidade de moléculas menores reduziu e a demanda por esses recursos aumentou gradualmente, produzindo pressões competitivas cada vez mais intensas.

Qualquer acidente que aumentasse a capacidade de replicação ou a chance de uma molécula replicadora ter acesso a mais recursos deve ter sido favorecido pela seleção natural. Em algum momento, os subprodutos da replicação (resíduos moleculares) também devem ter sido utilizados pela própria replicadora e moléculas egoístas que utilizassem apenas os recursos provenientes de outras moléculas sem a necessidade de produzi-los devem ter tido vantagem em relação às moléculas que tanto produziam quanto utilizavam os subprodutos.

A evolução de uma membrana molecular confinando os produtos do metabolismo foi certamente vantajosa, pois assegurou que os subprodutos de uma replicadora não seriam utilizados pelas moléculas egoístas. Essas proto-células eram formadas por moléculas replicadoras com atividade metabólica que produzia, entre outras coisas, a própria membrana protetora que as confinava. O confinamento fornecido pela membrana regulou o meio interno de forma independente do meio externo e aumentou a eficiência dos processos metabólicos. As diferentes moléculas confinadas se especializaram em papéis específicos, sendo que o produto de uma molécula se tornou um recurso para outra. As células procariontes atuais podem ser consideradas versões mais complexas dessas primeiras células.

Evolução da célula eucariótica

As evidências sugerem que a origem das células eucarióticas ocorreu entre aproximadamente 2 e 2,7 bilhões de anos atrás. Células eucarióticas são estruturalmente mais complexas que as células procarióticas principalmente por possuírem uma região nuclear delimitada por membrana e por possuir uma ampla variedade de organelas.

A teoria endossimbiótica, proposta pela bióloga Lynn Margulis na década de 60, é bem-aceita e explica como as relações simbióticas entre células procarióticas produziram células de maior complexidade. De acordo com a teoria, organelas como as mitocôndrias e os cloroplastos das células eucariontes surgiram quando a relação entre uma célula predadora e uma célula presa se tornou harmônica. Em algum momento, a célula predadora manteve a célula presa no seu interior sem digeri-la e a seleção favoreceu essa relação que trouxe vantagens adaptativas para os dois lados. A célula hospedeira pode ter se beneficiado recebendo energia e produtos moleculares oriundos do metabolismo da célula hóspede, que por sua vez passou a viver confinada e protegida no interior da célula maior.

Muitas evidências suportam a ideia de que mitocôndrias e cloroplastos surgiram como consequência de relações simbióticas entre células procarióticas do passado. Mitocôndrias derivam de bactérias aeróbicas e os cloroplastos derivam de bactérias fotossintéticas que foram incorporadas às células hospedeiras no passado e a relação se tornou tão forte que o que era um organismo simbionte independente passou a fazer parte integral de um organismo maior. As similaridades estruturais e moleculares entre bactérias modernas, mitocôndrias e cloroplastos são muito grandes. Em muitos aspectos, os genes das mitocôndrias são mais parecidos com os genes de bactérias do que com os próprios genes nucleares da célula.

Por muito tempo, a vida no nosso planeta foi representada por organismos similares às bactérias e o surgimento da versão eucariótica foi um processo que incluiu múltiplos estágios e se estendeu por um longo período de tempo. O surgimento da célula eucariótica pavimentou o caminho para que formas de vida mais complexas evoluíssem.

A fotossíntese se intensificou com o surgimento das células eucarióticas e essa foi uma condição central que permitiu a evolução de seres mais complexos. Eucariontes são fotossintetizantes mais eficientes que os procariontes, e o aumento significativo dos níveis de oxigênio na Terra só ocorreu após o surgimento das células eucariontes. A fotossíntese é o processo químico no qual energia solar é armazenada na forma de ligações químicas utilizando moléculas de gás carbônico (CO_2) e água (H_2O). O produto da fotossíntese é uma molécula de glicose, rica em energia, e uma molécula de oxigênio (O_2), resíduo dessa reação química.

O oxigênio molecular na forma livre que respiramos é um produto biológico. Além disso, o O_2 resultante das atividades fotossintéticas também se converte em O_3 (ozônio), outra forma livre importante que se acumulou em camadas atmosféricas criando uma proteção contra os nocivos efeitos mutagênicos dos raios ultravioletas.

O acúmulo de oxigênio livre foi um fator central que permitiu a evolução de organismos complexos. Todavia, um tempo muito longo também separa o início da atividade fotossintética por células eucariontes do surgimento destas formas de vida. Em parte, essa demora ocorreu porque grande parte do oxigênio produzido e liberado pelas células fotossintéticas foi inicialmente absorvida pelas rochas antes de ter se acumulado na água e na atmosfera em forma de gases.

Ainda, evidências sugerem que o oxigênio agiu inicialmente como um componente tóxico para a vida. Células mutantes passaram a tolerar o oxigênio e as versões que utilizaram essa molécula para realizar processos bioquímicos aeróbicos foram favorecidas. A respiração aeróbica é um mecanismo mais eficiente que a respiração anaeróbica. Na respiração aeróbica o oxigênio é utilizado como receptor de elétrons quando a molécula de glicose é quebrada, em uma reação química antagônica à fotossíntese.

O incremento na eficiência de conversão energética em virtude da respiração aeróbica pavimentou o caminho para que formas de vida mais complexas evoluíssem. Evidências sugerem que a multicelularidade surgiu há aproximadamente 1,5 bilhão de anos. Os fósseis mais antigos conhecidos são de algas com 1,2 bilhão de anos, e os fósseis de animais mais antigos datam de aproximadamente 650 milhões de anos.

De forma geral, a multicelularidade evoluiu independentemente nas plantas e nos animais quando os hábitos gregários ou coloniais entre as células passaram a ser mais vantajosos que os hábitos solitários. Colônias temporárias e facultativas de células devem ter se tornado gradualmente mais coesas até que cada célula do grupo não conseguia mais sobreviver sozinha. Etapas subsequentes incluíram o surgimento da diferenciação celular no qual as células passaram a dividir os papéis. A diferenciação inicial deve ter envolvido uma divisão em papéis reprodutivos (células sexuais) e não reprodutivos (células somáticas).

Evolução das plantas terrestres

A ideia tradicional sugere que as plantas terrestres surgiram de algas filamentosas que viviam em ambientes aquáticos rasos sujeitos a secas temporárias. Teorias mais recentes, no entanto, sugeriram que as plantas terrestres derivam de algas que já eram terrestres. As algas da classe Charophyceae representam os parentes vivos mais próximos das plantas e os fósseis mais antigos do grupo são de esporos que datam de aproximadamente 550 milhões de anos. Todavia, outras evidências sugerem que as plantas devem ter evoluído das algas há pelo menos 700 milhões de anos.

O surgimento de esporos de resistência, de tecidos vascularizados, de raízes e de folhas foram importantes eventos que marcaram a evolução das plantas terrestres. As primeiras plantas terrestres não tinham raízes nem folhas, mas possuíam caules ramificados. Estômatos, estruturas que permitem a passagem do CO_2 para o interior da planta, foram encontrados nos caules dessas plantas fósseis, sugerindo que estes eram os locais onde a fotossíntese ocorria. O surgimento das folhas otimizou a eficiência da fotossíntese e sua origem coincide com uma queda relativamente brusca nos níveis globais de CO_2 atmosférico.

Embryophyta, o grande táxon que inclui todas as plantas terrestres, é formado por diversos grupos, incluindo as briófitas e as traqueófitas (pteridófitas + fanerógamas (gimnospermas + angiospermas)). As briófitas, grupo que inclui os musgos, estão entre as plantas terrestres mais antigas e, apesar de possuírem esporos, não possuem tecidos vascularizados. O grupo Tracheophyta é formado pelas plantas vasculares sem sementes (pteridófitas) e com sementes (fanerógamas). As pteridófitas incluem as samambaias e possuem tanto esporos quanto tecidos vasculares. As fanerógamas representam as plantas terrestres com sementes e, apesar de ser o maior grupo de plantas terrestres atualmente, foi um grupo raro no passado, quando as pteridófitas dominavam. Os dois grupos de fanerógamas (gimnospermas e angiospermas) só proliferaram posteriormente. Uma planta extinta do Devoniano que viveu 20 milhões de anos antes do surgimento das fanerógamas apresenta traços de transição entre plantas sem sementes e plantas com sementes.

O surgimento dos tecidos vasculares permitiu que as substâncias fossem distribuídas com mais eficiência no interior das plantas, possibilitando que tamanhos maiores evoluíssem e que as plantas se suportassem com maior eficiência na terra. Assim como os vasos dos animais complexos, os vasos condutores das plantas também serviram para compensar a já discutida baixa relação área/volume de grandes organismos.

Entre as fanerógamas, as gimnospermas foram as primeiras plantas com sementes e inclui grupos atuais como as araucárias e os pinheiros. Etimologicamente, o termo gimnosperma significa *semente nua*, em alusão à natureza desprotegida de suas sementes. Gimnospermas são conhecidas desde o Carbonífero (aproximadamente 310 milhões de anos atrás), enquanto angiospermas são conhecidas apenas a partir do início do Cretáceo (aproximadamente 125 milhões de anos atrás). A proliferação das angiospermas foi, em grande parte, o resultado de uma coevolução com insetos polinizadores. As gramíneas representam uma das principais fontes de recursos alimentares do planeta e sua origem ocorreu há aproximadamente 60 milhões de anos em virtude de uma coevolução com mamíferos pastadores. As principais adaptações desses mamíferos envolveram modificações dos dentes. Em resposta, as gramíneas crescem a partir da haste e não a partir das extremidades como nas outras plantas.

Evolução dos animais
Os primeiros fósseis de animais datam de aproximadamente 560 milhões de anos. *Dickinsonia*, um dos fósseis mais antigos de animais conhecidos ainda é considerado um enigma para os zoólogos, apesar de algumas evidências sugerirem que eram animais bilaterais primitivos. De qualquer forma, os fósseis mais antigos conhecidos são relativamente complexos e é plausível considerar que a origem dos animais ocorreu bem antes.

O termo explosão Cambriana é tradicionalmente utilizado para se referir ao aparecimento relativamente repentino de fósseis de animais já complexos nos estratos geológicos. O que impressiona é que após o planeta ter passado bilhões de anos sendo dominado por organismos unicelulares simples, todos os grandes grupos de animais evoluíram em um período de 'apenas' 60 milhões de anos. Não por acaso, muitos criacionistas utilizam a explosão Cambriana como argumento para suportar a ideia de que os organismos foram criados concomitantemente.

Todavia, é consenso entre os cientistas que mais do que a origem da vida animal, a explosão Cambriana marca o surgimento de tecidos animais duros, que possuem chances muito maiores de se fossilizar em relação aos tecidos moles. Os animais já tinham se originado antes do Cambriano, mas foi somente quando os tecidos duros surgiram que a fossilização se intensificou. De fato, grupos contemporâneos que possuem poucas estruturas mineralizadas, como muitos vermes, possuem registros fósseis pobres ou completamente inexistentes, mas isso não significa que o grupo não possua ancestrais remotos. Em contraste, grupos que possuem tecidos duros formando conchas e osso possuem um registro fóssil muito rico. A evolução dos tecidos duros coincide com o aumento da diversidade animal e deve ter iniciado a partir do momento que alguns animais passaram a utilizar outros animais como recurso alimentar, que de certa forma também marca a origem (ou, pelo menos, a intensificação) da predação.

O aumento da diversidade e da complexidade animal foi, em grande parte, uma resposta ao aumento da produtividade biológica. Antes do Cambriano, a produtividade fitoplanctônica e os níveis de oxigênio aumentaram, e isso permitiu que uma quantidade maior e mais diversa de organismos habitasse o planeta. O incremento nos níveis de oxigênio deve ter sido fundamental também para o desenvolvimento de esqueletos, permitindo que animais mais complexos e de maior porte evoluíssem. Tecidos duros permitiram, por exemplo, que estruturas como patas e mandíbulas evoluíssem e comportamentos novos, como a predação, surgiram concomitantemente.

O Cambriano apresentou uma diversidade de grandes planos corporais, maior que a observada atualmente. Alguns autores sugerem que até 100 filos existiram neste período, mas cada filo era representado por relativamente poucas espécies. Os poucos filos que sobreviveram ao Cambriano começaram a se diversificar e passaram a ter muitos representantes. Após o Cambriano, aparentemente nenhum novo filo animal foi originado.

Os primeiros animais provavelmente tinham uma simetria radial ou aproximadamente radial e um evento que ocorreu cedo na evolução dos animais foi o surgimento da simetria bilateral. Os animais bilaterais apresentam um padrão de organização corporal no qual as metades esquerda e direita do corpo são iguais, e as regiões anterior e posterior são distintas. A maior parte dos animais do nosso planeta descende deste grande plano de organização biológica e sua origem está relacionada com a locomoção.

Um animal que se locomove tende a concentrar estruturas como a boca e os órgãos sensoriais na extremidade anterior, pois essas são as primeiras que entram em contato com o ambiente. A concentração de estruturas sensoriais na parte anterior produziu extremidades anterior e posterior distintas e a parte do animal que fica em contato com o substrato também tende a se diferenciar da parte superior, formando regiões dorsais e ventrais diferenciadas.

Animais que descendem de animais bilaterais e que passaram a viver fixos no substrato tendem a perder secundariamente a simetria bilateral e adotar uma simetria radial. Isso acontece porque para um animal que está permanentemente fixo, a percepção do ambiente em todas as direções do espaço é mais importante.

O registro fóssil sugere que os primeiros animais bilaterais rapidamente se dividiram em dois grupos. O primeiro grupo, chamado de protostômios, inclui animais como os moluscos, anelídeos e artrópodes e o segundo, chamado de deuterostômios, inclui animais como os equinodermos e os vertebrados. As duas linhagens divergiram fenotipicamente e adotaram suas próprias características desde que se separaram.

Os primeiros moluscos eram desprotegidos e a evolução de uma concha a partir de secreções epiteliais foi um marco importante que permitiu a irradiação adaptativa do grupo. Grupos como as lesmas, os nudibrânquios, as lulas e os polvos descendem de moluscos ancestrais que reduziram ou perderam as conchas (por motivos diversos e independentes). Todavia, a grande maioria dos moluscos ainda possui concha.

O esqueleto externo dos artrópodes foi um incremento da cutícula fina secretada pela epiderme, similar a observada em anelídeos como os poliquetas e as minhocas. A evolução do exoesqueleto rígido e complexo e o surgimento de apêndices articulados, particularmente as asas articuladas dos insetos, permitiram aos artrópodes ocupar nichos que até então não haviam sido explorados por nenhum outro grupo. A irradiação adaptativa dos insetos influenciou a evolução de grandes grupos como as plantas com flores, que utilizaram os insetos como polinizadores, e os vertebrados terrestres, que utilizaram os insetos como recurso alimentar. Se por um lado o exoesqueleto permitiu a exploração e o domínio de muitos nichos ecológicos, por outro impôs limitações físicas no tamanho dos animais, principalmente na terra. A despeito dessas restrições, insetos representam entre 50 e 80% das espécies que habitam atualmente o nosso planeta e esse sucesso é, em grande parte, o resultado do seu grande plano de organização corporal que permitiu a ocupação de nichos que nenhum outro animal conseguiu ocupar.

Ao contrário dos protostômios que possuem esqueletos externos, os deuterostômios evoluíram um esqueleto interno. Um dos marcos mais importante no grupo foi o surgimento de vértebras e tecidos esqueléticos ósseos. Fósseis encontrados em depósitos da China mostram que os vertebrados surgiram antes do Cambriano, mas os registros mais completos são de peixes deste período. A notocorda, estrutura esquelética em forma de bastão que precedeu as vértebras, era utilizada para facilitar a escavação e a natação nos ancestrais filtradores e escavadores dos vertebrados. Com o surgimento de hábitos mais ativos e predatórios, as vértebras substituíram a notocorda como uma estrutura esquelética axial mais robusta e um crânio evoluiu para proteger o encéfalo cuja importância foi acentuada nestes animais mais ativos. Os arcos vertebrais evoluíram para proteger os importantes nervos dorsais e os vasos ventrais e, posteriormente, os centros vertebrais substituíram completamente a notocorda para formar as vértebras como conhecemos hoje. Os centros vertebrais e os processos esqueléticos das vértebras forneceram novos locais para inserção de músculos, tendões e ligamentos. Inicialmente apresentando apenas cartilagem, os peixes exploraram novos minerais do ambiente e o tecido ósseo contendo cálcio e fosfato evoluiu e foi incorporado em suas diversas regiões corporais.

Outra importante modificação ecológica que ocorreu na origem dos vertebrados foi a transição dos hábitos filtradores para os hábitos predatórios, e do batimento ciliar para a contração muscular na alimentação e na ventilação. Esses novos arranjos coincidem com o aumento do tamanho corporal dos primeiros peixes que passaram a competir com os grandes artrópodes euripterídeos e se tornaram os principais predadores das cadeias tróficas marinhas.

Posteriormente, peixes vivendo em regiões marginais de ambientes aquáticos passaram a adquirir características que favoreceriam a vida na terra. Em muitos aspectos, ambientes aquáticos marginais apresentam características de transição entre um ambiente terrestre e um aquático e fatores como gravidade, temperatura e concentração de oxigênio funcionam de forma intermediária nestes ambientes marginais. As principais adaptações dos vertebrados para a vida nessas regiões marginais incluíam nadadeiras fortes para sustentação corporal, esqueletos robustos, pulmões e olhos dorsais. As estruturas dos ancestrais dos vertebrados terrestres evoluíram para os propósitos de uma vida ainda aquática, mas coincidentemente foram úteis também para os desafios da vida terrestre em organismos posteriores.

As plantas e os artrópodes, que já tinham irradiado na terra, foram determinantes centrais que impulsionaram a evolução dos tetrápodes da água para a terra. A terra estava farta de recursos potenciais e com muitos nichos disponíveis para os vertebrados, enquanto os ambientes aquáticos estavam saturados com predadores e competidores. Muitas espécies modernas de peixes apresentam ecologia parecida e saem temporariamente da água para se alimentar de insetos terrestres, e servem como modelo para compreendermos quais fatores ecológicos podem ter estimulado a conquista do ambiente terrestre.

Capítulo 15

Seleção Sexual

Qualquer característica que aumente a chance de um indivíduo sobreviver para se reproduzir tende a ser favorecida pela seleção natural. A maioria dessas características é claramente adaptativa porque fornece defesa contra predadores ou porque facilita a captura de alimento, por exemplo. No entanto, algumas características que dificultam a sobrevivência e que não parecem ser adaptativas foram favorecidas em muitos grupos. Cores e cantos chamativos que potencialmente atraem predadores e estruturas grandes que atrapalham a locomoção são exemplos de características que reduzem a chance de sobrevivência dos indivíduos, mas que têm sido selecionadas por uma simples razão: são sexualmente atrativas!

Darwin atribuiu esse aparente paradoxo ao que chamou de **seleção sexual**. Ele definiu a seleção sexual como sendo a vantagem que alguns indivíduos têm sobre outros indivíduos do mesmo sexo e da mesma espécie em relação à reprodução. Seleção natural e seleção sexual funcionam de forma similar e pode-se afirmar que a seleção sexual é um tipo especial de seleção natural. Darwin mostrou que a seleção sexual apresenta dois componentes. O primeiro, chamado **seleção intrasexual**, se refere à competição propriamente dita entre os membros de um dos sexos para conseguir parceiros sexuais, podendo envolver embates físicos (como as lutas) ou fisiológicos (como a competição espermática). O segundo, chamado **seleção intersexual**, ocorre quando membros do sexo que seleciona determina quais membros do outro sexo irão se reproduzir (Figura 15.1).

Apesar de frequentemente diminuírem a probabilidade de sobrevivência do indivíduo, traços que são atrativos ao sexo oposto tendem a se difundir na população. A razão pela qual esses traços são atrativos nem sempre é óbvia. Todavia, o custo de possuir uma característica que reduza a chance de sobreviver certamente deve ser mais que compensado pelo benefício de ser mais atrativo e de ter maior chance reprodutiva. Assim, se por um lado a característica é energeticamente custosa e/ou reduz a chance de sobrevivência do indivíduo, estes problemas são compensados com a reprodução aumentada. Quando os custos são muito altos e excedem os benefícios reprodutivos, um limite é estabelecido e as estruturas atrativas param de se desenvolver.

Machos de pavão possuem caudas exorbitantes que comprovadamente reduzem suas chances de sobrevivência. A manutenção da cauda é energeticamente custosa, seu tamanho e formato afetam a locomoção e a capacidade de fuga, e os padrões de coloração atraem predadores visuais. Além disso, a cauda não tem utilidade funcional e não é utilizada para confrontar outros machos. Portanto, a cauda dos pavões não tem nenhum papel adaptativo.

Sempre que vejo uma pluma no pavão, fico doente

A afirmação acima mostra a preocupação de Darwin com características que claramente não são adaptativas, mas que de alguma forma evoluíram. Como o ambiente pode favorecer estruturas que reduzem a chance de sobrevivência de um organismo? Seria o pavão uma ameaça à seleção natural?

Esse paradoxo estimulou Darwin a aprofundar e desenvolver ainda mais suas ideias e ele finalmente demonstrou que os traços de um pavão não só poderiam ser explicados pela seleção natural, como confirmavam que a evolução é um caminho sem propósito definido e que as forças indiferentes da natureza são, de fato, muito fortes.

O único papel da cauda de um pavão é ser atrativo para as fêmeas e isso é suficiente para que essa estrutura seja favorecida e se dissemine na população. Estruturas exóticas são favorecidas porque são mais do que compensadas com vantagens reprodutivas.

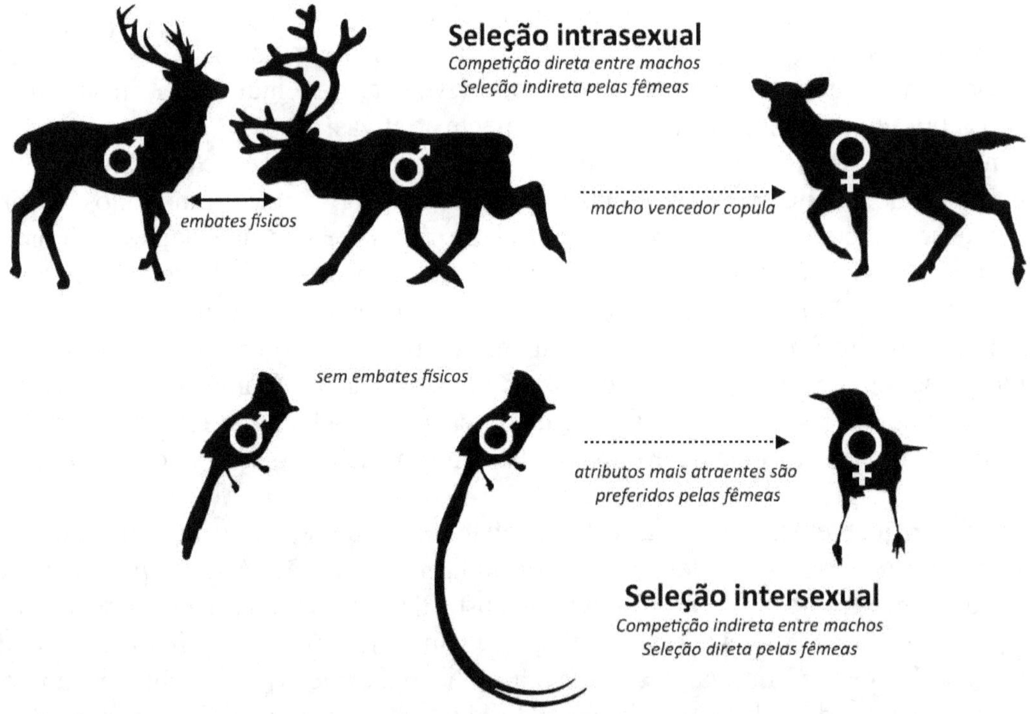

Figura 15.1 Seleção intrasexual e intersexual. Na seleção intrasexual, há uma competição direta entre os machos de uma espécie que geralmente incluem embates físicos, o uso de toxinas para inibir um potencial competidor ou a remoção do esperma depositado por outro macho. Nesses casos, não há uma seleção sexual propriamente dita por parte das fêmeas. Na seleção intersexual, os machos não competem diretamente e são as fêmeas que determinam com quem acasalarão. Em muitos aspectos, as condições acima representam categorias extremas e condições intermediárias também podem ser observadas na natureza.

Teorias que explicam a seleção sexual

Como a seleção natural favorece estruturas como as penas dos pavões, os chifres dos veados e os cantos chamativos dos sapos, que comprovadamente atrapalham o desempenho biológico? Estudos mais recentes elucidaram muitos aspectos relacionados à seleção sexual. Três teorias, que não são mutuamente exclusivas, explicam o significado dessas características.

A **teoria do handicap** afirma que as fêmeas selecionam os machos que possuem algum tipo de característica que informe sobre sua saúde e sua carga parasitária. Evidências sugerem que machos com estruturas exacerbadas e custosas sinalizam às fêmeas que são saudáveis o suficiente para possuí-las. Essas estruturas, chamadas de características sexuais secundárias, não têm nenhum papel fisiológico na reprodução, mas sinalizam para as fêmeas que os machos que as possuem são saudáveis, e que sua prole também será. As características sexuais secundárias, portanto, têm que ser custosas, de modo que apenas indivíduos com bons genes consigam produzi-las e mantê-las.

A **teoria dos bons genes** afirma que as características de um macho fornecem informações às fêmeas sobre sua habilidade de sobrevivência. Os genes que produzem as estruturas atraentes foram favorecidos junto com genes que produzem as adaptações biológicas. Sendo uma fêmea atraída pelos atributos sexuais secundários do macho, três tipos de genes serão repassados à sua prole: os genes de atração e os genes adaptativos do macho, e os genes de ser atraído da fêmea.

Perceba que até o momento discutimos o *fitness* como sendo somente a capacidade de maximizar a produção de filhotes. Todavia, é importante que os filhotes também sejam viáveis e sobrevivam para se reproduzir. Um indivíduo que produz um filhote que sobrevive até a fase adulta e que também se reproduz tem vantagens em relação a um indivíduo que produz 2 ou mais filhotes, mas que não sobrevivem ou que não se reproduzem. A teoria dos bons genes está relacionada com essa propriedade. A prole também precisa se reproduzir para assegurar a manutenção dos genes e, nesse sentido, os netos são tão importantes quanto os filhos!

A terceira teoria, chamada de **seleção de fuga** (seleção *runaway* ou processo trajetória), mostra que fêmeas seletivas que copulam com machos atrativos produzem uma prole formada por filhas seletivas e filhos atrativos e esse ciclo tende a ser reforçado sozinho. Dessa forma, a despeito das características reduzirem as chances de sobrevivência dos indivíduos, a seleção reforça cegamente essa relação por favorecer tanto os genes de ser atraído para um parceiro (nas fêmeas) quanto os genes de ser atraente (nos machos), e estes genes são herdados em conjunto (processo *runaway*). Os filhos desse casal, portanto, terão os genes de selecionar e de ser selecionado.

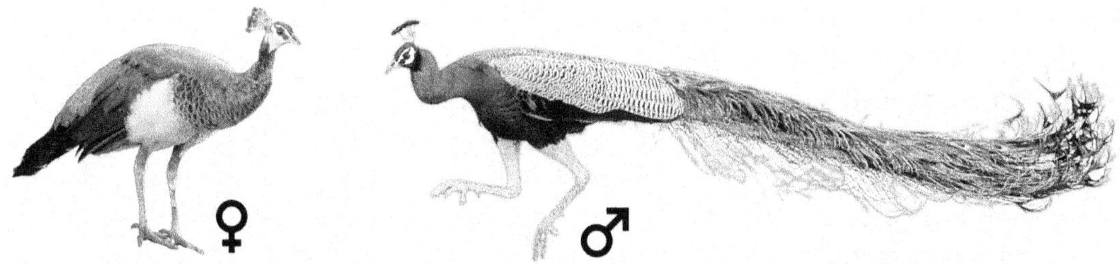

Figura 15.2 Características exageradas e chamativas como a cauda de pavões machos indicam saúde e capacidade de sobrevivência, atributos que as fêmeas desejam passar para sua prole.

Perceba que as três teorias acima estão relacionadas e se complementam, tendo como propriedade central a ideia de que características sexuais secundárias indicam a qualidade fisiológica do exibidor (Figura 15.2). Essas ideias foram testadas por diversos experimentos que revelaram resultados interessantes.

Por exemplo, os cientistas quantificaram o número de fêmeas atraídas por pavões em uma estação reprodutiva e no ano seguinte removeram as penas da cauda dos mesmos indivíduos para efeitos de comparação. Um declínio significativo foi observado tanto em relação ao número de fêmeas atraídas quanto ao número de cruzamentos. Por outro lado, indivíduos-controle que não tiveram as penas removidas não reduziram seu sucesso reprodutivo. Ainda, a remoção de penas da cauda de pavões machos e sua implantação em outros machos da mesma população resultou na redução e no aumento da atratividade dos dois grupos, respectivamente.

Os estudos também demonstraram que características chamativas podem ser atrativas até mesmo para espécies que tipicamente não possuem essas propriedades. Adornos experimentalmente implantados nos machos de espécies de peixes, sapos e aves que naturalmente não possuem essas características, foram atrativos para as fêmeas.

Resultados obtidos a partir de outros estudos experimentais e de campo também revelaram que:

- em algumas espécies de aves, os machos parasitados têm caudas mais curtas que os não-parasitados e as fêmeas preferem se acasalar com machos de cauda mais longa;

- as cores intensas das penas dos machos indicam um bom estado de saúde, e aves que foram experimentalmente infectadas com parasitas reduziram o brilho de suas penas;

- machos de aves com repertórios de canto mais complexos são menos sujeitos a infecções por parasitas (como a malária);

- em algumas espécies, os machos com cantos mais intensos são os que mais trazem alimentos para os filhotes no ninho;

- fêmeas de algumas espécies de peixes preferem machos que chacoalham o corpo mais vigorosamente, e estes machos utilizam esses movimentos para aerar e limpar o ninho com mais eficiência, aumentando as chances de sobrevivência dos filhotes;

- peixes parasitados ou doentes chacoalham menos durante a corte e possuem baixo sucesso reprodutivo;

- sapos cujos girinos resultaram do esperma de machos com canto longo (que é mais atrativo) se desenvolveram mais rápido e foram maiores que os produzidos com esperma dos machos com canto curto, mesmo quando os óvulos da mesma fêmea foram utilizados;

- em vários grupos, as colorações vivas dos indivíduos são o resultado de pigmentos provenientes de uma dieta rica em nutrientes e sinaliza que o indivíduo é bom em adquirir alimentos de alta qualidade;

Os estudos acima mostram que somente um animal saudável consegue produzir e manter estruturas elaboradas e chamativas, e que a seleção pelas fêmeas tende a disseminar essas características na população. As manipulações experimentais também revelam que o surgimento de uma mutação que produza um adorno atípico tem grande chance de se difundir na população porque as fêmeas de muitas espécies possuem uma predisposição por traços estéticos. Darwin chamou essa predisposição de '*o gosto pela beleza*'.

Vejamos como a seleção de fuga pode exacerbar uma característica atrativa. Suponha que uma fêmea mutante passou a ter preferência por machos com caudas grandes, e que caudas grandes são melhores do que as caudas curtas em algum aspecto. Perceba que neste momento a cauda grande realmente tem um significado funcional e adaptativo. Além de ser adaptativa, caudas longas também são mais atrativas e qualquer mutação que produza caudas ainda mais longas deverá ser favorecida. Após um período, as fêmeas passam a favorecer machos com caudas extraordinariamente longas simplesmente porque essa preferência passou a se sustentar sozinha. A cauda se tornou tão grande que seu poder adaptativo foi perdido em um algum momento e a utilidade da cauda deixou de ser prioridade. As fêmeas inicialmente selecionavam caudas grandes por causa de sua propriedade adaptativa, mas a 'compulsão' cega por caudas muito longas ultrapassou os limites adaptativos da estrutura (Figura 15.3).

A prole das fêmeas seletivas com os machos de cauda longa será formada por filhos que são excepcionalmente atrativos às fêmeas e filhas que possuem forte preferência por machos atrativos, retroalimentando a relação entre essas características na população (Figura 15.4). Perceba que a preferência das fêmeas era inicialmente direcionada a uma estrutura masculina útil, cujo desempenho foi comprometido quando a estrutura se tornou exacerbada. Ter preferência por caudas longas é uma propriedade genética fixa das fêmeas e mutações sequenciais que produziram caudas muito longas continuaram sendo favorecidas mesmo quando a utilidade da cauda foi perdida. As fêmeas não conseguem limitar sua atração apenas às caudas de tamanhos ótimos e a seleção sexual não consegue perceber e impedir que a estrutura se torne tão exacerbada que perca seu poder funcional. A cauda passou a ser uma estrutura meramente ligada ao sexo.

Novas mutações que incrementam o tamanho da cauda deixam de ser favorecidas somente quando incrementos adicionais comprometem tanto a sobrevivência que os benefícios reprodutivos não mais compensam os custos de possuir caudas ainda mais longas. A seleção de fuga é importante porque explica como uma característica que é ruim em todos os aspectos exceto em ser sexualmente atrativa pode ser favorecida até se fixar na população.

Características sexuais secundárias

O **dimorfismo sexual** ocorre quando machos e fêmeas de uma espécie possuem diferenças fenotípicas externas acentuadas. A magnitude dessas diferenças varia entre as espécies e é geralmente um indicativo do quanto a seleção sexual é importante para a espécie. Espécies cujos machos são muito promíscuos (tentam copular com o maior número possível de fêmeas) tendem a apresentar dimorfismo sexual alto, enquanto as espécies monogâmicas geralmente apresentam pouco dimorfismo sexual. O dimorfismo sexual tende a ser pequeno também nas muitas espécies de peixes e invertebrados (principalmente marinhos) que apresentam fecundação externa e que liberam os gametas na água sem nenhum tipo de seletividade sexual.

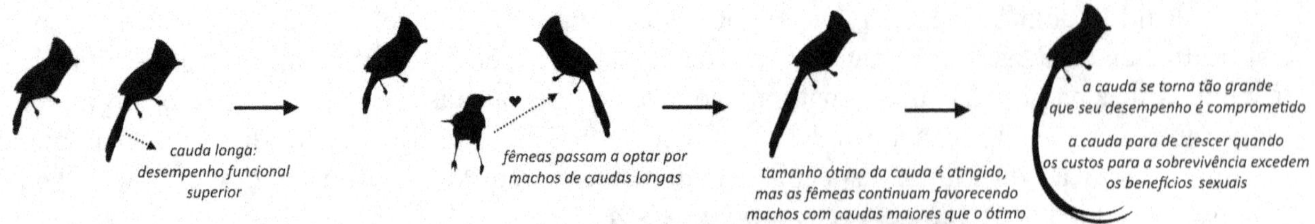

Figura 15.3 Suponha que as fêmeas de uma espécie de ave acasalem aleatoriamente com os machos. Entre os machos, no entanto, indivíduos com caudas grandes possuem maiores chances de sobrevivência, talvez porque as caudas estabilizam melhor sua locomoção na terra e auxiliam na fuga contra predadores. O surgimento de fêmeas mutantes que preferem se acasalar com machos de caudas longas produzirá uma prole contendo os genes da mãe (de escolha) e os do pai (cauda longa que aumenta a chance de sobrevivência). Os dois genes, portanto, se associam de forma não-aleatória, e a cauda longa do macho, que inicialmente servia para um propósito exclusivamente adaptativo passou a ter uma segunda importância: ser vantajosa no sexo. Novas mutações que aumentam o tamanho da cauda são sequencialmente favorecidas até que um tamanho ótimo (de máximo desempenho) é fixado na população. Novas mutações que produzissem caudas menores ou maiores que esse tamanho ótimo deveriam ser desfavorecidas em relação às caudas de tamanhos ótimos, mas os genes de escolha das fêmeas permanecem selecionando caudas grandes, e não caudas ótimas. Assim, qualquer mutação de cauda maior que o ótimo continuará sendo favorecida pelas fêmeas. A partir deste ponto, a seleção sexual sozinha determina que a cauda continue evoluindo além dos limites do ótimo adaptativo de forma que os custos da sobrevivência reduzida sejam compensados pelo maior acesso às fêmeas. O limite superior é atingido quando os custos de possuir caudas muito longas passam a ser tão altos que os benefícios reprodutivos não mais os compensam. Nesse ponto, qualquer mutação nova que aumente a cauda não será mais favorecida.

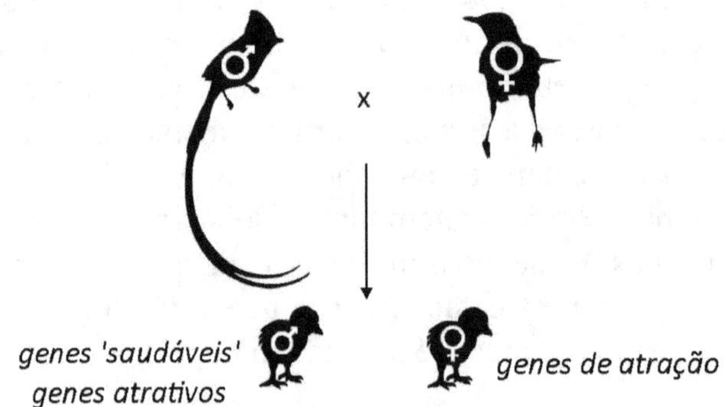

Figura 15.4 Quando uma fêmea seleciona um macho com atributos indicativos de saúde, a prole desse casal será formada por indivíduos com três genótipos: os filhotes machos terão os genes saudáveis e os genes que expressam o fenótipo indicativo dos genes saudáveis, e as fêmeas terão os genes que selecionam os genes saudáveis do macho.

Um traço sexual representa qualquer característica visível ou mensurável que permita a distinção entre os dois sexos de uma espécie. Dois tipos de traços sexuais podem ser distinguidos. Os **traços sexuais primários** representam as estruturas que estão diretamente envolvidas no sexo, como os órgãos copuladores, por exemplo. Os **traços sexuais secundários** não são utilizados fisiologicamente no sexo, mas se relacionam indiretamente com a reprodução.

Duas classes de traços sexuais secundários podem ser reconhecidas. A primeira inclui as que possuem um significado definido, geralmente relacionado ao embate entre machos. Por exemplo, os chifres dos veados e o aparelho bucal de alguns besouros são estruturas exacerbadas que aumentam suas chances de ganhar uma briga e ter acesso às fêmeas (Figura 15.5). Nestes casos, a competição é direta (os machos literalmente brigam entre si) e a seleção sexual é indireta (as fêmeas se acasalam com os ganhadores sem que haja uma escolha propriamente dita). A segunda classe inclui estruturas que não têm um papel definido, como a cauda do pavão (Figura 15.2) e os padrões exagerados de vocalização e coloração. Nestes casos, a competição é indireta (não há embates físicos entre os machos) e a seleção sexual é direta (as fêmeas determinam quais machos acasalarão). Em algumas espécies, os machos usam atributos atrativos e de embates concomitantemente.

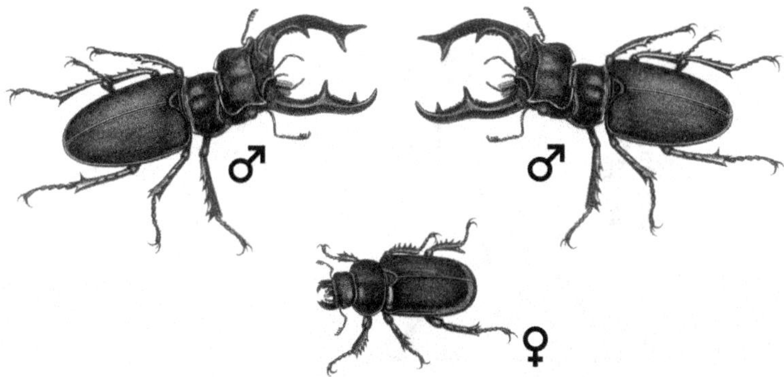

Figura 15.5 As estruturas bucais dos machos de besouros como os da espécie *Lucanus cervus* são utilizadas nos embates físicos com outros machos. Neste caso, o papel seletivo da fêmea é indireto, que copula com o macho vencedor da disputa.

Os diferentes papéis de machos e fêmeas

Em muitas espécies, machos e fêmeas tendem a desempenhar papéis ecológicos muito distintos. A razão disso são suas células sexuais: óvulos são radicalmente diferentes dos espermatozoides. Espermatozoides são pequenos e estruturalmente simples e precisam de pouca energia para serem produzidos. Um espermatozoide é basicamente uma célula móvel pequena, abastecida com energia suficiente para transportar os genes até o óvulo. Um óvulo, por outro lado, é uma célula muito grande, estruturalmente complexa, energeticamente custosa e que carrega, além dos genes, toda a maquinaria necessária para o desenvolvimento do embrião (Figura 15.6).

Por causa dessas diferenças contrastantes, machos podem produzir muitos gametas em relativamente pouco tempo e têm o potencial de fecundar várias fêmeas sequencialmente. Óvulos são mais escassos, e nas espécies com fecundação interna, uma fêmea que copula várias vezes não aumenta sua prole, porque a quantidade de óvulos que possuí é limitada. Na espécie humana, por exemplo, apenas algumas centenas de óvulos podem ser fecundadas durante toda a vida de uma mulher, enquanto uma única ejaculação masculina libera, em média, 350 milhões de espermatozoides.

Uma mulher da Rússia que viveu entre 1707 e 1782 e teve 69 filhos é considerada a mulher mais fértil já registrada. Seus filhos foram provenientes de 27 gravidezes, sendo 16 gêmeos, 07 trigêmeos e 04 quadrigêmeos (ela claramente tinha uma predisposição genética para ter gêmeos). Mais recentemente, uma mulher de Uganda com 39 anos já deu à luz a 44 filhos. Esses números certamente impressionam, mas se tornam ínfimos quando comparados aos recordes masculinos. Um sultão marroquino que viveu entre 1672 e 1727 teve 888 filhos (alguns relatos sugerem 1042), com uma média de 14 filhos por ano e estimativas sugerem que o imperador Genghis Khan teve entre 1000 e 2000 filhos.

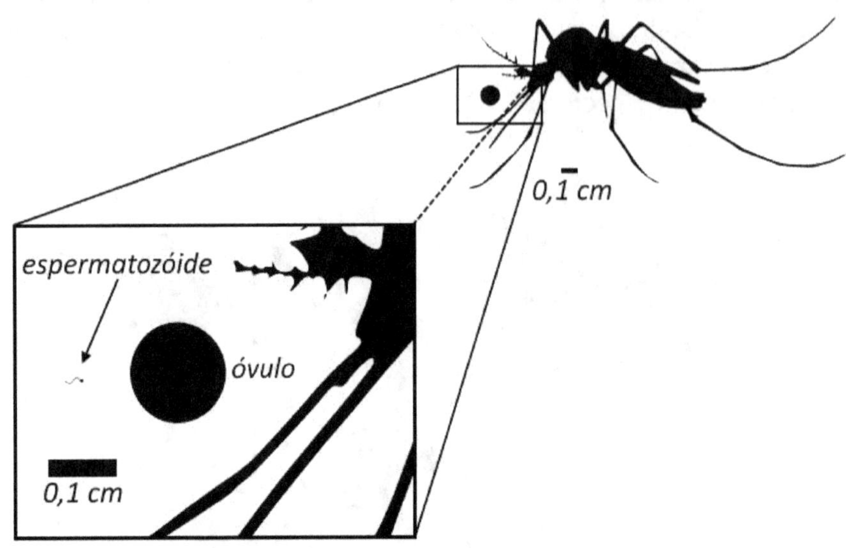

Figura 15.6 Contraste entre o tamanho de um óvulo e de um espermatozoide da espécie humana (mosquito doméstico utilizado como referência de tamanho). O óvulo com aproximadamente 150 μm (micrômetros), que equivale a 0,15 mm, é a maior célula do corpo humano e pode ser vista a olho nu. Contrastando, um espermatozoide possui aproximadamente 5 μm (50 μm de comprimento quando incluído o flagelo) e é uma das menores células do corpo humano. Enquanto as fêmeas investem em qualidade, os machos investem em quantidade. Na espécie humana, uma mulher tipicamente produz algumas centenas de óvulos viáveis durante toda sua vida, enquanto uma única ejaculação libera, em média, 350 milhões de espermatozoides.

Óvulos são preciosos, espermatozoides nem tanto, e as fêmeas tendem a ser mais seletivas para assegurar que seus preciosos óvulos serão bem aproveitados. Quando uma fêmea engravida de um macho fraco ou doente, há uma grande chance de sua prole também herdar essas características do pai e ter dificuldades de sobreviver. A energia investida na produção dos óvulos (e em muitos casos também no desenvolvimento do filhote no interior da fêmea e no cuidado da prole após o nascimento) terá sido em vão. Por outro lado, machos são menos seletivos porque têm pouco a perder. Os machos de alguns insetos têm uma seletividade tão baixa que tentam copular até mesmo com orquídeas, simplesmente porque estas orquídeas se parecem com as fêmeas de sua espécie!

Como regra, fêmeas investem em qualidade e machos investem em quantidade. É uma regra da biologia que qualidade e quantidade são características extremas e excludentes. O incremento da qualidade requer a quantidade como sacrifício e o contrário também é verdadeiro. Gametas masculinos são bons em fecundar e gametas femininos são bons em se desenvolver e a seleção natural atuou de forma a favorecer esses extremos.

Um macho que copula com o maior número possível de fêmeas espalha mais seus genes. Se uma destas fêmeas for fraca ou doente, o desperdício de gametas (e genes) será irrisório para este macho porque as outras cópulas irão compensá-lo. Terminada a cópula, o macho está quase imediatamente pronto para fecundar outra fêmea. A maioria das fêmeas, em contrapartida, precisa esperar que todo o desenvolvimento do filhote seja finalizado para ser fecundada novamente.

Em virtude dessas diferenças, a quantidade de indivíduos sexualmente dispostos em um dado momento de uma população é desigual entre os sexos: existem mais machos aptos a se reproduzir do que fêmeas receptivas. Essa disparidade aumenta a competição entre os machos e produz sucessos reprodutivos desiguais. Alguns machos deixam muitos descendentes e outros deixam poucos ou nenhum. Fêmeas, por outro lado, tendem a apresentar taxas similares de sucesso reprodutivo. Portanto, a variação no sucesso reprodutivo tende a ser muito maior nos machos do que nas fêmeas. Estudos realizados durante a estação reprodutiva de elefantes-marinhos, por exemplo, mostraram que 90% dos machos não deixaram descendentes, enquanto a taxa de sucesso das fêmeas no mesmo período foi de 50%.

O cuidado parental é uma atividade energeticamente custosa e as diferenças entre os gametas também explicam porque as fêmeas tendem a se dedicar mais à prole do que os machos. Por terem investido muita energia na produção dos óvulos e nas etapas que sucedem a fecundação, é importante que o cuidado com a prole continue após o nascimento para assegurar a sobrevivência dos filhotes. Em muitas espécies é mais vantajoso para os machos investir seu tempo procurando novas fêmeas para incrementar seu *fitness* do que o gastar no cuidado parental. Todavia, como veremos abaixo, em ocasiões especiais o cuidado parental também se torna vantajoso para os machos.

Poligamia e monogamia

Como vimos, os machos de muitas espécies tendem a copular com o maior número possível de fêmeas (**poliginia**) porque esse é o caminho mais curto para aumentar seu *fitness*. Nessas espécies, fecundar apenas uma fêmea por estação reprodutiva seria um desperdício de gametas e uma perda de oportunidade de disseminar ainda mais seus genes. No entanto, situações nos quais um macho reduz seu potencial reprodutivo inseminando uma ou poucas fêmeas são bem conhecidas. A competição explica esses casos e há um grande conjunto de evidências que mostra como fecundar um menor número de fêmeas pode ser mais vantajoso para os machos destas espécies.

A **monogamia**, um exemplo extremo de redução do potencial reprodutivo dos machos, é um traço derivado que evoluiu em muitos grupos, principalmente entre os vertebrados. A monogamia se torna vantajosa para os machos nos casos em que, após copular e ser abandonada por um parceiro, há uma grande chance desta fêmea copular novamente com outro macho. Principalmente nas espécies cujas fêmeas estão distribuídas de forma dispersa, um macho que abandone a fêmea aumenta as chances de outros machos competidores também a fecundarem. Assim, o macho tende a permanecer com a fêmea para assegurar que apenas os seus espermatozoides irão fecundá-la. As fêmeas de algumas espécies podem, inclusive, reforçar a monogamia impedindo que os machos copulem com outras fêmeas através de comportamentos ativos. Fêmeas de algumas aves marinhas, por exemplo, atacam os machos que tentam copular com outras fêmeas e em algumas espécies de insetos, as fêmeas bloqueiam a liberação de feromônios de atração pelos machos após a cópula.

Outros machos permanecem com a fêmea mesmo após o nascimento dos filhotes e auxiliam no cuidado parental. Nesses casos, as evidências mostram que a taxa de sobrevivência da prole tende a ser maior com o auxílio do pai, e que os custos da monogamia são mais que compensados pela sobrevivência aumentada da prole.

A monogamia entre peixes, anfíbios, répteis e invertebrados é relativamente rara. Na maioria dos mamíferos, a monogamia e o cuidado parental também são raros e muitos machos abandonam a fêmea imediatamente após a cópula. Não obstante, machos de alguns roedores são conhecidos por auxiliar o parto das fêmeas, e machos de primatas defendem os filhotes contra tentativas de infanticídio por machos intrusos. Por outro lado, a grande maioria das aves é monogâmica e os exemplos mais bem conhecidos de vínculos sexuais monogâmicos são deste grupo. Casos extremos incluem a formação de pares monogâmicos que duram toda a vida.

Todavia, estudos recentes mostraram que muitas espécies de aves não são tão monogâmicas assim. A monogamia pode ser entendida a partir de dois componentes: **monogamia social** e **monogamia genética**. A monogamia social está relacionada com a formação de um casal que geralmente está envolvido no cuidado parental. A monogamia genética está relacionada com exclusividade sexual, no qual macho e fêmea só copulam entre si. O avanço das técnicas genéticas permitiu conhecer melhor essas diferenças e mostrou que a monogamia genética é rara mesmo entre as aves. Portanto, a monogamia social tão fortemente atribuída às aves nem sempre é acompanhada de monogamia genética.

A **poliandria**, condição na qual uma fêmea copula com vários machos em uma estação reprodutiva é relativamente rara, mas evoluiu em alguns grupos. A poliandria assegura que todos os óvulos serão fecundados e que nenhum será desperdiçado durante a estação reprodutiva caso ela copule com um macho de baixa fertilidade. Além disso, copular com vários machos aumenta a variabilidade genética dos espermatozoides e aumenta as chances de compatibilidade durante a fecundação. Em outras espécies, quanto maior a quantidade de parceiros sexuais, maior a chance destes parceiros fornecerem recursos às fêmeas e auxiliarem na defesa e no cuidado à prole. Quando uma fêmea copula com diversos machos de um grupo social, a paternidade da prole fica difícil de se determinar e, mesmo que a maioria dos machos não seja pai dos filhotes, as taxas de infanticídio e competição entre machos são minimizadas em virtude dessa incerteza.

Padrões sexuais extremos

O sexo é certamente um dos atributos mais importantes relacionados à vida e, não por acaso, muitas propriedades extremas evoluíram em função do sexo porque foram favorecidas pelas forças cegas da natureza. Vejamos alguns exemplos abaixo.

Reversão sexual: em ocasiões raras, são as fêmeas que competem entre si e os machos selecionam com quem copular. Algumas espécies de aves apresentam essa reversão nos papéis sexuais, mas os casos mais extremos e populares envolvem o grupo dos cavalos-marinhos. Nesses peixes, a fecundação e o desenvolvimento dos filhotes ocorrem em uma bolsa incubadora nos machos. Estudos mostram que algumas fêmeas possuem óvulos suficientes para preencher as bolsas de dois machos e, portanto, a competição sexual se torna maior entre as fêmeas. Em muitas espécies de cavalos-marinhos, as fêmeas também são mais adornadas que os machos. Ainda há muito o que se conhecer sobre a evolução da reversão sexual. Por alguma razão, os gametas dos machos se tornaram mais raros que o das fêmeas e os machos passaram a ser os indivíduos seletivos.

Acasalamento forçado: muitos grupos de animais, que variam de insetos a primatas, apresentam pelo menos algumas espécies cujos machos forçam o acasalamento com as fêmeas. Machos persistentes tendem a ser favorecidos pela seleção natural porque acabam copulando e transmitindo seus genes. Em algumas espécies, fêmeas forçadas a copular gastam energia tentando se desvencilhar dos machos e se tornam mais suscetíveis à predação. Aparentemente, as fêmeas cedem à cópula para minimizar a chance de ser capturada por um predador, mas outras evidências também sugerem que as fêmeas cedem à tentativa de cópula forçada porque o macho sinalizou, através de sua persistência, que possui boa condição fisiológica, e que essas boas características serão transmitidas à prole. Essa explicação é certamente coerente para muitos casos, mas provavelmente não se aplica a todos os grupos. Comportamentos extremos, como observado em populações de chimpanzés cujos machos forçam a cópula ao ponto de machucar e até matar as fêmeas parecem ter uma base evolutiva forte, mas análises mais profundas ainda são necessárias para elucidar suas propriedades.

Presente nupcial: como uma precondição para a cópula, algumas fêmeas requerem que o macho forneça um recurso chamado presente nupcial. Na maioria destes casos o presente nupcial é um alimento e os machos precisam assegurar que este recurso tenha qualidade suficiente para ser bem-aceito pela fêmea. Em alguns insetos, a fêmea não copula porque o alimento fornecido pelo macho não foi palatável ou porque, por ser pequeno, foi rapidamente consumido pela fêmea que perdeu o interesse em copular. A doação do presente nupcial, portanto, é indicativa de alguma propriedade do macho que é selecionada pela fêmea, como a habilidade de conseguir recursos de alta qualidade.

Canibalismo sexual: o canibalismo sexual, melhor conhecido em espécies de louva-deus e viúvas-negras, representa um comportamento aparentemente intrigante para a evolução, no qual a fêmea devora o macho durante ou após a cópula. Qual vantagem existe para um macho em ser devorado por uma fêmea, e como esse tipo de comportamento foi favorecido pela seleção natural? A teoria mais bem aceita é a de que esse comportamento evoluiu quando as fêmeas, se aproveitando do desejo sexual exacerbado dos machos, oportunisticamente o utilizaram como recurso alimentar. Portanto, os benefícios adaptativos para a fêmea são óbvios: os machos são usados como doadores de genes e como alimento. Por outro lado, os machos pagam com sua própria vida para ter o direito de copular e deixar descendentes. De que forma ser devorado por uma fêmea pode ser positivo para um macho? A despeito de serem devorados, machos que copulam possuem sucesso reprodutivo maior que machos que não copulam, mesmo que estes últimos sejam os que sobrevivem. Em outros termos, os genes dos machos que se arriscam são favorecidos em detrimento dos genes dos machos receosos, porque estes últimos não irão se disseminar. Novos estudos mostraram que machos de viúvas-negras se aproximam com cautela e preferem copular com fêmeas bem alimentadas. As mutações que produziram esses comportamentos preventivos devem ter surgido em machos que conseguiram copular sem ser devorados e passaram a se difundir na população. Qualquer comportamento que forneça maior segurança aos machos sem reduzir sua chance de copular deve ser favorecido pela seleção natural. É possível que haja outras explicações para o canibalismo sexual, mas todas se baseiam em uma condição central: os benefícios do 'suicídio sexual' devem superar os prejuízos para que esse comportamento evolua.

Competição espermática: a competição espermática é um modo de seleção sexual fisiológica que ocorre após a cópula. As fêmeas de insetos donzelinhas possuem uma estrutura próxima à sua abertura genital (espermateca) que serve como local de armazenamento de espermatozoides. Os machos dessas espécies possuem espinhos e ganchos no órgão copulador que removem o esperma armazenado na fêmea antes de introduzir seu próprio esperma. Propriedades similares também são observadas entre os machos de algumas aves que removem o espermatozoide dos outros machos antes de introduzir o seu. Em espécies de insetos, serpentes e roedores, os machos depositam componentes químicos na fêmea que bloqueiam sua abertura genital e impedem que outro macho a fecunde. Machos de moscas *Drosophila* liberam componentes que diminuem a receptividade sexual das fêmeas e que inativam o esperma previamente depositado por outro macho. Curiosamente, esses componentes também têm um potencial tóxico para as fêmeas.

Como o sexo evoluiu?

A reprodução sexuada é uma propriedade biológica muito antiga, mas menos antiga que a reprodução assexuada. A alga *Bangiomorpha pubescens*, que viveu há mais de 1 bilhão de anos, representa o organismo sexuado mais antigo conhecido. Grande parte dos organismos se reproduz sexuadamente e entre os seres eucariontes, apenas rotíferos (organismos aquáticos microscópicos e planctônicos) da classe Bdelloidea são conhecidos por não apresentarem reprodução sexuada, mas essa é claramente uma condição evolutivamente derivada. Não obstante, a reprodução por meios assexuados continua sendo importante para muitos grupos modernos que a usam em associação com a reprodução sexuada. A evolução da reprodução por meios sexuais foi um determinante central na história da vida, mas muito ainda precisa ser conhecido sobre as motivações ecológicas que determinaram seu surgimento.

Na reprodução assexuada, todos os genes do indivíduo são copiados e transmitidos de forma integral à prole. Na reprodução sexuada, metade dos genes de um indivíduo são sacrificados porque cada gameta carrega apenas metade da sua carga genética. Nesse aspecto, a reprodução sexuada tem um custo alto. Não obstante, o sexo foi amplamente favorecido e a reprodução sexuada é quase sempre o mecanismo predominante, mesmo nas espécies que realizam os dois tipos de reprodução. Se o sexo não é um pré-requisito para a reprodução, como essa condição custosa pode ter sido favorecida pela seleção natural? Mais precisamente, quais vantagens compensam seu maior custo em relação à reprodução assexuada?

Como já vimos, variações genéticas entre os indivíduos aumentam a chance de uma espécie se adaptar às mudanças ambientais. A reprodução sexuada é vantajosa por ser o único processo reprodutivo que embaralha os genes. Adicionalmente, os estudos mostram que genes deletérios são mais facilmente eliminados em populações sexuadas do que em populações assexuadas, e essa pode ter sido a propriedade central que favoreceu o surgimento do sexo.

Vejamos como a combinação genética entre dois indivíduos aumenta a chance de uma mutação deletéria ser eliminada utilizando uma analogia proposta pelo biólogo Maynard Smith. Suponha que existam dois carros quebrados. O carro 1 não funciona porque não tem motor e o carro 2 porque não tem câmbio. Agora suponha que o motor do carro 2 foi transferido para o carro 1. Agora, o carro 1 passou a ter câmbio e motores funcionais, enquanto o carro 2 permanece quebrado, agora porque não tem nem motor nem câmbio. Perceba que houve um progresso: a partir de dois carros quebrados, foi possível criar um carro quebrado e um carro funcional. O carro 2 tem mais defeitos que no início, mas funcionalmente nada foi alterado. O carro 2 não andava e continua sem andar e pode ser descartado, enquanto o carro 1 que não andava, agora se tornou funcional e pode ser aproveitado.

Vamos agora aplicar a analogia acima. Suponha que uma característica biológica possua duas versões na natureza. A primeira versão (fenótipo do alelo A) é funcional e a segunda versão (fenótipo do alelo B) não tem função. Mais especificamente, o alelo A é adaptativo e o alelo B é deletério. Em uma população com indivíduos diploides, o alelo estará duplicado na célula: um alelo está no cromossomo materno e outro no cromossomo paterno. Suponha que macho e fêmea possuam, cada um, um alelo A no cromossomo materno e um alelo B no cromossomo paterno (macho: AB e fêmea AB). A prole resultante desse casal poderá ser AA, AB ou BB. Indivíduos BB possuem desempenho inferior e tendem a ser desfavorecidos pela seleção natural e o contrário é verdadeiro para indivíduos AB e AA. O resultado é o aumento na frequência dos alelos A e a redução na frequência dos alelos B. O sexo ajuda a eliminar os alelos deletérios com mais intensidade. Se o indivíduo AB se reproduzisse apenas assexuadamente, as proporções dos dois alelos tenderiam a se manter equilibradas e, mesmo sendo deletério, o alelo B tenderia a permanecer em proporções altas na população.

As propriedades acima também explicam porque os organismos tendem a cruzar com indivíduos não aparentados. A probabilidade da prole de pais aparentados herdar alelos recessivos deletérios é maior do que a da prole de pais não aparentados. Os riscos de organismos aparentados cruzar entre si são maiores que os benefícios, e casos de anomalias e mortalidade na prole de pais aparentados são bem documentados para muitas espécies, incluindo a espécie humana. Estruturas sensoriais são as principais ferramentas utilizadas pelos organismos para identificar e evitar o cruzamento com um parente. Mamíferos, por exemplo, tendem a se reproduzir com parceiros que apresentam odores não-familiares, e experimentos com roedores mostraram que irmãos separados no nascimento foram capazes de se reconhecer quando reunidos na fase adulta.

Como vimos acima, o papel inicial do sexo não era exatamente reprodutivo. Na maioria dos organismos, o sexo é o único meio de se reproduzir, mas essa é claramente uma condição derivada, mesmo tendo evoluído há tanto tempo. Em muitos organismos unicelulares, o sexo serve exclusivamente para a troca de material genético. No protozoário *Paramecium*, por exemplo, dois indivíduos se conjugam para trocar DNA e se separam antes que cada célula individualmente se reproduza assexuadamente.

Perceba que a reprodução propriamente dita não aconteceu com a união das duas células e que o número de indivíduos só aumentou quando cada uma se reproduziu assexuadamente. Esse modo de reprodução pode representar uma condição ancestral que persistiu no grupo e é importante porque nos fornece evidências de como era o sexo nos primeiros organismos eucariontes. Assim como observado nesses protozoários, é provável que o sexo fosse pouco custoso inicialmente. O sexo se tornou custoso quando adquiriu um papel reprodutivo, e isso provavelmente ocorreu com a origem da vida multicelular.

O sexo tem relação com a variabilidade genética e a eliminação de genes deletérios, mas a razão de apenas dois sexos terem evoluído não é tão clara. Modelos evolutivos mostram que se um terceiro ou quarto sexo surgisse em uma população, a seleção tenderia a reduzi-los a dois sexos fisiologicamente contrastantes. Da mesma forma, se os dois tipos de gametas de uma população se tornam idênticos em tamanho e quantidade, a seleção natural atua no sentido de favorecer as discrepâncias, produzindo gametas com características opostas.

Finalmente, a razão sexual (proporção entre machos e fêmeas) da maioria das espécies tende a se aproximar de 1. Ou seja, na média, para cada indivíduo do sexo masculino existe outro do sexo feminino. Um macho pode potencialmente fecundar diversas fêmeas em curtos intervalos de tempo e, portanto, razões sexuais favorecendo o número de fêmeas seriam esperadas porque beneficiariam a espécie. Um único macho é suficiente para fecundar várias fêmeas. Todavia, as razões sexuais com mais fêmeas que machos tendem a ser desfavorecidas pela seleção natural.

Suponha que a razão sexual de uma população seja de um macho para cinco fêmeas (razão 1:5). Em média, cada macho fecunda cinco fêmeas e produz cinco vezes mais filhos que estas. Nesse cenário se torna mais vantajoso produzir filhos do que filhas tanto para as fêmeas quanto para os machos, porque a capacidade de proliferação dos genes é cinco ordens de magnitude maior nos machos. Qualquer fêmea mutante que produzisse apenas filhos teria um sucesso reprodutivo maior que a média das outras fêmeas, de forma que a razão sexual favorecendo o número de machos aumentaria rapidamente. Portanto, desvios na razão sexual tendem a ser ajustados pela seleção natural.

PARTE 2

Evidências

Capítulo 16

O que evidencia o processo evolutivo?

Quando se tornaram públicas, as ideias de Darwin e Wallace não foram imediatamente aceitas pelos cientistas porque as evidências que as suportavam ainda eram incipientes na época. O próprio Darwin reconheceu que em alguns aspectos a seleção natural era mais uma hipótese do que uma teoria e, portanto, precisava ser subsidiada por mais evidências.

Passados mais de um século e meio, testes e experimentos rigorosos mostraram que as propostas de Darwin e Wallace estavam corretas e a evolução por meio da seleção natural passou a ser amplamente aceita pela comunidade científica. Evidências independentes provenientes de áreas tão diversas quanto a biologia comparada, a embriologia, a paleontologia, a biogeografia e a biologia molecular convergem para suportar as ideias de Darwin e Wallace.

A evolução como mecanismo gerador de diversidade biológica foi proposta em um período no qual as ciências naturais eram limitadas pelas tecnologias da época. O aprofundamento do conhecimento, com o incremento de estudos mais rigorosos e com o advento de novas tecnologias, poderia ter facilmente refutado as ideias evolutivas, mas o contrário aconteceu.

Como muitas teorias científicas, a evolução se tornou muito bem-aceita no meio científico e, atualmente, qualquer discussão que busque determinar se os princípios evolutivos são verdadeiros ou não é quase sempre alheia à ciência. Essa questão está bem estabelecida entre os cientistas. O papel da ciência hoje é o de compreender melhor alguns detalhes, estabelecer as relações evolutivas dos grupos, além de divulgar como a evolução ocorre e descrever quais propriedades a evidenciam para um público mais amplo. O conjunto de evidências a favor da evolução é muito grande e pode ser resumido:

- a variedade entre os indivíduos, a competição e a sobrevivência diferenciada, propriedades centrais da evolução adaptativa, são características observáveis na natureza e onipresentes em todas as populações;

- se qualquer indivíduo é único e faz parte de uma genealogia, por ser um descendente ligeiramente distinto dos seus pais e dos seus avós, não é difícil compreender que as espécies e os níveis biológicos superiores também representam descendentes que foram remodelados a partir de ancestrais distantes. Da mesma forma que um indivíduo possui mais similaridade fenotípica com um irmão do que com um parente distante, quanto mais recente o ancestral de dois grupos, maiores as chances de os dois grupos compartilharem características entre si. Não é uma simples coincidência que o ser humano tenha tantas similaridades com chimpanzés e menos similaridades com outros primatas. As distâncias evolutivas podem ser mensuradas para qualquer par de organismos;

- se os organismos possuem origens distintas, porque representam produtos de criações independentes, a vida certamente foi planejada seguindo planos de remodelação no qual um tipo foi criado usando um padrão anterior como base, em uma longa linha progressiva e cumulativa de criação de complexidade estrutural. Por que se limitar a usar padrões anteriores para produzir novas formas, quando a construção livre é uma opção mais prática e eficiente? O aproveitamento de estruturas faz sentido sob a perspectiva evolutiva, mas não faz sentido usando o argumento criacionista de que cada forma de vida foi criada de forma independente;

- a relação entre as características biológicas só faz sentido quando avaliada historicamente. Estruturas que preservam organizações similares, mas que desempenham papéis distintos são compartilhadas entre organismos aparentados. Por outro lado, organismos com parentesco distante possuem estruturas com organizações distintas, mas que servem a um mesmo propósito ecológico, porque evoluíram por vias independentes;

- genomas foram completamente sequenciados e o modo como os genes codificam as proteínas foi minuciosamente determinado. Estudos moleculares também esclareceram os mecanismos de transmissão hereditária e mostraram que as recombinações e as mutações são fatores observáveis que produzem a variação biológica que é responsável pela sobrevivência diferenciada dos indivíduos de uma população;

- experimentos mostram como moléculas orgânicas complexas, que são componentes estruturais e funcionais dos organismos, podem ser formadas a partir de moléculas simples;

- estruturas que tiveram utilidade no passado degeneraram-se e tornaram-se vestigiais, mas mantêm similaridade com estruturas que são completamente funcionais em parentes próximos;

- as relações ecológicas entre os organismos produziram exemplos claros de traços coadaptativos que só fazem sentido quando avaliados sob uma perspectiva evolutiva;

- os fósseis estão localizados em estratos geológicos que correspondem a uma linha macroevolutiva que foi estabelecida pela ciência antes mesmo dos fósseis terem sido descobertos;

- a distribuição geográfica dos grupos modernos está longe de ser aleatória e é condizente com padrões genealógicos;

- a seleção artificial, praticada há muito tempo pela espécie humana, mostra como as variações de uma população podem ser aproveitadas para direcionar um processo de mudança evolutiva favorecendo o cruzamento entre organismos que apresentam traços desejados;

Infelizmente, mesmo com todo o conjunto de evidências a seu favor, a teoria evolutiva é constantemente confrontada e questionada por argumentos irracionais, quase sempre tendenciosos.

As evidências que suportam a teoria evolutiva são tão bem fundamentadas quanto as que suportam a teoria da gravidade e as que comprovam que o holocausto foi um evento real.

Não obstante, a quantidade de páginas na internet que confrontam irracionalmente a teoria evolutiva é muito grande, e não existe esse mesmo esforço para desmerecer outras teorias científicas. Então por que teorias como a da gravidade não são questionadas pelo senso comum com a mesma intensidade que a teoria evolutiva? Esse ceticismo parcial existe porque, ao contrário da gravidade, a evolução confronta fundamentos tradicionais como o da criação divina da vida. Para muitos religiosos, a evolução é uma ameaça, a gravidade não.

Infelizmente, a evolução é uma disciplina negligenciada no sistema de educação básica de muitos países e grande parte dos antievolucionistas não teve acesso aos princípios evolutivos, ou aprendeu a evolução de forma incorreta. Essa deficiência na educação certamente torna o processo de aceitação da evolução muito mais difícil. Por outro lado, mesmo após serem apresentados corretamente à evolução, muitos ainda resistem em aceitar seus princípios e evidências, simplesmente porque a evolução afeta suas premissas religiosas e culturais. Sem querer abandoná-las, se torna mais fácil ignorar os fatos que não são convenientes.

O criacionismo é a crença de que a vida na Terra é o produto de criações sobrenaturais relativamente recentes. Por ser tratada como verdade absoluta e inquestionável, as religiões impedem que as pessoas se abram para novas possibilidades. Em contraste, a ciência utiliza procedimentos racionais, imparciais e rigorosos para testar hipóteses formuladas, e o questionamento é uma das suas mais nobres propriedades. As verdades científicas não são absolutas e a ciência não é arrogante para novos conjuntos de evidências. Qualquer ideia científica (incluindo a evolução) pode ser alterada com o surgimento de novas evidências, ou se uma nova tecnologia mostrar um lado até então inexplorado de um fenômeno natural. Ideias que foram rigorosamente submetidas a testes científicos, como a teoria evolutiva, são aceitas como fato a despeito de agradarem ou não as necessidades humanas.

Até onde conhecemos, o ser humano é o único organismo que possui uma capacidade cognitiva tão alta. As partes cerebrais que hoje nos permitem questionar e compreender os fenômenos naturais evoluíram porque aumentaram as chances de sobrevivência dos nossos ancestrais. Em nenhum outro momento da nossa breve história, o ser humano compreendeu tanto os fenômenos naturais como hoje, e nunca os produtos da ciência estiveram tão acessíveis. Informações preciosas, que nomes como Newton, Einstein e Darwin nunca puderam conhecer, podem ser facilmente acessadas com alguns toques na tela de um *smartphone* e é um privilégio viver esse momento. A ciência que produz as tecnologias que facilitam nossa vida, além dos remédios e vacinas que asseguram nossa sobrevivência, é a mesma que comprova a teoria evolutiva, mas muitas pessoas filtram e optam por aceitar apenas o que é confortável e conveniente.

O uso do sobrenatural para explicar fenômenos que a ciência não consegue acessar por causa de restrições tecnológicas é uma propriedade quase intuitiva do ser humano. Em um passado relativamente recente, sintomas de doenças que hoje são bem conhecidas foram considerados manifestações de forças sobrenaturais malignas. Com o progresso científico e tecnológico, o ser humano passou a entender que essas supostas manifestações malignas são apenas reações do corpo a infecções causadas por microrganismos. Invisíveis aos nossos olhos, esses organismos passaram a ser conhecidos somente quando novas tecnologias, como os microscópios, permitiram sua observação.

O método científico tem limites óbvios. Se hoje conseguimos observar uma bactéria viva através de um microscópio, a tecnologia usada para observar fisicamente um átomo ou planetas muito distantes da Terra ainda é limitada. Todavia, a compreensão parcial de um fenômeno natural por causa de limites logísticos não implica na necessidade de abandonar a razão para explicar esse fenômeno. Mesmo que sejam tecnologicamente limitados, os procedimentos racionais representam o melhor caminho na busca pela verdade. Por outro lado, exigindo uma resolução imediata, para muitas pessoas é mais confortável se abraçar a uma justificativa sobrenatural para fenômenos que a ciência ainda não consegue explicar completamente.

O criacionismo não é fundamentado por evidências racionais e seu único argumento é o de que a vida, por ser complexa demais, só pode ser explicada por forças sobrenaturais. As ideias criacionistas se beneficiaram e se difundiram no passado quando não existia uma explicação alternativa para a origem da vida ou do universo como um todo. Não tolerando o vazio do conhecimento, era mais fácil compreender a vida a partir de explicações irracionais do que não a compreender de forma alguma. O criacionismo preencheu essa necessidade em um período no qual não existia uma alternativa, mas felizmente a ciência tem uma explicação muito mais coerente, e baseada em evidências reais.

Nos próximos capítulos, veremos evidências práticas do processo evolutivo a partir dos seguintes tópicos: biologia comparada, fenótipos intermediários, biologia molecular, coevolução, *bad design*, fósseis, biogeografia, vestígios evolutivos, atavismos, evolução em tempo real e seleção artificial.

Capítulo 17
Biologia comparada

As similaridades estruturais compartilhadas entre os grupos representam um forte indicativo das suas relações de parentesco. Características compartilhadas existem porque foram herdadas a partir de uma condição ancestral que existia antes da população divergir. Após divergirem, as características de cada grupo tomam caminhos independentes e podem se modificar (em maior ou menor grau) em novas versões, mas o plano de organização ancestral básico é mantido em cada grupo. Os grupos tomam rumos independentes porque são submetidos a pressões seletivas diferentes e porque as mutações que surgem e que são favorecidas não necessariamente são as mesmas em cada grupo.

A relação entre as estruturas de dois grupos pode ser definida com base em três tipos de similaridades: ancestralidade, função e/ou aparência. Estruturas herdadas a partir de um *ancestral* comum são chamadas estruturas **homólogas** e podem ou não desempenhar um mesmo papel ecológico. Estruturas que desempenham o mesmo papel ecológico, mas que não necessariamente foram herdadas a partir de um ancestral comum são chamadas de **análogas**. Estruturas que possuem uma mesma *aparência* podem ser homólogas ou análogas (Figura 17.1).

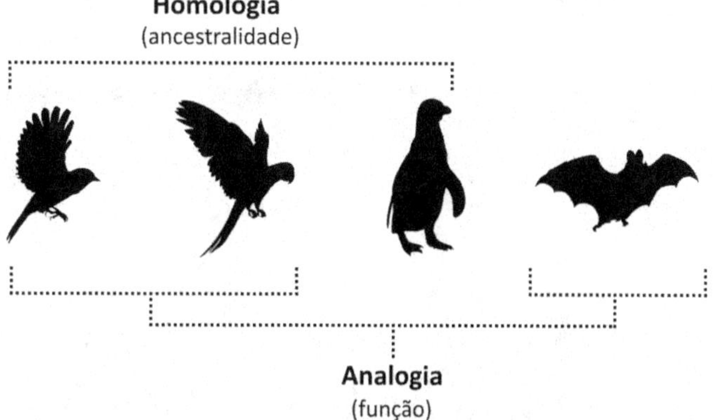

Figura 17.1 As estruturas podem ser categorizadas de acordo com suas similaridades e papéis. As asas de um pássaro e as de um papagaio são homólogas (porque foram herdadas de um mesmo ancestral) e análogas (porque servem a um mesmo propósito ecológico: o voo). Por outro lado, as asas de um pássaro e as de um pinguim são homólogas, mas não análogas, as asas de um pássaro e de um morcego são análogas, mas não homólogas, e as asas de um pinguim e as de um morcego não são nem homólogas nem análogas.

Na prática, determinar se um par de estruturas apresenta homologia ou analogia nem sempre é tão fácil. A análise superficial não pode ser usada como critério conclusivo e a determinação de uma relação evolutiva necessita que as partes profundas das estruturas sejam avaliadas. A presença de partes equivalentes em posições anatômicas similares é um forte indicativo de homologia. Persistindo as dúvidas, a confirmação é feita conhecendo as etapas de formação da estrutura durante o desenvolvimento embrionário ou a partir de análises genéticas. Estruturas homólogas devem se originar a partir dos mesmos procedimentos embrionários e devem ser determinadas pelos mesmos genes. Com base nisso, a robustez da teoria evolutiva pode ser rigorosamente testada a partir de duas previsões:

1) podemos esperar que estruturas derivadas de um ancestral comum sejam provenientes de genes iguais e que tenham a mesma origem embrionária, a despeito de terem adotado aparências e funções distintas.

2) podemos também esperar que as estruturas que evoluíram independentemente para atender a um mesmo desafio ecológico apresentem uma mesma aparência superficial, mas que tenham origens genética e embriológica distintas.

As previsões acima foram testadas e confirmadas em diversos grupos biológicos. O membro anterior de todos os tetrápodes, por exemplo, foi herdado a partir de um único ancestral. A despeito de serem utilizados para andar, escalar, escavar, nadar ou voar, essas estruturas compartilham os mesmos ossos em posições equivalentes, se desenvolvem de forma igual e são determinadas pelos mesmos conjuntos de genes. A versão 'asa', no entanto, evoluiu independentemente nos pterossauros, nas aves e nos morcegos. Essas versões servem ao mesmo propósito ecológico, mas os ossos que foram remodelados são diferentes nos três grupos (Figura 17.2).

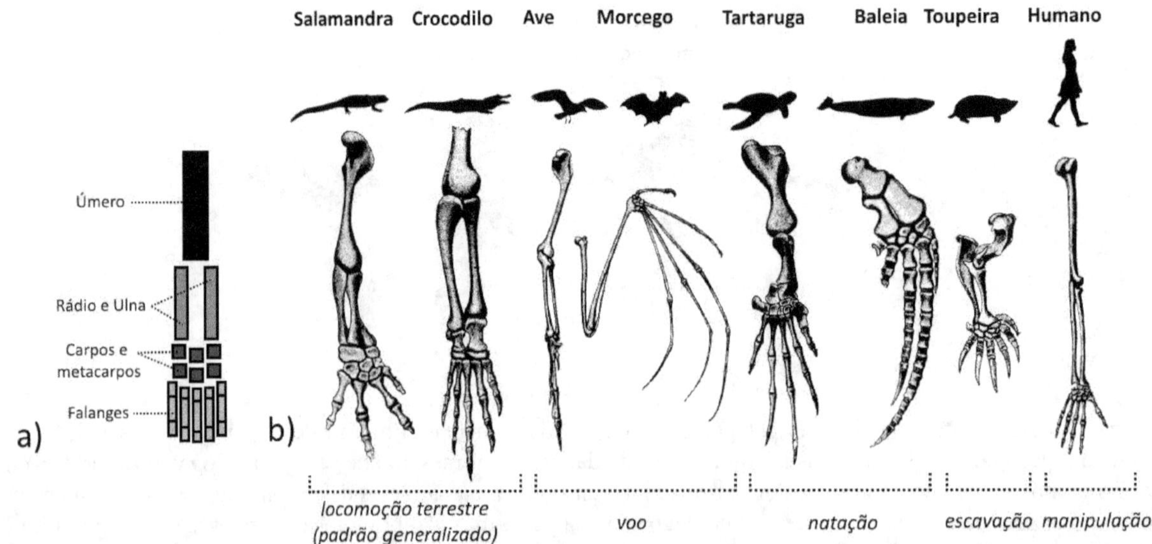

Figura 17.2 Organização generalizada do membro anterior dos tetrápodes (a). Diferentes versões dos membros anteriores de tetrápodes modernos que foram remodeladas a partir de uma condição original para atender a diferentes desafios ecológicos (b). Apesar de terem configurações e proporções distintas, e a despeito de suas funções, os membros de todos os tetrápodes são formados pelos mesmos ossos, que derivam das mesmas células embrionárias e são determinados pelos mesmos genes. Perceba que os membros anteriores das aves e dos morcegos são estruturas homólogas, porque derivam de um ancestral tetrápode comum, mas a modificação do membro em asa ocorreu nas aves e nos morcegos de forma independente. Apesar dos membros serem homólogos entre as aves e os morcegos, a versão 'asa' evoluiu independentemente em cada grupo.

Tentando se adequar a evidências que são tão óbvias, alguns criacionistas sugeriram que os grandes grupos biológicos refletem temas da criação divina. Por exemplo, cada espécie de ave teria sido criada com base no tema 'aves' e cada espécie de inseto e aranha teria sido criada com base no tema 'artrópodes'. Todavia, essa proposta não faz sentido para grupos que apresentam ampla variedade de tipos morfológicos como, por exemplo, os moluscos e os mamíferos. A que grande tema pertencem as lesmas, os mariscos e os polvos e como golfinhos e baleias se encaixam dentro do tema mamíferos?

A evolução é a única propriedade que explica as características biológicas que possuem funções completamente distintas, mas que compartilham similaridades estruturais, embriológicas e genéticas, e também as que possuem funções similares, mas que são estruturalmente, embriologicamente e geneticamente distintas.

De acordo com a teoria evolutiva, a avestruz é uma ave que perdeu a capacidade de voar, mas que manteve as asas como remanescentes evolutivos. Como o criacionismo explica essa estrutura? Por que um animal que não voa, seria deliberadamente criado com um par de asas? A evolução também sugere que os morcegos evoluíram asas de forma independente e por isso sua organização esquelética é completamente distinta da observada nas aves. Para um criador, não seria mais eficiente utilizar, nos morcegos, o mesmo plano de organização de asas que deu tão certo nas aves? Por que produzir um novo plano?

As classificações biológicas, feitas com base em comparações entre as estruturas biológicas, poderiam facilmente refutar a evolução. Os táxons são definidos com base em homologias. Mais especificamente, um grupo é definido com base em características que são exclusivas daquele grupo e que foram herdadas a partir de um ancestral comum. Pelos e glândulas mamárias são características exclusivas que definem o grupo dos mamíferos, por exemplo. Da mesma forma, os subgrupos de mamíferos também possuem suas próprias características exclusivas. Se os organismos representam o resultado de criações independentes, o uso de características biológicas distintas deveria resultar em classificações taxonômicas também distintas.

Considere uma analogia. Os livros de uma biblioteca podem ser classificados a partir de critérios variados e independentes como, por exemplo, a cor da capa, o tipo de papel e o assunto abordado. Se classificarmos os livros com base na cor da capa, há uma grande chance de que os grupos formados sejam diferentes dos grupos classificados com base no tipo de papel ou com base no tema abordado. As classificações são incongruentes porque as características utilizadas para categorizar os grupos de livros são independentes. Um livro de capa branca pode ser produzido com qualquer tipo de papel e abordar qualquer tema. Portanto, a chance de livros com capa branca abordarem sempre o mesmo tema é muito baixa.

Para que a evolução esteja correta, os padrões de classificação devem ser congruentes, a despeito das características biológicas que são utilizadas como critério, porque a teoria afirma que todas as características foram herdadas juntas. Um importante estudo do início da década de 80 testou essa hipótese, produzindo árvores evolutivas de onze espécies de mamíferos utilizando como critérios a avaliação da estrutura de cinco proteínas independentes. A hipótese testada foi a de que a ordem das espécies nas árvores produzidas deveria ser similar, a despeito do tipo de proteína utilizada como critério. Os autores do estudo confirmaram a hipótese observando congruências entre as árvores que foram maiores do que o esperado por acaso.

Matematicamente, o número de árvores evolutivas que pode ser produzido aumenta exponencialmente com o aumento do número de unidades taxonômicas. Apenas uma árvore é possível de ser produzida com dois grupos, 3 são possíveis com 3 táxons e milhões são possíveis com 10 táxons. Mesmo que diferentes características sejam utilizadas para comparar os grupos, as propriedades biológicas sempre apontam para as mesmas relações, e as árvores evolutivas que conhecemos hoje estão longe de representar amostras aleatórias entre a imensa quantidade de possibilidades matemáticas.

A sistemática biológica empregando os princípios evolutivos (chamada de sistemática filogenética) é uma área relativamente recente da biologia. Mesmo considerando que as relações de muitos grupos ainda precisam ser melhor compreendidas (principalmente nos níveis biológicos inferiores e em grupos estruturalmente simples, porque definir as homologias nestes casos é mais complicado), as relações entre os grandes grupos, formando uma grande árvore evolutiva da vida estão bem estabelecidas.

A história da vida é única, e o trabalho dos sistematas é conhecer as relações entre as linhagens e compreender como suas características foram remodeladas a partir de condições ancestrais. Os organismos vivos e os fósseis representam uma parcela mínima da diversidade da vida que já existiu no nosso planeta e isso certamente dificulta o estabelecimento das relações (em maior ou menor grau, dependendo do grupo). Todavia, mesmo com tantas limitações tecnológicas, a ciência tem sido muito eficiente, representando o caminho mais curto para compreendermos esta e outras verdades.

Capítulo 18

Fenótipos intermediários (de transição)

As versões de um fenótipo podem ser polarizadas de forma que um extremo represente a versão mais primitiva (menos modificada) e o outro extremo, a versão mais evoluída (mais modificada). Tendo em vista que a evolução não é um processo estritamente linear no qual uma condição substitui completamente a outra, devemos esperar que versões estruturalmente intermediárias entre os dois extremos de uma estrutura também sejam observadas nos organismos vivos e/ou nos fósseis.

Versões intermediárias dos traços fenotípicos (incluindo os comportamentos) evidenciam o processo evolutivo porque mostram que as estruturas se modificam gradualmente passando por diversos estágios antes de adquirirem complexidade, e porque mostram que os grupos fazem parte de uma mesma genealogia.

Oviparidade: a oviparidade, condição na qual o embrião se desenvolve em um ovo fora do corpo da mãe, é mais antiga que a viviparidade. A viviparidade evoluiu mais de 100 vezes entre os diversos grupos de animais e descreve os casos nos quais os filhotes se desenvolvem no interior da mãe. Pressões que favoreceram a nutrição direta dos filhotes pela mãe e/ou o desenvolvimento dos filhotes sob a proteção física e sob as temperaturas ideias do corpo da mãe levaram diversos organismos a reter o embrião no trato reprodutivo feminino. Uma condição funcionalmente intermediária, chamada de ovoviviparidade, descreve os casos nos quais o embrião se desenvolve em um ovo, mas o ovo é retido no interior do corpo da mãe. Essa condição deve ter servido como um trampolim para que a viviparidade evoluísse a partir da oviparidade.

Perda das patas: Animais alongados e sem patas se locomovem melhor no subsolo ou entre as folhas do que os animais com patas e a redução ou perda dos membros foi favorecida em muitos grupos que se tornaram fossoriais. Entre dois extremos (animais robustos com patas desenvolvidas e animais alongados sem patas), espera-se encontrar padrões intermediários. Estimativas sugerem que a perda das patas evoluiu mais de 50 vezes entre os lagartos, sendo que anfisbênias e serpentes representam os descendentes mais especializados dos lagartos. Diversos lagartos, como os das famílias Scindidae e Gymnophtalmidae, possuem traços fenotípicos intermediários entre o padrão morfológico dos lagartos generalizados e o das serpentes, e servem de modelo para entendermos como podem ter sido os estágios intermediários durante a evolução de animais ápodes, como as serpentes (Figura 18.1a). A maioria das aproximadamente 200 espécies de anfisbênias perdeu completamente as patas, mas nas espécies do gênero *Bipes*, patas anteriores funcionais que auxiliam sua locomoção foram mantidas (Figura 18.1b). Entre as serpentes, jiboias e sucuris possuem vestígios esqueléticos internos de patas posteriores, e em 2006 um fóssil antigo de uma serpente que viveu há 90 milhões de anos foi encontrado na Patagonia e essa espécie (*Najash rionegrina*) possuía pequenas patas posteriores.

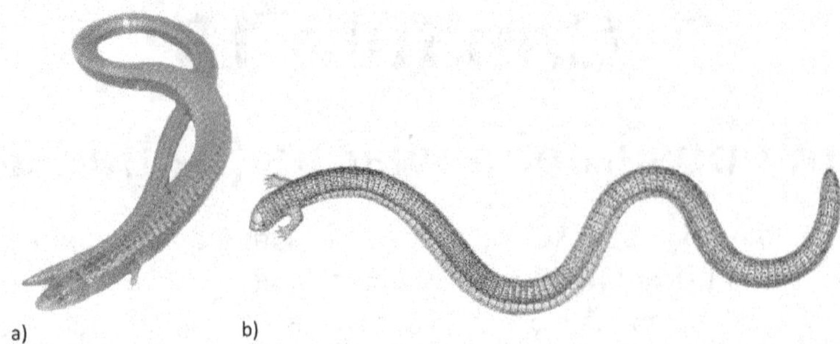

Figura 18.1 Muitas espécies de lagartos, como as do gênero *Bachia*, são muito alongadas e possuem patas vestigiais (a). Apesar de não representarem os ancestrais das serpentes, o padrão morfológico desses lagartos é, em muitos aspectos, funcionalmente intermediário entre o padrão de um lagarto generalizado e o de uma serpente. A maioria das anfisbênias perdeu completamente as patas, mas as espécies do gênero *Bipes* mantiveram pequenas patas anteriores com garras que são usadas na escavação (b).

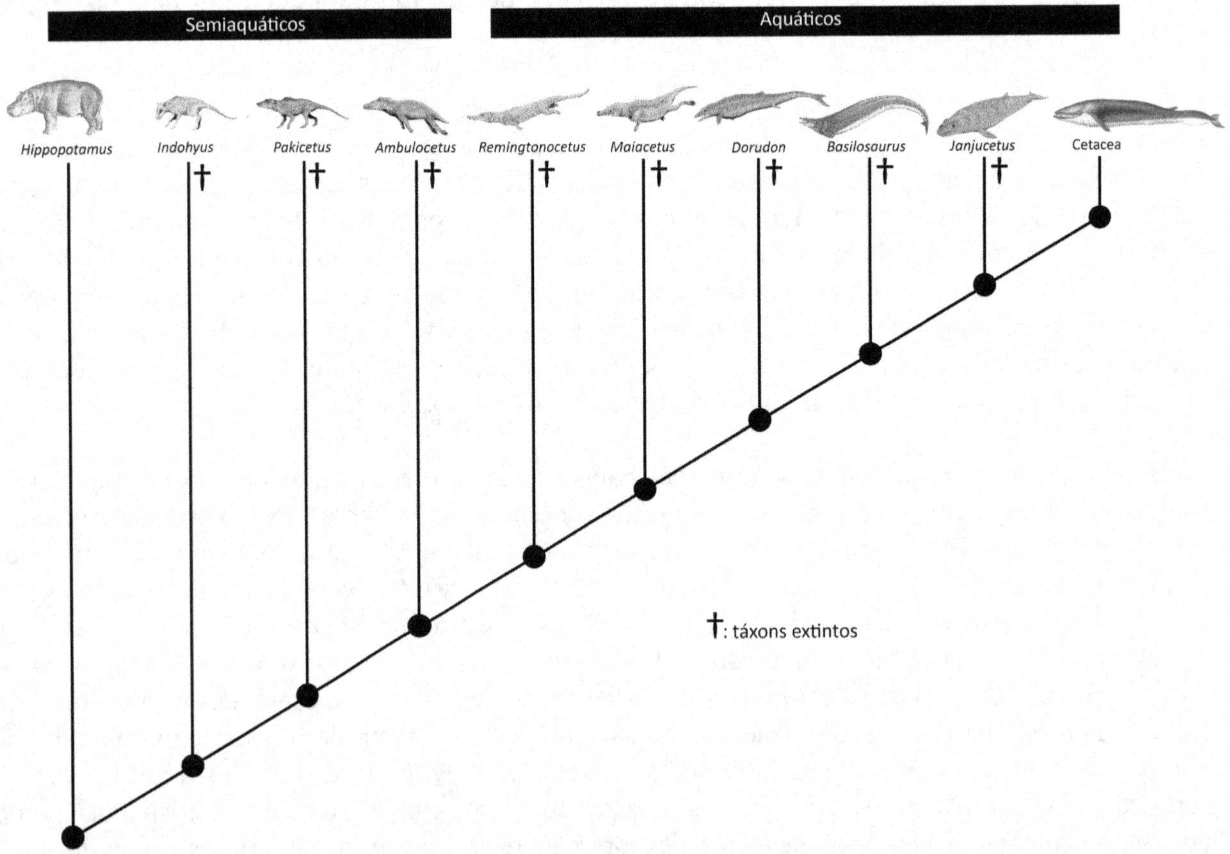

Figura 18.2 Relação evolutiva entre os cetáceos modernos e grupos extintos. As características que definem os cetáceos foram adquiridas gradualmente a partir de mudanças cumulativas de ancestrais que eram inicialmente semiaquáticos. O hipopótamo (*Hippopotamus amphibius*) representa o parente vivo mais próximo dos cetáceos e essa relação é suportada por evidências morfológicas, comportamentais e genéticas. O ancestral comum dos dois grupos viveu há pouco mais de 50 milhões de anos. As figuras representam reconstruções com base nos fósseis.

Tartarugas: tartarugas são animais muito especializados, principalmente em decorrência das placas de origem óssea e epidérmica que se desenvolveram e se suturaram para formar suas elaboradas carapaças. De forma similar ao que aconteceu com as aves, as tartarugas perderam os dentes, que foram substituídos por estruturas afiadas formadas por queratina. A posição evolutiva das tartarugas em relação aos outros répteis ainda é motivo de debate entre os cientistas porque muitas características tradicionalmente consideradas primitivas revelaram ser especializações. Além disso, até pouco tempo, o registro fóssil do grupo era pouco informativo. Todavia, um fóssil de tartaruga encontrado em 2008 apresenta traços claramente intermediários. A espécie, convenientemente chamada de *Odontochelys semitestacea* (etimologicamente: tartaruga com dentes e carapaça pela metade), tinha apenas a porção ventral da carapaça e possuía dentes.

Animais semiaquáticos: cetáceos (golfinhos e baleias) são descendentes de mamíferos terrestres que passaram a viver no ambiente aquático. Há relativamente pouco tempo, o registro fóssil do grupo era muito escasso, e essa lacuna paleontológica era comumente usada como argumento contra a teoria evolutiva. Afinal, se baleias e golfinhos evoluíram de mamíferos terrestres, por que não existiam fósseis para comprovar essa transição? Com o tempo, o registro fóssil que era pobre foi gradualmente enriquecido com novos fósseis e a evolução dos cetáceos se tornou muito bem documentada. O registro fóssil mostra uma transição gradual de grupos terrestres que passaram a viver facultativamente na água (como *Indohyus*, *Pakicetus*, *Ambulocetus* e *Kutchicetus*) até se tornarem completamente dependentes do ambiente aquático (como *Remingnocetus*, *Maiacetus*, *Dorudon*, *Basilosaurus*, *Janjucetus*, *Mammalodon* e *Eomysticetus*) (Figura 18.2). Os estudos também mostraram que a remodelação das estruturas terrestres em estruturas aquáticas ocorreu de forma relativamente rápida, em um período de aproximadamente 10 milhões de anos. Superficialmente, os cetáceos são muito diferentes dos mamíferos terrestres, mas a evolução do grupo não envolveu uma revolução morfológica tão profunda assim, porque muitas estruturas terrestres foram aproveitadas na água. As principais remodelações ocorreram no crânio (como o deslocamento posterior das narinas), na cauda (que se alongou e adotou um formato de nadadeira) e nas patas (as anteriores se modificaram em nadadeiras e as posteriores foram reduzidas até serem perdidas), e o registro fóssil documenta muito bem essas mudanças. Evidências ecológicas sugerem que a extinção de grandes animais marinhos, como os mosassauros, os ictiossauros e os plesiossauros, abriu oportunidades ecológicas que foram exploradas pelos mamíferos e isso resultou na evolução dos cetáceos. Como vimos anteriormente, a história de vida do nosso planeta nos mostra que os grupos tendem a irradiar rapidamente quando oportunidades ecológicas se tornam disponíveis. Muitos grupos modernos de mamíferos, como o ornitorrinco, os hipopótamos, as lontras e as focas, possuem ecologias semiaquáticas, demonstrando que essa condição ecológica intermediária entre os hábitos terrestres e aquáticos é muito comum no grupo. De fato, a evolução de hábitos aquáticos ou semiaquáticos a partir de ancestrais com hábitos terrestres também ocorreu em praticamente todos os grandes grupos, incluindo aranhas, insetos, crocodilos, iguanas, cobras, tartarugas, patos, pelicanos e pinguins. Os peixes-boi, mamíferos da ordem Sirenia, representam uma segunda irradiação evolutiva de mamíferos que também deriva de ancestrais terrestres, e sua história evolutiva também tem sido enriquecida por fósseis recém-descobertos. Assim como as baleias, as espécies modernas não possuem patas posteriores, mas espécies extintas como as dos gêneros *Protosiren* e *Pezosiren*, se pareciam muito com as espécies modernas, mas com patas posteriores. A descoberta dos fósseis foi certamente importante para refinar o conhecimento sobre a evolução dos cetáceos, mas o parentesco do grupo com os outros mamíferos já estava bem fundamentado por evidências comparativas com os seus parentes vivos. Como veremos posteriormente, alguns grupos possuem mais probabilidade de se fossilizar que outros e a discrepância e as lacunas do registro fóssil de um grupo não representam bons argumentos contra a evolução. Os fósseis são elementos muito úteis para os cientistas, mas a comparação dos grupos vivos quase sempre consegue estabelecer relações evolutivas robustas sozinha.

Capítulo 19

Biologia molecular

Atomicamente, todas as formas de vida são essencialmente formadas pelos mesmos elementos químicos. Os átomos se arranjam para produzir moléculas, como os nucleotídeos e os aminoácidos, e estas moléculas se arranjam em moléculas ainda maiores, como o DNA e as proteínas. As diferenças entre os organismos, portanto, começam a ser observadas nos níveis genéticos e protéicos.

O universo das moléculas é comprovadamente dinâmico e variações estruturais e funcionais são produzidas por erros durante as reações químicas. Os erros quase sempre são prejudiciais, mas excepcionalmente, podem ser vantajosos o suficiente para produzir uma versão molecular nova que supera as demais em algum aspecto. Essa molécula nova, por exemplo, pode se associar mais rápido com outra molécula e aumentar a eficiência de um processo bioquímico. Experimentos diversos mostraram que as moléculas são entidades mutáveis e que estão sujeitas aos efeitos do meio. Aceitar que os organismos são entidades fixas deveria implicar também na aceitação de que as moléculas não se modificaram desde que foram criadas. Afinal, se os organismos são entidades que não evoluem por que seus pormenores moleculares seriam mutáveis?

O código genético fornece uma das mais fortes evidências de que todas as formas de vida que conhecemos estão conectadas. Bactérias, protozoários, fungos, plantas e animais são geridos pelos mesmos mecanismos genéticos que foram herdados a partir de um ancestral comum a toda vida. A mais profunda homologia da vida, portanto, se encontra no nível molecular. Todos os organismos, dos mais simples aos mais complexos, possuem sequências de ácidos nucléicos que codificam suas proteínas estruturais e funcionais, e essa é uma propriedade que define a vida como conhecemos. O código genético é tão uniforme que técnicas moleculares recentes conseguem utilizar organismos evolutivamente distantes, como as bactérias, para sintetizar proteínas que são úteis para o ser humano. Conhecendo a sequência de códons que produz uma proteína (como a insulina), os genes das bactérias podem ser manipulados para estimular a produção dessa proteína desejada.

Apesar de ser uma propriedade universal à vida, não existe uma razão funcional para que o código genético apresente a configuração que conhecemos. O códon GCU é responsável por codificar o aminoácido Alanina, mas a razão disso não é bioquímica. Não existem restrições funcionais que impeçam este ou qualquer outro códon de ser responsável por outros aminoácidos. O código genético evoluiu dessa forma e foi herdado por todos os descendentes assim. Da mesma forma que as palavras que formam o vocabulário de uma língua poderiam ter sido outras, o código genético também poderia ter sido diferente. Essa ausência de restrições funcionais é uma forte evidência de que os arranjos apresentados no código genético evoluíram muito cedo e foram mantidos em todos os organismos.

O genoma representa todo o conjunto genético de um indivíduo. A maior parte do genoma está contida no núcleo das células, mas sequências genéticas também existem nas mitocôndrias. Na espécie humana, por exemplo, cada célula possui mais de 3 bilhões de pares de bases nucleotídicas. Desse total, 21% das sequências são compartilhadas com todas as outras formas de vida celular. Esses genes são responsáveis pela regulação de processos celulares básicos que evoluíram muito cedo e que foram mantidos em todos os descendentes. Com os organismos eucariontes, o ser humano compartilha um adicional de 32% de genes que também são responsáveis por regular o metabolismo celular, mais complexo nas células eucarióticas do que nas bactérias. Um adicional de aproximadamente 24% dos genes é compartilhado com os outros animais, e o compartilhamento continua, de modo que com os chimpanzés, nossos parentes vivos mais próximos, compartilhamos 98,8% dos genes. Obviamente, a espécie humana (e qualquer grupo reprodutivamente isolado), possui genes que são exclusivos e que surgiram por mutação quando a população se isolou das demais.

As sequências de nucleotídeos no DNA dos seres humanos e dos chimpanzés são tão similares entre si porque as duas espécies compartilham um ancestral comum relativamente recente (que viveu entre 5 e 7 milhões de anos atrás). O sequenciamente completo dos genomas revelou que genes que desempenham as mesmas funções nos dois grupos estão presentes nos mesmos cromossomos e nos mesmos locais físicos. Se chimpanzés e seres humanos compartilham tanta similaridade genética, o que está por trás das diferenças fenotípicas entre os dois grupos? Uma diferença de 1,2% entre os dois genomas não parece ser muita coisa quando analisado em termos percentuais, mas o genoma humano é formado por aproximadamente 3 bilhões de pares de bases de nucleotídeos. Portanto, em termos absolutos, 1,5% equivale a 35 milhões de pares de bases que são exclusivos do ser humano. Essas diferenças são o resultado de mutações (como inserções, deleções e alterações cromossômicas) e resultam dos milhões de anos que separam os dois grupos.

Mais importante que as diferenças quantitativas, o modo como os genes se expressam também difere entre os dois grupos. Muitas sequências que são funcionais nos chimpanzés estão desativadas no ser humano e mesmo os genes que são funcionais nos dois grupos podem apresentar diferenças. Por exemplo, os mesmos genes podem se expressar em momentos distintos em cada grupo, de forma que genes que são continuamente funcionais em todos os estágios de vida nos chimpanzés se desligam mais cedo no ser humano. Ainda, a expressão de um gene no ser humano pode ser mais ou menos intensa em relação ao mesmo gene dos chimpanzés. Muitos genes que produzem o grande cérebro humano, por exemplo, também estão presentes nos outros primatas, mas sua expressão é reduzida nestes grupos.

Uma evidência genética adicional que comprova o forte parentesco entre seres humanos e os outros símios é observada no segundo cromossomo dos seres humanos. Chimpanzés, gorilas e orangotangos possuem 24 pares de cromossomos e evidências sólidas mostram que o segundo par de cromossomos da espécie humana foi formado a partir de uma fusão de dois cromossomos que ocorreu em um momento após os humanos terem divergido do ancestral comum com os chimpanzés. Nos chimpanzés, o segundo e o terceiro cromossomo (chamados de 2A e 2B) são menores e apresentam sequências que na espécie humana é observada no cromossomo 2. O local específico onde os dois cromossomos originais se fundiram é evidente no segundo cromossomo humano. Telômeros são regiões terminais dos cromossomos que são formadas por sequências simples e repetidas de nucleotídeos associadas a proteínas estruturais. Essas sequências estão sempre presentes nas extremidades dos cromossomos dos organismos eucariontes, mas no cromossomo 2 da espécie humana, sequências muito claras de DNA telomérico estão presentes no meio do cromossomo, em um local que representa o ponto onde os dois cromossomos originais se fundiram. Além disso, os cromossomos tipicamente possuem apenas um centrômero (região próxima do centro onde os dois braços do cromossomo se associam), mas no cromossomo 2 da espécie humana, os cientistas observaram evidências de um segundo centrômero, vestigial.

Análises genéticas realizadas com DNA coletado a partir de um fragmento de osso de um hominídeo encontrado na caverna Denisova na Sibéria revelou que essa espécie já possuía o segundo cromossomo fundido. Esse e outros estudos mostram que a fusão dos cromossomos ocorreu em algum momento após a linhagem humana ter se separado da linhagem dos chimpanzés e isso ocorreu antes da espécie *Homo sapiens* ter divergido de outras espécies de *Homo*.

A relação do ser humano com os grandes primatas Africanos foi proposta por Charles Darwin e por Thomas Huxley com base em similaridades fenotípicas superficiais há mais de 150 anos, em um período tecnologicamente muito limitado. As técnicas que hoje nos permite mapear detalhadamente as sequências exatas dos nucleotídeos dos genomas dos diversos organismos poderiam facilmente refutar essa e outras relações que foram estabelecidas há tanto tempo, mas o contrário aconteceu. As similaridades moleculares entre chimpanzé e ser humano descritas acima representam algumas das muitas relações que evidenciam o processo evolutivo. Os dados moleculares passaram a ser empregados com sucesso, principalmente após os anos 2000, para conhecer as relações entre muitas espécies e fortalecer as já conhecidas árvores genealógicas dos grandes grupos.

Capítulo 20

Coevolução

Relações ecológicas entre duas espécies que resultam em mudanças evolutivas recíprocas produzem o que chamamos de coevolução. Darwin estudou as relações entre plantas e insetos polinizadores e propôs que os dois lados evoluíram juntos a partir de pressões seletivas recíprocas. Relações assim são fortalecidas pela seleção natural porque os dois lados são mutuamente beneficiados. A coevolução pode ocorrer entre as partes de uma relação harmônica, mas também entre presas e predadores ou entre hospedeiros e parasitas.

Como já vimos, nestes últimos casos o lado favorecido exerce um efeito negativo sobre o outro lado, que responde com uma pressão seletiva na direção oposta. Predadores possuem adaptações que evoluíram em resposta aos desafios de capturar uma presa, e esses desafios existem porque os mecanismos de defesa das presas evoluíram em função das pressões predatórias. A relação é cíclica e só pode ser compreendida de tal forma. Igualmente, as respostas imunológicas de um hospedeiro evoluem por causa das pressões do parasita, e a virulência do parasita evolui em resposta aos mecanismos de defesa do hospedeiro. Como já vimos, essas relações evoluem de forma escalonada e produzem coadaptações.

A coevolução produz características coadaptativas entre as duas partes da relação, mas nem toda coadaptação é o resultado de uma coevolução. A coevolução descreve o surgimento de características que só evoluíram por causa de uma relação ecológica. Essas características são certamente coadaptativas, mas em diversos casos, as adaptações evoluem independentemente em cada grupo e, somente depois, coincidem de ser mutuamente adaptadas entre si. Portanto, as coadaptações podem ou não surgir por reciprocidade evolutiva. Na prática, distinguir entre coadaptações que evoluíram por coevolução das que evoluíram de forma independente nem sempre é fácil.

Mais do que evidenciar o processo evolutivo, as coadaptações mostram que os organismos são dinâmicos e que, para que uma relação ecológica seja duradoura, uma população precisa se adaptar em resposta às pressões da outra parte da relação. A vida complexa como conhecemos passou a existir quando células que viviam agregadas foram beneficiadas em relação às células que viviam de forma solitária e, sendo favorecida, essa relação criou oportunidades para que novos desenhos biológicos evoluíssem. Abaixo, veremos uma pequena parcela da grande quantidade de coadaptações conhecida pela ciência e que só fazem sentido quando analisadas sob uma perspectiva evolutiva.

Polinização: a polinização descreve o processo no qual os gametas masculinos de uma planta são transferidos para outra planta para fecundar seus gametas femininos. Por serem organismos sem mobilidade, a evolução favoreceu os mecanismos que foram eficientes em transferir os gametas por distâncias grandes e em muitos casos esses mecanismos de transmissão envolvem animais. A maioria das gimnospermas é polinizada por meios não biológicos, principalmente o vento (condição chamada anemofilia), mas as angiospermas quase sempre dependem de animais para a reprodução. A coevolução entre plantas e insetos foi um marco importante que contribuiu para a diversificação das angiospermas e dos animais de forma geral. Insetos são, de longe, os principais polinizadores e o grupo com a maior riqueza de espécies entre os animais. Em grande parte, essa dominância numérica se deve à coevolução do grupo com as plantas, que criou oportunidades ecológicas sinergicamente. A diversificação das angiospermas e dos insetos também contribuiu para a irradiação adaptativa de vários outros grupos de forma indireta. Relações entre polinizadores e plantas evoluíram independentemente diversas vezes e estão entre os mais populares exemplos de coevolução. As plantas produzem substâncias ricas em açúcar, como o néctar, cuja finalidade é atrair insetos, aves e mamíferos que, indeliberadamente coletam seus grãos de pólen (estrutura reprodutiva que contém os gametas masculinos). Relações harmônicas como a observada entre plantas e polinizadores tendem a ser fortalecidas pela seleção natural e, em muitos casos, as coadaptações se tornam tão especializadas que as duas partes passam a ser interdependentes. A seleção natural pode reforçar uma relação ecológica de tal forma que uma planta se torna atrativa para um conjunto muito restrito de espécies, que também passa a ter especializações alimentares exclusivas para essa planta. Relações estreitas e coesas entre polinizadores e plantas trazem benefícios para os dois lados. Para os insetos, o néctar se torna um recurso exclusivo porque é necessário um aparato especializado para coletá-lo e essa especialização minimiza a competição com outros insetos. Para as plantas, a chance do seu pólen ser direcionado a uma planta coespecífica aumenta. Visto que o inseto é especializado em coletar pólen apenas de plantas da mesma espécie, isso reduz as chances de que o pólen seja desperdiçado com plantas de outras espécies. Estudos mais recentes mostraram que apesar das especializações serem mútuas, algumas plantas tendem a exercer um efeito maior na especialização dos insetos do que o contrário. Nestes casos, os insetos se tornaram muito especializados em coletar o néctar de apenas uma espécie de planta, mas essa mesma planta pode ser polinizada por mais de um tipo de inseto. A orquídea *Angraecum sesquipedale* é endêmica (exclusiva) de Madagascar e tem uma importância particular para a evolução. Seu epíteto específico *sesquipedale* etimologicamente significa 'um pé e meio', em alusão ao seu longo receptáculo de até 45 cm de comprimento e que abriga o néctar e o pólen na sua base. Darwin não visitou Madagascar, mas estudou a espécie e previu que somente uma mariposa com uma probóscide muito longa e especializada seria capaz de alcançar o néctar dessa orquídea. Wallace também suportou a previsão de Darwin e afirmou em 1867:

Que uma mariposa de tal tipo existe em Madagascar pode ser prevista com segurança, e os naturalistas que visitarem a ilha devem procurá-la com tanta confiança quanto os astrônomos que procuraram pelo planeta Netuno. E eles deverão ser igualmente bem-sucedidos

É importante mencionar que o planeta Netuno foi previsto por modelos matemáticos antes de ter sido observado pela primeira vez em 1846. A ideia de uma mariposa com uma probóscide muito longa chegou a ser ridicularizada, mas as previsões de Darwin e Wallace foram comprovadas décadas após a morte de Darwin, quando a mariposa *Xanthopan morgani* foi descoberta (Figura 20.1). Em alguns aspectos, essas mariposas possuem ecologia similar aos beija-flores porque se alimentam sem a necessidade de pousar nas flores e se tornam menos vulneráveis a predadores como aranhas que espreitam nas flores. Com base nisso, os cientistas sugeriram que a probóscide evoluiu como uma resposta à pressão por estes predadores e as orquídeas evoluíram o receptáculo longo quando se beneficiaram dessa particularidade bucal.

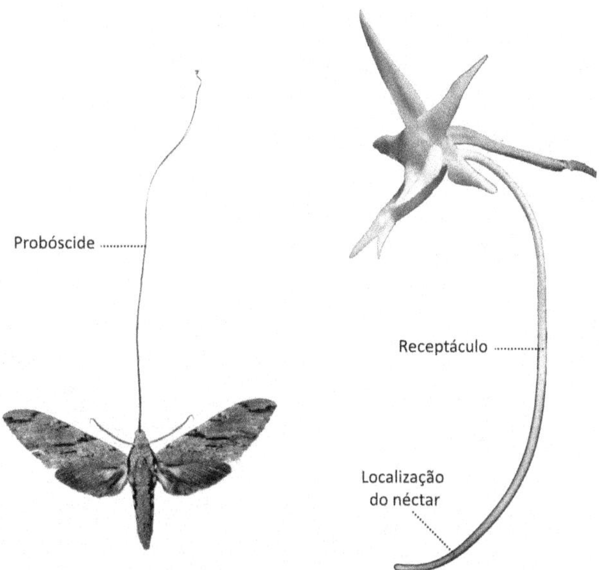

Figura 20.1 A relação entre a mariposa *Xanthopan morgani* e a orquídea *Angraecum sesquipedale* é um exemplo de uma coevolução estreita entre insetos e plantas. Atraída pelo néctar produzido pela flor, a mariposa indeliberadamente coleta grãos de pólen que serão transferidos para fecundar outra planta. O receptáculo profundo da orquídea limita os organismos que conseguem ter acesso ao néctar e a longa probóscide dessa espécie de mariposa é adaptada para essa finalidade.

Dispersão das sementes: após ser fecundado por um gameta masculino, o gameta feminino de uma planta se desenvolve em uma semente. A semente representa um estágio embrionário pós-fecundação dormente das gimnospermas e das angiospermas e, tecnicamente, é um zigoto que se desenvolveu até um determinado limite, encapsulado por estruturas derivadas do óvulo. Por serem superficialmente parecidos, frutos como o pistache e a castanha são comumente confundidos com sementes, mas esses são frutos secos das angiospermas que abrigam as sementes. Na semente, o embrião fica em um estado de dormência e o seu desenvolvimento retoma quando a semente é transferida para um local propício. A dormência é um mecanismo importante que assegura que o embrião se desenvolverá apenas sob condições ideais. As frutas evoluíram a partir de modificações dos ovários das angiospermas e muitas são estruturas palatáveis e atrativas que empacotam e abrigam uma ou várias sementes. Os animais possuem um papel central na dispersão dessas sementes e muitos exemplos de coadaptações são provenientes da relação entre animais dispersores de sementes e angiospermas. As frutas atraem principalmente fungos, moscas, aves e mamíferos, e as primeiras evidências fósseis de frutas datam de aproximadamente 60 milhões de anos. Apesar de geralmente possuírem as sementes expostas, algumas gimnospermas (como as dos gêneros *Ginkgo* e *Gnetum*) também evoluíram estruturas carnosas que abrigam as sementes e que desempenham papéis similares às frutas carnosas das angiospermas. Todavia, essa condição foi mais intensamente explorada pelas angiospermas que tipicamente apresentam frutos mais elaborados. Algumas estimativas mostram que até 90% das plantas de florestas tropicais utilizam animais para dispersar suas sementes. Uma teoria generalizada sugere que vertebrados e fungos competem por frutas e, quando infestadas por fungos, os frutos se tornam impalatáveis aos animais. No entanto, essa ideia foi recentemente confrontada quando pesquisadores observaram um padrão oposto. Segundo o estudo, resíduos metabólicos voláteis produzidos pelos fungos deixam as frutas ainda mais atraentes para mamíferos e aves, e tanto as sementes das frutas quando os esporos dos fungos são dispersos por estes vertebrados. O exemplo mostra que muitas relações ecológicas aparentemente simples e lineares são muito mais profundas, e que ainda há muito o que se conhecer sobre os padrões coevolutivos. A dispersão das sementes geralmente ocorre quando um animal consome uma fruta e as sementes atravessam, intactas, o sistema digestório para serem eliminadas com as fezes, que agem como um suplemento natural de fertilizante para o crescimento da planta. De fato, para muitas plantas a passagem pelo trato digestório é um requisito obrigatório para que a semente saia da dormência e retome o desenvolvimento. A ação dos animais também é importante porque assegura que a semente irá se desenvolver em um local distante da planta-mãe e isso contribui para expandir a área de distribuição da espécie. Em outros casos, os frutos possuem modificações estruturais como ganchos e espinhos que se aderem aos pelos e penas e dispersam as sementes contidas no seu interior (Figura 20.2).

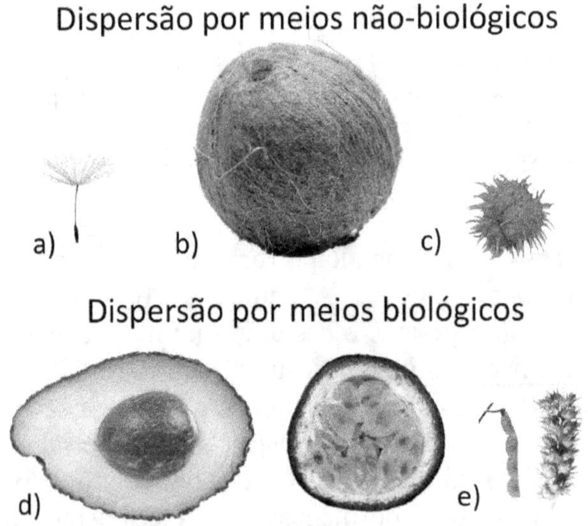

Figura 20.2 Principais mecanismos não-biológicos e biológicos de dispersão de sementes. Plantas como as dente-de-leão do gênero *Taraxacum* dispersam suas sementes através do vento e suas estruturas muito leves planam e se dispersam por distâncias relativamente longas (a). Plantas como os coqueiros possuem frutos que, apesar de serem grandes e pesados, possuem uma estrutura fibrosa que assegura que o fruto flutue na água (b). Plantas como a mamoneira (*Ricinus communis*) utilizam uma estratégia chamada deiscência explosiva, na qual os frutos ressecam e estouram para arremessar as sementes por distâncias de vários metros (c). A maioria das angiospermas produz frutos carnosos ricos em açúcar que abrigam uma ou mais sementes e atraem animais que agem como dispersores (d). A relação entre animais frutívoros e plantas evoluiu diversas vezes e o grau de interdependência é bastante variado, podendo ser apenas facultativo, ou tão forte que uma parte não consegue mais sobreviver sem a outra. Em muitas plantas, os frutos são adornados por espinhos e estruturas em forma de ganchos que se aderem aos pelos e penas de animais (e). As dimensões das figuras são apenas aproximadas.

Mimetismo: se beneficiando de atributos físicos adaptativos de outros organismos, a seleção natural favoreceu indivíduos que coincidiram de apresentar características semelhantes a um tipo original. O mimetismo descreve os casos nos quais os indivíduos de uma espécie evoluíram características similares às de outra espécie por terem sido de alguma forma beneficiados quando pegaram 'carona' nas características adaptativas da outra espécie. Muitos animais que possuem toxinas sinalizam essa propriedade a partir de comportamentos ou colorações de advertência, em uma condição chamada aposematismo. Características aposemáticas são artifícios que informam sobre o potencial de defesa de um organismo e favorecem tanto as presas quanto os predadores. O sinalizador evita a predação e o predador evita ser machucado, economizando energia que pode ser direcionada a uma presa mais vulnerável. Essa é a razão pela qual muitas espécies que possuem toxinas também evoluíram sinais que avisam sobre essa propriedade. O mimetismo batesiano descreve os casos especiais nos quais uma espécie evolui um mecanismo de advertência sem possuir toxinas. É fácil perceber como essa condição evolui. Indivíduos de uma espécie sem toxinas que apresentam coloração similar ao dos indivíduos de outra espécie que realmente possui toxinas tendem a ser favorecidos pela seleção natural, mesmo sem possuir toxinas. A espécie, portanto, se aproveita dos traços adaptativos de uma segunda espécie para confundir os predadores. Estudos com alguns grupos mostram que indivíduos com coloração de advertência e toxinas são menos capturados que os indivíduos que possuem apenas coloração de advertência, mas estes últimos são menos capturados que os indivíduos que não possuem nem coloração de advertência nem toxinas. Além disso, as chances dos indivíduos que imitam serem capturados são menores quando a espécie-tipo é muito tóxica. O exemplo mais popular de mimetismo inclui as serpentes. Espécies de falsas-corais do gênero *Erythrolamprus*, que possuem pouca ou nenhuma toxina, compartilham as mesmas áreas e mimetizam os padrões de coloração de espécies de corais verdadeiras do gênero *Micrurus*, que são muito tóxicas. Inicialmente, alguns cientistas questionaram se os padrões das falsas-corais realmente evoluíram em resposta a um modelo venenoso e até mesmo a eficiência adaptativa dos padrões de coloração contra predadores. Todavia, estudos recentes em larga escala confirmaram que os padrões das serpentes miméticas são, de fato, adaptativos e evoluíram pegando carona em um modelo verdadeiramente tóxico. O mimetismo é muito comum entre insetos. Muitas espécies de moscas que são inofensivas se parecem com abelhas e vespas e, nesses grupos, o mimetismo não se restringe à morfologia. As moscas voam e visitam flores da mesma forma que as abelhas. Outros grupos de insetos, como os besouros, também possuem representantes que evoluíram formatos similares ao de abelhas. Em outros casos, os modelos são formigas. As formigas são tipicamente evitadas por muitos predadores visuais porque são comumente impalatáveis ou tóxicas, ou porque possuem mecanismos físicos de defesa. Se aproveitando dessas vantagens, muitas espécies evoluíram padrões morfológicos similares aos das formigas (Figura 20.3). Alguns insetos também evoluíram padrões morfológicos que os fazem parecer com partes de plantas. Exemplos populares incluem os bichos-pau, que se assemelham a galhos finos, e as diversas espécies que são tão semelhantes a folhas que seus padrões de coloração simulam até mesmo as nervuras e as áreas apodrecidas tipicamente encontradas em folhas. Os exemplos de mimetismo não estão restritos aos animais. As fêmeas de muitas espécies de vespas solitárias inoculam veneno e paralisam aranhas com uma picada para depois introduzir os ovos que se desenvolvem em larvas que crescem devorando os tecidos corporais da aranha. As orquídeas do gênero *Brassia* se assemelham suficientemente a aranhas para que vespas de várias espécies sejam atraídas na tentativa de picar essa falsa aranha. Essa atração faz com que o pólen da orquídea seja indeliberadamente coletado pela vespa que, na tentativa de picar outra orquídea, transfere-o para esta. Curiosamente, um padrão oposto também evoluiu. A espécie de aranha *Epicadus heterogaster* mimetiza uma orquídea que atrai insetos que são rapidamente devorados. Orquídeas do gênero *Drakaea* possuem uma estrutura da flor, chamada labelo, que se assemelha a uma vespa e atrai insetos. Na tentativa de copular com essa falsa vespa, os insetos coletam o pólen. O labelo em forma de inseto fica localizado em uma estrutura em forma de dobradiça flexível. Quando a vespa tenta copular, a estrutura se dobra e leva a vespa à parte da flor que contém os pacotes de pólen. Os exemplos de mimetismo citados acima representam apenas a parte visual. Muitos outros organismos mimetizam padrões sonoros e padrões químicos de outros animais, mas esses exemplos tendem a ser subestimados porque propriedades visuais são mais evidentes para o ser humano. Muitas orquídeas, por exemplo, produzem componentes químicos que se assemelham aos feromônios de animais, que são atraídos para disseminar seu pólen.

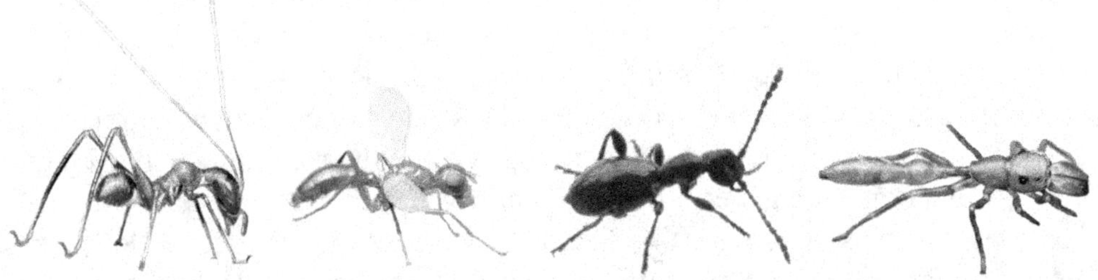

Figura 20.3 Nenhum dos animais acima é uma formiga. Os indivíduos pertencem a espécies que evoluíram padrões morfológicos similares aos de formigas porque pegaram carona nos atributos físicos adaptativos de espécies de formigas de suas áreas geográficas. Da esquerda para a direita: uma espécie de grilo (Orthoptera); uma espécie de mosca (Diptera), uma espécie de besouro (Coleoptera) e uma espécie de aranha.

Capítulo 21

Bad design

Visto que as estruturas evoluem por remodelação, devemos encontrar exemplos de estruturas que, mesmo sendo adaptativas, poderiam ser mais bem organizadas e mais eficientes. O termo *bad design* é comumente utilizado pelos biólogos para descrever estas estruturas biológicas, que poderiam ser mais eficientes se não tivessem sido produzidas com as limitações impostas pela evolução. Avaliadas sob uma perspectiva construtiva (criacionista), a organização dessas estruturas não faz sentido. Se um grupo foi criado independente dos outros, suas partes poderiam ter sido criadas de forma livre, sem as limitações impostas pela remodelação. Quando avaliada sob o ponto de vista evolutivo, a organização dessas estruturas passa a fazer sentido porque as limitações impostas pelo processo de remodelação impedem que arranjos mais eficientes evoluam. Como vimos anteriormente, o processo de remodelação é muito mais limitado que o processo de construção.

Suponha que você contrate um arquiteto para projetar uma casa. A casa não precisa ser construída com base em um modelo existente ou usando os mesmos materiais que a casa do seu vizinho, por exemplo. O arquiteto é livre para fazer do jeito que você determinar com características que atendam suas necessidades específicas. Por outro lado, para reformar uma casa, o arquiteto deve trabalhar com uma configuração já existente, o que é muito mais limitante. Para criar uma suíte em uma casa onde quartos e banheiros estão separados, por exemplo, é necessário adaptar completamente um dos quartos, isolando um cômodo novo e puxando tubulações e fios de áreas mais distantes. O objetivo pode ser alcançado, mas não de maneira tão eficiente como seria se a suíte fosse construída livremente a partir de um projeto inicial com poucas limitações.

Na evolução, as mutações modificam estruturas que já existem em uma população, resultando em versões que, apesar de serem adaptativas, poderiam ser mais bem organizadas. Muitos exemplos de estruturas mal organizadas que fazem sentido quando avaliadas sob uma perspectiva evolutiva são conhecidos pelos cientistas. Abaixo veremos alguns destes exemplos de estruturas adaptativas que poderiam ter um desempenho maior se pudessem ser construídas de outra forma e livremente.

Nervo laríngeo recorrente: o nervo laríngeo é uma estrutura dos vertebrados que se estende do cérebro até a laringe. Nos peixes, esse nervo é curto e sua trajetória é direta, mas nos vertebrados terrestres o nervo laríngeo é desnecessariamente extenso. Isso acontece porque os tetrápodes evoluíram um pescoço e o nervo precisa circundar o coração que está em uma posição relativamente distante do cérebro. Por causa do pescoço muito alongado das girafas, o nervo laríngeo se torna ainda mais extenso nesses animais. O nervo sai do cérebro, percorre toda a extensão do pescoço, circunda o arco aórtico do coração na região peitoral e percorre de volta todo o pescoço para inervar a laringe que fica próxima da cabeça. Não há necessidade funcional para que o nervo seja tão extenso, pois o nervo não se conecta aos arcos do coração ou de nenhuma outra estrutura ao longo do percurso. A razão dessa extensão ineficiente é essencialmente histórica. Nos peixes, o arco aórtico não interfere na trajetória do nervo e o padrão dos vertebrados terrestres evoluiu a partir dessa condição ancestral, mas com a limitação de continuar circundando o arco aórtico. Se o nervo laríngeo pudesse ser construído para que sua trajetória fosse direta entre cérebro e laringe, o nervo de 3 a 4 metros das girafas poderia ser substituído por um nervo de alguns poucos centímetros. Para que a passagem do nervo pelo arco aórtico fosse suprimida a partir de uma remodelação evolutiva, um conjunto muito grande e improvável de modificações (inclusive de ordem embriológica) seria necessário. O nervo laríngeo é uma evidência a favor do processo evolutivo e revela que as versões favorecidas pela seleção natural não necessariamente são versões ótimas. Estruturas como o nervo laríngeo são funcionais e adaptativas, mas representam um desafio para os criacionistas. Afinal, por que uma estrutura construída de forma independente é tão mal organizada e por que sua trajetória é tão parecida com a condição observada em outros grupos, como os peixes?

Posição da traqueia: todos os vertebrados terrestres lidam com o problema da mistura de ar e alimento na região posterior da boca, próxima à laringe. A traqueia (tubo de passagem de ar para os pulmões) está posicionada na frente do esôfago e se conecta ao trato digestório na região da laringe. Desse ponto, na laringe, até a extremidade anterior da boca, alimento e ar precisam atravessar uma zona comum para chegar ao esôfago e à traqueia, respectivamente. Portanto, durante a alimentação, a respiração precisa ser momentaneamente pausada para evitar que partículas entrem no tubo respiratório, o que pode resultar em engasgos potencialmente fatais. A epiglote dos mamíferos e estruturas análogas que evoluíram em outros vertebrados funcionam bloqueando temporariamente a traqueia durante a passagem do alimento, mas um arranjo mais eficiente seria um nos quais as passagens alimentar e respiratória fossem completamente independentes uma da outra. Quando a história evolutiva dos pulmões é analisada em detalhes, os arranjos que observamos nos animais passam a fazer sentido. Pulmões são sacos evolutivamente derivados do trato digestório e embriologicamente surgem como bolsas a partir da região anterior do intestino embrionário em todos os vertebrados pulmonados. Não há uma razão funcional para que os tratos digestório e respiratório estejam conectados e compartilhem as mesmas vias na parte anterior e esse arranjo é estritamente o resultado de sua origem evolutiva. Ainda, o papel respiratório das narinas é secundário e, primitivamente, a boca era a única via respiratória. Na maioria dos peixes, as narinas estão exclusivamente relacionadas com a olfação, não se conectam com a cavidade oral e não desempenham papel respiratório. Nos peixes pulmonados e nos tetrápodes, as narinas se abriram para a cavidade oral e passaram a ser usadas, em associação com a função sensorial original, como uma segunda via respiratória. Essa é razão pela qual os vertebrados terrestres conseguem respirar tanto pela boca quanto pelo nariz. Animais como os crocodilos, as aves e os mamíferos evoluíram estruturas chamadas palato secundário (o céu da boca) que separam uma cavidade oral de uma cavidade nasal na região da boca e reduz os efeitos negativos da mistura entre alimento e ar. Nos crocodilos, o palato secundário permite que os animais permaneçam submersos apenas com as narinas expostas e essa pode ter sido a pressão que favoreceu o surgimento dessa estrutura nesses animais. Nos mamíferos, o palato secundário permite aos filhotes respirar e mamar concomitantemente. Todavia, mesmo nestes grupos, a mistura de ar e alimento permanece na região da laringe (Figura 21.1).

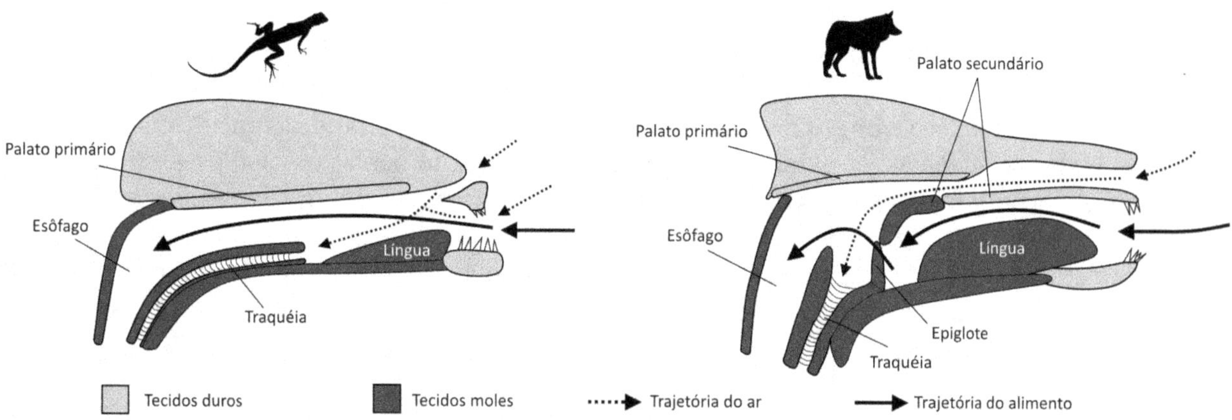

Figura 21.1 Por causa da localização da traqueia e do esôfago nos vertebrados terrestres, o alimento precisa cruzar o caminho percorrido pelo ar e os animais precisam pausar temporariamente a respiração durante a deglutição. Um arranjo claramente mais eficiente seria um no qual as vias respiratória e alimentar fossem completamente independentes. Os mamíferos evoluíram um palato secundário formado por osso e tecidos moles que separa fisicamente uma cavidade nasal da cavidade oral na parte anterior, mas alimento e ar ainda compartilham uma via comum próximo das aberturas da traqueia e do esôfago. A epiglote funciona como uma válvula que fecha temporariamente a traqueia durante a passagem do alimento, evitando que partículas entrem nas vias respiratórias. Na condição ancestral, representada por um lagarto, não há um palato secundário que separe alimento e ar na cavidade oral.

Olho dos vertebrados: o olho dos vertebrados é um exemplo de estrutura complexa e adaptativa, mas com erros de organização que foram produzidos ao longo de sua evolução. No olho, células fotorreceptoras de dois tipos (cones e bastonetes) recebem os estímulos luminosos focados pela lente e os convertem em impulsos elétricos que são percebidos como imagens pelo cérebro (Figura 21.2a). Cada célula fotorreceptora apresenta uma extremidade que recebe a luz (receptora) e uma extremidade com uma terminação nervosa (sináptica) que se conecta a neurônios que formam o nervo óptico. É intuitivo esperar que a extremidade receptora de luz fique voltada em direção à lente, para maximizar a captura de luz, mas é a extremidade sináptica que fica direcionada para a frente do olho (Figura 21.2b). Consequentemente, os fótons de luz que chegam à retina precisam atravessar um emaranhado de terminações nervosas antes de atingir a extremidade receptiva da célula (que está voltada para trás). Ainda não está claro entre os cientistas se existe uma razão funcional para essa configuração. Uma hipótese sugere que a extremidade receptora necessita de mais oxigênio e o sistema evoluiu de forma que essa extremidade ficou em contato com vasos no lado interno do olho, mas esse argumento não é bem fundamentado. Adicionalmente, os neurônios que se associam com as células fotorreceptoras convergem para formar o nervo óptico em um local da retina que, consequentemente, não possui fotorreceptores. Os fótons que convergem para esse local não são percebidos pelo organismo e o resultado é a perda de informação visual que forma um ponto cego na imagem produzida (escotoma). Um teste simples pode ser utilizado para determinar esse ponto cego (Figura 21.2c). Na prática, nós não conseguimos perceber o ponto cego porque o cérebro preenche o vazio com a imagem produzida pelo outro olho. O olho dos vertebrados é certamente uma estrutura funcional e de alto valor adaptativo, e o objetivo desta discussão está longe de ser o de minimizar sua importância. Todavia, a sua configuração poderia ser mais eficiente, mesmo que minimamente. As lulas e os polvos evoluíram independentemente um olho muito similar ao dos vertebrados, mas neste grupo, a extremidade receptora está voltada para a frente e a extremidade sináptica voltada para trás, como esperado, e esses animais não produzem imagens com um ponto cego. Na espécie humana, o olho é acometido por problemas adicionais de organização estrutural. A miopia é uma disfunção ocular na qual os feixes de luz que entram no olho são focados antes da retina, enquanto na hipermetropia os feixes de luz são focados por trás da retina. A razão para essas duas condições é unicamente estrutural. Olhos míopes e hipermetropes são, respectivamente, longos ou curtos demais. A proporção de pessoas acometidas por, pelo menos, uma dessas condições é significativa, com estimativas que variam entre 30 e 70% dependendo do país.

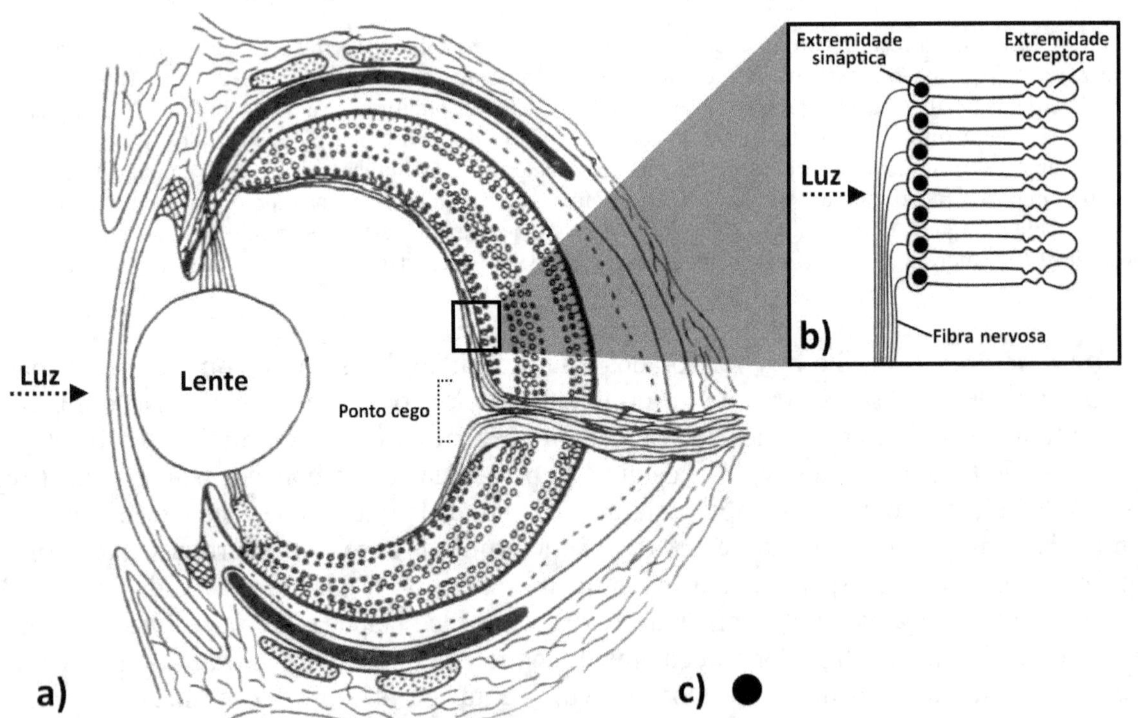

Figura 21.2 Olho generalizado de um vertebrado mostrando a localização das células fotorreceptoras (a). Posição dos fotorreceptores em relação à fonte luminosa (b). Ao contrário do esperado, a extremidade responsável por receber os estímulos luminosos está voltada para trás, enquanto a extremidade que contém as fibras nervosas (sináptica) está voltada para frente. Por causa dessa orientação, as fibras nervosas convergem para formar o nervo óptico em um local da retina que não percebe os estímulos luminosos, formando um ponto cego na imagem produzida (a). Um teste simples pode ser feito para identificar o ponto cego (c). Com o olho esquerdo fechado, se aproxime da imagem e olhe diretamente para o círculo, ajustando finamente a distância até que o quadrado desapareça. Essa distância representa o ponto no qual os fótons emitidos pela imagem do quadrado convergem para o local onde o nervo óptico se sobrepõe à retina.

Caninos da babirussa: as babirussas (espécies do gênero *Babyrousa*), parentes selvagens dos porcos, habitam ilhas na Indonésia e possuem caninos muito desenvolvidos que crescem durante toda a vida. Nos adultos dos dois sexos, os caninos inferiores são grandes e protraem para fora da boca. Nos machos, os caninos superiores, que supostamente são utilizados em exibições comportamentais e em brigas com outros machos, são ainda maiores. Por causa do tamanho exagerado, essas estruturas são anatomicamente mal organizadas. Ao contrário dos outros dentes, os caninos superiores crescem para cima perfurando a pele na parte superior da boca e se retorcendo em direção à parte anterior do crânio (Figura 21.3). Se não forem quebrados em uma briga ou se não forem desgastados por vias naturais, os caninos superiores de indivíduos mais velhos podem atingir comprimentos de até 30 cm ao ponto de danificarem o próprio crânio. Algumas estimativas sugerem que aproximadamente 12% dos machos apresentam algum tipo de erosão nos ossos do crânio causada pelo atrito com os caninos.

Figura 21.3 Os caninos das babirussas (mamíferos do gênero *Babyrousa*) podem atingir comprimentos tão grandes que, em casos extremos danificam ou perfuram os ossos do crânio.

Reprodução humana: seres humanos possuem crânios grandes em relação aos outros vertebrados porque a seleção favoreceu o desenvolvimento encefálico na espécie. Apesar das vantagens adaptativas do cérebro humano, crânios muito grandes trazem problemas para o parto. A amplitude do canal reprodutivo feminino é limitada pela largura da estrutura esquelética da pélvis que, mesmo sendo substancialmente maior que a dos machos, pode deformar o crânio do bebê na hora do parto. Em condições extremas, o crânio é tão largo que o bebê não consegue sair por métodos naturais. Antes da cirurgia cesariana existir, o parto natural seria letal para o bebê, para a mãe ou para ambos, nesses casos. Obviamente, o crânio grande da espécie humana trouxe problemas reprodutivos, mas esses custos foram mais que compensados pelos benefícios adaptativos de possuir grandes cérebros. Nos homens, muitas estruturas reprodutoras também poderiam ser organizadas de forma mais eficiente. O ducto deferente é um tubo que transporta os espermatozoides dos testículos ao pênis e seu comprimento é desnecessariamente longo. Dos testículos, o tubo sobe para dar uma volta ao redor do uréter (canal que sai do rim em direção à bexiga) e retorna à parte inferior para se conectar ao pênis. Uma solução claramente mais econômica seria conectar os testículos diretamente ao pênis formando uma trajetória direta e muito mais curta. O arranjo do sistema reprodutor masculino dos mamíferos, no entanto, faz sentido quando analisado historicamente. A maioria dos vertebrados possui testículos situados em uma posição superior e interna ao corpo, mas na evolução dos mamíferos, os testículos desceram e ficaram localizados em sacos escrotais externos que mantêm uma temperatura ligeiramente inferior à do corpo. O calor excessivo pode danificar os espermatozoides e a seleção natural favoreceu essa nova condição nos mamíferos. Quando adotaram essa nova posição, os testículos dos mamíferos desceram por trás do uréter, alongando o vaso deferente.

Capítulo 22

Fósseis

Fósseis são rochas que substituíram os restos mortais ou que preservaram as atividades e os comportamentos de organismos que viveram no passado. Os fósseis evidenciam o processo evolutivo de três formas principais:

1) Organismos muito diferentes dos de hoje e versões ancestrais de estruturas modernas só são conhecidos a partir de fósseis. Animais como trilobitas, euripterídeos, peixes placodermos, tetrápodes primitivos, pterossauros e os dinossauros só são conhecidos por causa dos fósseis (Figura 22.1). O registro fóssil revela que grupos de passados distantes foram substituídos por organismos mais recentes porque não acompanharam as mudanças ambientais ou porque foram dizimados por eventos catastróficos.

2) A sequência de aparecimento dos grupos fósseis nos estratos geológicos está longe de ser aleatória e corresponde a uma linha macroevolutiva esperada. Os estratos geológicos mais antigos contêm apenas formas de vida simples e organismos mais complexos começam a aparecer gradualmente nos estratos superiores.

3) A distribuição geográfica dos fósseis também não é aleatória e é compatível com o padrão de distribuição dos grupos modernos.

Figura 22.1 Sem os fósseis, organismos como o tetrápode *Seymouria* nunca seriam conhecidos. Os fósseis evidenciam o processo evolutivo porque mostram que grupos distintos dos de hoje viveram em passados distantes, quando as características ambientais eram diferentes.

A sequência não-aleatória de aparecimento dos grupos taxonômicos nos estratos geológicos representa uma das mais importantes evidências do processo evolutivo. A ordem de aparecimento dos grandes táxons no registro fóssil é condizente com a ordem na qual os grupos evoluíram. Fósseis de bactérias são mais antigos que os de células eucarióticas, fósseis de invertebrados são mais antigos que o dos vertebrados, e os dos peixes são mais antigos que os dos anfíbios que são mais antigos que o dos répteis. As camadas geológicas superiores incluem os fósseis mais antigos de aves e mamíferos, ambos descendentes dos répteis. Mais precisamente, o fóssil mais antigo dos mamíferos (aproximadamente 210 milhões de anos) é mais recente que o dos répteis (aproximadamente 315 milhões de anos), que é mais recente que o dos anfíbios (aproximadamente 360 milhões de anos), que é mais recente que o dos peixes (aproximadamente 420 milhões de anos). Da mesma forma, o registro fóssil dos invertebrados se inicia antes do dos vertebrados, o das algas antes do das plantas e o dos organismos unicelulares antes do dos organismos multicelulares (Figura 22.2).

Figura 22.2 Estratigrafia generalizada mostrando os mais antigos fósseis de alguns grupos e seus locais de descoberta (m.a. = milhões de anos). A ordem de aparecimento dos fósseis nas camadas geológicas está longe de ser aleatória e essa é uma forte evidência do processo evolutivo. As camadas geológicas muito antigas da Terra apresentam apenas vestígios de formas simples de vida, principalmente atividade bacteriana e formas progressivamente mais complexas aparecem nas camadas superiores (que são mais recentes). As relações evolutivas de muitos grupos foram estabelecidas antes de muitos fósseis terem sido descobertos. Por exemplo, a biologia comparada sozinha mostrou claramente que células eucariontes são derivadas em relação às células procariontes, que vertebrados são derivados em relação aos invertebrados, que plantas terrestres são derivadas em relação às algas e que mamíferos são derivados em relação aos répteis. A descoberta de fósseis em camadas geológicas distintas das observadas poderia facilmente refutar essas relações evolutivas, mas até hoje nenhum fóssil encontrado pelos paleontólogos foi incompatível com o processo evolutivo.

As relações evolutivas dos grandes grupos foram estabelecidas antes de muitos fósseis terem sido descobertos e a anatomia comparada foi por muito tempo a única ferramenta disponível para os cientistas. As análises comparativas foram amplamente eficientes em mostrar a ordem de aparecimento dos grupos e a paleontologia foi importante por confirmar e fortalecer esses padrões. As sequências não aleatórias dos fósseis fazem sentido sob a luz da evolução e representam um desafio para as ideias criacionistas. Afinal, por que organismos frutos de criações independentes seriam registrados em rochas em uma sequência progressiva não-aleatória?

Quando indagado sobre a veracidade do processo evolutivo, o biólogo John Haldane afirmou que deixaria de lado sua crença na evolução se um fóssil de um coelho fosse encontrado em um estrato geológico do Pré-Cambriano. O argumento de Haldane é utilizado de forma exacerbada pelos cientistas para mostrar a confiança da relação entre os fósseis e o processo evolutivo. Como mencionou o filósofo Peter Smith, a descoberta de um coelho no Pré-Cambriano não refutaria a teoria evolutiva de forma imediata. Sendo a autenticidade do fóssil de coelho confirmada, esse achado atípico indicaria que erros graves foram cometidos pelos cientistas em relação ao tempo de existência dos grupos e uma reavaliação seria necessária. A descoberta de um fóssil de coelho no Pré-Cambriano certamente afetaria a paleontologia de alguma forma, mas seria necessário muito mais para que a teoria evolutiva fosse descreditada. De qualquer forma, o argumento de Haldane mostra a confiança dos cientistas em relação ao processo evolutivo e, como você deve imaginar, até hoje nenhum fóssil de coelho foi encontrado em estratos geológicos Pré-Cambrianos. Os fósseis mais antigos de coelhos datam de pouco mais de 50 milhões de anos e não existe nenhum fóssil de mamífero registrado em estratos do Paleozoico.

A resposta de Haldane desafiou os criacionistas que, percebendo o peso factual do seu argumento, procuraram respostas nos próprios fósseis. A maior preocupação dos criacionistas é mostrar de alguma forma que os fósseis de todos os grupos surgiram ao mesmo tempo. Para eles, pegadas fósseis encontradas em alguns locais do planeta indicariam que seres humanos conviveram com dinossauros. Segundo a teoria evolutiva, os primatas surgiram muito tempo depois dos dinossauros terem sido extintos e, portanto, essas pegadas seriam uma evidência contra a evolução e a favor do criacionismo. Investigadas racionalmente, as supostas pegadas contemporâneas de seres humanos e dinossauros mostraram outra realidade. As trilhas paleontológicas foram mal interpretadas como sendo de seres humanos quando, na verdade, foram claramente produzidas por dinossauros bípedes. Além disso em, pelo menos, alguns casos, foi comprovado também que as pegadas paleontológicas foram manipuladas para se parecerem com as de seres humanos.

Os fósseis não são um pré-requisito para comprovar a teoria evolutiva. Se nenhum organismo tivesse fossilizado ou se nunca tivéssemos descoberto um fóssil, a análise comparativa das estruturas biológicas e os estudos experimentais seriam suficientes para evidenciar o processo evolutivo. Não obstante, os fósseis são muito bem vindos porque fortalecem a evolução e porque revelam detalhes sobre formas de vida passadas que certamente não seriam tão bem conhecidas usando outros meios científicos.

A origem e as relações evolutivas de grupos como o dos cetáceos e o dos humanos foram amplamente questionadas no passado porque não existiam fósseis relacionando as espécies modernas com as espécies ancestrais. Os fósseis preencheram muitas lacunas e confirmaram as relações destes e de muitos outros táxons. Para outros grupos, no entanto, o registro fóssil é pobre porque as características dos seus ancestrais não favoreceram o processo de fossilização. Fósseis de ossos, dentes, conchas e exoesqueletos são, de longe, muito mais comuns que fósseis de tecidos moles. Essa é a razão pela qual fósseis de moluscos com conchas, artrópodes e vertebrados são muito mais comuns que fósseis de águas-vivas e de vermes, por exemplo.

Uma parcela muito grande da vida primitiva era formada por espécies sem tecidos duros e o registro fóssil muito antigo é fortemente limitado por essa razão. Além disso, organismos terrestres, principalmente os que vivem em florestas, são mais difíceis de fossilizar que os organismos aquáticos. A despeito destas disparidades, aproximadamente 250 mil espécies provenientes de milhões de fósseis obtidos a partir de estratos geológicos do mundo inteiro são atualmente conhecidos e nenhum destes fósseis é incompatível com o processo evolutivo.

Capítulo 23

Biogeografia

A biogeografia estuda os padrões de distribuição geográfica dos organismos e evidencia o processo evolutivo de diversas formas:

- os grupos modernos vivem em locais próximos aos fósseis de seus parentes ancestrais ou seus padrões de dispersão são consistentes com os fósseis;

- espécies aparentadas que descendem de um ancestral comum recente e que vivem em uma mesma área geográfica tendem a ser mais similares entre si, mesmo que desempenhem papéis ecológicos distintos, e se assemelham menos com espécies de outras áreas que possuem papéis ecológicos equivalentes;

- as irradiações adaptativas também são evidências biogeográficas da evolução;

Darwin foi um dos primeiros naturalistas a perceber que a evolução explicava os padrões geográficos globais dos organismos e dedicou grande parte do seu tempo a estudos sobre a distribuição das espécies. Encontrando fósseis de animais marinhos no topo dos Andes, ele percebeu que os ambientes eram mutáveis e que as espécies de alguma forma deveriam acompanhar essas mudanças. Darwin também percebeu que as espécies aparentadas de uma área tendem a ser similares entre si, mesmo que seus papéis sejam distintos. Da mesma forma, ele percebeu que espécies localizadas em pontos distantes podem ser diferentes mesmo que ocupem nichos ecológicos equivalentes. Para Darwin, somente um processo histórico poderia explicar esses padrões.

A vicariância é o processo biogeográfico que ocorre quando uma população é separada por causa do surgimento de uma barreira geográfica. A vicariância pode ser observada em escalas regionais, como em uma população que foi separada por uma montanha ou um rio, mas também em escalas globais, como as causadas pela tectônica de placas. A tectônica de placas, versão moderna da deriva continental, é a teoria que explica como as grandes placas continentais se movem em tempos geológicos. Darwin utilizou uma abordagem dispersiva para explicar a similaridade entre as faunas e floras da África e da América do Sul, mas hoje sabemos que a vicariância resultante da deriva continental, e não a dispersão, foi o fator central que separou populações que eram confluentes no passado.

A descoberta da tectônica de placas foi importante para a evolução por explicar como espécies aparentadas estão localizadas entre continentes distantes, como África e a América do Sul. Em muitos aspectos, a geologia e a biologia se complementaram e foram mutuamente beneficiadas: a tectônica de placas fez com que a distribuição global dos fósseis fizesse sentido, e os fósseis comprovaram que as placas continentais estiveram arranjadas de uma forma distinta no passado.

Por exemplo, fósseis antigos contendo os mesmos organismos são encontrados tanto na África quanto na América do sul e isso indica que esses organismos pertenceram a uma mesma população, quando os dois continentes estavam unidos 100 milhões de anos atrás. De fato, a teoria de tectônica de placas por si só é evidência de que o planeta tem muito mais do que os 10 mil anos alegado por muitos criacionistas. Não por acaso, essa teoria também é constantemente atacada pelos criacionistas.

As ilhas foram particularmente importantes para os estudos de Darwin e até hoje são laboratórios naturais para a observação das mudanças evolutivas. De fato, o processo evolutivo já foi acompanhado em tempo real em ilhas pequenas, como veremos posteriormente. No geral, dois tipos de ilhas podem ser distinguidos. As ilhas continentais são aquelas que estavam previamente conectadas a um continente e que se isolaram por causa do aumento do nível dos mares ou porque se desprenderam do continente e derivaram para áreas mais distantes. As ilhas do Reino Unido, Madagascar e a Ilha de Santa Catarina são exemplos de ilhas continentais. As ilhas oceânicas, por outro lado, nunca estiveram conectadas a um continente e surgiram por ação vulcânica em regiões oceânicas. Havaí, Galápagos e Fernando de Noronha são exemplos de ilhas oceânicas.

Ilhas continentais são previamente colonizadas por organismos antes de se desprenderem do continente. Madagascar se desprendeu há aproximadamente 160 milhões de anos do continente Africano, e a Nova Zelândia se desprendeu há aproximadamente 85 milhões de anos da Austrália. As ilhas oceânicas, por outro lado, surgem desprovidas de organismos e são gradualmente colonizadas por espécies continentais dispersivas. Por estarem distantes do continente e visto que os organismos possuem diferentes capacidades de dispersão, as ilhas oceânicas são desprovidas de alguns tipos de animais e plantas que são tipicamente comuns nos continentes e nas ilhas continentais. Por exemplo, a maioria das ilhas oceânicas não possui peixes de água doce, anfíbios ou mamíferos terrestres, mas aves, morcegos, plantas e insetos, que têm alto poder de dispersão, são comuns nesses ambientes.

Troncos e pedaços de madeira que boiam possuem uma importância central na propagação de espécies com dispersão restrita e esses mecanismos provavelmente introduziram muitos animais em ilhas oceânicas, a exemplo dos répteis em Galápagos.

As plantas são os primeiros organismos a colonizar as novas ilhas. Em um dos seus experimentos, Darwin emergiu sementes em água marinha e demonstrou como estas eram capazes de germinar mesmo após longos períodos imersos na água, sugerindo que as sementes de muitas plantas poderiam facilmente ser deslocadas dos continentes às ilhas. Darwin também demonstrou que anfíbios não existem em ilhas porque tanto os adultos quanto as larvas não conseguem tolerar a água marinha.

Não é coincidência que os mesmos grupos ecológicos estejam quase sempre ausentes nas ilhas oceânicas. Uma hipótese tradicional sugeriu que grupos como os peixes de água doce, os anfíbios e os mamíferos terrestres não existem ou são raros porque não são adaptados às condições ecológicas das ilhas oceânicas. No entanto, o próprio Darwin já havia percebido que os representantes desses grupos quase sempre se proliferam bem quando introduzidos em ilhas pelo ser humano.

De fato, organismos introduzidos em ilhas comumente se dão tão bem nestes novos ambientes que passam a ameaçar a fauna e a flora nativa, seja por predação excessiva ou por competição.

Espécies nativas de ilhas tendem a ser vulneráveis à introdução de novas espécies porque evoluíram em ambientes que não são saturados por predadores e competidores e, portanto, não evoluíram adaptações para lidar com estes desafios. As espécies exóticas, por outro lado, quase sempre se dão muito bem, e o argumento de que alguns grupos não existem em ilhas porque não são adaptados às condições ambientais não tem respaldo na maior parte dos casos.

Por seu alto poder dispersivo, as aves tendem a ser super-representadas em ilhas oceânicas e muitas vezes ocupam nichos que são tipicamente ocupados por outros grupos nos continentes. As aves também contribuem para a dispersão de outros organismos, transportando indeliberadamente sementes e pequenos animais (como artrópodes e vermes) para as ilhas. Assim como as aves, muitos insetos também possuem um alto poder dispersivo e podem se deslocar ativamente para as ilhas oceânicas. Muitas plantas e fungos possuem sementes e esporos que se deslocam através do vento ou que flutuam na água. Árvores são raras em ilhas oceânicas porque suas sementes são geralmente pesadas e não flutuam. Os coqueiros, com seus frutos flutuantes, representam uma exceção e, não por acaso, tendem a ser super-representados em muitas ilhas. Plantas arbustivas têm um poder de dispersão maior que o das árvores e muitas espécies de arbustos passaram a ocupar nichos ecológicos que são tipicamente ocupados por grandes árvores nos continentes. As florestas densas de ilhas oceânicas são geralmente formadas por espécies arbustivas que evoluíram formatos similares ao das árvores continentais, adotando tamanhos maiores e aumentando o calibre dos galhos, que se parecem com os troncos.

É importante compreender que a colonização de um ambiente novo não é um processo rápido e fácil mesmo para os grupos que possuem um alto potencial dispersivo. A colonização de uma ilha geralmente ocorre de forma acidental, como por exemplo, através de erros que ocorrem durante o percurso dos animais em rota de deslocamento. Em muitos casos, as correntes de vento desempenham um papel central, deslocando sementes, aves e insetos para as ilhas. Em ilhas novas, as plantas são tipicamente as primeiras colonizadoras e alteram o ambiente fornecendo condições para que outros organismos também as colonizem. Encontrando ambientes desprovidos de predadores e competidores, os organismos pioneiros podem se irradiar para os muitos nichos disponíveis nesses ambientes novos. Perceba que há um componente aleatório na colonização das ilhas oceânicas. Se um determinado grupo não chegar primeiro a uma ilha, outro grupo pode colonizá-la e se diversificar mais intensamente.

Darwin percebeu que as espécies de animais das ilhas oceânicas são muito parecidas com as espécies de continentes próximos, mesmo que as características ambientais nos dois lados sejam substancialmente distintas. Por exemplo, Galápagos apresenta um clima relativamente seco e sem árvores, enquanto a costa oeste da América do Sul, de onde muitas espécies de animais de Galápagos são provenientes, é úmida e apresenta densas coberturas florestais.

A distribuição dos lagartos do gênero *Anolis* em ilhas do Caribe é uma evidência importante do processo evolutivo. As espécies estão distribuídas em todas as grandes ilhas, e em cada ilha, espécies diferentes ocupam nichos diferentes. Os pesquisadores distinguiram seis padrões morfológicos de lagartos que estão primariamente relacionados com o local que cada tipo habita. Por exemplo, os lagartos que possuem pernas curtas e caudas longas vivem em galhos de árvores e os que possuem caudas curtas vivem no solo e diversos padrões intermediários também são observados. Seja em Cuba, no Haiti, na Jamaica ou em Porto Rico, as espécies que vivem em galhos de árvores sempre possuem cauda longa e pernas curtas. Igualmente, as que vivem no solo sempre possuem cauda curta, a despeito da ilha onde residem.

Duas hipóteses foram testadas:

1) espécies com o mesmo nicho ecológico são mais aparentadas entre si.

2) espécies que vivem em uma mesma ilha são mais aparentadas entre si.

A primeira hipótese sugeria que cada tipo ecológico evoluiu apenas uma vez em alguma ilha e se dispersou para as demais ilhas (evolução seguida de dispersão). A segunda hipótese sugeria que uma população ancestral colonizou todas ilhas concomitantemente e cada tipo ecológico evoluiu independentemente em cada uma das ilhas (dispersão seguida de evolução). Análises moleculares confirmaram a segunda hipótese, mostrando que cada ilha foi colonizada por uma população ancestral e, posteriormente, irradiações ecológicas ocorreram em cada ilha de forma independente. O estudo mostrou, por exemplo, que a espécie que vive em galhos no Haiti é mais aparentada com a espécie do solo do Haiti, e que estas são menos aparentadas com as espécies que desempenham esses mesmos papéis ecológicos nas outras ilhas. Portanto, as similaridades estruturais entre os lagartos servem para atender a desafios ecológicos similares, são apenas superficiais e evoluíram de forma independente.

A primeira hipótese também já foi testada e comprovada para outros grupos em outros locais. Nestes casos, a distribuição das espécies é explicada pela evolução dos padrões seguida pela dispersão.

Organismos que ocupam nichos ecológicos similares em diferentes regiões são chamados equivalentes ecológicos. Desafios ambientais similares existem em diferentes regiões do planeta e os grupos tendem a evoluir características adaptativas parecidas em cada área. Todavia, tendo em vista que as adaptações evoluem independentemente em cada área e que as estruturas remodeladas não necessariamente são as mesmas em cada grupo, as similaridades estruturais, quando existem, são sempre superficiais. A evolução independente para atender aos mesmos propósitos ecológicos é chamada de convergência evolutiva e produz estruturas homoplásticas. Em alguns casos, as similaridades entre estruturas homoplásticas são tão grandes que somente análises minuciosas conseguem revelar as diferenças que comprovem suas diferentes ancestralidades.

A despeito da localidade, a vegetação de regiões secas tende a ser dominada por plantas arbustivas espinhosas com poucas folhas, mas os grupos que deram origem a esse padrão morfológico comumente são diferentes em cada região. Apesar de suas similaridades, a vegetação típica de ambientes secos evoluiu por convergência em diferentes regiões.

Os mamíferos fornecem muitas evidências de evolução independente. Os marsupiais e os placentados divergiram há aproximadamente 160 milhões de anos de um mamífero ancestral comum. Na Austrália, a fauna nativa de mamíferos é dominada por marsupiais, enquanto os representantes placentados incluem apenas morcegos, alguns roedores e espécies marinhas. Ainda existem muitos marsupiais na América do Sul e o registro fóssil do grupo é rico no continente, mas atualmente os placentados possuem mais representantes em todos os continentes fora da Austrália. Portanto, com exceção da Austrália, os placentados são os mamíferos dominantes.

Na Austrália, os marsupiais ocupam nichos ecológicos que são tipicamente ocupados por placentados nos outros continentes. Por exemplo o padrão estrutural escavador evoluiu na Austrália a partir de ancestrais marsupiais e nos outros continentes esse padrão evoluiu a partir de ancestrais placentados. Igualmente, os marsupiais também evoluíram padrões morfológicos para atender demandas iguais aos dos placentados carnívoros, roedores, planadores, mirmecófagos (comedores de formigas) e arborícolas (Figura 23.1).

Além disso, os marsupiais também evoluíram padrões morfológicos únicos para atender a desafios iguais aos de outras áreas. Por exemplo, algumas espécies de cangurus ocupam nichos similares aos que antílopes ocupam em áreas campestres e cangurus arborícolas ocupam nichos similares aos de alguns primatas, mas esses animais possuem características muito particulares. As aproximadamente 250 espécies de marsupiais que existem hoje na Austrália descendem de poucos ancestrais que colonizaram a área antes dessa grande ilha continental ter se isolado e isso explica, pelo menos em parte, porque o grupo predomina em relação aos placentados na área.

Os marsupiais surgiram na América do Norte e passaram por um longo período de dispersão. Em aproximadamente 50 milhões de anos, os marsupiais se diversificaram em direção ao sul, atravessaram a América do Sul para chegar a Antártica e atingiram a Austrália. Esse padrão de dispersão ocorreu em um período no qual os continentes estavam unidos formando o supercontinente Gondwana. O padrão de dispersão dos marsupiais foi inicialmente inferido a partir dos fósseis das Américas do Norte e do Sul, e da Austrália, e os pesquisadores previram que fósseis de marsupiais em estratos geológicos correspondentes também deveriam existir na Antártica. Como esperado, fósseis do grupo foram encontrados em regiões da Antártica que no Mesozoico não eram cobertas por gelo. Padrões de dispersão similares também são observados para outros grupos de animais e plantas.

A capacidade adaptativa das espécies é limitada e toda espécie só consegue tolerar um determinado conjunto de condições ecológicas. No geral, as espécies vivem dentro de limites geográficos e ecológicos que são definidos pelas suas capacidades adaptativas, mas essa regra é quase sempre exagerada. Espécies placentárias introduzidas pelo homem na Austrália se deram muito bem, comprovando que a ausência de placentados nativos no país é uma consequência de eventos históricos e não o produto de suas restrições adaptativas. Assim, o potencial de dispersão das espécies é quase sempre maior do que o observado na prática.

Os ecólogos costumam distinguir o nicho ecológico em dois tipos: nicho fundamental e nicho realizado. Uma espécie consegue viver em qualquer ambiente que apresente condições fisiologicamente toleráveis e esse representa seu nicho fundamental. Na prática, o potencial de dispersão de uma espécie é limitado por fatores como a competição, e o nicho fundamental quase nunca se expressa. Portanto, o nicho realizado é o que observamos na prática e é menor que o nicho fundamental. Assim, a área de distribuição de uma espécie não é estritamente o resultado de suas limitações fisiológicas.

Fatores ecológicos como a competição e as barreiras geográficas que impedem a dispersão dos organismos é o que limita a área de distribuição na maioria dos casos. De forma geral, quase sempre existe mais área propícia para uma espécie do que a observada na prática e isso é amplamente evidenciado pelos diversos casos de introdução de espécies exóticas. Espécies de regiões semiáridas de outros continentes se adaptam perfeitamente aos ambientes semiáridos do Brasil e as larvas de diversas espécies marinhas, comumente transportadas nos lastros de navios, proliferam perfeitamente em ambientes marinhos distantes.

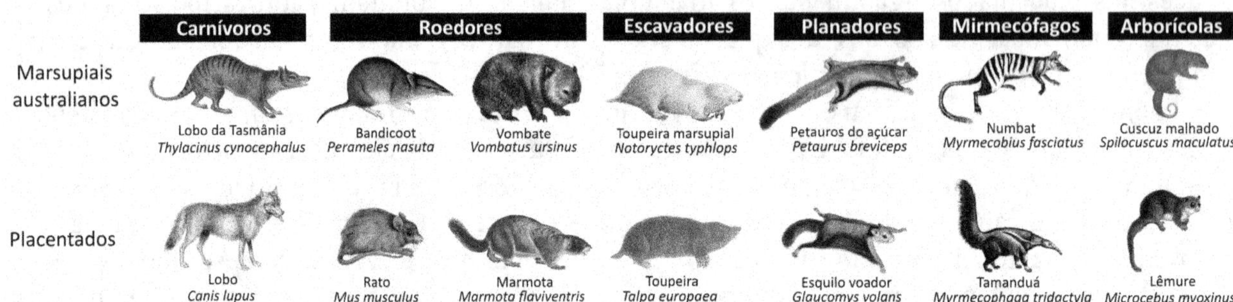

Figura 23.1 Equivalentes ecológicos. Padrões morfológicos que evoluíram em muitos marsupiais australianos são muito similares aos observados nos mamíferos placentados de outros continentes, e essas características evoluíram independentemente em cada linhagem para atender a demandas ecológicas similares.

Capítulo 24

Vestígios evolutivos

Quando as propriedades de um ambiente se modificam, características biológicas que eram adaptadas a essas condições podem perder sua importância e se degenerar, formando o que chamamos de vestígio evolutivo. Versões degeneradas de uma estrutura coexistem com versões completas observadas em outros organismos e essa é uma importante evidência do processo evolutivo.

Uma estrutura degenerada pode continuar desempenhando a função original de forma atenuada, desempenhar um novo papel ou perder completamente suas funções. Estruturas vestigiais representam um desafio para as ideias criacionistas e só fazem sentido quando analisadas sob uma perspectiva evolutiva. Afinal, por que organismos que são produtos de uma criação possuem versões degeneradas de estruturas que são plenamente funcionais em outros organismos?

Quando uma mutação produz uma alteração em uma estrutura biológica, a seleção natural pode favorecer ou desfavorecer essa condição. Em uma estrutura que passa a viver sob novas regras ecológicas e que perde seu papel adaptativo, os efeitos da aleatoriedade podem se tornar mais importantes que a seleção natural. Se não influenciar mais na sobrevivência do indivíduo, qualquer modificação na estrutura é selecionada de forma neutra e sua organização tende a se modificar aleatoriamente. Portanto, a degeneração das estruturas pode ser, pelo menos parcialmente, explicada pelo neutralismo. Mutações neutras produzem alterações na estrutura que não exercem influência no *fitness* do organismo, e se acumulam reformulando a estrutura aleatoriamente e de forma relativamente rápida. Após muitas gerações, a estrutura se modifica tanto que a organização original é perdida.

Por outro lado, a degeneração de uma estrutura biológica também pode ser auxiliada pela seleção natural. A seleção natural remodela uma estrutura complexa em uma estrutura degenerada quando os custos da estrutura original são muito altos. Perceba que os fundamentos da seleção natural são os mesmos para aumentar ou reduzir a complexidade de uma característica. Para evoluir, a estrutura degenerada precisa ser favorecida em relação a estrutura completa original.

Quais as vantagens de uma estrutura degenerada? Como regra, as estruturas de organização complexa são mais custosas que as estruturas simples porque exigem mais energia para sua manutenção e porque são mais suscetíveis a danos físicos e infecções. Ao perder seu poder adaptativo, as estruturas complexas reduzem as chances de sobrevivência dos indivíduos (mesmo que minimamente) e tendem a ser desfavorecidas em relação às versões mais simples. Mutações que produzam estruturas menos custosas são favorecidas cumulativamente até que a estrutura original seja substituída por uma versão vestigial. Abaixo veremos alguns exemplos de estruturas que evoluíram a partir de versões que eram originalmente mais complexas.

Redução dos olhos: animais que vivem em ambientes permanentemente escuros tendem a possuir olhos muito pequenos ou completamente ausentes porque os olhos só são funcionais na presença de luz. Para muitos animais que passaram a viver em regiões marinhas profundas, para os escavadores e para os que vivem em cavernas (troglóbios), a importância ecológica dos olhos foi reduzida e essas estruturas foram degeneradas. Praticamente todos os grandes grupos de animais possuem alguns representantes que reduziram a complexidade dos olhos quando seus ancestrais passaram a viver sob essas novas condições ecológicas (Figura 24.1). Nas regiões abissais, os sentidos de percepção química e mecânica tendem a ser exacerbados em muitos peixes e crustáceos, enquanto seus olhos são muito reduzidos. Curiosamente, alguns organismos de regiões marinhas profundas evoluíram em uma direção oposta e possuem olhos muito grandes. Nestes animais, os olhos grandes servem para capturar os poucos fótons de luz do ambiente, muitas vezes emitidos por organismos bioluminescentes. Muitos animais que vivem em cavernas sem nenhum contato com a luz também perderam os olhos, e a lista inclui crustáceos, aranhas, insetos, peixes e salamandras. Estudos com peixes de caverna revelaram que, além dos olhos, a parte correspondente do cérebro que regula os olhos (tectum do cérebro médio) também é fracamente desenvolvida nesses animais. Um estudo recente com peixes de caverna avaliou os custos da produção de tecidos nervosos e calculou que o gasto metabólico chega a ser 15% maior entre os indivíduos com olhos desenvolvidos em relação aos indivíduos cegos. Portanto, indivíduos mutantes com os mais econômicos olhos reduzidos tendem a ser favorecidos nesses ambientes escuros. Por causa da disponibilidade limitada de alimento e de oxigênio, ambientes inóspitos como as cavernas e as regiões abissais tendem a favorecer os sistemas biológicos econômicos mais intensamente que ambientes menos inóspitos e, não por acaso, muitas formas atipicamente econômicas evoluíram nesses ambientes. Outra característica comum nos animais de caverna é a perda da pigmentação. Os pigmentos da epiderme têm como papel principal proteger as células da ação dos raios UV e servem também para camuflar os animais contra predadores visuais. Em ambientes sem luz, a importância dos pigmentos foi perdida e se degeneraram nesses animais. Ainda, espécies que vivem temporariamente em cavernas (troglófilas) não são tão especializadas para a vida em caverna como os troglóbios e comumente possuem traços intermediários. Animais escavadores como as toupeiras são bastante especializados e possuem olhos muito reduzidos que não formam imagens, mas que são utilizados para regular seus ritmos biológicos. As serpentes evoluíram a partir de lagartos que passaram a viver no subsolo, mas que depois retornaram à vida superficial. Um grande conjunto de evidências sugere que o olho nas serpentes evoluiu secundariamente a partir de um olho degenerado. Todavia, algumas serpentes reduziram novamente os olhos e, em muitas espécies, estes ficam recobertos por escamas transparentes. As anfisbênias, uma linhagem de répteis escavadores que também deriva de lagartos também possui olhos muito degenerados que podem ser cobertos por pele e osso.

Espiráculo: alguns tubarões, raias e peixes possuem um orifício chamado espiráculo que fica localizado por trás dos olhos e que representa um remanescente evolutivo do que foi a primeira fenda branquial (Figura 24.2). Fendas branquiais são aberturas na lateral do corpo dos peixes que permitem a passagem da água de dentro para fora durante a respiração. As brânquias ficam associadas a estruturas esqueléticas chamadas arcos branquiais que evoluíram cedo na história dos vertebrados. Várias evidências mostram que as maxilas evoluíram a partir do primeiro arco branquial original que se modificou por pressões que favoreceram o aumento da ventilação respiratória, e só posteriormente passaram a adotar também a função alimentar. Quando o primeiro arco se modificou nas maxilas, a fenda original (entre o primeiro e o segundo arcos originais) foi quase obliterada, mas a porção superior permaneceu aberta. O espiráculo, portanto, representa o vestígio do que foi a primeira fenda branquial antes do surgimento das maxilas. Em muitos animais, uma pequena brânquia sem função respiratória está associada aos elementos esqueléticos que formam o espiráculo e também representa um remanescente do que foi a primeira brânquia. Em alguns tubarões, o espiráculo fornece uma rota independente de água que fornece oxigênio para vasos da cabeça. Nas raias, cuja boca fica em contato com substrato, o espiráculo passou a ser usado como uma nova rota inalante de água para a respiração. Em outros tubarões e na maioria dos peixes ósseos, o espiráculo foi obliterado.

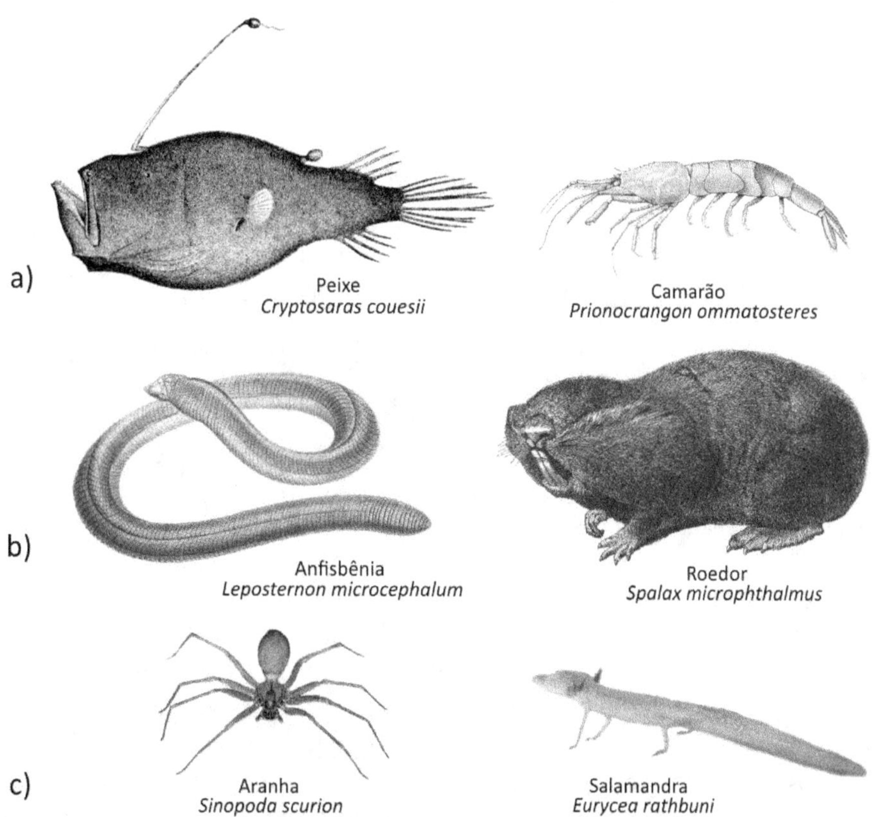

Figura 24.1 Animais com olhos vestigiais. Muitos animais que vivem em ambientes marinhos profundos (a), no subsolo (b) ou em cavernas (c) reduziram ou perderam completamente os olhos quando estas estruturas perderam seu significado adaptativo.

Vestígio comportamental em lagartos partenogenéticos: a partenogênese é um tipo de reprodução assexuada no qual o óvulo se desenvolve sem a necessidade de ser fecundado por um espermatozoide. Essa estratégia já foi registrada em vários animais e, apesar de ser rara em vertebrados, é relativamente comum em alguns grupos de répteis que a utiliza em associação com a reprodução sexuada típica. Algumas espécies de lagartos do gênero *Cnemidophorus*, no entanto, são formadas exclusivamente por fêmeas partenogenéticas que evoluíram por hibridização a partir do cruzamento de macho e fêmea de espécies distintas. Híbridos tendem a ser desfavorecidos na natureza, mas de alguma forma as propriedades dessas espécies foram favorecidas. Por ser um mecanismo assexuado de reprodução, a prole de mães partenogenéticas é tipicamente formada por clones das mães, mas nesses lagartos, mecanismos de embaralhamento genéticos especiais asseguram que nem todos os filhotes produzidos sejam clones exatos e isso deve ter contribuído para o sucesso dessas espécies. O mais interessante é que, mesmo sem a necessidade fisiológica de copularem, fêmeas que são cortejadas e que se engajam em falsas cópulas com outras fêmeas são estimuladas a produzirem ovos. Não existe nenhuma troca de gametas envolvida nessas pseudocópulas, mas de alguma forma o comportamento estimula a reprodução assexuada. Esses estímulos comportamentais são similares aos observados em lagartos sexuados e representam vestígios que indicam fortemente que as fêmeas partenogenéticas derivam de ancestrais sexuados.

Figura 24.2 O espiráculo é um orifício localizado por trás dos olhos de muitos tubarões e raias e representa um remanescente do que foi originalmente a primeira fenda branquial, antes do surgimento das maxilas.

Asas: as ratitas representam um grupo de aves que não voam e inclui representantes como o emu, a ema, a avestruz e o kiwi, cujas asas são bastante reduzidas. Avestruzes e emas utilizam as asas em exibições sociais e para ajudar no equilíbrio durante a locomoção rápida, mas nos kiwis, as asas são tão pequenas que são visualmente imperceptíveis e, aparentemente, não têm nenhum papel funcional (Figura 24.3). Diversas outras aves também perderam a capacidade de voo de forma independente e possuem asas reduzidas (Figura 24.4). O kakapo, um papagaio noturno da Nova Zelândia, vive predominantemente no solo, mas pode escalar árvores e usa suas pequenas asas apenas para aterrissar. Pressões seletivas distintas devem ter favorecido a perda da capacidade de voo nos diferentes grupos de aves, mas algumas generalizações podem ser feitas. Por exemplo, muitas espécies de aves com asas degeneradas evoluíram em ilhas, como o dodô nas lhas Mauricio, as várias espécies da Nova Zelandia, a extinta *Porzana sandwichensis* no Havaí e *Atlantisia rogersi* em Tristão da Cunha. As particularidades ecológicas das ilhas, principalmente a ausência de alguns tipos de predadores e competidores, de alguma forma reduziram a importância do voo nos colonizadores das ilhas, ancestrais dessas espécies. O voo é uma atividade muito custosa e quando sua importância adaptativa é reduzida em um ambiente novo, a seleção tende a favorecer fenótipos mais econômicos.

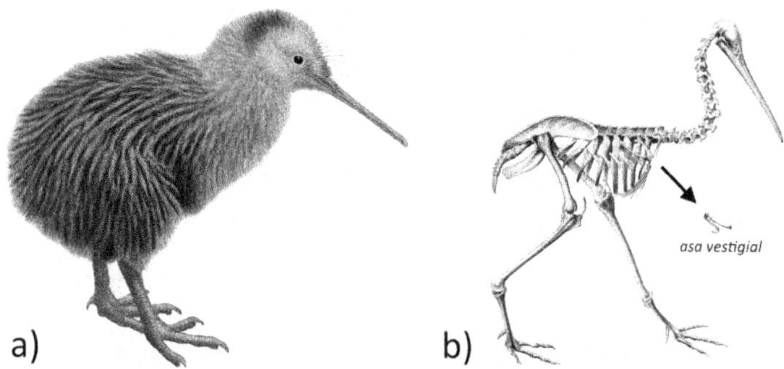

Figura 24.3 O kiwi (*Apteryx australis*) é uma ave da Nova Zelândia que possui asas extremamente reduzidas (a). Esqueleto de um kiwi (b). Perceba as diferenças de tamanho dos ossos das asas em relação aos demais ossos.

Figura 24.4 Muitas aves perderam a capacidade de voar e possuem asas reduzidas. O voo é uma atividade adaptativa, mas custosa. Vivendo sob novas condições ambientais no qual a importância adaptativa do voo foi reduzida, as asas e as demais estruturas associadas ao voo deixaram de ser favorecidas e se tornaram vestigiais. Aves com asas vestigiais representam um dilema para as ideias criacionistas. Afinal, por que uma ave com asas vestigiais sem nenhum papel relacionado ao voo seria criada de maneira tão similar às aves que voam? Padrões morfológicos como estes só fazem sentido quando avaliados sob uma perspectiva evolutiva.

Patas nas baleias: golfinhos e baleias descendem de animais semiaquáticos que nadavam usando um movimento vertical combinado da cauda e das patas posteriores. Pressões ambientais favoreceram os tipos ecológicos que passaram a usar mais a cauda do que as patas como estrutura de propulsão e as patas perderam gradualmente sua importância até serem perdidas, talvez porque atrapalhassem a ondulação da cauda. Espécies com remanescentes de ossos da pélvis e do fêmur são conhecidas há muito tempo pelos cientistas (Figura 24.5). Nesses animais, esses ossos vestigiais não se conectam mais com a coluna vertebral e ficam embebidos nos tecidos. Apesar de terem sido historicamente considerados estruturas sem função, recentemente os cientistas mostraram que esses ossos vestigiais podem desempenhar um papel reprodutivo, auxiliando a introdução do pênis durante a cópula. Os estudos mostraram também que as espécies com comportamentos sexuais mais promíscuos possuem ossos pélvicos maiores que as espécies com tendências monogâmicas.

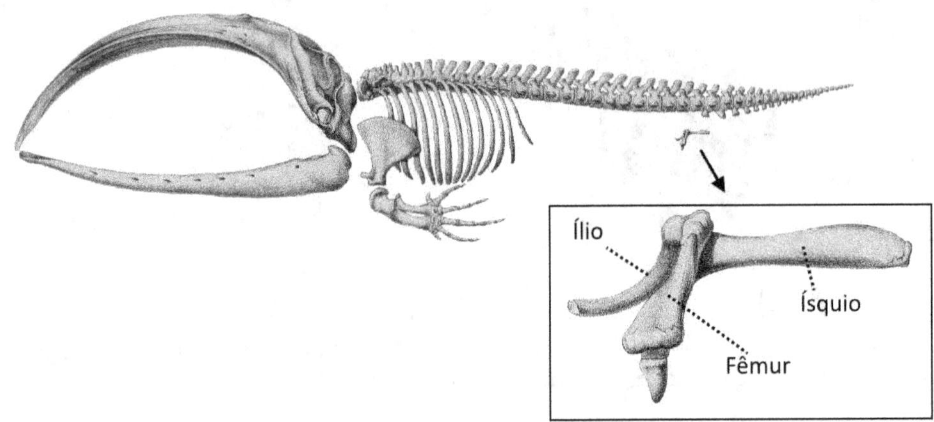

Figura 24.5 Ossos vestigiais da cintura pélvica de uma baleia.

Músculos da orelha: o som representa um dos principais estímulos utilizados pelos cetáceos. As ondas sonoras são transmitidas mais rapidamente e se propagam por distâncias maiores na água do que no ar e os mecanismos utilizados para perceber essas ondas pelos cetáceos são distintos dos observados nos mamíferos terrestres. Em razão disso, uma importante modificação do grupo foi a perda da orelha externa, que é um traço característico dos mamíferos. Não obstante, os músculos que nos mamíferos terrestres servem para mover a orelha foram mantidos nos cetáceos como estruturas degeneradas. Esses mesmos músculos também estão presentes de forma degenerada nos seres humanos. A capacidade de movimentar a orelha varia entre os indivíduos e é feita pela presença de três músculos. Estes músculos são homólogos aos músculos dos outros mamíferos que possuem orelhas mais desenvolvidas (como cães e gatos) e que os utilizam para posicionar as orelhas em direção a uma fonte sonora, otimizando a recepção e amplificação das ondas.

Ereção dos pelos: os pelos dos mamíferos são estruturas que evitam que o calor produzido pelo corpo (calor metabólico) seja perdido através da superfície corporal. A retenção do calor é feita quando um músculo eriça os pelos e isola uma camada de ar acima da pele que impede a perda de calor corporal para o ambiente. A ereção dos pelos também é utilizada nas exibições comportamentais e é estimulada por ação hormonal. Na espécie humana, os pelos são estruturas vestigiais cujo papel termorregulador é reduzido, mas a ereção é desencadeada pelos mesmos estímulos observados nos outros mamíferos. Os receptores térmicos na pele detectam quando o ambiente está frio e isso desencadeia a ereção dos pelos. Além disso, a adrenalina, hormônio liberado em situações emocionais ou de estresse também estimula a ereção dos pelos. O lanugo é uma camada fina de pelos que cobre o corpo do feto humano e que é perdido aproximadamente um mês antes do parto. Nos outros primatas, o lanugo surge em um momento embrionário equivalente ao da espécie humana, mas permanece se desenvolvendo para se modificar na pelagem densa dos adultos. O papel termorregulador dos pelos também foi perdido nos animais semiaquáticos e aquáticos, que passaram a usar densas camadas de gorduras dérmicas como estratégia alternativa para evitar a perda do calor metabólico. As focas, por exemplo, nascem com uma fina cobertura de pelos que é gradualmente reduzida.

Reflexo de preensão palmar: comportamentos geneticamente determinados também podem se tornar vestigiais quando um animal passa a viver sob condições ecológicas novas. O reflexo de preensão palmar, comportamento estereotipado dos primatas, descreve a condição na qual filhotes recém-nascidos automaticamente contraem os dedos e agarram um objeto que entra em contato com a palma da mão. O reflexo tipicamente envolve uma sequência ordenada: o dedo médio é o primeiro a se dobrar, seguido do anelar, mínimo, indicador e polegar. A contração involuntária dos músculos envolvidos é bastante significativa e testes simples demonstraram que bebês humanos quando suspensos, se agarram e conseguem sustentar seu próprio peso firmemente por, pelo menos, alguns segundos (vídeos desses testes estão disponíveis na internet). Um reflexo similar também ocorre nos pés (reflexo de preensão plantar), mas é menos elaborado no ser humano. Esses reflexos representam remanescentes de comportamentos que foram adaptativos para os ancestrais arborícolas da espécie humana. O reflexo desaparece alguns meses após o nascimento no ser humano, mas permanece nos outros primatas.

Saco vitelínico dos mamíferos placentados: o saco vitelínico é a estrutura que armazena a reserva nutritiva (vitelo) que supre as necessidades do embrião durante o desenvolvimento. Na maioria dos vertebrados, essa estrutura é relativamente grande e possui uma grande quantidade de vitelo. O saco vitelínico possui uma importância particularmente alta para as espécies ovíparas que usam essa reserva exclusivamente para nutrir o embrião em formação no ovo, mas em animais vivíparos como os mamíferos placentados o saco vitelínico se tornou uma estrutura vestigial desprovida de vitelo. Apesar de ser estruturalmente reduzido no grupo e não ser mais utilizado como estrutura de armazenamento de energia, o saco vitelínico dos mamíferos placentados passou a desempenhar um papel funcional na transferência de nutrientes da mãe para o feto no início do desenvolvimento e na hematopoese (produção de células sanguíneas) fetal.

Apêndice humano: o apêndice dos seres humanos é uma estrutura que varia bastante em tamanho. Algumas pessoas possuem apêndices de 3 cm, outras de 30 cm, e algumas praticamente nascem sem apêndice. Em muitos mamíferos, o apêndice fornece condições propícias e abriga uma flora bacteriana que auxilia na digestão de componentes de origem vegetal. O apêndice humano é um remanescente de uma estrutura que foi mais importante para ancestrais que consumiam uma proporção maior de alimentos de origem vegetal. Apesar de algumas evidências sugerirem que o apêndice desempenha um papel defensivo, seus efeitos negativos aparentemente superam esses benefícios e, além de ser uma estrutura vestigial, o apêndice representa também uma estrutura com *bad design*. Não por acaso, para muitos médicos, a única função do apêndice é inflamar! A ruptura do apêndice é potencialmente letal no ser humano e essa é uma condição relativamente comum, com aproximadamente uma ocorrência para cada 15 pessoas. Hoje, a taxa de mortalidade é baixa por causa dos avanços cirúrgicos, mas no passado até 20% da população já morreu por causa de inflamações e rupturas do apêndice.

Assimetria de órgãos: em muitos animais, órgãos pareados como os rins, os pulmões e as gônadas perderam a função em um dos lados, que se tornou vestigial. As serpentes mais primitivas possuem dois pulmões, mas em serpentes mais derivadas o pulmão esquerdo é reduzido ou está completamente ausente. A redução de um dos ovários ocorreu em diversas espécies, incluindo alguns tubarões e raias, alguns peixes, algumas serpentes, nas aves, no ornitorrinco e em alguns morcegos. Órgãos pareados no qual um dos lados é vestigial descendem de uma condição na qual os dois lados eram igualmente funcionais e isso evidencia o processo evolutivo mostrando que as estruturas são mutáveis e que os organismos estão relacionados. Afinal, por que animais seriam intencionalmente criados com órgãos pareados no qual apenas um dos lados é funcional? Além disso, por que esses órgãos são tão parecidos com os que, em outros animais, os dois lados são completamente funcionais?

Capítulo 25

Atavismos

Todo organismo possui sequências genéticas não-funcionais que foram importantes em espécies ancestrais, mas que foram desativadas quando seus fenótipos deixaram de ser adaptativos. Como discutido anteriormente, o termo pseudogene descreve uma sequência de DNA que não produz uma proteína funcional, mas que é muito similar a uma sequência genética que é funcional em outros organismos. A chance da similaridade entre um pseudogene de um organismo e um gene de outro ser coincidência é matematicamente muito baixa, pois muitos pares de bases são idênticos, e essas similaridades são fortes evidências do parentesco evolutivo das espécies. O ser humano, por exemplo, possui diversos pseudogenes que são funcionais em outras espécies de mamíferos.

Em ocasiões especiais, uma característica fenotípica que foi evolutivamente perdida pode reaparecer em alguns indivíduos de uma espécie. Essa condição, chamada de atavismo, geralmente ocorre quando genes não-funcionais que ficaram preservados no genoma passam a se expressar novamente por causa de uma mutação. Uma estrutura que perde importância adaptativa pode se degenerar simplesmente porque a seleção natural favoreceu o bloqueio da expressão fenotípica dos seus genes, mas a estrutura física dos genes pode permanecer mais ou menos preservada no genoma como uma sequência de DNA não-funcional. Em eventos relativamente raros, mutações tornam esses genes funcionais novamente e o resultado é o reaparecimento de fenótipos ancestrais. Essas estruturas são comumente degeneradas, como as estruturas vestigiais descritas acima, mas diferem destas porque não atingem todos os indivíduos da espécie. Vejamos alguns exemplos de atavismos.

Dedos dos cavalos: o casco na pata dos cavalos é uma estrutura homóloga à unha do dedo médio dos outros vertebrados. Os cavalos descendem de ancestrais que tinham 5 dedos e há um rico conjunto de fósseis que ilustra a evolução gradual das patas nos cavalos. Enquanto o dedo do meio se desenvolveu muito, os demais foram gradualmente reduzidos até que os dedos mínimo e polegar foram completamente perdidos e os dedos indicador e anelar se tornaram vestigiais. Ocasionalmente, alguns cavalos nascem com o dedo indicador e/ou o anelar desenvolvidos e cobertos com casco. Esse atavismo ocorre por falhas que ocorrem durante o desenvolvimento. Sob condições normais, a taxa de desenvolvimento dos três dedos dos cavalos é inicialmente a mesma, até que o dedo médio passa a se desenvolver mais rápido e os dedos indicador e anelar param de crescer. Nessas ocasiões excepcionais, os três dedos mantêm uma taxa de desenvolvimento aproximadamente igual e os indivíduos adultos apresentam três dedos (Figura 25.1).

Cóccix: o cóccix é o osso que fica localizado no final da coluna vertebral dos símios e é formado a partir da fusão das últimas vértebras. Evolutivamente, o cóccix representa uma versão degenerada da cauda dos macacos e a musculatura que tipicamente é usada para movimentar a cauda também está presente de forma vestigial em algumas espécies. No início do desenvolvimento, o embrião humano apresenta uma cauda que gradualmente se degenera após a 7ª semana, mas em casos excepcionais, a degeneração típica da cauda ocorre de forma incompleta e o bebe nasce com uma cauda. Essa estrutura anômala varia em tamanho e estrutura e em casos mais complexos apresenta vértebras, pelos, músculos, nervos e vasos relativamente bem desenvolvidos. Alguns indivíduos conseguem, inclusive, movimentar as caudas contraindo a musculatura. Estudos mostraram que os mesmos genes que regulam a formação da cauda em espécies de ratos estão presentes, mas desligados, no ser humano, e a expressão atípica desses genes é responsável por esse atavismo.

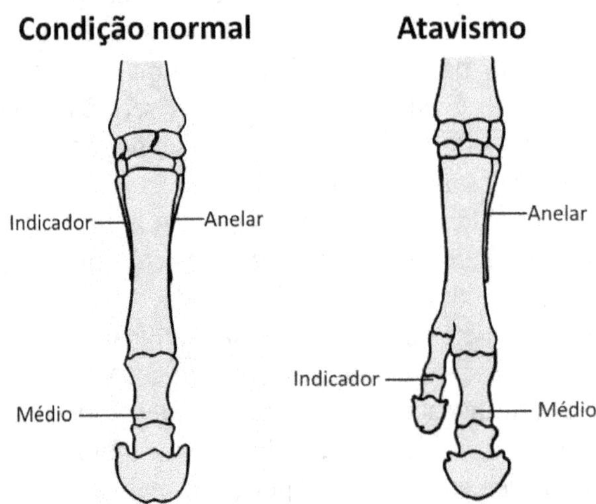

Figura 25.1 Exemplo de atavismo na pata dos cavalos. Sob condições normais, os cavalos possuem uma pata no qual o terceiro dedo (médio) é muito desenvolvido e os dedos 2 (indicador) e 4 (anelar) são vestigiais. Excepcionalmente, indivíduos nascem com os dedos indicador e/ou o anelar mais desenvolvidos que o normal. Na figura o dedo anelar é vestigial e o indicador é atipicamente desenvolvido.

Patas em baleias: em um determinado momento do desenvolvimento de golfinhos e baleias, o embrião apresenta brotos homólogos aos membros posteriores dos vertebrados que se degeneram antes do nascimento. Ocasionalmente, erros no desenvolvimento causado por anomalias genéticas impedem essa degeneração e o indivíduo nasce com pequenas nadadeiras posteriores (algumas com ossos bem desenvolvidos) que se assemelham a estágios observados nos ancestrais aquáticos dos cetáceos. Estimativas sugerem que aproximadamente um em cada 500 golfinhos nasce com essa anomalia.

Dentes nas aves: as aves descendem de ancestrais que tinham dentes, mas que foram perdidos e substituídos por um bico córneo há aproximadamente 70 milhões de anos. Em 1821, o naturalista Étienne Geoffrey Saint-Hilaire, considerado o pai da teratologia (área médica que se preocupa com as malformações congênitas), publicou um estudo mostrando que embriões de aves possuíam evidências de formação de dentes. Mais recentemente, os cientistas demonstraram que os genes relacionados à formação dessas estruturas foram de alguma forma preservados nas aves e, a partir de manipulações, conseguiram produzir galinhas mutantes com dentes rudimentares.

Capítulo 26

Evolução em tempo real

O processo evolutivo quase sempre ocorre de forma tão lenta que é impossível observá-lo acontecendo. Mudanças evolutivas significativas geralmente precisam de dezenas ou centenas de milhares de gerações e, portanto, a maior parte das mudanças evolutivas só se torna perceptível quando a história já foi contada. Considere uma analogia. Ao longo da vida, o ser humano envelhece e muda suas características físicas, mas essas mudanças não são percebidas enquanto estão ocorrendo. Um dia de envelhecimento é praticamente imperceptível e as diferenças só se tornam evidentes em escalas temporais maiores. Colocado de outra forma, é mais fácil perceber mudanças físicas revisitando fotos antigas do que se olhando no espelho. Essa mesma ideia vale para o processo evolutivo.

Felizmente, em casos excepcionais o processo evolutivo pode ser acompanhado em tempo real. Como mencionado, as mudanças evolutivas ocorrem com a passagem das gerações e, nesse sentido, as gerações são mais importantes do que o tempo propriamente dito. Organismos com gerações curtas, como as bactérias, fornecem uma oportunidade para que as mudanças evolutivas sejam acompanhadas em tempo real.

Experimentos com bactérias que se reproduzem rapidamente evidenciam o processo evolutivo e mostram como a seleção natural funciona. Os estudos liderados pelo biólogo Richard Lenski estão entre os mais importantes. Em 1988, o pesquisador isolou 12 populações idênticas de bactérias da espécie *Escherichia coli* e passou a monitorar a evolução de cada uma. Essas populações continuam sendo monitoradas até hoje e, após mais de 70 mil gerações, várias mudanças evolutivas foram observadas. Por exemplo, em relação à população ancestral, todas as populações aumentaram o *fitness*, se tornaram maiores e mais redondas, e evoluíram mecanismos que as permitiram se alimentar de glucose (recurso alimentar fornecido nos experimentos). A evolução adaptativa mais significativa foi observada na geração 30 mil e os resultados foram publicados em 2008. Populações de *E. coli* naturalmente não crescem aerobicamente quando inseridas em um meio contendo nitrato e, inclusive, essa é uma das propriedades utilizadas para identificar a espécie nos testes farmacológicos. Mutações genéticas foram favorecidas e produziram populações que evoluíram a capacidade de crescer aerobicamente nesse meio.

Microrganismos patógenos resistentes a antibióticos representam um problema atual para a espécie humana, e a farmacologia precisa constantemente reforçar as propriedades dos remédios para atender a esse desafio. As 'superbactérias' são bactérias que resistem a tipos variados de drogas e representam um desafio ainda maior. Essa guerra armamentista entre antibióticos e microrganismos ocorre quando as cepas evoluem respostas aos antibióticos, e a relação pode ser acompanhada em tempo real. Diversos experimentos médicos descreveram as etapas e o mecanismo de evolução da resistência aos antibióticos por espécies de bactérias. Mutações aleatórias produzem variações resistentes que sobrevivem e se reproduzem acima da média e essas variações, mesmo que inicialmente sejam raras, passam a ser dominantes de forma relativamente rápida. Com o aumento da resistência aos antibióticos, drogas mais fortes ou que afetem outras propriedades da bactéria precisam ser produzidas pelo ser humano. O uso indiscriminado de antibióticos é um fator central que contribui para o aumento da resistência bacteriana aos antibióticos.

O termo adaptabilidade é frequentemente usado para descrever organismos que possuem facilidade em evoluir características adaptativas. Estudos com a bactéria *Staphylococcus aureus*, uma das espécies mais resistentes a antibióticos, demonstraram que seu potencial de adaptabilidade é atipicamente alto. Essa espécie foi uma das primeiras a se tornar resistente a penicilina, pouco mais de quatro anos após a fabricação em massa dessa droga ter iniciado e, após algumas décadas, a espécie se tornou resistente a praticamente todos os antibióticos já desenvolvidos pelo homem (Figura 26.1). Os mecanismos que inibem a ação dos antibióticos pela bactéria incluem a eliminação ativa dos antibióticos do local de atuação na célula, a produção de enzimas que inativam a molécula do antibiótico, a redução da permeabilidade da parede bacteriana para os antibióticos e o implemento de reações químicas alternativas quando as reações químicas originais são afetadas pelo antibiótico.

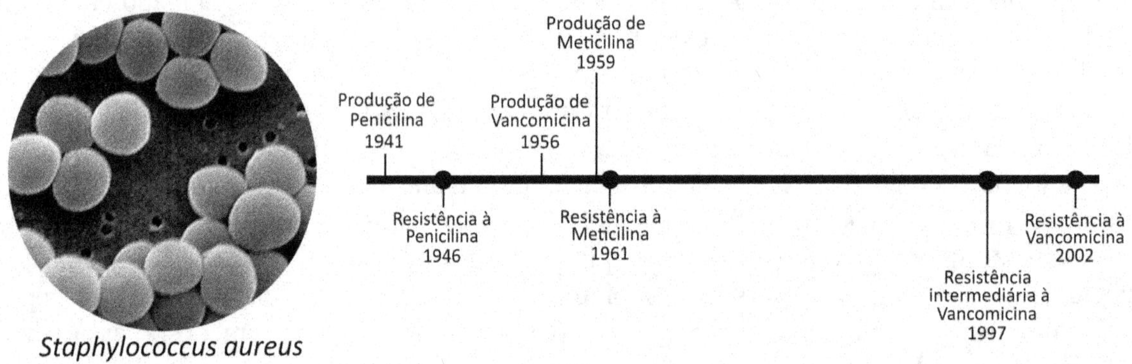

Figura 26.1 Linha do tempo do surgimento da resistência antibiótica por *Staphylococcus aureus*.

Recentemente, um estudo liderado pelo cientista Roy Kishony demonstrou como as bactérias conseguem gradualmente evoluir resistência a intensidades gradativamente maiores de drogas. Seus experimentos demonstram, passo a passo, como variações mais resistentes deixam mais descendentes e aumentam suas frequências para se tornarem dominantes. Vídeos disponíveis na internet mostram como o experimento foi conduzido e como uma árvore genealógica é naturalmente produzida a partir da sobrevivência diferenciada das diferentes variações mais resistentes.

A observação em tempo real do processo evolutivo é muito mais rara em organismos complexos porque suas gerações não duram horas como nos microrganismos citados acima, mas exemplos de evolução observável para grandes organismos também existem.

Em 1971, cinco casais de lagartos da espécie *Podarcis siculus* foram removidos da ilha Pod Kopiste e introduzidos em uma ilha próxima, Pod Mrcaru, no mar Adriático. Passados apenas 36 anos, pesquisadores coletaram os descendentes desses fundadores e avaliando suas características em laboratório observaram mudanças fenotípicas em relação à condição original. As modificações mais profundas ocorreram no tamanho e no formato da cabeça, no aumento da força de mordida e em modificações do trato digestório.

Na ilha nova, os lagartos introduzidos passaram a viver sem predadores e encontraram novos tipos de recursos alimentares que puderam ser explorados. Os dados de conteúdo estomacal, por exemplo, mostraram que a proporção de alimentos de origem vegetal era muito superior ao dos indivíduos da ilha original, que se alimentaram principalmente de insetos. As modificações estruturais na cabeça e a mordida mais forte evoluíram por pressões que favoreceram hábitos herbívoros. Estruturas chamadas válvulas cecais, que desaceleram a passagem do alimento e criam câmaras que facilitam a fermentação evoluíram no trato digestório e também estão associadas com essa mudança na dieta.

Além das diferenças físicas, a estrutura social dos lagartos também se modificou na nova ilha. A disponibilidade mais constante de recursos alimentares aumentou a densidade populacional e reduziu os comportamentos territoriais. Os estudos com *Podarcis siculus* representam um claro exemplo de efeito fundador e mostram como, em casos excepcionais, mudanças evolutivas significativas podem ser observadas em intervalos curtos de tempo.

A evolução induzida pela pesca descreve os casos nos quais as frequências fenotípicas de espécies se modificam não-aleatoriamente por causa da pesca. Muitas atividades pesqueiras têm por objetivo capturar apenas os indivíduos grandes, e os indivíduos menores que não têm valor comercial são geralmente devolvidos ao ambiente. Em muitas espécies de peixes, indivíduos pequenos foram favorecidos por causa dessa seleção não-aleatória e a média do tamanho de muitas populações reduziu em relação a valores registrados no passado (Figura 26.2).

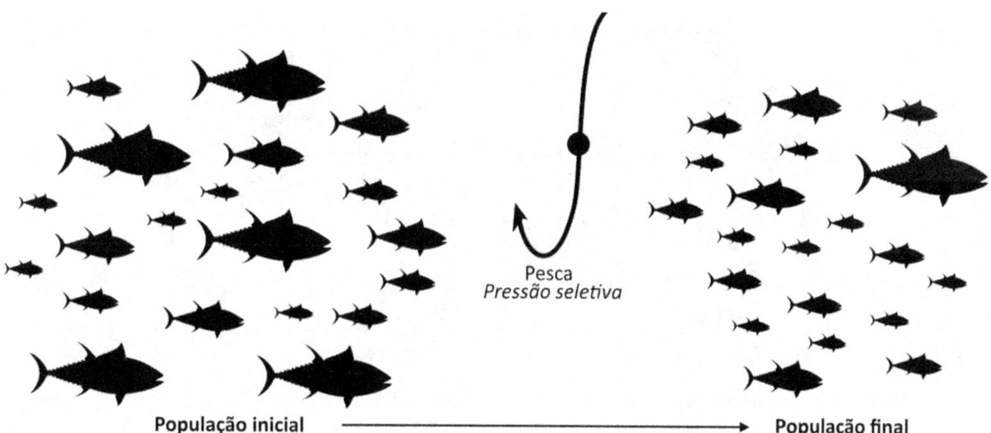

Figura 26.2 A evolução induzida pela pesca ocorre quando determinados fenótipos são favorecidos não-aleatoriamente. No exemplo, indivíduos menores, que possuem baixo valor comercial, possuem taxas de sobrevivência mais alta que os indivíduos maiores porque os apetrechos de pesca são direcionados aos indivíduos grandes ou porque esses indivíduos são devolvidos ao ambiente quando capturados. Além do tamanho, indivíduos menos ativos e que possuem crescimento lento e maturidade sexual antecipada também tendem a ser favorecidos pelas pressões pesqueiras.

Experimentos com uma espécie de peixe de água doce demonstraram que os genótipos que produzem rápido crescimento foram desfavorecidos em relação à pesca e que isso ocorreu em decorrência de diferenças nos comportamentos. Os pesquisadores mostraram que indivíduos com genótipos de rápido crescimento também são os que procuram mais ativamente por alimento e esses foram capturados com maior frequência pelas redes de pesca do que os indivíduos menos ativos e de crescimento mais lento. O experimento mostrou que indivíduos com comportamentos mais sedentários tendem a aumentar sua frequência na população em virtude das pressões pesqueiras.

Além do tamanho corporal e dos comportamentos, as pressões pesqueiras também tendem a favorecer os indivíduos que possuem maturidade sexual antecipada. Uma população pode possuir um genótipo de maturidade sexual tardia e outro de maturidade sexual antecipada. Se os dois genótipos forem capturados pela pesca, a chance de um indivíduo com maturidade sexual antecipada já ter deixado descendentes é maior, e a frequência dessa característica tende a aumentar sob os efeitos da pesca.

Mesmo nos reprodutores mais lentos, evidências de mudanças evolutivas podem ser observadas. Os elefantes africanos, principalmente os machos, possuem presas grandes (dentes incisivos alongados) que são utilizadas em combates e exibições sociais, na defesa contra predadores, para escavar, e para manipular objetos e alimentos. Sob condições naturais, apenas uma pequena proporção de indivíduos nasce sem as presas (principalmente fêmeas), mas décadas de caça têm aumentado a frequência de indivíduos dos dois sexos que nascem com presas reduzidas ou sem presas (Figura 26.3).

Figura 26.3 Macho de elefante africano (*Loxodonta africana*) com presas reduzidas. Em algumas regiões, elefantes africanos com grandes presas estão se tornando raros por causa da caça em busca do marfim. Essa pressão não-aleatória por indivíduos com grandes presas tem favorecido os fenótipos sem presas que, anteriormente raros, aumentaram sua frequência e se tornaram mais comuns.

O alvo principal da caça de elefantes africanos é o marfim, substância presente nos dentes e que é utilizada comercialmente. Portanto, indivíduos com presas muito desenvolvidas são preferidos pelos caçadores, enquanto os indivíduos com presas pequenas ou sem presas são poupados. Apesar de serem estruturas adaptativas, as presas dos elefantes passaram a ser desvantajosas a partir do momento que os elefantes se tornaram alvo do ser humano. Esse exemplo ilustra o que chamamos de alternância de seleção, que ocorre quando uma condição que era favorável passa a ser desfavorecida por causa de uma nova condição ambiental. Essa nova condição (a caça), apesar de ser induzida por atividades humanas, exerce o mesmo efeito da seleção natural: a alteração não-aleatória nas frequências dos genótipos.

A espécie de elefante asiático também sofre pressões similares e o registro crescente de machos sem presas na espécie também pode ser uma consequência da caça. Não obstante, os cientistas mostraram que a caça na espécie asiática ocorre não só para a extração do marfim, mas também para o uso da carne e da pele dos animais. Portanto, não só os machos, mas também as fêmeas e os filhotes que tipicamente não possuem presas, são alvos dos caçadores e isso de alguma forma obscurece os padrões seletivos na espécie indiana.

Capítulo 27

Seleção artificial

A seleção artificial é o mecanismo pelo qual organismos que possuem traços do interesse humano são favorecidos até que estes traços se tornam exacerbados e mais frequentes que os traços originais. Ao contrário da seleção natural, a sobrevivência diferenciada na seleção artificial é definida pelo interesse humano e não por uma causa ecológica natural, mas as propriedades por trás das mudanças evolutivas são essencialmente as mesmas. Apesar de ser uma simplificação do processo evolutivo natural em alguns aspectos, a seleção artificial é uma evidencia da evolução porque ilustra como as mudanças nas frequências de uma característica ocorrem e como os atributos das populações selvagens podem ser intensificados ou reduzidos.

Há muito tempo o ser humano percebeu que as variações naturais poderiam ser exploradas para o seu benefício e a seleção artificial se tornou uma estratégia para otimizar a produção de recursos do interesse humano. Plantas com frutos maiores, animais com couraças mais grossas e com mais carne foram preferidos e, cruzando entre si, esses tipos passaram a ser dominantes e suas características gradualmente se tornaram ainda mais elaboradas. Galinhas põem números variados de ovos e os fazendeiros preferem investir na criação de galinhas que põem o maior número de ovos. Após várias gerações de seleção e cruzamento, a média do número de ovos da população é desviada positivamente.

A seleção artificial foi particularmente importante para os estudos de Darwin, que percebeu que a domesticação e a seleção artificial funcionam como a evolução natural, exacerbando traços desejados ou reduzindo traços que não têm utilidade para o ser humano. Darwin também percebeu que sob as forças da seleção artificial os organismos não evoluem primariamente para se adaptar ao ambiente, mas sim para atender as necessidades humanas e, nesse sentido, a evolução por meio da seleção artificial quase sempre representa um tipo de evolução não-adaptativa. De fato, como veremos abaixo, em muitos casos os organismos evoluem para se tornar mal adaptados!

Plantas que evoluíram para produzir frutos muito grandes ou as que produzem muitos grãos comumente possuem sistemas de defesa frágeis que precisam ser subsidiados pelo ser humano, que geralmente recorre aos agrotóxicos. Sob uma perspectiva ecológica, as plantas domesticadas são selecionadas para que o máximo de energia possível seja alocado para as partes do interesse humano. As plantas selvagens, ao contrário, tendem a alocar energia de maneira mais equilibrada, de forma que nenhuma de suas funções seja muito comprometida.

Apesar de possuírem frutos e grãos menos desenvolvidos, as plantas selvagens são mais resistentes às condições físicas do meio, aos predadores, aos parasitas e as doenças do que as variações domésticas, porque suas partes evoluíram como um conjunto para atender aos múltiplos desafios ambientais. Muitas plantas domésticas, por outro lado, possuem capacidade de defesa inferior e são menos resistentes aos efeitos ambientais porque as partes responsáveis por atender a esses desafios geralmente não são úteis ao ser humano e não foram favorecidas durante a seleção artificial. A maior parte da energia é alocada para os frutos ou para partes de interesse humano.

A agricultura se iniciou há aproximadamente 12 mil anos e, desde então, partes vegetais de interesse humano foram exacerbadas a partir da seleção artificial. Frutos e grãos possuem um interesse especial e as muitas espécies de plantas frutíferas domésticas possuem frutos que podem ser considerados aberrações anatômicas quando comparados aos seus equivalentes naturais.

O milho selvagem, por exemplo, media aproximadamente 10% do tamanho das variações de hoje e tinha três vezes menos a quantidade de açúcar (Figura 27.1a). As melancias eram 200 vezes menores, tinham menos água, menos açúcar e mais gordura que as variações de hoje, que continuam se modificando. É importante mencionar que as melancias quadradas (ou as que imitam rostos humanos!) servem para facilitar o armazenamento e são produzidas por mecanismos físicos não relacionados com a seleção artificial. Nesse processo, as frutas se desenvolvem em caixas de acrílico e se ajustam ao formato da caixa durante o crescimento da fruta. Portanto esse processo não tem relação genética e não é evolutivo.

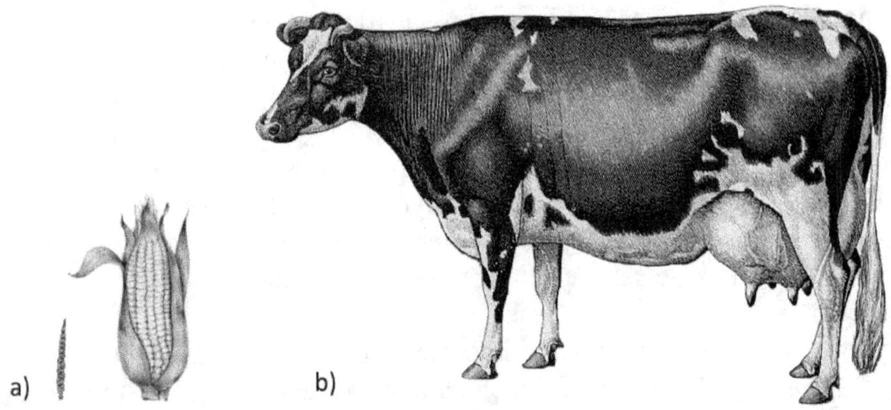

Figura 27.1 A seleção artificial é o processo no qual os traços fenotípicos do interesse humano são exacerbados nos organismos através do cruzamento de indivíduos com essas características. O milho é uma estrutura vegetal que se tornou cumulativamente maior com a seleção artificial. Por milhares de anos, o cruzamento deliberado de plantas selvagens que tinham partes comestíveis maiores resultou nos padrões exacerbados que conhecemos hoje. Compare o tamanho de um milho selvagem e o de um milho doméstico (a). O leite produzido por algumas raças de vacas como a holandesa Holstein-Frísia mais que dobrou em apenas quatro décadas em virtude da seleção de variações com máxima produtividade (b).

Cenouras são raízes tuberosas e comestíveis que foram selecionadas a partir de versões selvagens menos desenvolvidas. Apesar de serem produzidas em tonalidades que variam do amarelo ao preto, a variação laranja, rica em caroteno é, de longe, a mais comum. Uma ideia popular sugere que o cultivo da variação laranja foi propositadamente iniciado por holandeses no século 17 para homenagear a Casa Real de Orange-Nassau, e a variação se espalhou pela Europa.

Aproximadamente 10 mil anos atrás, fazendeiros europeus começaram a utilizar leite como alimento e espécies produtoras de leite passaram a ser cultivadas e selecionadas. Como mencionado anteriormente, na espécie humana, a enzima lactase que é responsável por digerir a lactose continuou sendo sintetizada em alguns adultos por causa de mutações que produziram alelos de persistência. As evidências sugerem que esses alelos surgiram na Europa e até hoje são mais comuns entre os europeus, e tendem a ser mais raros entre os asiáticos que historicamente consomem menos leite.

Bovídeos foram selecionados para maximizar a produção de leite e estudos mostraram que a produção de leite por algumas raças de vacas mais do que dobrou nos últimos 40 anos. A produção média de algumas variações chega a 30 litros por dia e isso representa uma quantidade 7 vezes maior do que a necessária se o leite fosse um recurso utilizado exclusivamente para nutrição dos filhotes. As mamas enormes de algumas vacas claramente atrapalham sua locomoção (Figura 27.1b) e estudos mostraram que as vacas que produzem muito leite são mais acometidas por infecções mamárias (mastites), são mais suscetíveis a algumas doenças e possuem baixa fertilidade.

Os cavalos não produzem quantidades grandes de leite como as vacas porque não foram selecionados para essa finalidade, mas a seleção artificial foi utilizada para intensificar outro aspecto nesses animais: a velocidade. Uma característica comum a muitos animais terrestres velozes é a presença de uma musculatura muito forte dos membros, mas que se concentra na extremidade próxima ao corpo. Além disso, as partes distais das patas são finas e mantêm pouco contato com o substrato. Essa característica foi exacerbada nos cavalos domésticos e décadas de seleção resultaram na produção de patas que são mais vulneráveis que as dos seus parentes selvagens.

Evidências sugerem que os cães se originaram a partir de lobos que tinham características menos selvagens. Esses indivíduos mais brandos predavam menos e se alimentavam principalmente de restos de alimento (como os vira-latas!). Inicialmente seguindo os trajetos de grupos humanos, esses lobos mais obedientes e dóceis inevitavelmente passaram a ser aceitos e conviver com o ser humano até adquirir papéis mais importantes, passando a auxiliar na caça e na defesa do grupo. O resultado dessa convivência foi a produção de mais de 350 diferentes linhagens a partir de diferentes eventos de seleção artificial. A seleção artificial nos cães nos mostra que pequenas modificações genéticas podem produzir grandes mudanças evolutivas, mas estas não necessariamente estão acompanhadas de isolamento reprodutivo. As diversas raças de cachorros pertencem a uma mesma espécie, a despeito de possuírem uma diversidade fenotípica tão alta.

Os cães da raça galgo inglês (*greyhound*) foram selecionados para serem corredores e, como os guepardos, possuem contornos do corpo liso, são aerodinâmicos e têm caudas e patas longas. Cães como os das raças *dachshund* (salsichas) e *basset hound* possuem traços típicos de animais escavadores, como o corpo alongado e as patas curtas com garras fortes, e foram selecionados para auxiliar na caça de animais escavadores como os texugos. Nessas raças, o comportamento de apontar a pata em direção a caça também foi um traço comportamental selecionado artificialmente. Curiosamente, essas raças de patas curtas foram criadas a partir do cruzamento de cães com acondroplasia (mutação genética que diminui o comprimento dos membros em relação ao corpo) e possuem uma característica em comum: a presença de um alelo que se expressa em patas curtas.

Muitas raças de cães foram produzidas quando traços de filhotes (que tanto agradam os humanos) permaneceram nos estágios adultos e essas variações foram cruzadas entre si. Alguns desses traços típicos de filhotes incluem os padrões de coloração malhado, orelhas grandes e caídas e olhos grandes. O focinho alongado da maioria dos cães adultos está relacionado com a olfação desenvolvida, mas também com o resfriamento corporal e são traços típicos da maioria dos mamíferos. Todavia, os filhotes de muitos mamíferos possuem focinhos achatados que facilitam a amamentação e que só depois se tornam alongados. Em raças como os pugs e os buldogues, o focinho permanece achatado nos adultos e essa condição evoluiu por neotenia a partir do cruzamento de variações que retiveram essa característica juvenil na fase adulta.

Os canários começaram a ser domesticados no século XV a partir de populações selvagens provenientes de ilhas do Atlântico Norte e as centenas de variações que existem hoje possuem traços fenotípicos que foram deliberadamente intensificados pelos criadores. Cruzando indivíduos com características-alvo, os criadores conseguiram criar animais com padrões de cores e de cantos muito variados. A seleção nesses animais foi tão minuciosa que os criadores conseguiram controlar até mesmo a quantidade e os tipos de penas (mais ou menos macias) e o tipo e a duração do canto. Algumas variações, por exemplo, foram criadas de forma que os animais cantam com o bico fechado e imitam os sons da água.

Como mencionado acima, quando um atributo do interesse humano é selecionado, traços não-adaptativos podem pegar carona e serem selecionados indeliberadamente. Não por acaso, a seleção artificial produziu alguns dos maiores exemplos de aberrações biológicas. Vejamos alguns exemplos:

- os pombos *tumblers* de bico curto, variações que possuem bicos vestigiais e olhos grandes e saltitantes, foram selecionados para dar cambalhotas intermitentes durante o voo, e isso produziu comportamentos estranhos. Alguns indivíduos não conseguem voar e, na tentativa de decolar, dão cambalhotas sequenciais no solo que podem causar danos físicos ao corpo. Evidências mostraram que falhas neurológicas relacionadas com a transmissão de serotonina no cérebro estão envolvidas com esses comportamentos e, por terem sido favorecidas pela seleção artificial, se fixaram nessas variações. Esses animais também possuem mortalidade alta em relação a outras variações de pombo. O *holle cropper* é outra variação de pombo que possui visual estranho em virtude de sua região peitoral muito desenvolvida (Figura 27.2a);

- muitas raças de frangos e perus foram criadas para maximizar a produção de carne, principalmente a musculatura peitoral e das coxas (Figura 27.2b). Algumas variações de perus possuem os músculos do peito tão grandes que têm problemas para se locomover e em muitas, os machos não conseguem subir na fêmea para copular. Nestes animais a reprodução quase sempre ocorre a partir de inseminação artificial;

- o peixe kinguio bolha (ou olho de bolha), variação da espécie *Carassius auratus*, foi selecionado para fins ornamentais e possui sacos preenchidos por líquido que ficam localizados abaixo dos olhos, que são voltados para cima (Figura 27.2c). Esses sacos atrapalham a natação e por serem frágeis, ocasionalmente estouram e deixam o animal mais vulnerável a infecções. Além disso, os olhos voltados para cima atrapalham a localização do alimento nos aquários. Outras variações anatomicamente aberrantes da espécie incluem o peixe cabeça de leão, selecionado para se parecer com o cão leão chinês, os peixes telescópio, com olhos saltitantes, e o oranda, que possui uma protuberância no topo da cabeça;

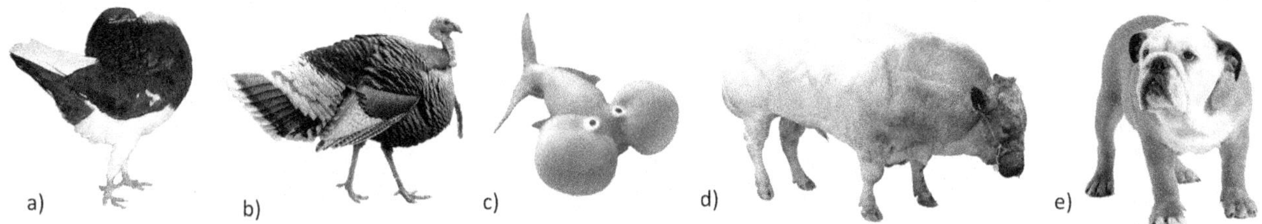

Figura 27.2 Aberrações fenotípicas resultantes da seleção artificial. Pombos da raça *holle cropper* (a) foram produzidos a partir do cruzamento de indivíduos com atributos exóticos como a região peitoral muito expandida. Visando maximizar a produção de carne, principalmente da musculatura peitoral, muitas raças de perus se tornaram verdadeiros 'peitos ambulantes' (b). O exótico peixe kinguio Bolha foi selecionado para fins ornamentais e possui sacos preenchidos por líquido abaixo dos olhos (c). Raças de bois como os *Belgian blue* foram selecionadas a partir de indivíduos com anomalias genéticas que duplicam o número de fibras musculares (d). Raças de cães com focinhos achatados como o buldogue inglês são menos tolerantes a variações amplas de temperatura e seus filhotes são comumente grandes demais para nascer por vias naturais.

- algumas raças de bodes são conhecidas por passarem por episódios que lembram um desmaio súbito quando submetidos a situações de estresse. Apesar de não ser um desmaio, o animal geralmente fica parado com a musculatura enrijecida em virtude de uma condição chamada miotonia congênita. Essa condição, que ocorre em diversos animais, é o resultado de uma mutação em um gene envolvido com o relaxamento muscular. A contração repentina da musculatura é uma estratégia instintiva dos animais. Quando alertado sobre um perigo iminente, o cérebro envia uma mensagem aos músculos para que estes se preparem para uma possível fuga ou briga. Sob condições normais, a musculatura relaxa imediatamente após essa contração inicial, mas nos animais miotônicos, a contração permanece por vários segundos até que o músculo volte ao estado relaxado. É fácil perceber que essa condição seria rapidamente desfavorecida sob condições naturais, porque um animal submetido ao estresse de um predador, por exemplo, se tornaria uma presa fácil permanecendo imóvel diante do perigo. Todavia, o ser humano deliberadamente estimulou a proliferação de animais com essa condição. Em se tratando de bodes, é inevitável não mencionar também a cabra de Damasco, uma raça produzida no oriente médio que possui traços 'monstruosos', incluindo uma cabeça desproporcionalmente grande, um focinho muito achatado e o lábio inferior protuberante;

- galinhas sem penas foram selecionadas a partir de indivíduos com mutações que impedem que as penas se formem durante o desenvolvimento embrionário. Como esperado, esses animais são mais suscetíveis às variações de temperatura, aos efeitos do sol, a parasitas e a infecções;

- algumas raças de bois, como a *Belgian blue* e a piemontês, são conhecidas por possuírem uma musculatura muito desenvolvida (Figura 27.2d). Isso ocorre por causa de uma condição chamada síndrome da musculatura dupla. Essa é uma condição genética que resulta, não na hipertrofia, mas no aumento no número de fibras musculares (hiperplasia). Em relação às outras raças, esses animais tipicamente apresentam ossos mais finos, órgãos menores, são mais suscetíveis a algumas doenças e são menos tolerantes a situações de estresse. Além disso, os machos geralmente possuem fertilidade baixa e as fêmeas enfrentam partos distócicos (fisicamente complicados) por causa dos seus canais reprodutivos estreitos e porque os filhotes são atipicamente muito grandes. Nessas raças, a fecundação e o parto são geralmente subsidiados pelo ser humano;

- em animais endotérmicos, as vias nasais são utilizadas para reduzir a perda de calor do corpo para o meio (em ambientes frios) ou para refrigerar o ar que entra no corpo (em ambientes quentes). Por causa do focinho achatado, cães braquicefálicos (que possuem crânios achatados e largos) como os pugs e os buldogues têm dificuldade em aquecer ou esfriar o ar que passa pelos seus curtos canais nasais (Figura 27.2e). Além disso, os filhotes dessas raças tipicamente possuem cabeças tão grandes que sua passagem pelo canal reprodutivo é dificultada. Sem intervenções cirúrgicas durante o parto, a taxa de mortalidade dos filhotes, da mãe ou de ambos é muito alta nessas raças;

Apêndice

Evolução humana

Darwin previu, com base no seu conhecimento biogeográfico e com base nas similaridades do ser humano com os símios africanos, que a África deveria ser o local de origem e evolução do homem. Na época de Darwin, fósseis de símios não eram conhecidos e sua previsão chegou a ser contestada por alguns naturalistas que estavam convictos de que o ser humano havia surgido na Ásia. Posteriormente, os muitos fósseis descobertos elucidaram essa dúvida e a previsão de Darwin foi confirmada.

Hoje sabemos que os parentes vivos mais próximos da nossa espécie (*Homo sapiens*) são o chimpanzé (*Pan troglodytes*) e o bonobo (*Pan paniscus*), e que os gorilas (*Gorilla gorilla* e *Gorilla beringei*) e os orangotangos asiáticos (*Pongo pygmaeus*, *Pongo abelii* e *Pongo hooijeri*) também são espécies vivas aparentadas (Figura A1a). Juntas com os vários grupos fósseis hoje conhecidos, essas espécies fazem parte da família Hominidae. Portanto, apesar de ser popularmente utilizado para se referir exclusivamente aos humanos modernos e seus parentes extintos, o termo hominídeo tecnicamente engloba todos os grandes símios.

A linhagem que deu origem à espécie humana moderna divergiu da linhagem que deu origem ao chimpanzé a partir de um ancestral que viveu entre aproximadamente 5 e 7 milhões de anos atrás. Esse ancestral não era nem chimpanzé nem ser humano, mas seus traços eram mais similares aos dos chimpanzés, visto que a linhagem humana passou por mais modificações. Quando divergiram, cada linhagem passou a evoluir independentemente e diferentes atributos biológicos foram favorecidos em cada uma.

Os fósseis são extremamente raros no lado dos chimpanzés, provavelmente porque os hábitos arborícolas não facilitam o processo de fossilização, mas no lado humano, há um conjunto muito rico de fósseis que evidenciam o processo gradual de transição morfológica das espécies basais até as mais modernas (Figura A1b). Dos fósseis mais antigos aos mais recentes, as modificações anatômicas mais significativas incluem a adoção de uma locomoção bípede, o aumento do volume do cérebro e modificações cranianas como o achatamento da face, a alteração no formato da maxila e a redução do comprimento dos dentes caninos.

A relação de algumas espécies, como *Sahelanthropus tchadensis* (7 milhões de anos) e *Orrorin tugenensis* (6 milhões de anos) com as linhagens dos chimpanzés e dos seres humanos ainda está sob investigação. Essas espécies parecem ter evoluído após o ancestral de chimpanzés e humanos ter divergido da linhagem dos gorilas, mas por terem sido descobertas há relativamente pouco tempo, os cientistas ainda não conseguiram determinar com exatidão se viveram antes do ancestral entre chimpanzés e seres humanos terem divergido, ou se representam espécies que já estavam evoluindo no lado humano.

A posição do forame magno (orifício na base do crânio que permite a conexão da medula espinhal com o cérebro) é uma propriedade anatômica utilizada para determinar o tipo de locomoção. Animais quadrúpedes possuem um forame posicionado na parte de trás do crânio, enquanto nos animais bípedes o forame se desloca anteriormente e fica posicionado em uma posição inferior, na base do crânio. Em *S. tchadensis*, o forame magno apresenta uma posição mais anterior que a observada nos chimpanzés, sugerindo que, pelo menos, algum grau de bipedalismo existiu no grupo. Em *O. tugenensis*, fósseis do crânio não são conhecidos, mas estruturas dos membros posteriores sugerem que a espécie também era capaz de alguma locomoção bípede.

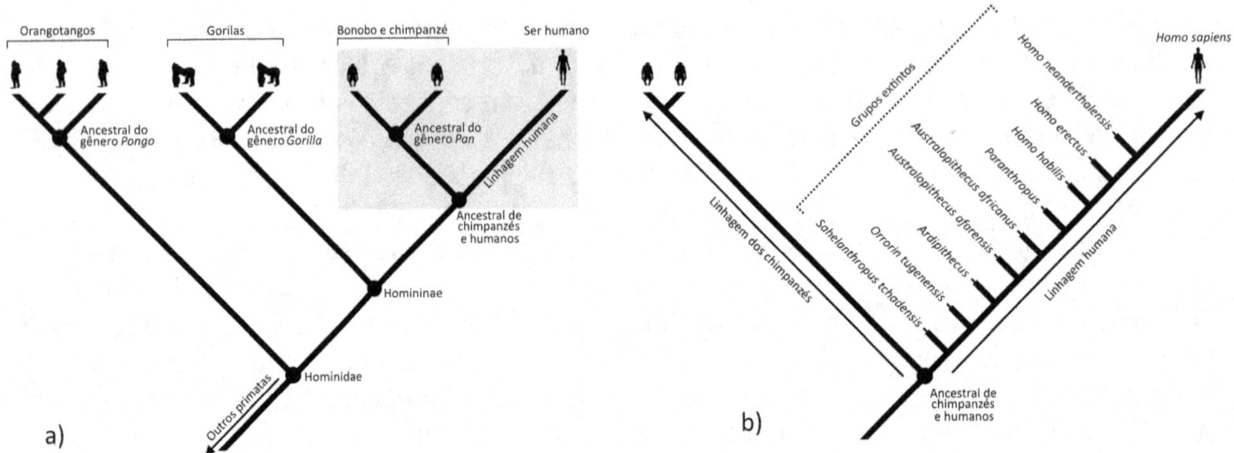

Figura A1 a) Relações evolutivas entre os grandes símios contemporâneos. b) Árvore evolutiva detalhada da relação entre a espécie humana e os chimpanzés modernos (detalhe da área cinza da primeira figura), evidenciando importantes espécies de transição no lado humano. Um grande conjunto de fósseis evidencia o processo gradual de remodelação no qual um ancestral similar a um chimpanzé gradualmente adquiriu as características que foram herdadas pela espécie humana moderna. *Australopithecus afarensis* é um importante exemplo de animal com traços transitórios. Seu crânio ainda era muito similar ao dos símios não-humanos, mas sua estrutura pélvica e os membros posteriores já apresentavam um padrão similar ao humano. As espécies da linhagem humana conhecidas a partir de fósseis não estão restritas às que foram descritas aqui. Por outro lado, o registro fóssil na linhagem dos chimpanzés é muito pobre, provavelmente porque os hábitos arborícolas do grupo dificultaram o processo de fossilização. As espécies *Sahelanthropus tchadensis* e *Orrorin tugenensis* foram apresentadas no lado humano da árvore evolutiva (como sugerem muitos autores), mas suas posições evolutivas continuam sendo debatidas pelos cientistas.

As várias espécies do gênero *Australopithecus* são geralmente colocadas na base da linhagem humana. O famoso fóssil Lucy (*A. afarensis*) é particularmente importante por ser bastante completo. Lucy mostra características importantes de transição. O crânio era similar ao de um macaco, mas da cintura para baixo suas características eram muito parecidas com as dos humanos. A descoberta de Lucy foi particularmente importante, entre outras razões, por confirmar que a postura bípede evoluiu antes do aumento no tamanho do cérebro. Além disso, os fósseis mostram que o dimorfismo sexual em *A. afarensis* era relativamente alto, com os machos pesando aproximadamente 1,5 vezes mais que as fêmeas.

Os fósseis mais antigos de espécies do gênero *Homo* datam de aproximadamente 2 a 3 milhões de anos. Fósseis de *H. habilis* foram encontrados em associação com ferramentas e seu cérebro tinha aproximadamente 600-750 cm³ de volume. Isso representa aproximadamente o dobro dos valores observados em *A. afarensis* (365-417 cm³) e pouco mais da metade dos valores observados na nossa espécie (1200-1500 cm³). Seus dentes eram menores, mas as maxilas ainda eram prognáticas (projetada para frente) em relação à condição achatada observada nos humanos modernos. O dimorfismo sexual era similar ao dos humanos modernos, com os machos pesando aproximadamente 1,2 vez mais que as fêmeas.

Homo erectus foi a primeira espécie de hominídeo a sair da África e colonizou a Ásia há aproximadamente 1,5 milhão de anos, e a Europa em uma data ainda indeterminada. O crânio era praticamente do tamanho do observado nos humanos modernos, suas ferramentas eram complexas e algumas evidências sugerem que a espécie utilizava fogo para assar suas presas. Além disso, a estrutura social e a comunicação eram mais complexas que as observadas nas outras espécies.

Um grande conjunto de evidências sugere que, em algum momento, até quatro espécies do gênero *Homo* (*H. habilis*, *H. rudolfensis*, *H. ergaster* e *H. erectus*) podem ter convivido. Essas espécies devem ter competido entre si e até produzido híbridos. *H. erectus* é considerada por muitos cientistas como sendo a ancestral direta de espécies como *H. heidelbergensis*, *H. antecessor*, *H. floresiensis* e *H. luzonensis*. Por outro lado, *H. heidelbergensis* é considerada a ancestral direta de *H. neanderthalensis* e de *H. sapiens*, que se originaram na Europa e na África, respectivamente.

Homo neanderthalensis foi extinta há aproximadamente 40 mil anos. Causas diversas, como doenças e mudanças climáticas, podem ter contribuído, mas evidências também sugerem que a extinção da espécie ocorreu quando a população de *H. sapiens* se expandiu para a Europa. Alguns autores defendem que *H. neanderthalensis* foi literalmente exterminada por *H. sapiens* quando as duas passaram a conviver na mesma área. Segundo esses autores, a agressividade mais elaborada de *H. sapiens* em relação às outras espécies de *Homo* foi um determinante que contribuiu para o domínio exclusivo da nossa espécie no planeta. Por outro lado, outros autores defendem que a extinção das outras espécies ocorreu indiretamente por exclusão competitiva, quando *H. sapiens* passou a dominar e monopolizar os recursos de diversos ambientes do planeta. As duas ideias acima são suportadas por evidências, não são excludentes e, portanto, é plausível considerar que ambas são válidas.

Como descrito acima, chimpanzés e seres humanos descendem de ancestrais arborícolas que viveram há pelo menos 5 milhões de anos. Os hábitos arborícolas ainda são importantes para o chimpanzé, mas no lado humano, grandes mudanças anatômicas e comportamentais ocorreram justamente porque as espécies trocaram as densas florestas pelos ambientes savânicos abertos.

Evidências geológicas, paleontológicas e geográficas mostram que entre aproximadamente 3 e 10 milhões de anos atrás, mudanças ambientais profundas no leste e no centro da África tiveram como principal efeito o aumento da seca, em um processo que pode ser chamado de savanização das florestas tropicais. Sem as densas florestas tropicais, muitas espécies de animais foram extintas ou evoluíram mecanismos para lidar com esses novos desafios. Todavia, muitas características que evoluíram para atender aos desafios de uma vida arborícola nos nossos remotos ancestrais ainda permanecem na nossa espécie porque passaram a ser usados para outros propósitos.

A face humana se tornou mais achatada porque a arcada dentária passou a apresentar um formato retangular, diferente do padrão tipicamente circular dos humanos basais e dos chimpanzés. Além disso, os dentes caninos se tornaram menores e os molares se desenvolveram. A face achatada, condição comum em muitos primatas, mas rara entre os mamíferos, posiciona os dois olhos para frente de forma que a visão estereoscópica é privilegiada em relação a visão periférica.

Como já mencionado anteriormente, a sobreposição do campo de visão dos dois olhos é importante para a percepção de profundidade, criando vantagens para animais que saltam de galho em galho. Esse tipo de visão continuou sendo importante para os humanos não-arborícolas e pode ter contribuído para o sucesso no manuseio minucioso de ferramentas.

A maioria dos mamíferos possui uma visão dicromática e a evolução da visão tricromática nos primatas pode ter ocorrido por pressões que favoreceram a detecção de frutas maduras e/ou a identificação de fêmeas na fase estral (de receptividade sexual), sinalizada em muitas espécies através de modificações temporárias da região púbica, que se torna inchada e alargada com uma coloração vermelha evidente. Frutas maduras possuem um teor maior de açúcar e são preferidas por primatas. O etanol (substância volátil) liberado pelos frutos maduros fornece um estímulo olfativo que, associado aos estímulos visuais, facilitam sua localização. Assim, indivíduos com uma predisposição para detectar esses estímulos foram beneficiados. Adicionalmente, especiarias (como as pimentas) que são consumidas por muitas espécies de primatas podem ter servido inicialmente como agentes antimicrobianos e essas propriedades ainda são importantes para muitos primatas modernos, incluindo o ser humano.

Ao contrário da maioria dos mamíferos, o polegar e o hálux (dedo grosso do pé) dos primatas arborícolas está separado e faz oposição com os demais dedos (principalmente nos símios). Essa organização permite a manipulação refinada de sementes e frutos e facilita a locomoção dos animais através dos galhos. Na espécie humana, o hálux opositor foi perdido, provavelmente quando a postura bípede passou a ser favorecida, mas nas mãos, essa organização dos dedos é mantida e certamente contribuiu para o sucesso da linhagem humana porque permitiu o aperfeiçoamento e o uso refinado de ferramentas.

A postura bípede emancipou os membros anteriores, e as mãos puderam ser utilizadas para propósitos não-locomotores como o uso de ferramentas e para carregar os filhotes. Essa emancipação deve ter contribuído para que cérebros grandes (que possuem maior capacidade de coordenar atividades refinadas como estas) tenham sido favorecidos. As principais adaptações para a locomoção bípede envolveram modificações nos ossos dos pés e das pernas, na estrutura pélvica, na coluna vertebral e no comprimento dos membros anteriores.

As pressões ecológicas que levaram ao favorecimento do bipedalismo ainda não são tão bem conhecidas. Inicialmente, foi cogitado que andar em duas patas seria energeticamente menos custoso para um animal migrando entre os remanescentes florestais, mas essa hipótese foi descartada por evidências que mostraram que a locomoção bípede é tão custosa quanto a locomoção quadrúpede.

A hipótese do macaco aquático, proposta na década de 1960, sugeriu que ancestrais da linhagem humana passaram a explorar os ambientes aquáticos na busca por alimento, e esses hábitos favoreceram características como a postura bípede e a perda dos pelos corporais. Todavia, evidências não favoráveis levaram essa hipótese a ser descartada pela comunidade científica.

O bipedalismo pode ter sido, pelo menos parcialmente, o efeito de mudanças na dieta que favoreceram os animais que passaram a utilizar os membros anteriores para coletar frutos e partes vegetais com maior eficiência. Essa alteração na postura evoluiu associada com as alterações nos padrões de dentição. Por outro lado, passando a viver em ambientes abertos e mais secos, os efeitos da temperatura foram intensificados. Um animal em uma postura bípede recebe menos insolação, e essa nova postura, associada à evolução de glândulas sudoríparas e da redução dos pelos, pode ter favorecido a locomoção bípede. As duas ideias acima não são excludentes e mostram que de alguma forma a evolução do bipedalismo esteve relacionada com mudanças ambientais.

Com a emancipação dos membros anteriores, o uso de ferramentas e os comportamentos sociais que são características comuns a vários primatas, foram intensificados na linhagem humana. O dimorfismo sexual foi gradualmente reduzido quando os hábitos sociais passaram a favorecer laços reprodutivos mais monogâmicos. Ao contrário do que ocorre com muitos primatas, na espécie humana as fêmeas não modificam suas partes corporais e não demonstram nenhum sinal físico evidente de que estão ovulando. É provável que essas propriedades foram omitidas quando passou a ser vantajoso para as fêmeas que os machos permanecessem para auxiliar no cuidado parental após a cópula. Sem conseguir determinar o período de receptividade sexual, os machos passaram a acompanhar as fêmeas e copular com maior regularidade para assegurar a fecundação.

Como mencionado acima, o aumento no tamanho do cérebro iniciou quando os braços foram emancipados das funções locomotoras e passaram a ser usados para propósitos que necessitavam de um controle nervoso mais refinado. Os fósseis mostram que ferramentas mais elaboradas foram encontradas em associação com cérebros maiores.

Além disso, com laços sociais mais elaborados, a comunicação se tornou mais importante e isso certamente contribuiu para que qualquer desenvolvimento adicional das partes nervosas correspondentes à comunicação fosse favorecido pela seleção natural. A importância do cérebro para a espécie humana pode ser compreendida fisiologicamente. O cérebro representa entre 2 e 3% do peso total de um ser humano, mas recebe 15% do fluxo sanguíneo cardíaco e consome aproximadamente 20% do oxigênio e 15% da glicose do corpo.

A despeito da importância evolutiva do cérebro humano, seu grande tamanho e as limitações esqueléticas impostas pelo bipedalismo na organização da estrutura pélvica criaram dificuldades para o parto, como já mencionado. Há uma relação entre tamanho do cérebro e o período de gestação nos primatas e algumas estimativas sugerem que o período de gestação da espécie humana, que é curto em relação ao dos outros primatas, deveria ser de aproximadamente 18 meses se não houvessem essas dificuldades no parto.

O tamanho atípico do cérebro humano deve ter favorecido gestações mais curtas quando o prolongamento do parto se tornou inviável. Em relação aos filhotes de chimpanzés, os bebês humanos nascem com desenvolvimentos motor e intelectual inferiores e são muito mais dependentes dos pais neste período. Estas são evidencias adicionais de um nascimento prematuro na espécie humana que foi evolutivamente determinado pelo tamanho excessivo do crânio.

Certamente, a inovação da linhagem humana de maior impacto ecológico foi a evolução da linguagem. A audição elaborada dos humanos, característica comum a todos os mamíferos, e modificações anatômicas na região da laringe que permitem uma articulação elaborada dos fonemas foram fatores centrais na evolução da linguagem. Da mesma forma, a complexidade de músculos na face e a acuidade visual atipicamente desenvolvidas nos primatas em relação aos outros mamíferos também foram importantes. Primatas são muito visuais e estudos mostram que é mais fácil compreender uma mensagem observando o movimento dos lábios e ouvindo os sons emitidos ao mesmo tempo do que apenas ouvindo os sons. É relativamente difícil determinar precisamente em que momento a linguagem elaborada realmente surgiu, mas mudanças anatômicas nas maxilas e em estruturas da garganta são indicativos importantes.

Sob a perspectiva biológica, a cultura pode ser definida como sendo a transmissão de um conhecimento adquirido. Apesar de não ser uma propriedade exclusivamente humana (evidências de cultura já foram registradas para vários grupos de animais), a capacidade de transmitir aprendizado foi exacerbada com o surgimento da linguagem refinada nos humanos e essa é provavelmente a característica que nos torna tão especial em relação aos outros animais. A capacidade de disseminar aprendizado para os parentes (principalmente em espécies com uma comunicação tão refinada) certamente contribui para a sobrevivência e, portanto, é uma característica adaptativa que tende a ser favorecida pela seleção natural.

A perda da capacidade reprodutiva caracteriza a senescência (velhice), estágio de vida relativamente raro para a maioria dos animais. Os humanos são incomuns por apresentarem um estágio pós-reprodutivo duradouro e essa característica pode ter sido favorecida quando a transmissão de experiências pelos indivíduos mais velhos favoreceu a sobrevivência dos indivíduos mais novos de um grupo social. Curiosamente, indivíduos com genes deletérios que só se manifestam nos estágios pós-reprodutivos são mais difíceis de serem eliminados pelo ambiente e isso explica, pelo menos parcialmente, porque os seres humanos são tão acometidos por doenças relacionadas à velhice.

Há relativamente pouco tempo, a relação do ser humano com os outros primatas era conhecida com base quase estritamente nos estudos de anatomia comparada. As evidências provenientes desse campo de estudo sempre foram robustas o suficiente e os cientistas já haviam mostrado desde muito cedo que chimpanzés e seres humanos descendem de um ancestral comum relativamente recente. Sem se convencer, os criacionistas argumentaram que não havia nenhum fóssil de transição que comprovasse a evolução humana ou que ligasse humanos aos chimpanzés: a famosa busca pelo elo perdido! Para eles, sem os fósseis de transição, a evolução humana seria apenas uma suposição e, portanto, não poderia ser aceita como fato.

Buscando compreender nossas origens, os esforços paleontológicos foram intensificados, e em poucas décadas fomos bombardeados com uma grande quantidade de fósseis que evidenciam o processo evolutivo. Réplicas exatas desses fósseis são exibidas em museus de história natural do planeta e evidenciam o modo como as formas basais foram gradualmente remodeladas nas formas estruturalmente intermediárias que já tinham muitos traços típicos da nossa espécie, até chegar ao padrão humano moderno.

As espécies conhecidas no lado humano da evolução não estão limitadas às que foram descritas acima. Diversas outras espécies são conhecidas e novos fósseis continuam sendo descobertos em diferentes regiões do planeta. Por outro lado, como mencionado anteriormente, a evolução dos chimpanzés é baseada principalmente em evidências anatômicas e genéticas porque o registro fóssil da linhagem é extremamente pobre. O primeiro e único registro fóssil de um animal da linhagem dos chimpanzés foi feito em 2005 a partir de alguns dentes.

É evidente que uma das mais difíceis aceitações para os criacionistas é a de que o ser humano descende dos macacos. Afinal, ser considerado apenas uma espécie entre tantas outras não parece ser algo tão especial. Fósseis como os de Lucy são evidências físicas, acessíveis e observáveis que deveriam atender a necessidade antiga dos criacionistas de que somente as formas de transição poderiam comprovar a evolução humana. Todavia, a descoberta desses fósseis não é suficiente porque os criacionistas estão tão acorrentados aos seus dogmas que nenhum tipo de evidência na verdade seria.

Na tentativa de depreciar o valor dos fósseis, criacionistas modernos os classificam de forma que o longo intervalo entre humanos e macacos seja mantido e, para eles, isso seria prova de que não existem fósseis de transição. Em outros termos, as espécies fósseis são geralmente classificadas pelos criacionistas como pertencentes a macacos ou a humanos, mas nunca como formas intermediárias.

Se as formas de transição realmente não existem, deveria ser fácil categorizar os fósseis de humanos, e qualquer pessoa, especialista ou não, deveria ser capaz de classificar um crânio como pertencente a um macaco ou a um ser humano. Todavia, as similaridades são tão grandes entre algumas espécies que alguns criacionistas classificaram os crânios de *H. erectus* e *H. habilis* como pertencentes aos macacos, enquanto outros os classificaram como pertencentes aos humanos. De fato, um mesmo criacionista chegou a classificar um esqueleto de *H. erectus* como macaco em um livro e como humano em outro livro. A dificuldade de categorizar os fósseis é uma evidência de que as formas de transição realmente existem e, ironicamente, isso é fortalecido pelos próprios criacionistas.

Considerações finais

Não existe nenhum argumento ou evidência que suporte a ideia de que a vida seja o produto de uma criação sobrenatural. Como já discutido, essa ideia foi popularizada porque não existia nenhuma outra explicação para a origem da vida. A história nos mostra como as lacunas e as dúvidas da ciência foram tradicionalmente aproveitadas para favorecer e popularizar falsas ideias e, infelizmente, os criacionistas modernos continuam empregando essas estratégias, com o adicional perigoso de usar explicações pseudocientíficas que, sendo confusas e complexas, acabam impressionando. Todavia, a ciência precisa ser objetiva e clara. Fenômenos pouco compreendidos pela ciência apenas revelam que mais estudos e/ou novas tecnologias são necessárias para elucidá-los.

A compreensão da vida sob a perspectiva racional nos forneceu algo novo, compatível com as leis naturais e que é fortemente embasada por evidências sólidas. Os adeptos do desenho inteligente (ou criacionismo moderno), muitos dos quais com formação científica, se autointitulam céticos em relação a teoria evolutiva. Curiosamente, estes mesmos céticos quase sempre são defensores de algum tipo de versão (literal ou não) dos relatos descritos na bíblia para a origem da vida. É estranho que as pessoas que são tão céticas em relação a argumentos científicos que foram rigorosamente testados sejam as mesmas que são tão liberais em relação a afirmações descritas em documentos antigos, escritos por autores desconhecidos e que apresentam uma mistura de relatos pessoais e fantasias que incluem desde cobras que falam a humanos gigantes.

Para esses criacionistas, não faz sentido que as características humanas tenham sido adquiridas a partir de formas ancestrais que gradualmente se adaptaram às mudanças ambientais, mas faz sentido acreditar que o homem foi divinamente criado a partir do barro e que a mulher foi feita a partir de uma das costelas deste mesmo homem. Mesmo que não houvesse nenhuma evidência e que todas as propriedades da evolução discutidas até então neste livro fossem apenas hipóteses não testadas, ainda assim, a evolução faria muito mais sentido que os argumentos criacionistas.

Alguns argumentam que a visão evolucionista da vida é potencialmente perigosa por incitar comportamentos amorais, e por si só, isso seria um argumento para abandonarmos de vez as ideias evolutivas. Afinal, se a luta pela sobrevivência é uma propriedade intrínseca dos organismos, comportamentos repulsivos praticados por alguns humanos, como a violência e o estupro poderiam ser justificados como estratégias extremas de sobrevivência.

A luta pela sobrevivência certamente tem exemplos que chocam na natureza. Predadores que devoram suas presas, parasitas que lentamente matam seus hospedeiros, indivíduos que morrem de fome porque são excluídos de um bando, e machos que forçam o acasalamento são alguns desses exemplos extremos. A seleção natural é uma propriedade indiferente da natureza que explica esses comportamentos impactantes, mas será o melhor caminho desprezá-la apenas por que esta não é uma verdade confortável?

Tendo evoluído uma consciência que nos permite compreender o universo ao nosso redor, não há nada que nos obrigue a viver sob as regras selvagens da evolução. Pela primeira vez na história da vida, nossos atributos adaptativos podem ser utilizados racionalmente para assegurar a sobrevivência da nossa espécie sem a necessidade de uma guerra intraespecífica e sem a necessidade de dizimar as demais espécies do nosso planeta. Se nossa espécie sobreviverá harmoniosamente ou não pode ser uma questão de escolha.

Além disso, como o criacionismo explica os comportamentos repugnantes que observamos na natureza? Que tipo de ética motivou um criador consciente a produzir um animal que está fadado a morrer de fome, a sofrer o ataque de um carnívoro feroz ou a ser abandonado ainda filhote pelos pais? Tendo sido o produto de uma força consciente e onipotente, os processos naturais não poderiam ter sido criados de outra forma? Comportamentos como o racismo e o sexismo não são fundamentados pela evolução e não fazem nenhum sentido sob uma perspectiva biológica. Por outro lado, esses comportamentos são comumente estimulados em passagens religiosas, tradicionais e irracionais como as descritas nos mesmos livros que tando defendem o criacionismo.

O método científico nos permite compreender a natureza de forma imparcial, sem a interferência dos nossos desejos e produz as tecnologias que facilitam nossas vidas. Este é o mesmo método que, usando ferramentas tão diversas quanto a anatomia comparada, a embriologia, a biogeografia, a paleontologia e a genética, evidencia que todas as formas de vida que conhecemos são mutáveis e estão conectadas a partir de um ancestral único, formando uma grande árvore genealógica. A ciência que identifica os microrganismos patógenos e que produz as vacinas e drogas que salvam nossas vidas diariamente é a mesma que afirma que a evolução é um fato. Então por que tantas pessoas aceitam apenas as evidências que são confortantes e utilizam os produtos da ciência que lhes são úteis, mas ignoram as verdades que não são compatíveis com seus desejos?

A princípio, a visão evolutiva da vida não parece ser tão confortante. Todavia, como exaltado por Richard Dawkins:

Todos vamos morrer, e é isso que nos torna as pessoas de sorte. A maioria das pessoas não vai morrer, porque nunca vai nascer.(...) ...o número possível de pessoas que o nosso DNA permite supera imensamente o número de pessoas que de fato existem. Contrário a essas probabilidades espantosas, somos você e eu, em nossa banalidade, que estamos aqui

Ser um personagem consciente na história do nosso planeta pode ser visto como um privilégio que elimina qualquer necessidade de atribuir sentidos sobrenaturais à vida!

Referências

Adams, J. U. & Shaw, K. M. 2008. Atavism: embryology, development and evolution. **Nature Education** 1 (1): 131.

Akieda Y. & Merriam, J. R. 2001. Genes with ectopic expression phenotypes are common, not rare. **Drosophila Information Service** 84: 130-132.

Aldemaro, R. 2001. **The biology of hypogean fishes**. Springer, Dordrecht, Holanda,

Alvarez, L. J., Zamudio, F. & Melo, M. C. 2019. Eating with the enemy? Mimic complex between a stingless bee and assassin bugs. **Papéis Avulsos de Zoologia** 59.

Almécija, S., Tallman, M., Alba, D. M., Pina, M., Moyà-Solà, S. & Jungers, W. L. 2013. The femur of *Orrorin tugenensis* exhibits morphometric affinities with both Miocene apes and later hominins. **Nature Communications** 4 (1): 2888.

Alvarez, W. & Asaro, F. 1990. An extraterrestrial impact. **Scientific American** 263 (4): 78-84.

Andersson, M. 1982. Sexual selection, natural selection and quality advertisement. **Biological Journal of the Linnean Society** 17: 375-393.

Androukaki, E., Fatsea, E., Hart, L., Osterhaus, A. D. M. E., Tounta, E. & Kotomatas, S. 2002. Growth and development of mediterranean monk seal pups during rehabilitation. **The Monachus Guardian** 5 (1).

Antoniou, E. & Grosz, M. 1999. PCR based detection of bovine myostatin Q204X mutation. **Animal Genetics** 30: 231-232.

Arditti, J., Elliott, J., Kitching, I. & Wasserthal, L. T. 2012. 'Good Heavens what insect can suck it' - Charles Darwin, *Angraecum sesquipedale* and *Xanthopan morganii praedicta*. **Botanical Journal of the Linnean Society** 169 (3): 403-432.

Arévalo, R., Ee, B. W., Riina, R., Berry, P. E. & Widenhoeft, A. C. 2017. Force of habit: shrubs, trees and contingent evolution of wood anatomical diversity using *Croton* (Euphorbiaceae) as a model system. **Annals of Botany** 119 (4): 563-579.

Atkins, P. 1995. Science as truth. **History of the Human Sciences** 8: 97-102.

Attenborough, D. 1995. **The private life of plants: a natural history of plant behaviour**. Princeton University Press, Princeton, Estados Unidos.

Avarello, R., Pedicini, A., Caiulo, A., Zuffardi, O. & Fraccaro, M. 1992. Evidence for an ancestral alphoid domain on the long arm of human chromosome 2. **Human Genetics** 89: 247-249.

Baltzley, M. 2016. Institutionalizing creationism. **Science** 35: 1285-1286.

Banks, W. E., d'Errico, F., Peterson, A. T., Kageyama, M., Sima, A. & Sánchez-Goñi, M. F. 2008. Neanderthal extinction by competitive exclusion. **PLOS ONE** 3 (12): 3972.

Barlow, C. 2000. **The Ghosts of evolution: nonsensical fruit, missing partners, and other ecological anachronisms**. Basic Books, Nova Iorque, Estados Unidos.

Barluenga, M. Stölting, K., Salzburger, W., Muschick, M. & Meyer, A. 2006. Sympatric speciation in Nicaraguan Crater Lake cichlid fish. **Nature** 439: 719-23.

Barthélémy, D. & Caraglio, Y. Plant architecture: a dynamic, multilevel and comprehensive approach to plant form, structure and ontogeny. **Annals of Botany** 99 (3): 375-407.

Bass, J. Oldham, M., Sharma, M. & Kambadur, R. 1999. Growth factors controlling muscle development. **Domestic Animal Endocrinology** 17: 191-197.

Bates, H. W. 1981. Contributions to an insect fauna of the Amazon valley (Lepidoptera: Heliconidae). **Biological Journal of the Linnean Society** 16 (1): 41-54.

Bauer, W. R., Crick, F. H., White, J. H. 1980. Supercoiled DNA. **Scientific American** 243: 100-13.

Baym, M., Lieberman, T. D., Kelsic, E. D., Chait, R., Gross, R., Yelin, I. & Kishony, R. 2016. Spatiotemporal microbial evolution on antibiotic landscapes. **Science** 353, 1147-1151.

Bengtson, S., Sallstedt, T., Belivanova, V. & Whitehouse, M. 2017. Three-dimensional preservation of cellular and subcellular structures suggests 1.6 billion-year-old crown-group red algae. **PLOS Biology** 15 (3).

Bennett E. L. 2015. Legal ivory trade in a corrupt world and its impact on African elephant populations. **Conservation Biology** 29: 54-60.

Benton, M. J. 2003. **When life nearly died: the greatest mass extinction of all time**. Thames & Hudson, Londres, Inglaterra.

Berson, J. D., Garcia-Gonzalez, F. & Simmons, L. W. 2019. Experimental evidence for the role of sexual selection in the evolution of cuticular hydrocarbons in the dung beetle, *Onthophagus taurus*. **Journal of Evolutionary Biology** 32 (11): 1186-1193.

Birkhead, T., Schulze-Hagen, K. & Kinzelbach, R. 2004. Domestication of the canary, *Serinus canaria* - the change from green to yellow. **Archives of Natural History** 31: 50-56.

Biro, P. A. & Post, J. R. 2008. Rapid depletion of genotypes with fast growth and bold personality traits from harvested fish populations. **Proceedings of the National Academy of Sciences** 105 (8): 2919-2922.

Blackburn, D. G. 1992. Convergent evolution of viviparity, matrotrophy, and specializations for fetal nutrition in reptiles and other vertebrates. **American Zoologist** 32: 313-321.

Bortoli, S., Oliveira-Silva, D., Krüger, T., Dörr, F. A., Colepicolo, P., Volmer, D. A. & Pinto, E. 2014. Growth and microcystin production of a Brazilian *Microcystis aeruginosa* strain (LTPNA 02) under different nutrient conditions. **Revista Brasileira de Farmacognosia** 24 (4): 389-398.

Bravetti, A. & Padilla, P. 2018. An optimal strategy to solve the Prisoner's Dilemma. **Scientific Reports** 8.

Briggs, D. E. G., Siveter, D. J., Siveter, D. J., Sutton, M. D., Garwood, R. J. & Legg, D. 2012. Silurian horseshoe crab illuminates the evolution of arthropod limbs. **Proceedings of the National Academy of Sciences** 109 (39): 15702-15705.

Brochu, C. R. 2003. Osteology of *Tyrannosaurus rex*: insights from a nearly complete skeleton and high-resolution computed tomographic analysis of the skull. **Journal of Vertebrate Paleontology** 22: 1-38.

Brocks, J. J. & Butterfield, N. J. 2009. Early animals out in the cold. **Nature** 457 (7229): 672-673.

Brotherstone, S. & Goddard, M. 2005. Artificial selection and maintenance of genetic variance in the global dairy cow population. **Philosophical Transactions of the Royal Society B** 360: 1479-1488.

Buck, L. T. & Stringer, C. B. 2014. *Homo heidelbergensis*. **Current Biology**. 24 (6): 214-215.

Budelmann, B. U. 1994. Cephalopod sense organs, nerves and the brain: adaptations for high performance and life style. **Marine and Freshwater Behavior and Physiology** 25 (1-3): 13-33.

Butterfield, N. J. 2000. *Bangiomorpha pubescens* n. gen., n. sp.: implications for the evolution of sex, multicellularity, and the Mesoproterozoic/Neoproterozoic radiation of eukaryotes. **Paleobiology** 26: 386-404.

Caro, T. 2014. Antipredator deception in terrestrial vertebrates. **Current Zoology** 60: 16-25.

Chambers, H. F. & DeLeo, F. R. 2009. Waves of resistance: *Staphylococcus aureus* in the antibiotic era. **Nature Reviews Microbiology** 7, 629-641.

Chen, Y., Zhang, Y., Jiang, T., Barlow, A. J., Amand, T. R. S., Hu, Y., Hearney, S., Francis-West, P. Chuong, C. & Maas, R. 2000. Conservation of early odontogenic signaling pathways in Aves. **Proceedings of the National Academy of Sciences** 97: 10044-10049.

Cheney, K. L. & Côté, I. M. 2005. Mutualism or parasitism? the variable outcome of cleaning symbioses. **Biology Letters** 1(2): 162-165.

Christie, M., Holland, S. M. & Bush, A. M. 2013. Contrasting the ecological and taxonomic consequences of extinction. **Paleobiology** 39 (4): 538-559.

Chung, C. 2003. On the origin of the typological/population distinction in Ernst Mayr's changing views of species, 1942–1959. **Studies in History and Philosophy of Science** 34 (2): 277-296.

Clack, J. A. 2006. Getting a leg up on land. **Scientific American**, 293 (6): 100-107.

Clemens, W. A. 2011. New morganucodontans from an Early Jurassic fissure filling in Wales (United Kingdom). **Palaeontology** 54 (5): 1139-1156.

Clement, A. M., King, B., Giles, S., Choo, B., Ahlberg, P. E., Young, G. C., Long, J. A. 2018. Neurocranial anatomy of an enigmatic Early Devonian fish sheds light on early osteichthyan evolution. **eLife** 7.

Clutton-Brock T. H. & Parker, G. A. 1995. Sexual coercion in animal societies. **Animal Behaviour** 49 (5): 1345-1365.

Cohen, D. M. 1970. How many recent fishes are there? **Proceedings of the California Academy of Sciences** 38: 341-346.

Courtillot, V. E. 1990. A volcanic eruption. **Scientific American** 263 (4): 85-93.

Coyne, J. A., Barton, N. H. & Turelli, M. 1997. Perspective: a critique of Sewall Wright's shifting balance theory of evolution. **Evolution** 51 (3): 643-671.

Coyne, J. A., Barton, N. H. & Turelli, M. 2000. Is Wright's shifting balance process important in evolution? **Evolution** 54 (1): 306-317.

Crews, D. & Fitzgerald, K. T. 1980. "Sexual" behavior in parthenogenetic lizards (*Cnemidophorus*). **Proceedings of the National Academy of Sciences**, 77 (1): 499-502.

Crick, F. H. C. 1962. The genetic code. **Scientific American** 207: 66-74.

Crick, F. H. C. 1963. On the genetic code. **Science** 139: 461-4.

Crick, F. H. C. 1966. The genetic code: III. **Scientific American** 215: 55-60.

Crick, F. H. C. 1968. The origin of the genetic code. **Journal of Molecular Biology** 38: 367-79.

Cronquist, A. 1988. **The evolution and classification of flowering plants**. New York Botanical Garden, Nova Iorque, Estados Unidos.

Dalton, R. 2010. Fossil finger points to new human species. **Nature** 464: 472-473.

Darwin, C. R. 1859 **On the origin of species by means of natural selection or the preservation of favoured races in the struggle for life**. John Murray, Londres, Inglaterra.

Darwin, C. R. 1871. **The descent of man, and selection in relation to sex**. John Murray, Londres, Inglaterra.

Darwin, C. R. 1872. **The expression of the emotions in man and animals**. John Murray, Londres, Inglaterra.

Dawkins, R. 1986. **The blind watchmaker**. Norton and Company, Nova Iorque, Estados Unidos.

Dawkins, R. 1989. **The selfish gene**. Oxford University Press, Oxford, Inglaterra.

Dawkins, R. 1996. **Climbing mount improbable**. Norton and Company, Nova Iorque, Estados Unidos.

Dawkins, R. 2006. **Unweaving the rainbow: science, delusion and the appetite for wonder**. Penguin Books, Londres, Inglaterra.

Dawkins, R. 2009. **The greatest show on earth: the evidence for evolution**. Free Press, Nova Iorque, Estados Unidos.

Dean, D., Hublin, J. J., Holloway, R. & Ziegler, R. 1998. On the phylogenetic position of the pre-Neandertal specimen from Reilingen, Germany. **Journal of Human Evolution** 34 (5): 485-508.

De Beer, G. 1954. *Archaeopteryx lithographica*. Trustees of the British Museum, Londres, Inglaterra.

De Smet, S. 2004. Double-muscled animals. In **Encyclopedia of meat sciences**, Elsevier.

Détroit, F., Mijares, A. S., Corny, J., Daver, G., Zanolli, C., Dizon, E., Robles, E., Grün, R. & Piper, P. J. 2019. A new species of *Homo* from the Late Pleistocene of the Philippines. **Nature** 568 (7751): 181-186.

Dines, J. P., Mesnick, S. L., Ralls, K., May-Collado, L., Agnarsson, I. & Dean, M. D. 2015. A trade-off between precopulatory and postcopulatory trait investment in male cetaceans. **Evolution** 69: 1560-72.

Dobzhansky, T. 1964. Biology, molecular and organismic. **American Zoologist** 4: 443-452.

Dobzhansky, T. 1970. **Genetics of the evolutionary process**. Columbia University Press, Nova Iorque, Estados Unidos.

Dobzhansky, T. 1973. Nothing in biology makes sense except in the light of evolution. **The American Biology Teacher** 75: 87-91.

Dobzhansky, T. 1982. **Genetics and the origin of species**. Columbia University Press, Nova Iorque, Estados Unidos.

Donoghue, P. C. J. & Purnell, M.A. 2005. Genome duplication, extinction and vertebrate evolution. **Trends in Ecology & Evolution** 20 (6): 312-319.

Edwards, A. W. F. 2011. Mathematizing Darwin. **Behavioral Ecology and Sociobiology** 65: 421-430.

Edwards, D. & Feehan, J. 1980. Records of *Cooksonia*-type sporangia from late Wenlock strata in Ireland. **Nature** 287: 41-42.

Ehrlich, P. R. & Raven, P. H. 1964. Butterflies and plants: a study in coevolution. **Evolution** 18 (4): 586-608.

Eldredge, N. & Gould, S. J. 1972. Punctuated equilibria: an alternative to phyletic gradualism. In **Models in Paleobiology**, Freeman, Cooper & Co, São Francisco, Estados Unidos.

Endo, H., Yamagiwa, D., Hayashi, Y., Koie, H., Yamaya, Y. & Kimura, J. 1999. Role of the giant panda's 'pseudo-thumb'. 397: 309-310.

Engel, M. S. & Grimaldi, D. A. 2004. New light shed on the oldest insect. **Nature** 427 (6975): 627-30.

Entrikin R. K. & Bryant, S. H. 1975. Electrophysiological properties of biventer cervicis muscle fibers of normal and roller pigeons. **Journal of Neurobiology** 6: 201-212.

Entrikin R. K. & Erway L. C. 1972. A genetic investigation of roller and tumbler pigeons. **Journal of Heredity** 63: 351-354.

Erwin, T. L. 1991. An evolutionary basis for conservation strategies. **Science** 253: 750-752.

Erwin, D. H. & Anstey, R. L. 1995. Speciation in the fossil record. In **New approaches to speciation in the fossil record**. Columbia University Press, Nova Iorque, Estados Unidos.

Fehr, E. & Fischbacher, U. 2003. The nature of human altruism. **Nature** 425: 785-791.

Fisher, R. A. 1936. Has Mendel's work been rediscovered? **Annals of Science** 1 (2): 115-137.

Fisher, R. M. & Tuckerman, R. D. 1986. Mimicry of Bumble Bees and Cuckoo Bumble Bees by Carrion Beetles (Coleoptera: Silphidae). **Journal of the Kansas Entomological Society** 59 (1): 20-25.

França, F. G. R., Braz, V. S. & Araújo, A. F. B. 2017. Selective advantage conferred by resemblance of aposematic mimics to venomous model. **Biota Neotropica** 17 (3).

Freckleton, R. P. & Côté, I. M. 2003. Honesty and cheating in cleaning symbioses: evolutionarily stable strategies defined by variable pay-offs. **Proceedings of the National Academy of Sciences** 270: 299-305.

Freeman, S. & Herron, J. C. 2004. **Evolutionary analysis**. Prentice Hall, Upper Saddle River, Estados Unidos.

Futuyma, D. J. 1987. On the role of species in anagenesis. **American Naturalist** 130: 465-473.

Galston, A.W. 1993. **Life processes of plants: mechanisms for survival**. W.H. Freeman Press, Estados Unidos.

Garberoglio, F. F., Apesteguía, S., Simões, T. R., Palci, A., Gómez, R. A., Nydam, R. L., Larsson, H. C. E., Lee, M. S. Y. & Caldwell, M. W. 2019. New skulls and skeletons of the Cretaceous legged snake *Najash*, and the evolution of the modern snake body plan. **Science Advances** 5 (11).

Garwood, R. J. & Edgecombe, G. D. 2011. Early terrestrial animals, evolution, and uncertainty. **Evolution: Education and Outreach** 4 (3): 489-501.

Gaston, K. J., Blackburn, T. M. 1997. Evolutionary age and risk of extinction in the global avifauna. **Evolutionary Ecology** 11: 557–565.

Gat, A. 1999. Social organization, group conflict and the demise of Neanderthals. **Mankind Quarterly** 39 (4): 437-454.

Gauthier J. 1986. Saurischian monophyly and the origin of birds. **Memoirs of the California Academy of Sciences** 8: 185-197.

Gingerich, P. D. 1985. Species in the fossil record: concepts, trends, and transitions. **Paleobiology** 11: 27-41.

Gingerich, P. D. & Russell, D. E. 1981. *Pakicetus inachus*, a new archaeocete (Mammalia, Cetacea) from the early-middle Eocene Kuldana Formation of Kohat (Pakistan) **Contributions from the Museum of Paleontology, University of Michigan** 25: 235-246.

Gittleman, J. 1994. Are the pandas successful specialists or evolutionary failures? **BioScience** 44 (7): 456-464.

Godin, J. J. & McDonough, H. E. 2003. Predator preference for brightly colored males in the guppy: a viability cost for a sexually selected trait. **Behavioral Ecology** 14 (2): 194-200.

Goin, C. J., Goin, O. B. & Zug, G. R. 1978. **Introduction to herpetology**. W.H. Freeman Press, Estados Unidos.

Gold, D. A., Runnegar, B., Gehling, J. G. & Jacobs, D. K. 2015. Ancestral state reconstruction of ontogeny supports a bilaterian affinity for Dickinsonia. **Evolution & Development** 17 (6): 315-397.

Goldberg, E. E. & Igic, B. 2012. Tempo and mode in plant breeding system evolution. **Evolution** 66: 3701-3709.

Goodwin, D., Bradshaw, J. W. S. & Wickens, S. M. 1997. Paedomorphosis affects agonistic visual signals of domestic dogs. **Animal Behaviour** 53 (2): 297-304.

Gore A. V., Tomins K. A., Iben J., Ma L., Castranova D., Davis A. E., Parkhurst A., Jeffery W. R. & Weinstein B. M. 2018. An epigenetic mechanism for cavefish eye degeneration. **Nature Ecology & Evolution** 2 (7): 1155-1160.

Gottelli, D., Wang, J., Bashir, S., & Durant, S. M. 2007. Genetic analysis reveals promiscuity among female cheetahs. **Proceedings of the Royal Society** 274 (1621): 1993-2001.

Gould, S. J. 1977. **Ontogeny and phylogeny**. Harvard University Press, Cambridge, Estados Unidos.

Gould, S. J. 1980. **The Panda's thumb**. Norton and Company, Nova Iorque, Estados Unidos.

Gould, S. J. 1981. Evolution as fact and theory. **Discover** 2: 34-37.

Gould, S. J. 1983. **Hen's teeth and horse's toes**. Norton and Company, Nova Iorque, Estados Unidos.

Gould, S. J. 1989. **Wonderful life: the Burgess Shale and the nature of history**. Norton and Company, Nova Iorque, Estados Unidos.

Gould, S. J. 2002. **The structure of evolutionary theory**. Harvard University Press, Cambridge, Estados Unidos.

Grassman, M. & Crews, D. 1987. Dominance and reproduction in a parthenogenetic lizard. **Behavioral Ecology and Sociobiology** 21: 141-147.

Gray, M. W. 1992. The endosymbiont hypothesis revisited. **International Review of Cytology** 141: 233-357.

Gray M. W. 2017. Lynn Margulis and the endosymbiont hypothesis: 50 years later. **Molecular Biology of the Cell** 28 (10): 1285-1287.

Gray, M. W., Burger, G. & Lang, B. F. 1999. Mitochondrial evolution. **Science** 283: 1476-1481

Greco, T. L., Takada, S., Newhouse, M. M., McMahon, J. A., McMahon, A. P. & Camper, S. A. Analysis of the vestigial tail mutation demonstrates that Wnt-3a gene dosage regulates mouse axial development. **Genes and Development** 10: 313-324.

Greene, H. W. & McDiarmid, R. W. 1981. Coral snake mimicry: does it occur? **Science** 213: 1207-1212.

Greener, M. 2007. Taking on creationism. Which arguments and evidence counter pseudoscience? **EMBO Reports** 8 (12): 1107-1109.

Grene, M. 1990. Evolution, "Typology" and "Population Thinking". **American Philosophical Quarterly** 27 (3): 237-244.

Guimarães, P. R., Galetti, M. & Jordano, P. 2008. Seed dispersal anachronisms: rethinking the fruits extinct megafauna ate. **PLOS ONE** 3 (3).

Haldane, J. B. S. 1957. The cost of natural selection. **Journal of Genetics** 55: 511-524.

Haldane, J. B. S. 1959. The theory of natural selection today. **Nature** 183 (4663): 710-3.

Haldane, J. B. S. 1990. A mathematical theory of natural and artificial selection. **Bulletin of Mathematical Biology** 52: 209-240.

Hallam, A., Moore, P. D. & Berry, R. J. 1986. **The encyclopaedia of animal ecology and evolution**. Andromeda, Londres, Inglaterra.

Hansen, T. A. 1978. Larval dispersal and species longevity in Lower Tertiary gastropods. **Science** 199: 885-887.

Hansen, T. A. 1980. Influence of larval dispersal and geographic distribution on species longevity in neogastropods. **Paleobiology** 6: 193-207.

Hansen, T. A. 1987. Extinction of late Eocene to Oligocene molluscs: relationship to shelf area, temperature changes, and impact events. **PALAIOS** 2 (1): 69-75.

Harris, M. P., Hasso, S. M., Ferguson, M. W. J. & Fallon, J. F. 2006. The development of Archosaurian first-generation teeth in a chicken mutant. **Current Biology** 16: 371-377.

Harrison, C. J. & Morris, J. L. 2018. The origin and early evolution of vascular plant shoots and leaves. **Philosophical Transactions of the Royal Society of London** 373 (1739).

Harwin, R. M. 1969. The concept of sibling species. **Journal of African Onithology** 40: 27-32.

Haug, C. & Haug, J. T. 2017. The presumed oldest flying insect: more likely a myriapod?. **PeerJ** 5.

He, Z., Xu, S., Zhang, Z., Guo, W., Lyu, H., Zhong, C., Boufford, D. E., Duke, N. C. & Shi, S. 2020. Convergent adaptation of the genomes of woody plants at the land-sea interface. **National Science Review** 7 (6): 978-993.

Heal, J. R. 1982. Colour patterns of syrphidae. **Heredity** 49 (1): 95-109.

Heino, M., Pauli, B. D. & Dieckmann, U. 2015. Fisheries-induced evolution. **Annual Review of Ecology, Evolution, and Systematics**. 46 (1): 461-480.

Herrel, A., Huyghe, K., Vanhooydonck B., Backeljau, T., Breugelmans, K. Grbac, I. Van Damme, R. & Irschick, D. J. 2008. Rapid large-scale evolutionary divergence in morphology and performance associated with exploitation of a different dietary resource. **Proceedings of the National Academy of Sciences** 105 (12): 4792-4795.

Herrera, J. P. 2017. Testing the adaptive radiation hypothesis for the lemurs of Madagascar. **Royal Society Open Science** 4 (1).

Hoehl, S., Hellmer, K., Johansson, M. & Gredebäck, G. 2017. Itsy bitsy spider…: infants react with increased arousal to spiders and snakes. **Frontiers in Psychology** 8: 1710.

Holmgren, N. M. A. & Enquist, M. 1999. Dynamics of mimicry evolution. **Biological Journal of the Linnean Society** 66: 145-158.

Howe, H. F. & Smallwood J. 1982. Ecology of seed dispersal. **Annual Review of Ecology and Systematics** 13: 201-228.

Hu, D. L. & Bush, J. W. M. 2010. The hydrodynamics of water-walking arthropods. **Journal of Fluid Mechanics** 644: 5-33.

Huxley, J. 2009. **Evolution: the modern synthesis**. The MIT Press, Cambridge, Estados Unidos (versão original: 1942).

Huxley, J. & De Beer, G. 1963. **Elements of Experimental Embryology**. Hafner Publishing, Nova Iorque, Estados Unidos.

Huxley, T. H. 2009. **Evidence as to man's place in nature**. Cambridge University Press, Cambridge, Inglaterra (versão original: 1863).

Ijdo, J. W., Baldini, A., Ward, D. C., Reeders, S. T. & Wells, R. A. 1991. Origin of human chromosome 2: an ancestral telomere-telomere fusion. **Proceedings of the National Academy of Sciences** 88 (20): 9051-9055.

Imhoff, M., Bounoua, L., Ricketts, T., Loucks, C., Harriss, R. & Lawrence, W. 2004. Global patterns in human consumption of net primary production. **Nature** 429: 870-873.

Jablonski, D. 1986. Background and mass extinction: the alternation of macroevolutionary regimes. **Science** 231: 129-133.

Jablonski, D. 1986. Larval ecology and macroevolution in marine invertebrates. **Bulletin of Marine Science** 39 (2): 565-587.

Jablonski D. & Lutz, R. A. 1983. Larval ecology of marine benthic invertebrates: paleobiological implications. **Biological Reviews** 58: 21-89.

Jablonski, D. & Chaloner, W. G. 1994. Extinctions in the fossil record (and discussion). **Philosophical Transactions of the Royal Society of London** 344 (1307): 11-17.

Jackson, J. B. C. & Cheetham, A. H. 1990. Evolutionary significance of morphospecies: a test with cheilostome Bryozoa. **Science** 248: 579-582.

Jackson, J. B. & Cheetham, A. H. 1999. Tempo and mode of speciation in the sea. **Trends in Ecology and Evolution** 14 (2): 72-77.

Jakobsdóttir, K. B., Pardoe, H., Magnússon, Á., Björnsson, H., Pampoulie, C., Ruzzante, D. E., & Marteinsdóttir, G. 2011. Historical changes in genotypic frequencies at the *Pantophysin* locus in Atlantic cod (*Gadus morhua*) in Icelandic waters: evidence of fisheries-induced selection? **Evolutionary Applications** 4 (4): 562-573.

Jansen, P. A., Hirsch, B. T., Emsens, W., Zamora-Gutierrez, V., Wikelski, M. & Kays, R. 2012. Thieving rodents as substitute dispersers of megafaunal seeds. **Proceedings of the National Academy of Sciences** 109: 12610-12615.

Janzen, D. H. 1980. When is it coevolution? **Evolution** 34 (3): 611-612.

Janzen, D. H. & Martin, P. S. 1982. Neotropical anachronisms: the fruits the gomphotheres ate. **Science** 215 (4528): 19-27.

Ji, Q., Luo, Z., Yuan, C., Wible, J. R., Zhang, J. & Georgi, J. A. 2002. The earliest known eutherian mammal. **Nature** 416: 816-822.

Kambadur, R., Sharma, M., Smith, T. P. L. & Bass, J. J. 1997. Mutations in myostatin (GDF8) in double-muscled belgian blue and piedmontese cattle". **Genome Research** 7 (9): 910-916.

Kardong, K. V. 2017. **Vertebrados: anatomia comparada, função e evolução**. Roca, São Paulo, Brasil.

Kaufman, P.B. 1990. **Plants: their biology and importance**. Harpercollins Publishers, Nova Iorque, Estados Unidos.

Kielan-Jaworowska, Z., Cifelli, R. L. & Luo, Z. X. 2004. **Mammals from the age of dinosaurs: origins, evolution, and structure**. Columbia University Press, Nova Iorque, Estados Unidos.

Kim, S., Lieberman, T. D. & Kishony, R. 2014. Alternating antibiotic treatments constrain evolutionary paths to multidrug resistance. **Proceedings of the National Academy of Sciences** 111 (40): 14494-14499.

Kimura, M. 1991. The neutral theory of molecular evolution: a review of recent evidence. **The Japanese Journal of Genetic** 66: 367-386.

King, B. F. & Enders, A. C. 1993. Comparative development of the mammalian yolk sac. In **The human yolk sac and yolk sac tumors**. Springer, Berlim, Alemanha.

King, J. C. 1971. **The biology of race**. Harcourt Brace Jovanovich, San Diego, Estados Unidos.

Knoll, A. H. & Carroll, S. B. 1999. Early animal evolution: emerging views from comparative biology and geology. **Science** 284 (5423): 2129-2137.

Kollar E. J. & Fisher C. 1980. Tooth induction in chick epithelium: expression of quiescent genes for enamel synthesis. **Science** 207: 993-995.

Kondrashov, A. S. 1988. Deleterious mutations and the evolution of sexual reproduction. **Nature** 336: 435-440.

Konrad, L. 1974. **On aggression**. Harcourt, San Diego, Estados Unidos.

Koshland, D. E. 1991. Credibility in science and the press. **Science** 254: 629.

Krausmann, F., Erb, K., Gingrich, S., Haberl, H., Bondeau, A., Gaube, V., Lauk, C., Plutzar, C. & Searchinger, T. 2013. Global human appropriation of net primary production doubled in the 20th century. **Proceedings of the National Academy of Sciences** 110 (25).

Kritsky, G. 1991. Darwin's Madagascan hawk moth prediction. **American Entomologist** 37: 206-210.

Labeit, S., Kolmerer, B. & Linke, W. A. 1997. The giant protein titin. Emerging roles in physiology and pathophysiology. **Circulation Research** 80 (2): 290-4.

Lang, W. H. 1937. On the plant-remains from the Downtonian of England and Wales. **Philosophical Transactions of the Royal Society of London** 227 (544): 245-291.

Larsen, B., Miller, E. & Rhodes, M. 2017. Inordinate fondness multiplied and redistributed: the number of species on earth and the new pie of life. **Quarterly Review of Biology** 92.

Lévêque, C., Oberdorff, T., Paugy, D., Stiassny, M. L. J. & Tedesco, P. A. 2007. Global diversity of fish (Pisces) in freshwater. In **Freshwater animal diversity assessment. Developments in Hydrobiology** Springer, Dordrecht, Holanda.

Lev-Yadun, S. 2009. Ant mimicry by *Passiflora* flowers? **Israel Journal of Entomology** 39: 159-163.

Lister, A. 2018. **Darwin's fossils: discoveries that shaped the theory of evolution**. Smithsonian Books, Washington, Estados Unidos.

Liu, Y. Q., Kuang H. W., Jiang X. J., Peng N., Xu, H. & Sun, H. Y. 2012. Timing of the earliest known feathered dinosaurs and transitional pterosaurs older than the Jehol Biota. **Palaeogeography, Palaeoclimatology, Palaeoecology**. 323: 1-12.

Locey, K. J. & Lennon, J. T. 2016. Scaling laws predict global microbial diversity. **Proceedings of the National Academy of Sciences** 113 (21) 5970-5975.

Losos, J. B., Jackman, T. R., Larson, A., Queiroz, K. & Rodríguez-Schettino, L. 1998. Contingency and determinism in replicated adaptive radiations of island lizards. **Science** 279: 2115-2118.

Louchart, A., Tourment, N. & Carrier, J. 2011. The earliest known pelican reveals 30 million years of evolutionary stasis in beak morphology. **Journal of Ornithology** 152: 15-20.

Love, G. D., Grosjean, E., Stalvies, C., Fike, D. A., Grotzinger, J. P., Bradley, A. S., Kelly, A. E., Bhatia, M., Meredith, W. Snape, C. E., Bowring, S. A., Condon, D. J. Summons, R. E. 2009. Fossil steroids record the appearance of Demospongiae during the Cryogenian period. **Nature** 457 (7229): 718-721.

Lovtrup, S. 1978. On von Baerian and Haeckelian recapitulation. **Systematic Zoology** 27 (3): 348-352.

Lu, J., Zhu, M., Long, J. A., Zhao, W., Senden, T. J., Jia, L. & Qiao, T. 2012. The earliest known stem-tetrapod from the Lower Devonian of China. **Nature Communications** 3 (1160).

Lundberg, J. G., Kottelat, M., Smith, G. R., Stiassny, M. L. J. & Gill, A. C. 2000. So many fishes, so little time: an overview of recent ichthyological discovery in continental waters. **Annals of the Missouri Botanical Garden** 87 (1): 26-62.

Luo, Z. 2007. Transformation and diversification in the early mammalian evolution. **Nature** 450: 1011-1019.

Luo, Z., Yuan, C., Meng, Q. & Ji, Q. 2011. A Jurassic eutherian mammal and divergence of marsupials and placentals. **Nature** 476 (7361): 442-445.

Lusis, A. J. 2012. Genetics of atherosclerosis. **Trends in Genetics**. 28 (6): 267-275.

Lusseau, D. & Lee, P. C. 2016. Can we sustainably harvest ivory? **Current Biology** 26 (21): 2951-2956.

Macdonald, A. A. 2018. Aberrant growth of maxillary canine teeth in male babirusa (genus *Babyrousa*). **Comptes Rendus Biologies** 341 (4): 245-255.

MacKinnon, J. 1981. The structure and function of the tusks of babirusa. **Mammal Review** 11(1): 37-40.

Mallet, J. & Joron, M. 1999. Evolution of diversity in warning color and mimicry: polymorphisms, shifting balance, and speciation. **Annual Review of Ecology, Evolution and Systematics** 30: 201–233.

Mayden, R. L. 1997. A hierarchy of species concepts: the denoument in the saga of the species problem. In **Species: the units of diversity**. Chapman and Hall, Londres, Inglaterra.

Mayr, E. 1942. **Systematics and the origin of species**. Columbia University Press, Nova Iorque, Estados Unidos.

Mayr, E. 1963. **Animal species and evolution**. Harvard University Press, Cambridge, Estados Unidos.

Mayr, E. 1976. **Evolution and the diversity of life**. Harvard University Press, Cambridge, Estados Unidos.

Mayr, E. 1976. Species concepts and definitions. In **Topics in the Philosophy of Biology**. Springer, Dordrecht, Holanda.

Mayr, E. 1981. Biological classification: toward a synthesis of opposing methodologies. **Science** 214: 510-516.

Mayr, E. 2014. **What evolution is**. Weidenfeld & Nicolson, Londres, Inglaterra.

Mayr, E. & Provine, W. B. 1980. **The evolutionary synthesis**. Harvard University Press, Cambridge, Estados Unidos.

McBrearty, S. & Jablonski, N. G. 2005. First fossil chimpanzee. **Nature**. 437 (7055): 105-108.

McGrew, W. C. 1998. Culture in nonhuman primates? **Annual Review of Anthropology** 27: 301-328.

McKusick, V. A., Egeland, J. A., Eldridge, R & Krusen, D. E. 1964. Dwarfism in the Amish I. The Ellis-Van Creveld syndrome. **Bulletin of the Johns Hopkins Hospital** 115: 306-336.

Menotti-Raymond, M. & O'Brien, S. J. 1993. Dating the genetic bottleneck of the African cheetah. **Proceedings of the National Academy of Sciences** 90 (8): 3172-3176.

Meyer, M., Kircher, M., Gansauge, M., Li, H., Racimo, F., Mallick, S., Schraiber, J. G., Jay, F., Prüfer, K. Filippo, C., Sudmant, P. H., Alkan, C., Fu, Q., Do, R., Rohland, N., Tandon, A., Siebauer, M., Green, R. E., Bryc, K., Briggs, A. W., Stenzell, U., Dabney, J., Shendure, J., Kitzman, J., Hammer, M. F., Shunkov, M. V., Derevianko, A. P., Patterson, N., Andrés, A. M., Eichler, E. E., Slatkin, M., Reich, D., Kelso, J. & Pääbo, S. 2012. A high-coverage genome sequence from an archaic Denisovan individual. **Science** 338 (6104): 222-226.

Miller, K. R. 2008. **Only a theory: evolution and the battle for America's soul**. Penguin Books, Londres, Inglaterra.

Modesto, S. P., Scott, D. M., MacDougall, M. J., Sues, H., Evans, D. C. & Reisz, R. R. 2015. The oldest parareptile and the early diversification of reptiles. **Proceedings of the Royal Society** 282 (1801).

Montefiore, D., Rotimi, V. O. & Adeyemi-Doro, F. A. B. 1989. The problem of bacterial resistance to antibiotics among strains isolated from hospital patients in Lagos and Ibadan, Nigeria. **Journal of Antimicrobial Chemotherapy** 23 (4): 641-651.

Morado, N., Mota, P. G. & Soares, M. C. 2019. The rock cook wrasse *Centrolabrus exoletus* aims to clean. **Frontiers in Ecology and Evolution** 7.

Moran, D., Softley, R. & Warrant, E. J. 2015. The energetic cost of vision and the evolution of eyeless Mexican cavefish. **Science Advances** 1 (8).

Morin, P. P. 1993. Reproductive Strategies in Chimpanzees. **Yearbook of Physical Anthropology** 36: 179-212.

Morgan, T. H. 1909. What are "factors" in Mendelian explanations? **American Breeders Association Reports** 5: 365-368.

Morgan, T. H. 1910. Sex-limited inheritance in *Drosophila*. **Science** 32: 120-122.

Morgan, T. H. 2018. **The Physical Basis of Heredity**. Sagwan Press (versão original: 1919).

Mowrer, O. H. 1940. The tumbler pigeon. **Journal of Comparative Psychology** 30: 515-533.

Muller, M. N. & Wrangham, R. W. 2009. **Sexual coercion in primates and humans: an evolutionary perspective on male aggression against females**. Harvard University Press, Cambridge, Estados Unidos.

Mundinger, P. C. & Lahti, D. C. 2014. Quantitative integration of genetic factors in the learning and production of canary song. **Proceedings: Biological Sciences** 281 (1781).

Munetoshi, M. & Parker, J. 2017. Deep-time convergence in rove beetle symbionts of army ants. **Current Biology** 27 (6): 920-926.

Nei, M. 2005. Selectionism and neutralism in molecular evolution. **Molecular Biology and Evolution** 22 (12): 2318-2342.

Neidle, S. & Parkinson, G. N. 2003. The structure of telomeric DNA. **Current Opinion in Structural Biology** 13 (3): 275-283.

Newman, M. E. J. 1997. A model of mass extinction. **Journal of Theoretical Biology** 189: 235-252.

Nilsson, D. & Pelger, S. 1994. A pessimistic estimate of the time required for an eye to evolve. **Proceedings of the Royal Society B** 256: 53-8.

Nirenberg, M. W. & Matthaei, J. H. 1961. The dependence of cell-free protein synthesis in *E. coli* upon naturally occurring or synthetic polyribonucleotides. **Proceedings of the National Academy of Sciences** 47 (10): 1588-602.

Noor, M. A. F., Garfield, D. A., Schaeffer, S. W. & Machado, C. A. 2007. Divergence between the *Drosophila pseudoobscura* and *D. persimilis* genome sequences in relation to chromosomal inversions. **Genetics** 177 (3) 1417-1428.

O'Leary, M. A., Bloch, J. I., Flynn, J. J., Gaudin, T. J., Giallombardo, A., Giannini, N. P., Goldberg, S. L., Kraatz, B. P., Luo, Z. X., Meng, J., Ni, X., Novacek, M. J., Perini, F. A., Randall, Z. S., Rougier, G. W., Sargis, E. J., Silcox, M. T., Simmons, N. B., Spaulding, M., Velazco, P. M., Weksler, M., Wible, J. R. & Cirranello, A. L. 2013. The placental mammal ancestor and the post-K-Pg radiation of placentals. **Science** 339 (6120): 662-667.

Olsen, P. E., Shubin, N. H. & Anders, M. H. 1987. New early Jurassic tetrapod assemblages constrain Triassic-Jurassic tetrapod extinction event. **Science** 237 (4818): 1025-1029.

Olshansky, S. J., Carnes, B. & Butler, R. N. 2001. If humans were built to last. **Scientific American**, 284 (3): 50-55.

Oltenacu, P. & Broom, D. M. 2010. The impact of genetic selection for increased milk yield on the welfare of dairy cows. **Animal Welfare** 19 (1).

Orgel, L. E. & Crick, F. H. C. 1993. Anticipating an RNA world. Some past speculations on the origin of life: where are they today? **Faseb Journal** 7: 238-9.

Orgel, L. E., Crick F. H. C. & Sapienza, C. 1980. Selfish DNA. **Nature** 288: 645-6.

Orgel, L. E. & Crick, F. H. C. 1980. Selfish DNA: the ultimate parasite. **Nature** 284: 604-7.

Parker, G. A. 1970. Sperm competition and its evolutionary consequences in the insects. **Biological Reviews** 45: 525-567.

Parker, H. G., VonHoldt, B. M., Quignon, P., Margulies, E. H., Shao, S., Mosher, D. S., Spady, T. C., Elkahloun, A., Cargill, M., Jones, P. G., Maslen, C. L., Acland, G. M., Sutter, N. B., Kuroki, K., Bustamante, C. D., Wayne, R. K., & Ostrander, E. A. 2009. An expressed Fgf4 retrogene is associated with breed-defining chondrodysplasia in domestic dogs. **Science** 325 (5943): 995-998.

Peers, M. J. L., Thornton, D. H., Murray, D. L. 2012. Reconsidering the specialist-generalist paradigm in niche breadth dynamics: resource gradient selection by Canada lynx and bobcat. **PLOS ONE** 7 (12).

Penny, D. Foulds, L. R. & Hendy, M. D. 1982. Testing the theory of evolution by comparing phylogenetic trees constructed from five different protein sequences. **Nature** 297: 197-200.

Peris, J. E., Rodriguez, A., Peña, L. & Fedriani, J. M. 2017. Fungal infestation boosts fruit aroma and fruit removal by mammals and birds. **Scientific Reports** 7.

Podolsky, S. H. 2018. The evolving response to antibiotic resistance (1945-2018). **Palgrave Communications** 4.

Poe, S. & Anderson, C. G. 2019. The existence and evolution of morphotypes in *Anolis* lizards: coexistence patterns, not adaptive radiations, distinguish mainland and island faunas. **PeerJ** 6.

Poulton, E. B. 2009. The colours of animals: their meaning and use, especially considered in the case of insects. BiblioBazaar, Charleston, Estados Unidos (versão original: 1890).

Price, E. O. 1999. Behavioral development in animals undergoing domestication. **Applied Animal Behaviour Science** 65 (3): 245-271.

Provine, W. B. 2004. Ernst Mayr: genetics and speciation. **Genetics** 167 (3): 1041-6.

Rabosky, A. R. D., Cox, C. L., Rabosky, D. L., Title, P. O., Holmes, I. A., Feldman, A. & McGuire, J. A. 2016. Coral snakes predict the evolution of mimicry across New World snakes. **Nature Communications** 7.

Rae, T. C. & Koppe, T. 2014. Sinuses and flotation: does the aquatic ape theory hold water? **Evolutionary Anthropology Issues, News, and Reviews**. 23 (2): 60-64.

Randall, D. J. & Farrell, A. P. 1997. **Deep-sea fishes**. Academic Press, San Diego, Estados Unidos.

Raup, D. & Sepkoski, J. 1982. Mass extinctions in the marine fossil record. **Science** 215 (4539): 1501-1503.

Reeve, H. & Sherman, P. 1993. Adaptation and the goals of evolutionary research. **The Quarterly Review of Biology** 68 (1): 1-32.

Reich, D., Green, R. E., Kircher, M., Krause, J., Patterson, N., Durand, E. Y., Viola, B., Briggs, A. W., Stenzel, U., Johnson, P. L. F., Maricic, T., Good, J. M., Marques-Bonet, T., Alkan, C., Fu, Q., Mallick, S., Li, H., Meyer, M., Eichler, E., Stoneking, M., Richards, M., Talamo, S., Shunkov, M. V., Derevianko, A. P., Hublin, J., Kelso, J., Slatkin, M. & Pääbo, S. 2010. Genetic history of an archaic hominin group from Denisova Cave in Siberia. **Nature** 468 1053-1060.

Reisz, R. R. & Müller, J. 2004. Molecular timescales and the fossil record: a paleontological perspective. **Trends in Genetics** 20 (5): 237-41.

Renwick, G. 1968. *Limulus polyphemus*: living fossil in the laboratory. **The American Biology Teacher** 30 (5): 408-411.

Richmond, B. G. & Jungers, W. L. 2008. *Orrorin tugenensis* femoral morphology and the evolution of Hominin bipedalism. **Science** 319 (5870): 1662-1665.

Ridley, M. 2004. **Evolution**. Oxford University Press, Oxford, Inglaterra.

Rizki, M. T. M. 1951. Morphological differences between two sibling species, *Drosophila pseudoobscura* and *Drosophila persimilis*. **Proceedings of the National Academy of Sciences** 37 (3): 156-159.

Robinson, D. A. & Enright, M. C. 2003. Evolutionary models of the emergence of methicillin-resistant *Staphylococcus aureus*. **Antimicrobial Agents and Chemotherapy** 47 (12): 3926-3924.

Romanes, G. J. 1874. Natural selection and dysteleology. **Nature** 9 (228): 361-362.

Romiti, F., DeZan, L. R. & Carpaneto, G. M. 2019. Sexual selection on stag beetle male traits: seizing the right size. **14th Annual Meeting of the Ethologische Gesellschaft**

Russo, C. A. M. & André, T. 2019. Science and evolution. **Genetics and Molecular Biology** 42 (1): 120-124.

Ryder, G., Fastovsky, D. E. & Gartner, S. 1996. **The Cretaceous-Tertiary event and other catastrophes in earth history**. Geological Society of America, Boulder, Estados Unidos.

Saint-Hilaire, E. G. 1824. **Système dentaire des mammifères et des oiseaux: sous le point de vue de la composition et de la détermination de chaque sorte de ses parties, embrassant sous de nouveaux rapports les principaux faits de l'organisation dentaire chez l'homme**. Hachette Livre BNF, Paris, França.

Sansom, I. J., Davies, N. S., Coates, M. I., Nicoll, R. S. & Ritchie, A. 2012. Chondrichthyan-like scales from the Middle Ordovician of Australia. **Palaeontology** 55 (2): 243-247.

Schmidt, T., Kock, M. M. & Ehlers, M. M. 2015. Antimicrobial resistance in Staphylococci at the human-animal interface. In **Antimicrobial Resistance**, Intech Open, Londres, Inglaterra.

Schopf, J. W. 1994. Disparate rates, differing fates: tempo and mode of evolution changed from the Precambrian to the Phaerozoic. **Proceedings of the National Academy of Sciences** 91: 6735-6742.

Ségurel, L. & Bon, C. 2017. On the evolution of lactase persistence in humans. **Annual Review of Genomics and Human Genetics** 18: 297-319.

Sender, R., Fuchs, S. & Milo, R. 2016. Are we really vastly outnumbered? Revisiting the ratio of bacterial to host cells in humans. **Cell** 164 (3): 337-340.

Sepkoski, J. J. 1978. A kinetic model of Phanerozoic taxonomic diversity. I. Analysis of marine orders. **Paleobiology** 4 (3): 223-251.

Sepkoski, J. J. 1979. A kinetic model of Phanerozoic taxonomic diversity. II. Early Phanerozoic Families and Multiple Equilibria. **Paleobiology** 5 (3): 222-251.

Sepkoski, J. J. 1984. A kinetic model of Phanerozoic taxonomic diversity. III. Post-Paleozoic families and mass extinctions. **Paleobiology** 10 (2): 246–267.

Sepkoski, J. J. 1996. Patterns of Phanerozoic extinction: a perspective from global data bases. In **Global events and event stratigraphy in the Phanerozoic**. Springer, Berlim, Alemanha.

Serpell, J. 2016. **The domestic dog: its evolution, behavior and interactions with people**. Cambridge University Press, Inglaterra.

Shimazaki, M., & Nakaya, K. 2004. Functional anatomy of the luring apparatus of the deep-sea ceratioid anglerfish *Cryptopsaras couesii* (Lophiiformes: Ceratiidae). **Ichthyological Research** 51 (1): 33-37.

Shu, D., Luo, H., Morris, C., Zhang, X., Hu, S., Chen, L., Han, J., Zhu, M., Li, Y. & Chen, L. 1999. Lower Cambrian vertebrates from south China. **Nature** 402 (6757): 42-46.

Shu, D., Morris, S. C., Han, J., Zhang, Z., Yasui, K. Janvier, P., Chen, L., Zhang, X., Liu, J., Li, Y. & Liu, H. 2003. Head and backbone of the Early Cambrian vertebrate *Haikouichthys*. **Nature** 421 (6922): 526-529.

Silva, H. M. 2017. Intelligent design endangers education. **Science** 357: 880.

Simpson, G. G. 1959. Mesozoic mammals and the polyphyletic origin of mammals. **Evolution** 13 (3): 405-414.

Sire, J., Delgado, S. C. & Girondot, M. 2008. Hen's teeth with enamel cap: from dream to impossibility. **BMC Evolutionary Biology** 8, 246.

Skinner, A., Lee, M. S. Y & Hutchinson, M. N. 2008. Rapid and repeated limb loss in a clade of scincid lizards. **BMC Evolutionary Biology** 8: 310.

Smith, D., Lushai, G. & Allen, J. 2005. A classification of *Danaus* butterflies (Lepidoptera: Nymphalidae) based upon data from morphology and DNA. **Zoological Journal of the Linnean Society** 144 (2): 191-212.

Smith, J. M. & Haigh, J. 1974. The hitch-hiking effect of a favourable gene. **Genetical Research** 23 (1): 23-35.

Smith, G. N., Hingtgen J. & DeMyer, W. 1987. Serotonergic involvement in the backward tumbling response of the parlor tumbler pigeon. **Brain Research** 400: 399-402.

Stanford, C. B. 2012. Chimpanzees and the behavior of *Ardipithecus ramidus*. **Annual Review of Anthropology** 41: 139-49.

Steenkamp, G., Ferreira, S. M. & Bester, M. N. 2007. Tusklessness and tusk fractures in free-ranging African savanna elephants (*Loxodonta africana*). **Journal of the South African Veterinary Association** 78 (2): 75-80.

Stewart, R. M. 1984. Morality and the market in blood. **Journal of Applied Philosophy** 1 (2): 227-237.

Stone, G. N. & French, V. 2003. Evolution: have wings come, gone and come again? **Current Biology** 13 (11): 436-438.

Sun, G., Ji, Q. & Dilcher, D. L., Zheng, S., Nixon, K. C. & Wang, X. X. 2002. Archaefructaceae, a new basal Angiosperm family. **Science** 296: 899-904.

Sweetman, S. C., Smith, G. & Martill, D. M. 2017. Highly derived eutherian mammals from the earliest Cretaceous of southern Britain. **Acta Palaeontologica Polonica** 62 (4): 657-665.

Tang, Q., Pang, K., Yuan, X. & Xiao, S. 2020. A one-billion-year-old multicellular chlorophyte. **Nature Ecology & Evolution** 4: 543-549.

Templeton, A. R. 1998. Human races: a genetic and evolutionary perspective. **American Anthropologist** 100 (3): 632-650.

Thewissen, J. G. M., Cooper, L. N., George, J. C. & Bajpai, S. 2009. From land to water: the origin of whales, dolphins and porpoises. **Evolution: Education and Outreach** 2: 272-288.

Toussaint, A., Charpin, N., Brosse, S. & Villéger, S. 2016. Global functional diversity of freshwater fish is concentrated in the Neotropics while functional vulnerability is widespread. **Scientific Reports** 6.

Trujillo, A. P. & Thurman, H. V. 2016. **Essentials of Oceanography**. Pearson, Londres, Inglaterra.

Trut, L. N. 1999. Early Canid Domestication: the farm-fox experiment: foxes bred for tamability in a 40-year experiment exhibit remarkable transformations that suggest an interplay between behavioral genetics and development. **American Scientist** 87 (2): 160-169.

Tyson, R., Graham, J. P., Colahan, P. T. & Berry, C. R. 2004. Skeletal atavism in a miniature horse. **Veterinary Radiology and Ultrasound** 45 (4): 315-317.

Underwood, F. M., Burn, R. W. & Milliken, T. 2013. Dissecting the illegal ivory trade: an analysis of ivory seizures data. **PLOS ONE** 8.

Van Den Bergh, G. D. Kaifu, Y., Kurniawan, I., Kono, R. T., Brumm, A., Setiyabudi, E., Aziz, F. & Morwood, M. J. 2016. *Homo floresiensis*-like fossils from the early Middle Pleistocene of Flores. **Nature** 534 (7606): 245-248.

Van Valen, L. 1973. A new evolutionary law. **Evolutionary Theory** 1: 1-30.

Van Valen, L. 1974. Molecular evolution as predicted by natural selection. **Journal of Molecular Evolution** 3: 89-101.

Vergauwen, D. & De Smet, I. 2016. Down the rabbit hole - carrots, genetics and art. **Trends in Plant Science** 21: 895-898.

Vermeij, G. J. 1993. Biogeography of recently extinct marine species: implications for conservation. **Conservation Biology** 7: 391-397.

Vermeij, G. J. 1994. The evolutionary interaction among species: selection, escalation, and coevolution **Annual Review of Ecology and Systematics** 25: 219-236.

Vermeij, G. J. 2008. Escalation and its role in Jurassic biotic history. **Palaeogeography, Palaeoclimatology, Palaeoecology** 263: 3-8.

Vermeij, G. J. 2013. On escalation. **Annual Review of Earth and Planetary Sciences** 41: 1-19.

Vermeij, G. J. & Roopnarine, P. D. 2013. Reining in the Red Queen: the dynamics of adaptation and extinction reexamined. **Paleobiology** 39: 560-575.

Vervust, B., Grbac, I. & Van Damme, R. 2007. Differences in morphology, performance and behaviour between recently diverged populations of *Podarcis sicula* mirror differences in predation pressure. **Oikos** 116 (8): 1343-1352.

Vignieri, S. 2014. Whales put their pelvic bones to good use. **Science** 346 (6206): 205-206.

Vorzimmer, P. J. 1968. Darwin and Mendel: the historical connection. **Isis** 59 (1) 77-82.

Wallace, A. R. 1867. **Mimicry, and other protective resemblances among animals**. White Press.

Wallace, A. R. 1867. Creation by law. **Quarterly Journal of Science** 4: 471-488.

Wang, M., Wang, X., Wang, Y. & Zhou, Z. 2016. A new basal bird from China with implications for morphological diversity in early birds. **Scientific Reports** 6.

Ward, P. D. & Saunders, W. B. 1997. *Allonautilus*: a new genus of living nautiloid cephalopod and its bearing on phylogeny of the Nautilida. **Journal of Paleontology** 71 (6): 1054-1064.

Wasserthal, L. T. 1997. The pollinators of the Malagasy star orchids *Angraecum sesquipedale*, *A. sororium* and *A. compactum* and the evolution of extremely long spurs by pollinator shift. **Botanica Acta** 110: 343-359.

Waterson, R., Lander, E. & Wilson, R. 2005. Initial sequence of the chimpanzee genome and comparison with the human genome. **Nature** 437: 69-87.

Watson, J. D. & Crick, F. H. C. 1953. Molecular structure of nucleic acids: a structure for Deoxyribose Nucleic Acid. **Nature** 171: 737-738.

Wayne, R. 1993. Molecular evolution of the dog family. **Trends in Genetics** 9 (6): 218-224.

Weatherhead, P. J. & Robertson, R. J. 1979. Offspring quality and the polygyny threshold: "The sexy son hypothesis". **American Naturalist** 113 (2): 201-208.

Weins, D. 1978. Mimicry in plants. **Evolutionary Biology** 11: 365-403.

Weishampel, D. B. Dodson, P. & Osmólska, H. 2004. **The Dinosauria**. University of California Press, Berkeley.

Wells, K. L., Hadad, Y., Ben-Avraham, D., Hillel, J., Cahaner, A. & Headon, D. J. 2012. Genome-wide SNP scan of pooled DNA reveals nonsense mutation in *FGF20* in the scaleless line of featherless chickens. **BMC Genomics** 13.

Whalley, P. & Jarzembowski, E. A. 1981. A new assessment of *Rhyniella*, the earliest known insect, from the Devonian of Rhynie, Scotland. **Nature** 291 (5813): 317.

Whiten, A. 2000. Primate culture and social learning. **Cognitive Science** 24 (3): 477-508.

Whitman, W. B., Coleman, D. C. & Wiebe, W. J. 1998. Prokaryotes: the unseen majority. **Proceedings of the National Academy of Sciences** 95 (12): 6578-6583.

Willie, C. K. & Smith, K. J. 2011. Fuelling the exercising brain: a regulatory quagmire for lactate metabolism. **The Journal of Physiology** 589: 779-780.

Wilson, D. S. & Wilson, E. O. 2007. Evolution: survival of the selfless. **New Scientist** 196: 42-46.

Wilson, E. O. 2005. Kin selection as the key to altruism: its rise and fall. **Social Research** 72: 159-166.

Wilson, E. O. 2008. One giant leap: how insects achieved altruism and colonial life. **Bioscience** 58: 17-25.

Wilson, D. E. & Reeder, D. M. 2005. **Mammal species of the world: a taxonomic and geographic reference**. John Hopkins University Press, Baltimore, Estados Unidos.

Wood, B. 2011. Did early *Homo* migrate "out of" or "in to" Africa? **Proceedings of the National Academy of Sciences** 108 (26): 10375-10376.

Wooster, W. S. 1998. Science, advocacy, and credibility. **Science** 282: 1823.

Wynne-Edwards, V. C. 1962. **Animal dispersion in relation to social behaviour**. Oliver & Boyd, Edimburgo, Escócia.

Yelin I. & Kishony, R. 2018. Antibiotic resistance. **Cell** 172: 1136-1136.

Yunis, J. & Prakash, O. 1982. The origin of man: a chromosomal pictorial legacy. **Science** 215 (4539): 1525-1530.

Zahavi A. 1974. Communal nesting by the Arabian Babbler: a case of individual selection. **Ibis** 116 (1): 84-87.

Zahavi, A. 1975. Mate selection - a selection for a handicap. **Journal of Theoretical Biology** 53 (1): 205-214.

Zahavi, A. 1977. The cost of honesty. **Journal of Theoretical Biology** 67 (3): 603-605.

Zimmer, C. 1999. **At the water's edge: macroevolution and the transformation of life**. Free Press, Nova Iorque, Estados Unidos

Zimmer, C. 2001. **Evolution, the triumph of an idea**. Harper Collins, Nova Iorque, Estados Unidos.

Zimmer, C. 2007. **Smithsonian intimate guide to human origins**. Harper Perennial, Nova Iorque, Estados Unidos.

Glossário

Acasalamento assortativo: condição na qual o cruzamento entre indivíduos com fenótipos parecidos ocorre com mais frequência do que o cruzamento entre indivíduos com fenótipos distintos.

Ácido desoxirribonucleico: ácido nucléico formado por dois filamentos espiralados contendo as sequências de nucleotídeos que armazenam as informações hereditárias dos seres vivos. Formado por um açúcar do tipo desoxirribose e pelas bases nitrogenadas adenina, guanina, citosina e timina.

Ácido nucleico: grande molécula formada por nucleotídeos. São tipicamente divididos em ácido desoxirribonucleico (ADN ou DNA) e ácido ribonucleico (ARN ou RNA).

Ácido ribonucleico: ácido nucléico formado por um filamento contendo a sequência de nucleotídeos que coordena a síntese de proteínas nos seres vivos. Formado por um açúcar do tipo ribose e pelas bases nitrogenadas adenina, guanina, citosina e uracila.

Acondroplasia: anomalia esquelética geneticamente determinada que resulta na formação de indivíduos com patas curtas.

Adaptabilidade: a capacidade que uma espécie possui de se adaptar em relação às mudanças ambientais.

Adaptação: qualquer característica biológica geneticamente determinada que assegure sobrevivência aos indivíduos de uma espécie frente aos desafios ambientais.

Adenina: purina que compõe os nucleotídeos dos ácidos nucléicos.

ADN: abreviatura de ácido desoxirribonucleico.

Alelo: uma entre as múltiplas versões de um determinado gene de uma população.

Alelo dominante: alelo que expressa sua característica fenotípica de forma completa mesmo quando associado a um alelo distinto no outro cromossomo.

Alelo recessivo: alelo cuja característica fenotípica só é expressa quando os alelos nos dois cromossomos são iguais.

Alopoliploidia: condição na qual um organismo possui dois genomas distintos que foram herdados a partir de duas espécies.

Alternância de seleção: condição na qual uma característica biológica que era favorecida em um ambiente passa a ser desfavorecida porque as propriedades seletivas do meio se alteraram.

Altruísmo: condição na qual o comportamento de um indivíduo reduz suas chances de sobrevivência para que um segundo indivíduo seja beneficiado.

Altruísmo recíproco: comportamento no qual um indivíduo desempenha alguma atividade custosa que beneficia um segundo indivíduo, esperando ser posteriormente retribuído com um comportamento recíproco que lhe ofereça vantagens e compense os custos iniciais.

Ameba: organismo unicelular eucariótico do grupo dos protozoários.

Aminoácido: molécula orgânica que representa a unidade formadora das proteínas.

Amonita: grupo extinto de moluscos cefalópodes aparentados com as lulas e os polvos.

Anacronismo evolutivo: condição no qual uma característica de um grupo deixou de ser adaptativa porque as condições ambientais no qual essa propriedade evoluiu deixaram de existir há pouco tempo e a característica permaneceu na população porque não houve tempo suficiente para sua diluição ou modificação.

Anagênese: descreve o processo de mudança gradual de uma população para acompanhar as mudanças ambientais, de forma que a população se modifica tanto da original que passa a ser considerada uma nova espécie. Ver também Cladogênese.

Analogia: descreve os casos nos quais duas ou mais estruturas desempenham funções e papéis ecológicos similares.

Anemofilia: polinização que utiliza o vento como meio para dispersar o pólen das plantas.

Anfioxo: animal marinho, móvel, pequeno e filtrador, parente relativamente próximo dos vertebrados.

Anfisbênia: grupo de répteis escavadores sem patas.

Angiosperma: grupo de plantas cujas sementes são protegidas por uma estrutura externa, formando um fruto. Ver também Gimnosperma.

Antennapedia: gene responsável por controlar a formação de patas durante o desenvolvimento em muitos animais.

Anticódon: trinca de nucleotídeos localizada em uma extremidade do RNA transportador e que se liga a um códon correspondente do RNA mensageiro para liberar o aminoácido localizado na outra extremidade durante o processo de formação das proteínas que ocorre nos ribossomos.

Antropocentrismo: concepção de que todos os fenômenos naturais devem ser compreendidos sob a perspectiva do ser humano, e que todos os outros seres vivos e as propriedades da natureza como um todo existem para servir às suas necessidades.

Ápode: animal sem patas.

Apoptose: conhecida por morte celular programada, descreve a condição na qual as células de um organismo são ativamente desintegradas seguindo uma série de etapas coordenadas. O processo é importante porque permite renovação celular e assegura o correto funcionamento dos tecidos e órgãos, impedindo também que divisões celulares irregulares ocorram.

Aposematismo: qualquer característica de advertência, como as colorações chamativas, direcionada a potenciais predadores que os permitam reconhecer que o animal sinalizador é uma ameaça, geralmente porque seus tecidos possuem toxinas ou substâncias impalatáveis.

Arqueano: éon que se iniciou há aproximadamente 4 bilhões de anos e se estendeu até aproximadamente 2,5 bilhões de anos atrás.

ARN: abreviatura de ácido ribonucleico.

Árvore evolutiva: representação gráfica da genealogia de um táxon. Ver também Cladograma.

Artrópode: animais com exoesqueleto e patas articuladas das quais os escorpiões, as aranhas, os ácaros, os crustáceos e os insetos fazem parte.

Ascídia: animal marinho, séssil e filtrador, parente relativamente próximo dos vertebrados.

Atavismo: descreve os casos nos quais uma característica fenotípica que tipicamente não se expressa na espécie (porque os genes responsáveis pela característica foram desativados) voltam a ser expressos por causa de falhas genéticas.

Bactéria: organismo procarionte unicelular.

Bad design: termo utilizado para se referir às características biológicas que, apesar de serem adaptativas, possuem uma organização estrutural e/ou funcional que claramente poderia ser melhorada.

Base nitrogenada: composto químico que forma os nucleotídeos dos ácidos nucléicos. São tipicamente categorizados em purinas (adenina e guanina) e pirimidinas (citosina, timina e uracila).

Bentônico: animal aquático que vive associado ao substrato, podendo ser séssil ou móvel.

Biodiversidade: medida da variedade taxonômica, ecológica e genética dos seres vivos de uma área geográfica.

Biogeografia: área das ciências naturais que estuda os padrões de distribuição dos organismos.

Biologia: área das ciências naturais que estuda os seres vivos.

Biologia molecular: área da biologia que estuda os processos funcionais e as interações moleculares dos sistemas biológicos.

Biomecânica: área da biologia que estuda a aplicação de princípios mecânicos aos sistemas biológicos.

Cadeia alimentar: relação linear e simplificada de uma teia trófica para demonstrar o fluxo de energia de um produtor (organismo fotossintético) até o consumidor de topo.

Cambriano: período da era Paleozoica que ocorreu entre aproximadamente 540 milhões e 485 milhões de anos atrás.

Capacidade de suporte: quantidade teórica de indivíduos que um ambiente consegue suportar em razão da disponibilidade dos seus recursos, que é finita.

Característica sexual secundária: qualquer propriedade fenotípica que não esteja fisiologicamente relacionada com o sexo, mas que desempenhe algum papel sexual, geralmente relacionado com os diferentes comportamentos entre macho e fêmea.

Carbonífero: período da era Paleozoica que ocorreu entre aproximadamente 359 milhões e 299 milhões de anos atrás.

Célula: unidade básica dos seres vivos que contém a maquinaria molecular responsável pelas atividades biológicas.

Célula n: célula que apresenta um conjunto único de cromossomos (haploide), como nos gametas.

Célula somática: qualquer célula de um organismo multicelular que não tenha função reprodutora.

Célula 2n: célula que apresenta um conjunto duplicado de cromossomos (diploide), como nas células somáticas.

Cenozoico: era do éon Fanerozoico que se iniciou há aproximadamente 66 milhões de anos e que se estende até os dias atuais.

Cetáceo: grupo de mamíferos que inclui os golfinhos e as baleias.

Ciclídeos: família de peixes de água doce que possui muitos representantes em ambientes tropicais.

Citosina: pirimidina que compõe os nucleotídeos dos ácidos nucleicos.

Citoplasma: região das células eucarióticas onde a maioria das organelas está situada.

Cladogênese: processo no qual uma população se divide em duas, que passam gradualmente a adquirir mudanças evolutivas independentes para se tornarem espécies distintas entre si e da população original. Ver também Anagênese.

Cladograma: diagrama em forma de árvore evolutiva utilizado para representar as relações evolutivas dos grupos. Ver também Árvore evolutiva.

Cloaca: cavidade corporal na região posterior de muitos animais onde as aberturas intestinal, genital e urinária convergem para formar uma abertura comum por onde as fezes, os resíduos nitrogenados (urina) e os gametas são expelidos.

Cloroplasto: organela das células de organismos produtores (algas, plantas e microrganismos fotossintetizantes) que contém o pigmento clorofila, e que representa o local onde a energia da luz solar é convertida na energia das ligações químicas em um processo chamado fotossíntese.

Coadaptação: característica adaptativa observada entre duas espécies que servem para atender às pressões seletivas mútuas. As coadaptações podem evoluir juntas, a partir de um processo chamado coevolução, ou podem evoluir de forma independente e só posteriormente coincidirem de ser coadaptativas entre si.

Código genético: relação entre as trincas de nucleotídeos de uma sequência genética (códons) e os aminoácidos disponíveis no meio celular para montar uma proteína.

Códon: trinca de nucleotídeos do RNA mensageiro que se combina com um anticódon correspondente do RNA transportador para determinar as combinações de aminoácidos que serão utilizadas para montar as proteínas.

Coevolução: processo no qual duas ou mais espécies evoluem coadaptações para atender a pressões mútuas, como na relação entre planta e polinizador ou na relação entre predador e presa.

Convergência evolutiva: processo no qual dois ou mais grupos evoluem características fenotípicas similares, porém de forma independente e a partir de ancestrais distintos, em resposta a pressões ambientais iguais que ocorrem em diferentes áreas.

Cretáceo: período da era Mesozoica que ocorreu entre aproximadamente 145 milhões e 66 milhões de anos atrás.

Criacionismo: crença religiosa de que todas as formas de vida representam o produto de criações independentes por uma entidade sobrenatural.

Cromossomos homólogos: representam os pares de cromossomos das células diploides, um proveniente do gameta da mãe e outro do gameta do pai.

Cursorial: termo frequentemente utilizado para descrever um animal corredor que sustenta velocidades constantes por longos trechos, mas também um animal que sustenta uma velocidade explosiva por curtas distâncias.

Deiscência explosiva: modo de dispersão observado em muitas plantas no qual os frutos ressecam e sua estrutura se abre para arremessar as sementes.

Deriva continental: teoria que afirma que os continentes foram unidos no passado formando uma grande massa continental que posteriormente passou a 'derivar' para chegar ao padrão disperso atual. A deriva continental é uma teoria bem-aceita e hoje faz parte de uma teoria geológica mais ampla chamada tectônica de placas. Ver também Tectônica de placas.

Deriva genética: processo no qual as frequências dos alelos de uma população flutuam ao acaso e essas características evoluem de forma não-adaptativa.

Desenho inteligente: também conhecida por design inteligente, é a hipótese não-científica de que os organismos, por serem complexos demais, só podem ser explicados por forças sobrenaturais.

Desenvolvimento direto: condição no qual o embrião se desenvolve em um filhote que já é muito parecido com o adulto.

Desenvolvimento indireto: condição no qual o embrião se desenvolve em uma larva, que representa um estágio estruturalmente muito diferente e que passa por transformações radicais (metamorfose) para se modificar no adulto.

Design inteligente: ver desenho inteligente.

Deslocamento de caracteres: descreve os casos nos quais as diferenças entre os indivíduos de duas espécies similares são maiores nas zonas onde as duas espécies se sobrepõem espacialmente, porque competindo entre si, os indivíduos tendem a explorar uma quantidade menor e mais específica de nichos. Nas zonas de baixa competividade, onde as duas espécies não coexistem, uma quantidade maior de nichos é explorada por cada uma. Se os indivíduos dessas duas zonas forem comparados entre si, estes tendem a ser fenotipicamente mais similares.

Deuterostômios: uma das duas grandes linhagens de animais bilaterais, que inclui representantes como as estrelas-do-mar e os vertebrados. Ver também Protostômios.

Devoniano: período da era Paleozoica que ocorreu entre aproximadamente 419 milhões e 359 milhões de anos atrás.

Diblástico: animal que apresenta dois tecidos embrionários: endoderme e ectoderme.

Diferenciação celular: processo no qual as células de um embrião em desenvolvimento se especializam estruturalmente e fisiologicamente para desempenhar papéis específicos.

Dimorfismo sexual: condição que descreve os casos nos quais os sexos de dois indivíduos podem ser distinguidos por traços fenotípicos evidentes.

Diploidia: condição típica das células somáticas (células 2n, não-reprodutivas) na qual os cromossomos são pareados. Ver também Haploidia.

Display comportamental: qualquer exibição comportamental direcionada a outro indivíduo, geralmente para potenciais parceiros sexuais ou predadores.

DNA: abreviatura de deoxyribonucleic acid (ácido desoxirribonucleico em inglês).

DNA lixo: termo que foi tradicionalmente utilizado para se referir às sequencias genéticas que não desempenham um papel codificante. Hoje se sabe que muitas dessas sequências desempenham alguns papéis funcionais, muitas vezes auxiliando a atividade das sequências codificantes verdadeiras (os genes).

DNA mitocondrial: sequências genéticas presentes nas mitocôndrias.

DNA plastídico: sequências genéticas presentes nos cloroplastos das plantas.

Dogma: qualquer princípio considerado conclusivo e indiscutível.

Ecologia: área que se preocupa em conhecer as relações entre os seres vivos, e como os fatores físicos e químicos do meio influenciam e são influenciados pelos organismos.

Ectoderme: tecido embrionário externo dos animais que tipicamente dá origem à epiderme externa e estruturas associadas. Nos vertebrados, uma dobra da ectoderme se isola para formar o sistema nervoso central.

Ectotermia: característica comum entre muitos animais que utilizam uma fonte de calor externa, principalmente o sol, para manter a temperatura corporal adequada.

Efeito do fundador: processo no qual uma população nova é formada a partir de poucos colonizadores de uma população original, que geralmente possui frequências genéticas distintas desta.

Efeito gargalo: processo no qual o tamanho de uma população é rapidamente reduzido, geralmente por uma catástrofe ambiental, de forma que suas frequências genéticas podem ser muito distintas das originais.

Endêmica: grupo restrito a uma determinada área geográfica.

Endoderme: tecido embrionário mais profundo dos animais que tipicamente dá origem ao trato digestório e estruturas associadas.

Endotermia: característica no qual o calor residual produzido pelas reações bioquímicas (calor metabólico) é utilizado para manter a temperatura do corpo em níveis adequados. Condição que evoluiu em algum grau em diversos grupos, sendo mais elaborada nas aves e nos mamíferos.

Enzima: proteínas que possuem papéis reguladores nas reações bioquímicas.

Éon: grande divisão do tempo geológico que agrupa as eras.

Epiglote: estrutura em forma de aba na laringe que é utilizada para bloquear temporariamente a abertura respiratória (traqueia), evitando que partículas alimentares entrem nos canais respiratórios.

Epitélio: tecido biológico formado por células justapostas que formam os compartimentos que delimitam os órgãos ou o organismo como um todo.

Equilíbrio pontuado: teoria que afirma que as espécies passam longos períodos com poucas modificações evolutivas (estase) que são intercalados (ou pontuados) com períodos mais curtos de evolução rápida. Ver também Gradualismo filético e Gradualismo pontuado.

Equinodermos: grupo de invertebrados marinhos que inclui, entre outros animais, as estrelas-do-mar, os ouriços-do-mar e os lírios-do-mar.

Equivalentes ecológicos: se refere aos organismos que ocupam nichos ecológicos similares em diferentes áreas geográficas. Por exemplo, as algas aquáticas são produtoras e desempenham um papel equivalente ao que as plantas fazem nos ambientes terrestres.

Era: cada uma das divisões temporais de um éon.

Escotoma: área do campo visual que não recebe estímulos luminosos, formando uma imagem com um ponto cego.

Especiação: processo de formação de uma nova espécie.

Especiação alopátrica: processo nos quais novas espécies são formadas quando uma população original se divide fisicamente e as diferenças nas frequências genéticas entre as duas populações se tornam grandes o suficiente para impedir que os indivíduos cruzem entre si se o contato entre os grupos for reestabelecido.

Especiação parapátrica: processo nos quais novas espécies são formadas por causa de gradientes ambientais em uma área que favorece indivíduos com fenótipos distintos. Se híbridos formados a partir do cruzamento dos diferentes tipos forem desfavorecidos, a seleção natural tende a isolar os tipos até que estes se tornem espécies distintas.

Especiação simpátrica: processo no qual novas espécies são formadas sem barreiras físicas e sem gradientes geográficos. Tipicamente ocorre quando dois fenótipos distintos de uma população são igualmente favorecidos pela seleção natural. Se híbridos formados a partir do cruzamento dos diferentes tipos forem desfavorecidos, a seleção natural tende a isolar os tipos até que estes se tornem espécies distintas.

Espécie: categoria biológica que agrupa os indivíduos de uma população com base, predominantemente, na capacidade dos indivíduos cruzarem entre si e produzir descendentes férteis e viáveis.

Espécie horizontal: conceito relacionado com a especiação por meio da cladogênese. Se refere às diferenças entre as populações sob uma perspectiva atemporal. Uma espécie horizontal representa uma linhagem que possui propriedades exclusivas que as difere das outras espécies. Ver também Cladogênese.

Espécie vertical: conceito relacionado com a especiação por meio da anagênese. Se refere às diferenças entre uma população ancestral (em um momento inicial) e uma população posterior (em um momento final). Nesse caso, as mudanças só se tornam perceptíveis quando os extremos são comparados e não existe um limite preciso que marque o momento no qual a população passou a ser considerada uma nova espécie. Ver também Anagênese.

Espécies irmãs: descreve os casos nos quais duas espécies comprovadamente isoladas reprodutivamente possuem características fenotípicas virtualmente idênticas.

Espécie politípica: se refere a uma espécie que apresenta indivíduos que podem ser categorizados em tipos distintos, geralmente para atender a demandas ecológicas específicas de sua área, mas que podem cruzar entre si e gerar descendentes férteis.

Especismo: a ideia de que uma espécie, como a espécie humana, tem superioridade sobre as demais espécies, podendo explorá-las ao seu favor.

Espermateca: qualquer estrutura biológica presente nas fêmeas de muitos animais que serve para armazenar temporariamente os espermatozoides depositados por um macho.

Espermatozoide: gameta masculino.

Espiráculo (peixes): orifício localizado na lateral da cabeça de alguns tubarões e peixes que representa um remanescente vestigial do que foi a primeira fenda branquial, antes do surgimento das maxilas nos vertebrados.

Estase evolutiva: no equilíbrio pontuado, se refere ao período relativamente longo e com poucas mudanças evolutivas. Ver também Equilíbrio pontuado.

Estômato: estruturas microscópicas localizadas nas plantas (principalmente nas folhas) que permitem as trocas gasosas.

Estrategista K: tipo de estratégia ecológica no qual os indivíduos de uma espécie produzem uma quantidade relativamente pequena de gametas que resultam em uma prole pequena, mas com grandes chances individuais de sobrevivência. Ver também Estrategista r.

Estrategista r: tipo de estratégia ecológica no qual os indivíduos de uma espécie produzem uma quantidade relativamente grande de gametas que resultam em uma prole grande, mas com baixas chances individuais de sobrevivência. Ver também Estrategista K.

Estromatólito: estrutura mineral formada pela ação de microrganismos (principalmente cianobactérias).

Éon: a mais ampla categoria de tempo geológico.

Eucarionte: organização celular mais complexa e derivada em relação à organização procarionte, na qual uma região nuclear está delimitada por membranas, e organelas complexas estão presentes no citoplasma. Todos os protozoários, os fungos, as plantas e os animais derivam de um ancestral eucarionte.

Euripterídeo: grupo de artrópodes marinhos com representantes grandes e superficialmente similares aos escorpiões e que foram importantes predadores do Paleozoico.

Evento de extinção: qualquer evento local, regional ou global, que dizime uma quantidade alta e de forma relativamente repentina de grupos por causa de mudanças ambientais rápidas ou catastróficas.

Evolução: processo que descreve as mudanças das características biológicas geneticamente determinadas de uma espécie ao longo das gerações.

Evolução em mosaico: condição que descreve o modo como as mudanças evolutivas ocorrem de forma irregular entre as diferentes partes de uma espécie e entre as diferentes linhagens. Em um mesmo intervalo de tempo, uma parte corporal pode se modificar mais do que outra em uma mesma espécie, ou uma linhagem se modificar mais do que outra linhagem.

Evoluído: modificado em relação a uma condição original.

Exaptação: termo utilizado para se referir às características que evoluíram para atender a um desafio ecológico, mas que coincidiram de servir a outros propósitos e passaram a evoluir nessa direção. Muitas características dos tetrápodes, por exemplo, evoluíram ainda no ambiente aquático para atender aos desafios de ambientes litorâneos rasos, mas coincidiram de serem úteis no ambiente terrestre, onde passaram a ser favorecidas. O termo foi proposto para substituir o mais popular termo pré-adaptação.

Extinção: processo que descreve a morte de todos os indivíduos de uma linhagem evolutiva, seja porque o grupo deixou de ser adaptado quando o ambiente se modificou (extinção de fundo) ou porque eventos catastróficos o dizimou rapidamente (evento de extinção). Ver também Extinção de fundo e Evento de extinção.

Extinção de fundo: descreve os casos de extinção que ocorrem quando a linhagem deixa de existir porque deixou de ser adaptada às novas condições ambientais.

Fanerozoico: éon que se iniciou há aproximadamente 540 milhões e que se estende até os dias atuais. Compreende as eras Paleozoica, Mesozoica e Cenozoica.

Fenótipo: a expressão do genótipo. Representa as características 'observáveis' dos organismos.

Fisiologia: área que estuda o funcionamento das estruturas biológicas nos diversos níveis.

Fitness: medida quantitativa da prole produzida por um indivíduo em relação aos outros indivíduos da sua população.

Fixismo: ideia predominante no século XVIII que sugeria que os organismos são imutáveis e que representam o resultado de criações independentes.

Forame magno: abertura tipicamente localizada na região posterior do crânio dos vertebrados que permite que a medula espinhal se conecte ao cérebro.

Fóssil: qualquer estrutura (principalmente rochas) que preservou partes anatômicas de organismos que viveram em passados distantes, ou evidências de suas atividades e comportamentos.

Fóssil vivo: organismo vivo que possui muitos traços semelhantes a um grupo ancestral antigo porque se modificou pouco. As bactérias, por exemplo, são descendentes modernos de procariontes que viveram há muito tempo, mas que mantêm muitas características antigas.

Fossorial: qualquer animal que vive abaixo do solo.

Fotossíntese: processo realizado por algas, plantas e por algumas bactérias nas quais moléculas de gás carbônico (CO_2) e de água (H_2O) são convertidas, utilizando energia solar, em moléculas de glicose ($C_6H_{12}O_6$), tendo como resíduo moléculas de oxigênio (O_2) que é liberada no meio. Ver também Respiração celular.

Galápagos: conjunto de ilhas oceânicas localizado a aproximadamente 1000 km da costa oeste da América do Sul.

Gameta: célula reprodutiva dos organismos sexuados responsável por transmitir as características hereditárias à prole.

Gêmeos dizigóticos: também chamados bivitelinos, são gêmeos formados a partir de dois óvulos fecundados por dois espermatozoides.

Gêmeos monozigóticos: também chamados univitelinos, são gêmeos formados a partir de um único óvulo que é fecundado por um único espermatozoide.

Gene: sequência de nucleotídeos de um genoma, responsável pela codificação das proteínas.

Gene de especiação: gene que quando alterado por uma mutação pode promover o isolamento reprodutivo entre os indivíduos de uma espécie.

Gene egoísta: ideia que sugere que os genes representam as entidades biológicas centrais da evolução e que são as principais favorecidas no processo.

Gene homeótico: gene regulador que controla o funcionamento de outros genes e que está geralmente envolvido na formação e na organização das partes estruturais, principalmente durante as etapas iniciais do desenvolvimento.

Gene regulador: categoria funcional que descreve os genes que produzem proteínas repressoras ou ativadores de outros genes.

Gene saltador: ver Transposão.

Genética: área da biologia que se preocupa em compreender os processos relacionados com a hereditariedade.

Genoma: conjunto completo de informações hereditárias de um indivíduo, incluindo as sequências genéticas localizadas nos cromossomos e nas organelas citoplasmáticas, como o DNA mitocondrial e o DNA plastídico.

Gimnosperma: grupo de plantas com sementes tipicamente desprovidas de estruturas externas de proteção. Ver também Angiosperma.

Gônada: órgão responsável pela produção das células sexuais.

Gradualismo filético: teoria que afirma que as mudanças evolutivas em uma população ocorrem de forma lenta e constante. Ver também Equilíbrio pontuado e Gradualismo pontuado.

Gradualismo pontuado: considerando que equilíbrio pontuado e gradualismo são possibilidades extremas no curso evolutivo de uma espécie, o gradualismo pontuado descreve os casos aproximadamente intermediários entre as duas teorias. Ver também Equilíbrio pontuado e Gradualismo filético.

Guanina: purina que compõe os nucleotídeos dos ácidos nucleicos.

Hadeano: o éon mais antigo, que se iniciou com a origem da Terra há aproximadamente 4,6 bilhões de anos e terminou há aproximadamente 4 bilhões de anos.

Hálux: o primeiro dedo das patas posteriores dos tetrápodes (o 'dedão' do pé no ser humano).

Haploidia: condição típica dos gametas (células n) na qual os cromossomos não são pareados. Ver também Diploidia.

Herança Mendeliana: mecanismo de transmissão das características hereditárias com base nos princípios obtidos a partir dos estudos de Gregor Mendel.

Heterozigose: condição na qual, para um determinado gene, os dois cromossomos homólogos de um indivíduo possuem alelos distintos. Ver também Homozigose.

Híbrido: organismos resultantes do cruzamento de pais de espécies diferentes.

Hipótese: ideia formulada para compreender um fenômeno natural que será submetida a testes científicos para comprovar ou não sua veracidade.

Hipótese da rainha vermelha: hipótese centrada na ideia de que as mudanças evolutivas ocorrem, não para melhorar uma espécie, mas para mantê-la adaptada diante das mudanças ambientais. Essa ideia central tem sido utilizada para explicar fenômenos evolutivos distintos, desde a corrida armamentista entre presa e predador até a evolução do sexo.

Hipótese do mundo do RNA: ideia relacionada com a origem da vida. Sugere que uma molécula similar ao RNA foi a primeira estrutura replicadora que passou a ser submetida aos efeitos da seleção natural, gradualmente adquirindo complexidade estrutural.

Hominidae: família de primatas que inclui os orangotangos, os gorilas, os chimpanzés e o ser humano, além de linhagens relacionadas a estes grupos que já foram extintas.

Hominídeo: termo popularmente utilizado para se referir às espécies da linhagem humana que divergiu da linhagem dos chimpanzés a partir de um ancestral comum. Todavia, tecnicamente o termo hominídeo inclui também chimpanzés, gorilas e orangotangos. Ver também Hominidae.

Homologia: termo usado para descrever as estruturas que foram herdadas a partir de uma mesma condição ancestral, mesmo que frequentemente estas sejam superficialmente diferentes e desempenhem funções distintas.

Homoplasia: descreve as estruturas que possuem organização semelhante, mas que comprovadamente evoluíram de forma independente (por convergência evolutiva) a partir de condições ancestrais distintas, geralmente porque foram submetidas a pressões ambientais similares.

Homozigose: condição na qual, para um determinado gene, os dois cromossomos homólogos de um indivíduo possuem alelos iguais. Ver também Heterozigose.

Ictiossauro: grupo extinto de animais marinhos descendentes de répteis terrestres e que possuía traços superficialmente similares aos dos golfinhos.

Ilha continental: tipo de ilha originalmente relacionado com um continente e que geralmente se forma quando uma massa de terra se desprende do continente, ou quando a elevação dos níveis dos mares isola um pedaço de terra do restante do continente.

Ilha oceânica: tipo de ilha formada a partir de ação vulcânica em regiões oceânicas, e que não tem relação com as massas de terras continentais.

Infanticídio: comportamento no qual um indivíduo mata o filhote de outro indivíduo de sua própria espécie. O comportamento tem base evolutiva e tipicamente descreve os casos nos quais um indivíduo de um dos sexos, na tentativa de estimular a cópula, mata a prole de um parceiro sexual potencial.

Inseminação artificial: procedimento no qual a fecundação de um óvulo por um espermatozoide é realizada de forma assistida.

Instinto: comportamento estereotipado e geneticamente determinado dos animais, executado de forma completa desde a primeira vez.

Interespecífica: relação entre indivíduos de diferentes espécies.

Intraespecífica: relação entre indivíduos da mesma espécie.

Irradiação adaptativa: processo evolutivo no qual um ou poucos táxons se diversificam para ocupar os vários nichos ecológicos que estão disponíveis em um ambiente.

Isolamento pós-zigótico: mecanismo de isolamento reprodutivo que ocorre quando um zigoto é formado, mas não se desenvolve, ou quando o filhote é formado, mas é infértil ou inviável.

Isolamento pré-zigótico: mecanismo de isolamento reprodutivo cujos fatores morfológicos, comportamentais, ecológicos e/ou fisiológicos impedem a fecundação entre os gametas de dois indivíduos.

Jurássico: período da era Mesozoica que ocorreu entre aproximadamente 201 milhões e 145 milhões de anos atrás.

Lactase: enzima responsável por quebrar a molécula de lactose em glicose e galactose.

Lei da constância da extinção: princípio de que os grupos biológicos não se tornam mais nem menos suscetíveis à extinção com o tempo.

Lêmure: grupo de primatas endêmico de Madagáscar.

Locus: região específica onde um gene é encontrado no cromossomo.

Macroevolução: termo utilizado para se referir às grandes mudanças evolutivas, geralmente as que ocorrem em níveis superiores à espécie.

Macromutação: mutação genética que resulta em uma alteração fenotípica grande.

Meiose: processo no qual uma célula eucariótica se divide formando duas células, cada uma com metade do conjunto de cromossomos da célula original. Processo tipicamente utilizado para formar as células sexuais. Ver também Mitose.

Mesoderme: tecido embrionário dos animais, localizado entre a ectoderme e a endoderme, que forma muitos compartimentos internos e que dá origem a diversos órgãos e estruturas biológicas.

Mesozóico: era do éon Fanerozoico que ocorreu entre aproximadamente 252 milhões e 66 milhões de anos atrás.

Metamorfose: processo no qual o estágio larval de um indivíduo passa por modificações radicais para se transformar no estágio adulto.

Microevolução: termo utilizado para se referir a pequenas mudanças evolutivas, geralmente as que ocorrem no nível de espécie.

Micromutação: mutação genética que resulta em uma alteração fenotípica pequena.

Mimetismo: propriedade adaptativa na qual os indivíduos de uma espécie possuem atributos fenotípicos que se assemelham aos de uma segunda espécie porque foram favorecidas quando 'pegaram carona' nas vantagens destas.

Mimetismo batesiano: tipo de mimetismo no qual a espécie evoluiu características semelhantes às de uma segunda espécie, que possui propriedades tóxicas ou repugnantes.

Miotonia congênita: condição de origem genética na qual a velocidade do relaxamento da musculatura após a contração muscular é reduzida.

Mitocôndria: organela citoplasmática das células eucariontes, responsável pela respiração celular.

Mitose: processo no qual uma célula eucariótica se divide formando duas células, cada uma com o mesmo conjunto de cromossomos da célula original. Processo tipicamente utilizado para formar as células somáticas. Ver também Meiose.

Molécula: conjunto de átomos unidos por ligações químicas que formam as unidades estruturais da matéria.

Monogamia: estratégia na qual indivíduos formam pares sociais e/ou sexuais duradouros geralmente relacionados ao sexo ou ao cuidado parental.

Monogamia genética: termo utilizado para se referir aos casos nos quais os filhotes produzidos pelos pares monogâmicos são, de fato, filhotes biológicos dos pais. Esse tipo de monogamia envolve tanto exclusividade social quanto sexual entre os dois indivíduos e tende a ser mais raro. Ver também Monogamia social.

Monogamia social: termo utilizado para se referir aos casos nos quais pares monogâmicos de indivíduos são formados, mas sua prole não é necessariamente aparentada com um dos dois indivíduos. Esse tipo de monogamia tipicamente envolve exclusividade social, mas não necessariamente sexual. Ver também Monogamia genética.

Mosassauros: grupo extinto de animais marinhos grandes, descendente de répteis terrestres.

Multicelularidade: condição na qual um organismo é formado por várias células que se diferenciam estruturalmente para desempenhar diferentes papéis.

Mutação: alteração em uma sequência genética que pode ocorrer em qualquer célula por causa de erros durante a replicação de DNA ou quando induzida por fatores ambientais.

Mutação deletéria: mutação que produz um fenótipo desfavorável (que reduz a chance de sobrevivência do indivíduo).

Naturalista: termo utilizado para se referir aos estudiosos das ciências naturais.

Néctar: substância rica em açúcar secretada por glândulas nas flores e que são utilizadas para atrair animais.

Nectônico: termo utilizado para se referir aos animais que vivem na coluna d'água e que possuem mecanismos ativos de natação, como os peixes, as lulas e os cetáceos.

Neogeno: período da era Mesozoica que ocorreu entre aproximadamente 23 milhões e 2,6 milhões de anos atrás.

Nematodo: grupo de invertebrados com corpos alongados e cilíndricos.

Neotenia: tipo de pedomorfose no qual os tecidos somáticos que tipicamente caracterizam o estágio adulto não se desenvolvem, resultando na formação de um adulto com traços juvenis. Ver também Pedomorfose.

Nicho ecológico: espaço ecológico ocupado por um grupo. O termo se refere aos papéis que um grupo desempenha para conseguir recursos alimentares, para conseguir áreas propícias e para lidar com os efeitos físicos e químicos do meio.

Nicho fundamental: capacidade teórica que uma espécie possui de ocupar os espaços ecológicos de um meio se não houvessem limitações físicas (como barreiras geográficas) ou biológicas (como competidores).

Nicho realizado: nicho observado das espécies, que é limitado por fatores físicos (como barreiras geográficas que impedem que a espécie se desloque para outras áreas) e biológicos (como competidores que impedem que a espécie utilize determinados recursos).

Ninhegos: filhote de ave que vive no ninho ou que ainda é dependente dos pais para sobrevivência.

Notocorda: estrutura esquelética em forma de bastão que foi evolutivamente substituída pelas vértebras e que ainda é observada nos anfioxos, no estágio larval das ascídias e nos estágios iniciais de desenvolvimento dos vertebrados.

Nucleotídeo: molécula formada por um grupo fosfato, um açúcar e uma base nitrogenada e que forma a unidade estrutural do RNA e do DNA. Pode ser classificado em purina ou pirimidina.

Ordoviciano: período da era Paleozoica que ocorreu entre aproximadamente 485 milhões e 444 milhões de anos atrás.

Organela: estrutura das células eucariontes geralmente delimitada por membrana, como as mitocôndrias, os cloroplastos e os lisossomos.

Oviparidade: estratégia reprodutiva na qual o embrião se desenvolve em um ovo que é depositado no meio. Característica ancestral e comum para a maior parte dos animais.

Ovoviviparidade: estratégia reprodutiva na qual o embrião se desenvolve em um ovo que é retido no trato interior da mãe. Condição derivada em relação à oviparidade e que evoluiu de forma independente em diversos grupos.

Óvulo: gameta feminino.

Paisagem adaptativa: também conhecida por topografia adaptativa, é uma representação gráfica utilizada para descrever a relação entre os genótipos teóricos de uma população e os valores de *fitness* correspondentes.

Palato secundário: estrutura que separa a cavidade nasal da cavidade oral, como observada nos crocodilos, nas aves e nos mamíferos, e que evoluiu independentemente nestes grupos.

Paleogeno: período da era Cenozoica que ocorreu entre aproximadamente 66 milhões e 23 milhões de anos atrás.

Paleozoico: primeira era do éon Fanerozoico que ocorreu entre aproximadamente 540 milhões e 252 milhões de anos atrás.

Partenogênese: tipo de reprodução assexuada na qual o óvulo se desenvolve sem ser fecundado por um espermatozoide.

Pedomorfose: condição na qual um indivíduo atinge a maturidade sexual, mas mantém traços típicos das fases juvenis. Pode ocorrer por neotenia ou por progênese.

Pensamento tipológico: qualquer ideia centrada no princípio de que uma população é formada por um tipo cujas características são representativas da espécie, e por outros tipos fenotipicamente distintos que constituem versões piores e, portanto, menos representativas da espécie.

Período geológico: uma das divisões das eras geológicas.

Permiano: período da era Paleozoica que ocorreu entre aproximadamente 299 milhões e 252 milhões de anos atrás.

Pirimidina: base nitrogenada formada por um anel químico. Nos ácidos nucléicos, é representada pelas bases citosina, timina e uracila.

Placodermos: grupo extinto de peixes que apresentava placas ósseas articuladas cobrindo o corpo.

Pleiotropia: condição que descreve os casos nos quais um gene possui diferentes efeitos fenotípicos, que muitas vezes não estão relacionados entre si.

Plesiossauro: grupo extinto de animais marinhos grandes, descendente de répteis terrestres.

Pólen: elementos reprodutivos que abrigam os gametas masculinos das plantas.

Poliandria: poligamia praticada por indivíduos do sexo feminino.

Poligamia: estratégia reprodutiva na qual um indivíduo maximiza seu *fitness* copulando com vários parceiros sexuais.

Poliginia: poligamia praticada por indivíduos do sexo masculino.

Polinização: processo no qual o pólen de uma planta é transferido para outra planta para fecundar os seus gametas femininos.

Pool genético: para um determinado gene, representa o conjunto de alelos de uma população. Em um sentido mais amplo, representa todos os alelos de todos os genes de uma população.

População: conjunto de indivíduos de uma espécie. De forma mais restrita, se refere aos indivíduos de uma espécie que compartilham uma área geográfica em comum.

Pré-adaptação: termo utilizado para se referir a estruturas que evoluíram para um propósito, mas que coincidiram de serem úteis também para outros propósitos. Ver também Exaptação.

Primitivo: estrutura que se modificou menos que outra. Termo utilizado também para se referir a um organismo que possui muitas condições similares a uma condição ancestral.

Procarionte: organização celular primitiva em relação à organização eucarionte. Célula caracterizada por apresentar tamanho relativamente pequeno, menor complexidade estrutural e ausência de núcleo delimitado por membrana. Os principais representantes são as bactérias.

Produtividade: termo utilizado para se referir à capacidade que os organismos produtores têm de converter energia solar em energia armazenada nas ligações químicas dos compostos orgânicos a partir de moléculas inorgânicas simples, em um determinado intervalo de tempo. Tendo em vista que a energia necessária para manter todas as formas de vida provém desse processo, a produtividade é um determinante central que define a capacidade de suporte de um ambiente.

Progênese: tipo de pedomorfose no qual os tecidos sexuais se desenvolvem de forma antecipada e os tecidos somáticos que caracterizam o adulto deixa de se desenvolver, resultando na formação de um adulto com traços juvenis. Ver também Pedomorfose.

Proteína: molécula tipicamente grande que forma as partes estruturais e funcionais de todos os organismos e que é montada a partir de combinações variadas de aminoácidos.

Proterozoico: éon que se iniciou há aproximadamente 2,5 bilhões de anos e que se estendeu até aproximadamente 540 milhões de anos.

Protostômios: uma das duas grandes linhagens de animais bilaterais que inclui representantes como as minhocas, os moluscos e os artrópodes (aranhas, crustáceos e insetos). Ver também Deuterostômios.

Protozoário: grupo que inclui os organismos unicelulares eucariontes.

Pseudoextinção: processo no qual uma linhagem se modificou tanto que o grupo original deixou de existir, mas a linhagem continua sendo representada por estes descendentes muito especializados.

Pseudogene: sequência genética que não é funcional em uma espécie, mas que é muito similar a sequências genéticas que são funcionais em outros organismos.

Pterossauro: grupo extinto de répteis voadores.

Purina: base nitrogenada formada por dois anéis químicos. Nos ácidos nucléicos, são representadas pelas bases adenina e guanina.

Quaternário: período da era Mesozoica que se iniciou há aproximadamente 2,6 milhões e se estende até os dias atuais.

Queratina: proteína estrutural que foi amplamente explorada pelos animais para produzir estruturas como as escamas dos répteis, as penas das aves e os pelos, unhas e cornos dos mamíferos.

Recombinação genética: processo relacionado com a meiose no qual os cromossomos homólogos trocam material genético entre si antes da célula diploide se dividir em duas células haploides.

Reflexo de preensão palmar: comportamento estereotipado dos primatas no qual as mãos se fecham involuntariamente quando entram em contato com um objeto. No ser humano, esse comportamento é vestigial e é perdido alguns meses após o nascimento, mas nos outros primatas o comportamento continua se desenvolvendo por mais tempo.

Regra de Hamilton: modelo relacionado com a seleção de parentesco que explica matematicamente como comportamentos supostamente altruístas direcionados a indivíduos aparentados podem ser favorecidos pela seleção natural.

Replicação (DNA): processo de duplicação do DNA que ocorre, por exemplo, antes de uma célula 2n se dividir em duas células 2n. Envolve a quebra das ligações químicas entre as duas fitas da molécula de DNA e a formação de ligações novas, a partir de cada fita, com nucleotídeos correspondentes que estão dispersos no meio. Na mitose, a célula passa por um período com material genético duplicado (4n) antes de se dividir fisicamente para formar duas células 2n.

Reprodução assexuada: tipo de reprodução que não envolve a combinação de material genético proveniente de dois indivíduos.

Reprodução sexuada: tipo de reprodução que envolve a combinação de material genético, geralmente proveniente de células especializadas (gametas) de dois indivíduos.

Respiração celular: processo que utiliza uma molécula de oxigênio (O_2) para oxidar a molécula de glicose proveniente da fotossíntese das plantas, que é quebrada em moléculas menores (CO_2 e H_2O), liberando energia. A energia proveniente da glicose fica armazenada em uma molécula chamada adenosina trifosfato (ATP) que é um nucleotídeo que fornece a energia para as reações metabólicas. Ver também Fotossíntese.

Ribossomo: estrutura celular dos procariontes e dos eucariontes que representa o local onde a fita de RNAm se associa para montar as proteínas.

Ritmo biológico: se refere às atividades biológicas que se repetem de forma cíclica em períodos específicos e que são reguladas por fatores fisiológicos. O ritmo circadiano de um animal, por exemplo, é tipicamente determinado pelo fotoperíodo e o organismo responde à presença ou ausência de estímulos luminosos secretando diferentes hormônios que regulam suas atividades biológicas.

RNA: abreviatura de ribonucleic acid (ácido ribonucleico em inglês).

RNAm: abreviatura de RNA mensageiro

RNA mensageiro: sequência genética que representa uma cópia exata de uma sequência do DNA (gene) e que transmite essa informação para o ribossomo, onde as proteínas são montadas.
RNAt: abreviatura de RNA transportador.

RNA transportador: sequência de nucleotídeo estrutural que fica disperso no meio celular e que possui uma extremidade com um anticódon e outra extremidade portando um aminoácido. O anticódon se liga ao códon correspondente do RNA mensageiro e libera o aminoácido para montar a proteína.

Seleção de fuga: teoria que descreve como os genes de um macho que produzem uma característica atrativa para uma fêmea tendem a ser transmitidos para a prole com os genes das fêmeas, favorecendo os genótipos de atrair e de ser atraído, e fortalecendo a seleção sexual no grupo.

Seleção de grupo: hipótese centrada na ideia de que as adaptações existem para favorecer a espécie, e que qualquer característica que beneficie um indivíduo, mas que prejudique a espécie deve ser desfavorecida pela seleção natural. A hipótese não é bem-aceita entre os cientistas porque não existem evidências que a comprove.

Seleção de parentesco: teoria que explica como comportamentos altruísticos direcionados a indivíduos aparentados podem aumentar o *fitness* do altruísta e do receptor, e contribuir para que os genes altruístas se disseminem na população.

Seleção direcional: tipo de seleção natural que ocorre quando uma versão extrema de uma característica é favorecida. Por exemplo, quando os bicos mais longos de uma espécie de ave são favorecidos.

Seleção disruptiva: tipo de seleção natural que ocorre quando duas versões extremas de uma característica são igualmente favorecidas. Por exemplo, tanto os bicos longos quanto os bicos curtos de uma espécie de ave são favorecidos.

Seleção estabilizadora: tipo de seleção natural que ocorre quando uma versão intermediária de uma característica é favorecida. Por exemplo, quando os bicos de comprimento intermediário de uma espécie de ave são favorecidos.

Seleção intersexual: seleção sexual no qual um dos sexos (geralmente a fêmea) determina com qual indivíduo copular.

Seleção intrasexual: seleção sexual na qual o vencedor de uma briga competitiva entre os machos é o que copula com a fêmea.

Seleção natural: teoria que explica como as espécies evoluem adaptações para lidar com os desafios ambientais. Processo no qual as características geneticamente determinadas (que podem ser transmitidas hereditariamente) são favorecidas ou desfavorecidas resultando, respectivamente, no aumento e na diminuição da frequência dessas características na população.

Seleção sexual: processo no qual atributos fenotípicos geneticamente determinados (que podem ser transmitidos hereditariamente) aumentam a chance de um indivíduo ter acesso a um parceiro sexual.

Senescência: envelhecimento biológico.

Séssil: animal que vive fixo ao substrato aquático.

Siluriano: período da era Paleozoica que ocorreu entre aproximadamente 444 milhões e 419 milhões de anos atrás.

Simetria bilateral: padrão de organização anatômico herdado pela maioria dos animais nas quais as metades do corpo (esquerda e direita) são estruturalmente iguais, e as regiões anterior e posterior, e dorsal (superior) e ventral (inferior), são distintas.

Simetria radial: padrão de organização primitivamente observado em animais como as águas-vivas e os corais e que evoluiu secundariamente em alguns animais bilaterais que se tornaram sésseis. Caracterizado principalmente pela ausência de regiões anteriores e posteriores e metades esquerda e direita definidas.

Símio: tecnicamente, o termo se refere a um grupo amplo de primatas que inclui todas as espécies da ordem Simiiformes. O termo 'grandes símios' é geralmente utilizado para se referir aos grandes primatas da família Hominidae, incluindo o ser humano, os chimpanzés, os gorilas, os orangotangos e as espécies fósseis destes grupos.

Simpatria: que ocupam uma mesma área.

Sistemática: área da biologia que estuda as relações evolutivas entre os táxons.

Sobrenatural: qualquer propriedade que seja contrária às leis naturais e que não tenha fundamento racional.

Sopa prebiótica: também conhecida por sopa primordial, representa um conjunto teórico dos elementos químicos que existiam na Terra antes do surgimento da vida e que gradualmente se combinaram para formar as moléculas complexas que representam os componentes estruturais de todas as formas de vida.

Superbactéria: termo utilizado para se referir às bactérias que possuem resistência a vários tipos de antibióticos.

Tanatose: estratégia comportamental adotada por animais que se fingem de morto para afastar predadores que naturalmente evitam se alimentar de animais mortos.

Táxon: grupo biológico de qualquer nível hierárquico, incluindo espécie, gênero, família, classe, ordem e filo.

Taxonomia: área da biologia responsável por atribuir nomes e categorias aos táxons.

Tectônica de placas: teoria geológica que explica os movimentos das placas continentais. Ver também Deriva continental.

Teia alimentar: conjunto de cadeias tróficas de uma comunidade biológica, incluindo todos os organismos responsáveis pela transmissão vertical de energia, dos produtores (organismos fotossintéticos) aos consumidores, e as relações horizontais entre as espécies de um mesmo nível trófico.

Telômero: termo utilizado para se referir às extremidades de um cromossomo, e que geralmente apresentam sequências repetidas de nucleotídeos.

Tentilhões: termo utilizado para se designar várias espécies de pássaros como as do gênero *Geospiza*, popularmente conhecidas por tentilhões de Darwin.

Teoria: qualquer ideia usada para explicar um fenômeno natural que seja comprovada por testes científicos e/ou que seja embasada por evidências racionais.

Teoria do handicap: teoria que mostra como os atributos exagerados dos machos são indicativos de sua qualidade. Por serem energeticamente custosos, esses atributos sinalizam às fêmeas que os machos são saudáveis o suficiente para mantê-los e, optando por cruzar com esse macho, a prole resultante do casal também herdará essa habilidade.

Teoria do reforço: teoria que mostra como a seleção natural tende a fortalecer o isolamento reprodutivo entre duas populações que foram separadas geograficamente e que voltaram a viver na mesma área. Se a prole híbrida formada por um casal dos dois tipos possuir um *fitness* menor do que a prole de casais puros, a seleção tende a favorecer estes últimos e fortalecer o isolamento reprodutivo entre os grupos.

Teoria dos bons genes: teoria que afirma que os atributos dos machos que são selecionados pelas fêmeas evoluíram associados a características adaptativas verdadeiras. Selecionando os machos com esses atributos, as fêmeas asseguram que sua prole também herdará essas propriedades adaptativas que favorecem sua sobrevivência.

Teoria endossimbiótica: teoria utilizada para explicar como a organização da célula eucarionte evoluiu a partir de uma relação simbiótica entre células procariontes.

Teratologia: área da medicina que estuda as anomalias e os padrões anormais que ocorrem durante o desenvolvimento embrionário.

Tetrápodes: grupo de animais descendentes de peixes que modificaram as nadadeiras pares em membros de suporte. As patas foram inicialmente utilizadas para suportar o corpo no substrato ainda em ambientes aquáticos rasos e, posteriormente, passaram a atender também as demandas da vida terrestre.

Timina: pirimidina que compõe os nucleotídeos dos ácidos nucléicos.

Topografia adaptativa: ver paisagem adaptativa.

Tradução (DNA): segunda etapa do processo de formação das proteínas. No ribossomo, o códon do RNA mensageiro se associa com o anticódon do RNA transportador, que libera o aminoácido para montar a proteína. Ver também Transcrição.

Transcrição (DNA): primeira etapa do processo de formação das proteínas. Envolve a formação de uma cópia de uma sequência codificante do DNA (gene), chamada RNA mensageiro, que migra para o citoplasma e se associa ao ribossomo para iniciar a montagem da proteína. Ver também Tradução.

Transformismo: termo genericamente utilizado para descrever a ideia de que as espécies são mutáveis.

Transposão: também chamado de gene saltador, representa uma sequência genética que aleatoriamente migra de um local do DNA para outro.

Triássico: período da era Mesozoica que ocorreu entre aproximadamente 252 milhões e 201 milhões de anos atrás.

Triblástico: animal que apresenta três tecidos embrionários: endoderme, ectoderme e mesoderme.

Trilobita: grupo extinto de artrópodes marinhos.

Troglóbio: animais que possuem adaptações para viver em cavernas.

Unicelular: termo tipicamente utilizado para descrever os organismos formados por uma única célula, como as bactérias, muitas algas e os protozoários.

Uracila: pirimidina que compõe os nucleotídeos dos ácidos nucléicos.

Vertebrados: grupo que inclui todos os animais que possuem vértebras.

Vicariância: processo biogeográfico que descreve a separação de uma população por barreiras físicas que impedem o contato entre os dois grupos resultantes.

Virus: seres parasitas não-celulares com organização estrutural simples formada por uma cápsula protéica circundando um material genético (DNA, RNA ou, mais raramente, os dois).

Visão binocular: tipo de visão na qual os campos de visão dos dois olhos se sobrepõem, promovendo o aumento da percepção de profundidade da imagem.

Visão monocular: tipo de visão na qual os campos de visão dos dois olhos não se sobrepõem.

Viviparidade: estratégia reprodutiva na qual o embrião se desenvolve diretamente no trato interior da mãe. Condição derivada em relação à oviparidade e à ovoviviparidade, e que evoluiu de forma independente em diversos grupos.

Zigoto: a primeira célula embrionária dos organismos sexuados, formada pela união dos gametas masculino e feminino.

Zona de tensão: termo utilizado para se referir ao local onde os indivíduos de duas populações similares coexistem e produzem híbridos. Quando a prole híbrida resultante do cruzamento entre indivíduos dos dois tipos apresenta um *fitness* inferior à prole pura, a área geográfica onde os indivíduos coexistem é chamada de zona de tensão.

Agradecimentos

À minha esposa Ana, meus pais Carlos e Conceição e minhas irmãs Carolina e Patrícia! Aos colegas da UFCG que apoiaram esse projeto! Aos alunos do curso de Ciências Biológicas do CFP/UFCG! Aos professores que me ensinaram na universidade e que, para o meu privilégio, se tornaram amigos! Aos pesquisadores que há séculos doam tanto em prol da ciência e da razão, meu máximo respeito!

Sobre o autor

Paulo Roberto de Medeiros

Nascido em Campina Grande, PB, Brasil, é formado em Ciências Biológicas pela Universidade Estadual da Paraíba (UEPB) e possui mestrado e doutorado em Zoologia pela Universidade Federal da Paraíba (UFPB). Professor do curso de Ciências Biológicas da Universidade Federal de Campina Grande (UFCG), leciona as disciplinas Zoologia, Ecologia e Evolução, e atua em pesquisas com foco em peixes ósseos e ecologia marinha.

Contato do autor: medeirospr@gmail.com